Springer

国外油气勘探开发新进展丛书
GUOWAIYOUQIKANTANKAIFAXINJINZHANCONGSHU

UNDERSTANDING OIL AND GAS
SHOWS AND SEALS
IN THE SEARCH FOR HYDROCARBONS

寻找油气之路
——油气显示和封堵性的启示

【美】John Dolson   著

马朋善　何　辉　赵　健　刘计国　汪望泉　高兴军　等译

石油工业出版社

内 容 提 要

　　本书详细介绍了如何区分残余油相和连续相（圈闭）石油，假的显示、与烃源岩有关的显示、致密油和气藏（潜在的非常规目标）。每个主题都给出了寻找过路油藏、新运移路径和新油田的案例。所有这些材料都是在现代油气系统运移和充注建模的背景下提出的，重点是如何校准和测试计算机模型的有效性。

　　本书可供从事油气勘探开发和地球物理、地质研究相关专业人员、管理人员参阅，还可供大专院校相关专业师生教学参考。

图书在版编目（CIP）数据

　　寻找油气之路：油气显示和封堵性的启示／（美）约翰·多尔森(John Dolson)著；马朋善等译. — 北京：石油工业出版社，2021.8.

　　（国外油气勘探开发新进展丛书；二十二）

　　书名原文：Understanding Oil and Gas Shows and Seals in the Search for Hydrocarbons

　　ISBN 978-7-5183-4296-9

　　Ⅰ. ①寻… Ⅱ. ①约… ②马… Ⅲ. ①油气勘探 ②油气田开发 Ⅳ. ①P618.130.8 ②TE3

　　中国版本图书馆 CIP 数据核字（2020）第 211153 号

First published in English under the title

Understanding Oil and Gas Shows and Seals in the Search for Hydrocarbons

by John Dolson

Copyright © Springer International Publishing Switzerland, 2016

This edition has been translated and published under licence from Springer Nature Switzerland AG.

本书经 Springer Nature 授权石油工业出版社有限公司翻译出版。版权所有，侵权必究。

北京市版权局著作权合同登记号：01-2021-2919

出版发行：石油工业出版社

　　　　　（北京安定门外安华里 2 区 1 号　100011）

　　　　　网　　址：www. petropub. com

　　　　　编辑部：（010）64523583　图书营销中心：（010）64523633

经　　销：全国新华书店

印　　刷：北京中石油彩色印刷有限责任公司

2021 年 8 月第 1 版　2021 年 8 月第 1 次印刷

787×1092 毫米　开本：1/16　印张：26

字数：620 千字

定价：220.00 元

（如出现印装质量问题，我社图书营销中心负责调换）

序

"他山之石，可以攻玉"。学习和借鉴国外油气勘探开发新理论、新技术和新工艺，对于提高国内油气勘探开发水平、丰富科研管理人员知识储备、增强公司科技创新能力和整体实力、推动提升勘探开发力度的实践具有重要的现实意义。鉴于此，中国石油勘探与生产分公司和石油工业出版社组织多方力量，本着先进、实用、有效的原则，对国外著名出版社和知名学者最新出版的、代表行业先进理论和技术水平的著作进行引进并翻译出版，形成涵盖油气勘探、开发、工程技术等上游较全面和系统的系列丛书——《国外油气勘探开发新进展丛书》。

自 2001 年丛书第一辑正式出版后，在持续跟踪国外油气勘探、开发新理论新技术发展的基础上，从国内科研、生产需求出发，截至目前，优中选优，共计翻译出版了二十一辑100 余种专著。这些译著发行后，受到了企业和科研院所广大科研人员和大学院校师生的欢迎，并在勘探开发实践中发挥了重要作用，达到了促进生产、更新知识、提高业务水平的目的。同时，集团公司也筛选了部分适合基层员工学习参考的图书，列入"千万图书下基层，百万员工品书香"书目，配发到中国石油所属的 4 万余个基层队站。该套系列丛书也获得了我国出版界的认可，先后四次获得了中国出版协会的"引进版科技类优秀图书奖"，形成了规模品牌，获得了很好的社会效益。

此次在前二十一辑出版的基础上，经过多次调研、筛选，又推选出了《寻找油气之路——油气显示和封堵性的启示》《油藏建模与数值模拟最优化设计方法》《油藏工程定量化方法》《页岩科学与工程》《天然气基础手册(第二版)》《有限元方法入门(第四版)》等 6 本专著翻译出版，以飨读者。

在本套丛书的引进、翻译和出版过程中，中国石油勘探与生产分公司和石油工业出版社在图书选择、工作组织、质量保障方面积极发挥作用，一批具有较高外语水平的知名专家、教授和有丰富实践经验的工程技术人员担任翻译和审校工作，使得该套丛书能以较高的质量正式出版，在此对他们的努力和付出表示衷心的感谢！希望该套丛书在相关企业、科研单位、院校的生产和科研中继续发挥应有的作用。

中国石油天然气股份有限公司副总裁　李鹭光

译者的话

随着石油工业的发展，特别是近年来非常规油气勘探开发技术的进步，油气资源的开发和利用，也达到了前所未有的高潮。但是，随着油气勘探开发程度的提高，资源逐渐减少和日益高企的需求形成的矛盾更加凸显。尤其是对于我国对外油气依存度再创新高的情况下，迫切需要广大石油工作者开拓思路、勇于创新，在前人知识的基础上，创造出新的辉煌。

寻找油气，将其转变为我们生活中可以利用的资源，是石油人永恒的主题。

当前，随着中国石油海外战略的实施，走向海外，国际合作日益频繁，不断与国际接轨，迫切需要进一步借鉴和融合国外油气田勘探开发的先进技术和研究成果。《寻找油气之路——油气显示和封堵性的启示》一书则是 John C. Dolson 博士从事油气勘探和生产三十多年的经验总结，John C. Dolson 博士先后在美国石油地质家协会（AAPG）、俄罗斯秋明石油公司、阿莫科/BP 公司等工作，对所在公司的勘探和生产作出了卓越的贡献，同时积累了非常丰富的工作经验，通过阅读和研究他的著作，感到收获颇丰，考虑到本书中所涉及的这些经验和知识对目前所从事油气勘探开发的广大同仁也许有一定的参考价值，因而产生了翻译出版本书的想法，故此将其翻译出版，以飨读者。

本书共分九章，分别从地球物理、地质、油藏等方面详细介绍了各个专业在油气勘探开发中的具体应用，介绍了地球物理应用中二维、三维、四维地震资料在油气勘探开发中的作用；对圈闭(广泛意义的圈闭，包括构造圈闭，地层圈闭，岩性圈闭)、封堵性、储层和油气的显示分析如何结合实际资料，进行定量分析和研究；应用钻井、取心资料、录井、试油、试采等资料结合岩石地球物理分析，有效解决储层评价中所遇到的实际问题，并对孔隙度、渗透率、饱和度等储层参数的计算进行详细分析；对超压、欠平衡钻井，水力压裂等技术进行剖析，指导现场实际操作；对如何理解封堵性、压力和流体力学所涉及的各类问题都进行了详细的解释；特别是对目前广泛开展的非常规油气勘探开发及相关技术进行了论述，并结合具体实例详细分析，总结成功经验和失败的教训。最后还介绍了流体包裹体及地球化学方面的相关内容，对非常规勘探开发具有指导意义。

重点突出的是，通过本书的阅读和研究，特别是涉及成藏组合、油气系统、流动单元相关内容，对于非常规油气勘探开发，系统分析非常规各项甜点预测技术应用，具有借鉴意义。

本书特别强调："先进的工作站，先进的地质、地球物理等软件及现代的油气系统模拟等为我们提供了强有力的工具，但必须牢记，它们只是工具，不是答案，任何东西都不可能替代地球科学家的专业知识和创新思维，石油就存在于地球科学家的头脑里，地球科学数据的理解和解释评价最终取决于地球科学家的技能和他们对于油气发现的基本准则的遵守。"希望本书的中文译本能够有助于加深地球科学工作者对于油气勘探开发相关数据的理解和解释、评价技术的提高，促进现有地球科学数据的充分利用，以期发现和落实更多的油气储量。

本书是在中国石油勘探开发研究院油田开发所、非洲研究所及中油国际勘探开发公司相关翻译人员共同努力下完成的。各部分翻译人员是：原书前言、致谢、作者简介及附录由汪望泉、马朋善翻译；第 1 章、第 2 章、第 5 章、第 6 章由何辉、刘畅审译；第 3 章、第 4 章、第 7 章由赵健审译；第 8 章、第 9 章由刘计国审译。全书由马朋善、汪望泉、高兴军进行了校对和统稿，并由聂昌谋给予了翻译指导。参加翻译工作的还有李顺明、王珏、周新茂、杜宜静等。

本书的翻译出版得到了中国石油天然气股份有限公司国际勘探开发公司咨询中心主任窦立荣、中国石油勘探开发研究院总工程师胡永乐、中国石油勘探开发研究院海外研究中心主任史卜庆、中油国际印尼公司总经理聂昌谋、中油国际勘探开发公司勘探部副主任汪望泉等的大力支持。

对于在本书出版过程中给予帮助的各位领导、专家和参与工作的全体人员表示衷心的感谢！

本书内容从基础的石油地质、钻井、物探、油藏地球物理、地球化学知识等到油气显示、油气运移、油藏评价，从油气勘探到油气生产，从常规到非常规，涉及学科较多，由于译者水平有限，在本书的翻译过程中难免存在错误或不妥之处，敬请广大读者批评指正。

译者
2020 年 8 月

原书前言

这本书是写给年轻的地球科学工作者的，但是，它也可以给有经验的地球科学工作者提供参考，在油气运移和圈闭背景下仔细研究油气显示非常必要。石油勘探与生产的科学和技术发展日新月异，但也有一些必须坚持的基本原则。寻找石油和天然气从来都不是一件容易的事，也存在着风险。本书中的技术和实例应该有助于加强任何石油地质工作者最基本的需求——对油气的理解能力定量地显示出来，并将这些知识转化为可钻探的前景。

本书汇集了我一生的经验，在世界各地寻找石油和天然气的远景区，先是在科罗拉多州的丹佛盆地，之后在埃及、俄罗斯和印度，以及世界上许多其他盆地。像许多年轻的地球科学工作者一样，我花了多年时间来磨练自己绘制地层和构造图的能力，但却常常忽略了用一种我们能够解释油气显示位置的方式来绘制它们。随着经验的积累和对岩石物理性质认识的进一步提高，寻找和发现油气的能力也越来越强。在这个过程中，我获得了许多成功，也经历了一些令人遗憾的、本可以避免的失败。幸运的是，从失败中学习，之后会成为更好的勘探工作者。

这本书是多年前拉里·梅克尔（Larry Meckel）和蒂姆乔沃尔特（Timchowalter）两位学者教授的课程的延伸，得到了丹·哈特曼（Dan Hartmann）的大力支持。书中对流体动力学的介绍来自于与 Eric Dahlberg 的讨论和研讨会的材料，他出版了业内有关流体动力学方面最好的教科书之一。从 20 世纪 90 年代初开始，我就一直在讲习班讲授有关油气显示和封堵方面的知识。在教学过程中，我发现，非常有趣的是，即便是拥有 25~30 年经验的学员，当他们离开课堂的时候，经常会对基本的油气测试和显示数据的量化思考产生新的兴趣。

近年来，我听到所有的公司高管有一个普遍的抱怨，公司中的许多年轻员工在开展油气研究工作时，基本上都不使用油气方面的基本原则，这让高管们多多少少有些挫败感。员工们对三维地震成像或计算机模型的痴迷，往往会超越观察实际的测井、完井报告，样品和岩心数据去发现油气运移和圈闭位置等基础工作。这类工作通常没有三维地震显示或计算机图形那么富有魅力，但对于理解那些漂亮的计算机图件仍然至关重要。具有讽刺意味的是，当我听到这种抱怨时，还能回想到我早期的老板告诉我同样的事情："你需要更多地关注油气显示方面的数据。"我想，有些事情很难改变，只有在技术和管理人员的不懈的坚持下，把显示信息包含在每一个分析中，就会引起情形的变化。

这是一个催人奋进的行业。有机会和那些努力工作并致力于解决困难的人一起旅行和交流总是令人兴奋的。

我希望，对于那些读到这本书的人来说，通过阅读本书中所涉及的基本技术和方法，可能会使他们寻找油气的关键学习期缩短许多年。

我希望在工作的第一天就接触到这样的材料，而不是在十几年的时间里一点一点地学习。

John C. Dolson
佛罗里达椰子林

致　　谢

我非常感谢许多老师和同事的帮助。Dan Hartmann，Larry Meckel，Tim Schowalter 和 Eric Dahlberg 通过教授本书中所涉及的许多基础知识，对我的职业生涯产生了深远的影响。像许多伟大的石油发现者一样，他们慷慨地分享他们的思想和经验，并帮助审查和编辑这本书。Frank Ethridge 在科罗拉多州立大学（CSU）教授他的课程时对我和其他人产生了巨大的影响，他帮助编辑了本书的某些章节并提供了很好的建议。Gary Massie 对我帮助很大，他让我有机会重写并允许我使用 BP-Chevron 钻井联盟课程中的图件和课程材料，该课程名为"面向钻井从业者、工程师和地球科学工作者的地质学和地球物理学"，这门课程我已经教授了好多年。

特别感谢 Don Hall，Mohamed Said 和 Maniesh Singh，因为他们同意共同撰写了关于流体包裹体技术、地球化学和测井分析的关键章节。保罗·法瑞蒙德虽然不是合著者，但对第 8 章做了详尽的评述。

Zhiyong He 不仅为本书提供了想法和广泛的编辑，还让我使用了他的油气系统软件（Trinity 3D），这是一个非常棒的可视化和建模软件包。在过去的 15 年里，使用 Trinity 软件帮助我将石油和天然气的显示置于油藏和 3D 运移模型的环境中，同时也使我更容易并快速地对油气运移的过程和发现石油和天然气沉积物的过程进行可视化。

凯恩能源（印度）公司也为本书提供了很多有用的图件。在我与凯恩能源公司（Cairn Energy）超过八年的咨询工作中，我或多或少是按季度工作，我喜欢与有才华的员工一起工作，他们一直密切关注油气显示的详细分析。这种对细节的关注，随着新发现的出现，已经获得了很多回报。特别感谢 Pinak Mohapatra 的持续支持，以及 Kaushal Pander 贡献的有关 Barmer 盆地的新油藏实例（第 3 章）。斯图尔特·伯利（Stuart Burley）和戴维·金格（David Ginger，以前与凯恩能源公司合作）也支持了许多油气显示和封堵的研讨会，作为正式培训计划的一部分。我所在的 Delonex Energy（伦敦）公司也提供了一些图件。

我还要感谢我在美国石油地质学家协会和落基山石油地质学家协会工作的 35 年多时间。通过这些优秀的机构，我已经能够与许多伟大的勘探家和想要回馈他们的职业的有公民意识的人见面和互动。这两个组织都慷慨地对我们在本书中引用的一些图件给予了版权许可。

最后，如果没有 Jeff Corrigan，Bernd Herold，Phil Heppard，Martin Traugott，George Pemberton 和 Lorna Blaisse 的评论和帮助，这一切都不可能实现。Max Tenaglia 从一个年轻的地球

科学家的视角对这本书的大部分内容进行了批阅。最后，感谢许多学生和年轻的工作人员，让我有机会在全球范围内与他们一起工作，帮助我继续寻找方法，使涉及到的一些更困难的技术主题变得更容易理解。

作者简介

John C. Dolson，DSP 地球科学与合作公司董事，Delonex En-
ergy(伦敦)公司高级地质顾问。有超过 35 年的国内外油气勘探
经验。曾担任美国石油地质学家协会副主席(2006/2007)，并在
2008 年担任 DSP 地球科学与合作公司董事之前，担任 TNK-BP
公司(俄罗斯)、阿莫科/BP 公司的高级地质顾问。Dolson 曾指导
过数百名地球科学家，并一直负责远景区的油气选区、培训和开
发工作，在埃及、伦敦和莫斯科生活了 15 年。他曾担任迈阿密

大学(佛罗里达州)、科罗拉多州立大学(Colorado State University，CSU)、皇家霍洛威大学
(Royal Holloway University，伦敦)的兼职教授，以及莫斯科州立大学(Moscow State
University，俄罗斯)和秋明州立大学(Tyumen State University，俄罗斯)的地质顾问。他出版
了大量著作，包括为 AAPG 撰写的几篇关于地层圈闭和区域石油潜力评估的论文，并在
1982 年出版了关于甘尼森国家纪念碑黑峡谷的著作，1994 年与岩石山地质学家协会合作编
写了关于不整合分析的著作。

目　　录

1 石油工业简介及油气显示评价

摘　　要

寻找石油和天然气从来就不是件容易的事。每一代人在继承前人认知的基础上，都面临着自己的挑战。经验丰富的导师对年轻员工的指导在都助他们缩短有效寻找油气所花的时间方面发挥了重要作用。石油勘探方面相关的技术术语，必须及早学会。然而，最困难的部分仍然具备是创造性思维和打破常规模式的能力，从而为寻找并开发能够长期维持公司或行业发展的新油藏提供有力的指导。

打破常规模式需要具备客观分析数据的能力，但在考虑油气从烃源岩运移到圈闭过程中如何随着时间的变化，对温度、压力和储层作出反应时，又需要有不同的思路。新的观点也需要具备与他人合作的能力、理解和接受不同意见的能力，但最重要的是，具备观察信息的能力，而这些信息，通常可能不容易与常人接受的观点相吻合。

1.1　石油天然气简介和相关词汇

几千年来，人们一直在寻找石油和天然气矿藏，为他们的家庭提供照明、取暖，为交通运输提供能源以及大量的衍生产品，主要包括塑料、乙烯基和其他我们通常认为理所当然的东西。

今天，全球每天要消耗掉 9000 多万桶的石油，而且随着社会的进步和发展，这个数字还会继续增长。未来，全球继续寻找化石燃料替代品的同时，仍将面临一段漫长的过渡时期，仍将需要借助百万计的科学家的技能来寻找和开发这些资源，它们是我们日常生活的重要组成部分。

本书是为初级地球科学工作者或学生设计的，但也许可以作为更有经验的勘探人员的专业参考书。这本书也是我 30 多年来学习、教学和利用现有的井资料来寻找石油和天然气的成果总结，其中有些井是位于油田区域内，而这些井由于周围环境恶劣没有办法开采而被废弃。我也从失败和成功中总结了许多个人的经验和教训。关于这些内容，本书在尽可能的情况下，我尽量不作专业性太强的阐述，而尽可能地专注于分享我在真实的工作场所中与地球科学家团队一起工作的事情。我也很幸运，能与全球范围内的同行一起工作和生活，经历了许多不同地域的语言和文化。本书涉及的基础知识涵盖了我参与的所有工作，许多例子都具有国际背景。我认为，地质、石油和天然气的技术语言是相通的，尽管在不同国家有个别技术语言的表达有所不同。2012 年 Hyne 编写的这本书（Nontechnical Guide to Petroleum Geology, Exploration, Drilling, and Production, by Norman J. Hyne (2012)）是油气勘探初学者的优秀参考资料；2015 斯伦贝谢网站给出的词汇也是一个很好的的共享资源，可以下载到手机和电脑上作为参考。

本书第二章阐述了理解油气显示的基本技术概念。后面的章节将更详细地介绍如何获取和分析数据,包括流体包裹体、泥浆逸出气体和现代的油气系统建模软件技术。然而,要理解本书的内容,需要对石油和天然气的基本术语有所了解。本书使用的一些基本术语和概念见表1.1。单位换算和其他定义包含在附录中。

表 1.1　本章常用术语

术语	缩写	定　义
二维地震	2D	反射声波地震采集采用单线地震,通常在陆地或环境恶劣的地区进行采集。近一个世纪以来,二维地震一直是一种工业标准,目前仍用于盆地级别的勘探,但近几十年来已被三维地震所取代
三维地震	3D	密集间隔的地震测线,可以从声波变化的三维空间中处理和可视化来模拟岩石的结构、地层和储层性质。自20世纪90年代以来,三维地震技术得到了广泛的应用,许多新钻井区在未进行三维地震采集的情况下就不能开钻,特别是在井较深且成本昂贵的地区。三维地震可以比二维地震得到更精确的构造图和沉积相图
四维地震	4D	同一地点不同时间的三维地震采集。不同时期采集的各种数据集可以显示流体饱和度随时间的变化,例如注水对油藏的影响
面积		公司通过与矿主或政府达成协议,在合同条款下拥有的土地面积。在美国,测量单位通常是英亩。在国际上,可能是平方千米
API 重度		一种计量单位(美国石油学会),提供了一种确定石油密度的简单方法。将在第2章中详细讨论。重油(如焦油或沥青质)的 API 重度低于 20° API。20~40 °API 为中质油,40°API 以上为轻质油。一般来说,作业者更喜欢寻找轻质油
评价井		勘探发现后所钻的井,用来确定油藏边界
桶装油或水	BW, BOPD, BWPD	一桶油大约是 42gal。该词来源于从早期油田开采石油所用的木桶的大小。一种常用的流量测量方法是每天桶油或桶水(BOPD, BWPD)
十亿立方英尺	BCF	十亿立方英尺的气体。在美国,$1×10^9 ft^3$ 的天然气通常是一个重大发现。在国际上,或者在偏远地区,它可能太小而无法商业开采
浮力压力		圈闭中烃类与水之间的压力差(p_b)。这种压力差是由于密度的差异造成的。如果岩石类型保持不变,那么浮压越高,圈闭中的烃类饱和度就越高。这在第4、第5和第6章中有更多的介绍
圈闭高度		从圈闭顶部到自由水位的总垂直高度。圈闭高度通常用英尺或米来表示。如顶部高度为 3000m,自由水位(或溢出点)为 3500m 的圈闭柱高度为 500m
常规勘探		在"常规或普通"油气藏中勘探油气,如在构造、地层或组合圈闭中发现的砂岩和石灰岩
开发井		设计的最经济地采出储层内油气的井

续表

术语	缩写	定　义
干井	D&A, P&A	一口井被宣布为不含油气或含非经济的油气而被废弃。通常称为 P&A 井(堵塞和废弃)。干井并不一定意味着该区域没有开发潜力。如何评价和后评估干井、发现新井位置及被作业者已经放弃或者忽略的油藏,是这本书的主题
探井		获取地层资料,探明油气藏的井
分包合同		当公司决定钻井需要资金或技术支持时所作的商务安排。该公司将租约"出租"给其他公司,这些公司购买了油井和开发成本,但会给创意方和土地所有者一定比例的特许使用费或奖金,以换取参与钻井的权利
自由水界面	FWL	圈闭内浮力压力(p_b)为零的点。一般在圈闭的最底部,通常与 OWC 不同。FWL 由圈闭和封堵的几何形状控制,或由最弱封堵能力控制,此外,可能还与运移过程中圈闭接收的油量有关
气油比	GOR	以标准立方英尺气体计量的一桶原油的气油比。干气 GOR > 60000,凝析油、湿气 GOR < 60000,挥发油 GOR = 1465,黑油 GOR < 320(Whitson,1992)
巨型油田		一般而言(美国的术语),可采储量超过 1×10^6 bbl 油当量的油田,相当于大约 6000×10^9 ft^3 的天然气
水力压裂		在高压情况下向储层注入液体的过程。这一过程会使井筒周围的岩石破裂,从而提高产能
租赁		矿产租约是由土地所有者或石油公司持有,为了能够进入某地块进行钻探,租约是必要的。在美国,出租方通常获得一口井的特许权使用费,通常是油井收入的 8% 到 25% 不等。在国际上,政府持有租赁,并可能以税收的形式获得高达 80% 的收入
基质		岩石的固体部分。孔隙度是测量岩石颗粒之间的孔隙空间,这些颗粒本身构成了岩石基质
百万桶石油	MMBO	百万桶石油。一桶油(BO)大约是 42gal。桶的单位是在 19 世纪由美国定义为运输石油的标准尺度。BBO 十亿桶石油的缩写
百万桶石油当量	MMBOE	百万桶石油当量。将天然气转化为等量的石油,通常为 5.8 或 6 百万桶/十亿立方英尺
百万立方英尺	MMCF	百万立方英尺天然气。1 百万立方英尺大约相当于 17.8 万桶油。SCF = 1 标准立方英尺的气体。BCF = 十亿立方英尺,TCF = 万亿立方英尺
石油或天然气储量	OIP, GIP	油气藏中油气的总体积。这不是可开采的总量,而是计算到圈闭中的总量。可采量是经济学的一个函数,也是由于低温、压力或其他因素对油田寿命后期开采技术的限制
油水界面	OWC	烃类饱和度(S_o)为 0 的点。相反,水饱和度(S_w)= 100% 的点。由于岩石类型的变化,圈闭内的油水界面可以有很大的变化(见第 2、第 5 和第 6 章)

术语	缩写	定　义
渗透率		测量岩石流体流动速度的物理指标。渗透率 K_{md} 是压降、截面积、岩石性质和流体黏度的函数(第2章)。渗透率单位为毫达西
含油气系统		一种成熟烃源岩、运移通道、储集层、圈闭和封闭性的集合体,可使油气聚集、逸散
岩石物理		岩石性质的定量研究,如含水饱和度、孔隙度、渗透率及测井分析
成藏组合		含有相同类型圈闭的远景区聚集体。例如,"盐丘"成藏组合或"Marcellus 气体"成藏组合
油藏		非正式术语,用于描述圈闭中的石油或天然气
孔隙度		孔隙系统所占岩石的百分比,而不是岩石的基质。孔隙度是用岩石总体积的百分比来测量的(第2章)
一次采油		无需注水、注 CO_2 采油等,二次或三次采油技术即可实现的采油生产或其他旨在生产后以较低的压力开采较难采的油的开采技术
远景区		推荐的任何井的钻井区域
可采储量		某一油田在一定的经济极限下最终能生产出来的油气的量。储量是随着油价和技术进步而不断"变化的指标"
相对渗透率		在任何两相流体系统(油/水或气/水)中,油气相对于水的流体采收率是流体和岩石性质本身的函数(第2和第5章)。有些岩石在80%含水饱和度的地方会采出100%的油,有些岩石在20%含水饱和度的地方只会采出20%的油。相对渗透率必须在实验室里测量。K_{ro} 为对油的相对渗透率;K_{rw} 为对水的相对渗透率
储集岩		任何能够保存油气的岩石。油气存于孔隙、裂缝和基质中
矿区权益		石油和天然气租约的一种所有权类型,在这种情况下,租赁者从井中获得商定的利润百分比,以换取钻探许可。特许权所有者不承担钻探和开发油田的任何费用
井史卡		一份书面报告,通常只有一页,记录了井史或结果。多年来,井史卡一直是获取许多油井详细信息的最佳途径。在公司内部,许多井喷报告也被称为井史卡
封堵		任何能够封闭油气的岩石。封堵质量差别很大,不仅是由于岩性,还与系统中流体(油气)的类型有关。气体通常比石油更难封堵
地震反演		利用地震资料分析声阻抗的定量方法,寻找方程,将时间域振幅信息转化为岩性、孔隙度和流体组分等属性信息
烃源岩		含有机碳(TOC)的岩石,通过时间和温度条件下埋藏,成熟时能够产生油气
万亿立方英尺	TCF	万亿立方英尺的天然气。储量为万亿立方英尺天然气气田被认为是一个巨型气田
保密井眼		钻井信息由钻井公司高度保密的井。这是用新思路或新技术钻探重要新井的常规做法。运营商不想让其他人知道他们寻找石油所采用的方法,也不想让其他人知道他们的过失或预见
非常规勘探		在长期非常规生产性的储层中勘探石油和天然气的一个简单的术语。包括来自煤和石油的气体以及来自页岩和极致密碳酸盐源岩的气体。非常规页岩油藏占据了世界未来石油资源的大部分,需要水力压裂和水平井才能有效开采

续表

术语	缩写	定　义
含水饱和度		孔隙系统中水所占的百分比 S_w(第2章)。含油饱和度(S_o) = $1-S_w$，也可以用百分比表示。因此，S_w 为30%时，S_o 为70%，其余的孔隙空间为水
测井		用来了解井中岩石和流体的各种电子或物理读数(如钻孔大小)的绘图和测量。第2章，第6章讨论了这个问题
野猫井		美国石油工业中用于勘探试验的术语，通常位于距离最近的油气藏1mile以上的地方
作业权益		一种石油和天然气租赁的所有权类型，业主参与所有的运营和钻井费用，然后有权获得商定的利润百分比[WI(%)]

1.2　勘探的艺术

　　寻找石油是无止境的，人们最初的任务是寻找渗出地表的石油，并收集起来，现在已经演变成了一项高度技术性的工作，它是快速发展的科学、技术和艺术的结合。1972年，Michel T. Halbouty引用了40年前Wallace Pratt(1885—1985)的一句话："石油存在于人类的思想中"(Halbouty，1972)。Halbouty的文章警示说，发现石油最主要的是使用第一原则寻找油气的艺术，而不是越来越多地依靠电脑和"黑匣子"软件来得出结果。这句话在很久以前就被扩展为"在男性和女性的思想中"，今天的劳动力在文化和性别上都是高度多样化，但他的警示在今天同样适用。

　　计算技术、软件和不同学科对于寻找油气和快速评估含油气区域都至关重要。但在寻找油气过程中，没有什么能取代人类的思维和观察力。尽管我们付出了所有的技术和努力，我们失败的次数仍然多于成功的次数，而且不断需要新的思想和技术来发现新的油田。

1.2.1　钻井及勘探史

　　公元347年，中国的油井用竹杆做的套管钻到了800ft(209m)深的地方。在阿塞拜疆巴库，人工挖井很常见，深达35m，基本上是由工人用绳索下降到露天竖直井中进行开采(图1.1)。阿塞拜疆被称为"火之国"，因为有许多浅层油田的天然气泄漏到地表，这些天然气顶在露头处已经燃烧了数千年。因此，早期的钻井技术大多是在这一地区发展起来的，这并不奇怪，因为那里的大型油田都靠近地表，石油逐渐溢流出地面。

　　最初，石油溢出地表，或者指示圈闭中长久

图1.1　19世纪中期阿塞拜疆巴库一处渗水人工油井[巴库索卡石油公司提供图片，经《石油和天然气杂志》许可转载其封面照片(Narimanov 和 Palaz，1995)]

冒出火焰,"为什么它在那里?"我们没有必要去理解。重点是找到油苗,然后打井并尝试开采。但深度较浅井和竹管很快被证明不足以开采越来越深的油藏,所以早期的钻井设备被开发出来。

到 1848 年,巴库的工程师们建造了第一个机械石油钻塔,1859 年,宾夕法尼亚州著名的德雷克井(Drake Well)紧随其后(图 1.2)。

图 1.2　1859 宾夕法尼亚州德雷克油井

尽管德雷克油井在西方被吹捧为第一口真正的油井,但它比阿塞拜疆巴库油田开发的第一口机械钻井晚了 11 年(来源:http://www.britannica.com/biography/Edwin-Laurentine-Drake)。

这些早期的油井采用的是"挖掘"技术,而不是现代的旋转钻井。这些岩石或多或少被粉碎成碎片,然后被抬升到地面,钻探深度也受技术所限。此外,由于在没有泥浆或水的情况下进行钻探,当大量较高压力的油、气或水进入井内时,这些油井很容易发生井喷。含油气丰富的油井经常发生井喷,井架上的死亡和致残事件是常见的现象。早期的钻井,岩屑和油气显示的描述非常有限。

此外,令人惊讶的是,在一个油苗附近钻一口更深的井,往往找不到任何油气。这是由于该地区存在复杂的地质条件及油气向地表运移时的路径不确定造成的。有时,人们花费数年的时间,试图利用油苗来开采石油,却没有取得任何商业效果。以阿拉斯加石油湾为例(图 1.3),早在 1886 年就有关于油苗的报道,但是由于位置偏远和道路缺乏,在 10 年后的1896 年才开始尝试开采。然而,人们又花费了 6 年时间才把合适的设备运到现场。因此,第一口井直到 1902 年才开始钻探(Detterman 和 Hartsock 1966,Director 2014),而在这个时期,该地区所钻的井都非常浅。若要钻更深的井,就需要更多的设备,1936 年,对一个只有少量油气显示的地表背斜进行测试,但没有成功,而这时,钻探所需的设备才装运上船。到 1956 年,在对 Fitz Creek 背斜进行仔细的地表测绘的基础上,完成了两次相对较深井的测试(深度达到 3400m 以上)。这些井虽然钻遇了足够多的天然气,使一个工棚的灯亮了几天,但最终因没有成功开采还是被废弃了。自那以后,该地区再没有进行过测试。20 世纪 50 年代末和 60 年代(Magoon 1994)通过地震勘探，在 Fitz Creek 背斜东北方向 90mile(144km)处发现了富集油气的 Cook Inlet 油田。石油湾地区的油气显示是 Cook Inlet 油田最终被开发的原因之一。但在世界上许多偏远地区，特别是在政局不稳定的地区，几十年没有勘探活动，油苗仍然是研究和勘探的主要目标。但如今，人们对油苗附近的地质情况进行了更为深入细致的研究，试图找到较深油藏(如果有的话)作为部署钻井设备的最佳位置。

图 1.3　阿拉斯加库克湾西南部石油湾早期典型勘探模式(早期，非常浅的井是在油苗钻的。之后，深井在不借助地震的情况下测试了地表背斜。每一代探险者都面临着自己的挑战)

1.2.2　挑战与技术演进

寻找石油和天然气从来都不是件容易的事。每一代探险者都面临着自己的困难。在石油湾例子中，地面很难进入。20 世纪 50 年代钻探的深井需要简易的机场来运送设备，该钻探区域也没有二维地震，仅靠野外测绘，在复杂的地形和气候条件下，几乎没有对该地区的地质情况进行前期研究。虽然在世界许多地方仍然需要进行地表测绘和油苗探测，但今天大多数大型油田的发现都采用了先进的技术和非常复杂的钻井系统，而且往往是在完全没有油苗的区域发现的。油气勘探开发技术正以惊人的速度发展，如果不能跟上不断学习的步伐，就意味着落后。

钻井和评价技术已变得越来越复杂，但仍然依赖于解释人员的经验和智慧，通过利用所收集到的信息来寻找新油田。随着时间的推移，现代钻井工艺中钻头技术的发展，钻井液被用来减少钻头摩擦所产生的热量，同时控制钻井压力，防止产生钻井事故所带来的生命和财产损失，这些钻井技术会对油层产生伤害，使得油气显示和样品描述变得更加困难。比如在岩屑录井中，井筒中的钻井液经常会抑制油气在井筒周围的岩石中的显示，往往导致更难识别岩屑中的油气显示。第 3 章的主题是理解钻井平台上的油气显示现象。第 4 章和第 5 章详细介绍了水动力、压力分析和岩石物理的概念，这些信息对于理解油气评价相关内容及其含义至关重要。

在油气显示评价中最重要的创新之一是电缆测井的发展(第 3 章和第 6 章)，它使用电性或其他属性来检测岩性和流体。1912 年，康拉德·斯伦贝谢(Conrad Schlumberger)在一个装满各种岩石的浴缸里进行实验，他认识到电导率可以用来区分某些岩石类型。1927 年，根据他的研究诞生了世界上第一套电缆测井仪器(Wikipedia 2014)，该测井仪器可以放入井筒中并沿井筒自下而上来探测和识别油气。到 20 世纪 30 年代，新成立的斯伦贝谢测井公司(Schlumberger Well Survey Corporation，简称斯伦贝谢)已经在行业内建立了稳固的市场。在过去的 80 年里，电缆测井也取得了巨大的进步。如今的测井系列已装备了各种各样的测量工具，测井解释的科学方法已经发展到了一定程度，每一家服务公司都配备了测井解释人员来检查井况，并对射孔、测试和开采提出建议。第 6 章将介绍使用测井曲线"快速查看"技术，该技术可以帮助我们进一步认识更多有关油气显示的信息。

今天的海上钻探技术水平不断提高，EE 级钻井船(图 1.4)实质上是一个小型的浮动城市，它可以在极深的水中进行钻探，钻探深度超过 30000ft(10000m)。石油钻井平台和钻井技术在继续发展，但是，透过所有的创新和技术发展，仍然有一种基本的需求，那就是要了解井中的油气显示以及他们对于钻井安全、完井、勘探和开发所蕴含的意义。

图 1.4 EE 级钻井船(现代钻井平台就像小城市一样运作，有船员舱、直升机停机坪、
娱乐中心和多个实验室。照片由 BP-Chevron 钻探财团提供)

1.2.3 理解封堵性和油气显示方面的一些个人经验

1980 年，在科罗拉多州丹佛市阿莫科石油公司（Amoco）上班，刚开始工作的几个小时内，我拿到了一张绘有丹佛盆地的地质图，被要求把图件上所标的所有的井绘制成一张"油气显示图"（当时图上有数千口井）。我仔细地翻阅了相关井的数千份保存在三个活页夹里的井史报告，在图上贴出了石油显示、天然气显示、采油、采气、相关压力、钻井液回收、无资料井等符号，直到我用塑料贴纸把墙壁贴成了五颜六色的马赛克。油气分布模式才变得非常清晰、明显：有的区域主要是产水而没有油气显示，有的区域是油气混合显示，向盆地中心方向，产水量减少，但气量显示增加同时伴有较少的石油显示。

这张油气显示图很值得一看，但对我来说，当时还不清楚那些显示的具体含义。我几乎每天都要被问及有关这张油气显示图上井的相关情况，当我不知道最近一口井的测试结果时，我就会受到惩罚。我发现我们的顶头上司在我拿到钻井报告之前实际上就已经仔细查阅了该井的相关资料，然后来问我关于那些油井的问题，激励我要随时随地保持对油井动态资料的掌握。我们很快就学会了比他更早熟悉和掌握井资料情况，要在他向我们提出相关井问题之前先去咨询他。

他把信奉的关于勘探的一个简单的哲学道理总结为"首先你要钻构造高点，接着钻侧翼，之后钻低点，最后你就把它转让出去"（采矿权卖给另一家公司获利并让其他人承担风险）。我们的想法其实很简单，就是在圈闭的高点位置进行钻探，一旦有所发现，就可以沿下倾方向钻另一口井，我过去常常嘲笑这种策略，直到 2004 年我来到俄罗斯，一位俄罗斯同事告诉我："我们在苏联时代有规则，你必须在每个具远景区的地方上钻 4 口井，直到放弃它为止。首先是在顶部有一口井，然后是侧翼两口井、向斜有一口井"。这种智慧和方法比我想象的更加全球化！

我发现另一个同样让人迷惑和无用的早期提示是："只有两种类型的岩石，没用的岩石和储集岩石"。这是在我多次前往岩心库观察沉积相，并绘制丹佛盆地相关图件后所作的评论。有人问，为什么我要花费这么多时间研究岩心，而不是在室内通过分析油田的测井曲线来确定盆地的井位，另一个来自我的上司常见的嘲讽是"你从你所观察的岩心中发现的甲壳动物痕迹化石中得到了每桶多少钱？"。

具有讽刺意味的是，在这种种嘲讽中却蕴含着些许真理。当我观察那些岩心时，完全专注于沉积结构和沉积相，这方面我有很好的学术背景。我每天都会根据从这些岩心中获得的新认识，重新研究井间对比关系，但很少关注岩石的属性，也很少关注有关油气显示的情况以及它们所蕴含的有关圈闭的信息。我越来越擅长根据岩心数据来绘制古代沉积体系图，但在寻找油气方面却做得并不好！几年前，我才学会将油气显示信息定量地添加到我的工作流程中，并开始通过了解含水饱和度和油气显示信息来真正地降低勘探风险。

当我在我们的解释中提到"定量地添加石油和天然气显示"时，我的意思是能够预测为什么那些油气显示会在我们所解释的那个位置上。它们是在油气运移过程中残留的石油痕迹，还是在已证实的圈闭内显示出来的？如果在一个已被证实的圈闭中，那么它会在该圈闭底部上方多少米？报告中所标示的干井真的是干的吗？还是操作人员漏掉了什么，把可开采的石油留在了地下，让我去寻找和开采？我的构造图和相图能够解释油气显示的数据吗？根据最好的图件，我应该在哪里钻井？定量化油气显示是本书的精髓。

我很幸运一开始就能在一个盆地内开始研究工作,那里的钻井费用很低,每口井的钻井成本只有 15 万美元,而且只需要 5 天左右的时间就能钻完井。相比之下,在 2003 年我为英国石油公司(BP)钻探的最后一口井,该井在尼罗河三角洲深水区发现了一个巨型油田,但钻井成本高达 7900 万美元,超出了预算。去年,英国石油公司在尼罗河三角洲又发现了一个深层油田,该油田的钻井成本超过 3 亿美元。这些昂贵的油田并不适合年轻的地球科学工作者在此工作,因为学习如何钻井需要花费很长时间(很多年)。最好是在一个钻井较活跃的地区,将主要精力投入到勘探开发项目中,学习如何正确设计井位、钻井和监测井的动态情况。

我们在丹佛盆地拥有一大块即将到期的租赁区块,大多数新员工的任务是与其他公司一起开展精细的评价工作,赶在失去采矿权之前,尽快开展钻探工作。风险评估不属于我工作的内容。我们使用了其他公司的资金,这个过程被称为"转手",并保留了一部分权益。在很大程度上,我们提出了一些想法供其他人测试,但我们也将 Amoco 的资金投入到我们认为是最好的远景资源区中去,而这些远景区总是接近已知的油藏或是这些油藏的延伸。

回首过去,我第一年推荐了 50 口井,每周都能看到这些推荐井结果,这段经历非常有价值,但这段经历也让我思想变得僵化,而没有去选择更好的勘探工作流程。从第一天开始,我的学习机会就很少,以至于我几乎没有时间去学习成为一名有效的勘探人员所需要知道的所有知识,从而不会让我会因为糟糕的决策而浪费大量金钱。有了丹佛盆地的经历之后,我花了一年的时间与许多人一起监测并推荐了阿纳达科盆地的 100 多口新井,再次获得了外部资金和 Amoco 地球科学家和工程师的大型团队的支持。与丹佛盆地不同,这里的井位是昂贵的深层致密砂岩气井。该盆地面积相当大,凭借运气几乎就能够不费力气地找到你所需要的天然气藏。事实上,该"油气藏"是基于一种统计假设,即 60% 的井会成功,而其中可能仅有 30% 是经济的。因此,地质导向预钻井技术在钻前并没有得到应有的重视,这不仅是因为有人投资,还因为在那个地区使用统计钻探技术有历史先例。因此,在接下来的两年里,每个区块的中心位置都有一口井作为钻探目标。这是一个很好的地方,可以让没有经验的新员工参与到公司的运营和井位建议中来,即使犯了错误,也不会有什么问题。

但是,就像在丹佛盆地评价工作中一样,在工作上很少进行教学,以真正让我们理解岩石属性和油气显示的重要意义。工作重点是作业和井位建议。像今天的许多公司一样,Amoco 也有一个极好的正式培训项目,每年在塔尔萨、俄克拉荷马州有 5~7 周的时间实地考察以及其他课程学习行业内所运用的工具和技术。阿莫科在塔尔萨为期一年的岩石物理课程是一个亮点。对于那些有幸经历过这个项目的人来说,本书中列出的原则非常详细,并提供了一生值得珍惜的宝贵的经验工具书。

我一直觉得在工作中错失了一个良好的机会,没有及早关注在圈闭和运移的背景下油气层的显示和储层特性。坦率地说,其中很多都被认为是"学术性的",因此把重点放在了简单地确定显示位置,然后向上倾方向移动,并试图找到圈闭,这往往是完全错误的方向。

最后,统计方法的应用起到作用,使公司赚到了钱,我个人所学到的经验也变得非常宝贵,但相比较而言,肯定要比通过辅导所获得的经验要少。今天作为一名教师,我要求任何年轻的地球科学工作者要做的一件事就是,完成一个能充分解释某区域的油气显示和储层特征的图,包括封堵的几何形状、单个圈闭和从源岩排烃后的油气的纵、横向运移路径。但通常来说,这说起来容易做起来难。

尽管许多公司非常重视对年轻员工的早期培训，并将责任稳步推进，但还有一些公司由于人力不足或因自然减员或退休而丧失经验，被迫聘用缺乏经验的员工来提出昂贵的建议。这些公司不可避免地会遭遇糟糕的业绩并使收入受损。

我希望这本书能帮助那些年轻的勘探人员避免发生我们职业生涯早期所犯的许多错误，这主要是由于他们早期对油气显示、岩石物理学、封堵和运移分析的原理理解不够深入。

1.2.4 勘探的艺术：成藏组合、远景区，及早获得适当的经验

勘探是一门艺术，需要及早学习。首先要真正了解盆地的钻探历史、区域地层和构造格架，并很早就要熟悉岩石和油气显示(图1.5)。在勘探中遵循类似的工作流程的公司通常都非常成功。复杂的计算工具允许日益快速的数据集成，但没有什么能取代人类的洞察力，这种洞察力只有通过思考如何评估一个盆地或远景区所需要的海量信息的点点滴滴而获得的。

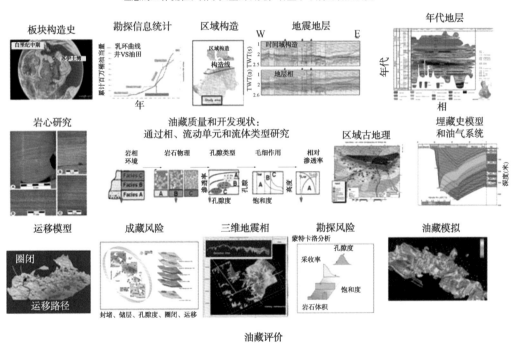

图 1.5　理想化的勘探工作流程

（理想情况下，理解岩石属性和油气显示应该在解释过程的早期进行。

首先进行区域研究工作，然后再对细节进行修改、完善）

1.2.5 累积曲线、新油藏与远景区：挑战"石油峰值"范式

成功的勘探公司很早就依靠识别和获得"成藏组合(新油藏)"，而不是"远景区"而获得成功。远景区涉及为什么和要在哪里钻一口井的概念。成藏组合是一种趋势，如果不是成千上万也至少包含几百个远景区。这个词在石油领域很常见，"我要去开采 Marcellus 页岩油藏了；我认为在 Utica 页岩有一套油藏；我确信，在那个尚未形成的古老盆地中，存在着一种

新的、更深层的油田尚未开发出来"。

远景区是相当容易产生的,因为它们依赖于经过验证的策略和现有的工具。然而,新成藏组合需要"打破传统的"思维模式,打破传统的基于历史行业活动来看待油气圈闭的方式。在成熟勘探地区尤其难以找到新油藏,在成熟探区,成千上万的技术熟练的地球科学家已相当有效地开发利用了已知的趋势。

在一个大的成藏组合中,你要从上到下理解该成藏组合的油气系统,或者至少要学会接受不确定性,并且要有一套钻井计划,以获取你所需要的数据,以便"搞清楚这套成藏组合"。然而,密切关注于远景区意味着最终要花费大量资金在已知趋势中寻找规模越来越小的油气聚集区。正确评估远景区和保持低失误率至关重要,但与盆地中第一口开发新油田的井相比,投资回报率要低得多。这种新的成藏组合可能会改变一家公司或一个行业的命运,最终需要数千口井和数十年时间的钻探才能完成全面的评价。

2015 年,埃尼公司在埃及近海 120mile(192km)处的中新统礁体中发现了 $30×10^{12}ft^3$ 的天然气,震惊了整个石油行业(埃尼公司,2015)。壳牌公司在过去十多年里一直持有该区块,但在没有检测到异常的情况下就放弃了。多家公司也拒绝参与该区块的一口深井(4757ft 或 1450m 水深)开发的机会,但埃尼公司专注于新油藏和潜力目标评价,最终赢得了胜利。当时对该区块的认识存在一种偏见,即在尼罗河三角洲或埃及海岸的任何地方都不可能存在碳酸盐岩礁体,那么在地震上的特征怎么会是生物礁呢?这种异常,甚至在 Dolson 等(2001)绘制的横剖面示意图上显示具有类似生物礁状反射的特征后,仍被认为风险太大。埃尼公司秉持"打破传统的"思维方式,对这口井进行了测试,并最终获得了成功。

在许多公司,如果某口井不是为了测试一个新油藏,就不会称为"勘探"井,而可能被指定为一口评价井。一旦发现油田,那些加密的井就被称为开发井。在所有情况下,本书所涵盖的基础知识都是优化每口井位置所必须的。

长期以来,油气行业一直专注于油田开发技术和方法,以确定盆地中剩余油气的多少、石油行业或公司发现油气的情况如何(Arps 等,1971;Arringdon 1960)。其中最具影响力的论文之一是 Hubbert(1967)所发表的,他预测美国的"石油峰值"将在 20 世纪 70 年代达到,之后开始稳步下降。在之后的 10 年间,美国的实际石油产量几乎与 Hubbert 曲线吻合,这就导致许多人宣称"石油峰值"已经达到,世界石油将很快耗尽。

然而,在过去十年里,这条下降曲线已经消失。扭转这种局面的原因是非常规页岩油藏的开发。这类油藏的开发工作包括对页岩和残留油气的烃源岩进行水力压裂。截至本书撰写之时,美国的石油和天然气日产量(按石油当量计算)正处于 50 年来最高的水平。这种情况将持续多久还不得而知,但储量和产量的变化非常显著。关于石油峰值的争论仍在继续(Gold 2014;Patterson 2015)。但是,有一件事是肯定的,新的发现需要新的想法,大的变化意味着新的成藏组合的发现。

水平井钻井技术的突破和美国 40 年石油峰值模式的失效之所以成为可能,是因为石油行业关注的是新油藏(成藏组合),而不是远景区。重点是发展新技术来开采曾被认为不可能开采的油气藏。更高的石油和天然气价格以及全球需求鼓励开发昂贵的新技术。这就是为什么企业如此努力地寻找"下一个大的成藏组合",而不仅仅是下一个有意思的前景。

强调"成藏组合开启野猫井钻探"的原因可以通过储量累积曲线最好地表现出来。随时间的推移,油气田的规模和发现率在经济上提供了一种定量的方法来对公司和盆地进行比较。有一些很好的资源可以帮助我们理解用于成藏组合和远景区评估的统计方法（Klett 等，2011；Rice 1986；Rose 2001，2012；Steinmetz 1992）。也许能够说明成藏组合与远景区之间关系最简单的方法之一就是通过观察产量增加曲线（图 1.6）。

　　累积曲线是随时间的变化累积储量增长情况。通常还包括进尺或钻井数。曲线可以为任何特定的盆地、公司或成藏组合类型。在图 1.6 中，油藏发现率的急剧上升，随后通常也是发现的储量急剧增加。

　　例如，油气丰富的苏伊士海湾在 1960 年代早期首次在海上成功发现盐下油气藏，而成藏组合的概念是直到 1989 年才积极地推出并成功地使储量大增，而当时的发现率在下降。发现率的下降主要是因为采用二维地震资料就能很容易地发现几乎所有的海上与盐有关的圈闭和倾斜断块，这使得钻井成功率大大提高，在 20 世纪 90 年代早期，多数公司进行了大量的 3D 地震勘探，试图发现那些难找的更小的圈闭，也采用了相同的成藏组合的理念（Dolson 等，1997）。其结果是，自 1990 年以来，石油地质储量只增加了一点点，而 1965 年至 1989 年的开采期令人兴奋，当时发现了大部分的石油储量。

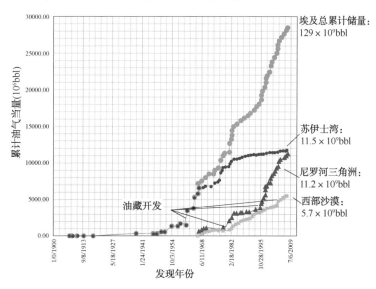

图 1.6　随时间变化累计的油气产量曲线［急剧的跳跃和陡峭的上升趋势预示着野猫井的成功应用（Dolson 等，2014）。其中某些点的涨幅与新条款实行或油、气价格有关。1995 年的大幅增长是由于埃及政府将天然气开采权授予了尼罗河三角洲沿岸的公司。而 1965 年苏伊士湾油藏首次开发，是源于阿莫科在巨型 EI Morgan 油田发现了盐下储层］

　　同样，在 20 世纪 90 年代中期，埃及政府授予了尼罗河三角洲近海的天然气开采权，而在此之前，该地区唯一重要的天然气储量分布在 "Abu Madi 河道" 的中新统地层圈闭有利区（Dolson 等，2000，2001，2004，2005）。埃尼公司获得天然气开采权开启了一个丰富的上新世油藏勘探的先河，以地震直接烃类检测技术（DHI）为主进行油藏识别，油气勘探成功率接近 90%。发现率仍然很高，但是在上新统油藏却不是这样，上新统油藏已经多多少少地衰竭了。目前大幅增长的储量来自于 2003 年发现的 Raven 油田（Dolson 等．2014a）以及该油田向东北方向延伸至以色列近海和 Levant 盆地（Belopolsky 等，2012；Lie 等，2011；Peace 2011；Roberts 和 Peace2007；Schenk 等，2012；Stieglitz 等，2011）。之前提到的 2015 年埃尼中新统气田(ENI 2015)的发现,现在已经使储量累积曲线再次飙升,埃尼公司开发了一个全新的油藏,而其他公司错过了这个机会。

1.2.6 观察岩石、员工培训

观察岩石是我们从事的无可替代的工作,因为它们是我们拥有的唯一一项不容置疑的碎片化信息。其他任何东西都是派生出来的。地震是一种以时间域采集和处理的数据,然后通过建模计算深度和岩石属性,因此,它有精度和分辨率的局限性。测井曲线很大程度上是基于井筒内的电类的近似测量,然后对岩性和饱和度进行模拟,存在误差或只是近似。油气运移是用软件进行模拟的,而不是直接在岩石中观测到的结果。我的人生信条是"谁观察的岩石最多,谁就赢"。如果你进行了合理的工作,并且早期就了解岩石和流体,你就可以继续了解并建立油气运移模型,以及更有可能有机会校正井位。

据我所知,很少有地学家能够完全充分了解所有现有勘探技术的各个方面,从而自称为"专家"。事实上,我所认识的最好的石油勘探者都非常欣赏通过他人的认识所预测的远景区。发现油气通常是一个团队的经验,学会分享观察成果和观点,互相挑战是成功勘探工作的重要组成部分。对于那些发展"油气语言"并努力理解其中的多样化的学科和涉及到的不同类型的人员来说,一切皆有可能。

干井或非经济井是一种令人懊恼的经历,它提醒你油气勘探不是一种学术活动。在大学里,我看到过教授之间可怕的冲突。在那里,衡量一个人成功的标准是看其论文被引用的次数,同学之间的相互评价非常激烈,有时甚至涉及人身攻击。我的一位大学同事这样解释:"学者之间的冲突可能非常激烈,因为他们之间几乎没有什么利害关系"。严重的冲突在石油行业不起作用,风险很高,寻求不同意见不仅是受欢迎的,而且是非常必要的。而且,随着你事业的进步,你曾经遇到的与你观点不同的非专业人士的不愉快的遭遇会反过来困扰你,因为外面的世界很小,人们有很长的记忆!

在学院或大学里,随着时间推移,你会学到越来越多的东西,提高你的技能。在石油行业,需要多年的严格培训和实践经验才能为公司带来巨大价值。对于那些在大学期间就修完主要的石油地球科学课程的人来说,这段时间可以稍微缩短一些,但没有什么能够取代他们的经验。优秀的公司不会根据你在哪里学习或者你学过多少石油课程来招聘员工。大公司聘用科学家、工程师、数学家和化学家,然后对他们进行培训。公司需要的是独立思考者和世界级的问题解决者。我所认识的一些最优秀的地震处理方面的地球物理学家都是数学家,一些最优秀的地质学家从未上过石油方面的课程,许多化学工程师或化学家已成为顶尖的测井专家或油气系统分析师。

然而,没有任何东西可以代替早期的钻井经历和接受适当的概念和训练。早期钻井和油井作业学习可以大幅缩短常规的 8 年学习培训。许多大型石油公司对新员工进行 2~3 年的培训。在这些培训中,你可以体验石油勘探、钻井操作、油气系统建模、岩石物理团队的工作,甚至是井位设计或地震处理。这种培训为公司和新员工带来了巨大的好处,感觉有点像"通过消防水管喝水"一般。大公司也会把他们的初级员工推荐到专业协会,比如美国石油地质学家协会(AAPG)、专业工程师协会(SPE)、勘探地球物理学家协会(SEG)等,倡导多学科学习,并在公司之外接触到许多世界级的专业人士。

令人振奋的 1970 年代末和 1980 年代初,油价从每桶 3 美元飙升到闻所未闻每桶 40 美元的价格，许多只是在"专业"上有才华的员工辞职，去了独立的石油公司，在那里他们获得钻井中的权益金或根据所完成的远景区预测工作给予巨额奖金。这使得这些专业充斥着经验不足的员工，他们没有得到足够的培训，也不拥有开采油田和评价油井的经验，却被迅速提拔到管理岗位上。1980 年 8 月的第一周，当我走进阿莫科石油公司的南部分公司时，员工流失的情况已经相当严重，有人在门上挂了一块牌子，上面写着："最后一个离开南部分部的人请把灯关掉"。

1986 年，当油价跌回每桶 9 美元时，石油行业和阿莫科石油公司裁掉了 25%的员工。不幸的是，这些员工中有许多都是即将退休的"经验老道的博学者"，经验丰富的他们再次离开了公司。其他失去工作的员工进入勘探项目行列，他们从未打过井，也不知道怎么打。许多真正优秀的人失去工作，是因为他们在错误的时间从事了错误的项目，或者是没有正常的培训和发展观念。

这种情况造成的结果是灾难性的。20 世纪 80 年代末，阿莫科石油公司对其业绩进行了评估，宣布在全球范围内投入了超过 10 亿美元用于勘探，但没有增加任何经济效益。在安全方面，或许正像现代油井灭火之父 Red Adair 在 1987 年 AAPG 大会午宴上所说的那样："在我职业生涯中，从来没有如此忙于扑灭火灾和井喷。公司强迫退休的方式非常可耻，所有有经验的员工都应安排在适当的油井管理岗位上"。上述问题并不仅仅局限于勘探。

作为一个公司和一个行业，我们必须重新集中精力，重新学习如何仔细而系统地进行油气勘探。对于那些没有钻井成功记录的人，他们的升职常常会停止，整个公司的升职速度也会大幅放缓。不幸的是，为了省钱，培训项目被削减，大学的捐赠和支持也被取消，没有了我们所积累专业知识和适当的勘探过程，一段长时间的混乱期随之而来。阿莫科石油公司并不是唯一出现这种情况的公司。这在整个行业都很常见，今天仍在继续。2015 年，就在我写作此书的时候，类似的大规模裁员正在发生，同时油价也在大幅下跌，历史正在重演。

1.2.7 打破范式：相信自己和数据

正是在这种没有先导经验的背景下，当看到有良好油气显示，有人快速而草率地教导"向上倾方向钻井，年轻人"。我们曾多次在有油气显示的致密储层上倾方向打井，遇到了封堵相，打出了干井。多年后，我才明白，在有致密油气显示的井周围打井时往往需要向下倾方向打井，因为致密油显示位于其圈闭上倾部位的通常是"废弃区"。关键是要在下倾方向寻找到更好的储层，这就需要开展大量的研究工作，绘制正确的相图，然后利用显示和岩石物理信息来了解圈闭。我希望当时就有人告诉我，而不是在过很久之后通过阅读文献和与真正优秀的勘探家的个人交流之后才接触到这个概念。我相信，在丹佛盆地的内部仍然残留有大量的油气，还有大量"哑井"，如果当初问对了问题，就绝对不会钻出这么多"哑井"。

我的主管曾经问我应该在盆地的哪个位置寻找下一个大油田。他还暗示我，由于该盆地已经钻了数万口井，从统计数据上看，这是一个"成熟"的盆地，几乎没有什么可找的了。他画了一条储量累积曲线给我看，"从统计学上看，这个盆地已经死亡"。

我给他展示丹佛南部的一个小镇(一个 $36mile^2$ 的区块)的情况，指出该区块有五六口井，大多数井都有令人感兴趣的油气显示。我认为该地区的油气系统一定在发挥作用，而且在某个地方应该存在油气。他很快告诉我，"这个行业的聪明员工比一年级的地球科学工作者要多得多，这个地方看起来条件非常差，这个行业已经放弃了这个地方，肯定是因为知道它不好。如果你能在那儿找到油，我将把它全部喝光"。

我所接触的是一种范式概念——是根植在某些人脑子里的一种根深蒂固的观念，它阻碍了人们"打破常规"去寻找新的油气。在那次谈话之后，我拿出一张油气资源开采矿权图，指出我所看到的该区块位于一座城市的下方，这可能是没有钻探的原因。我认为行业评估与此没有任何关系，相反，这是地面使用权和无法轻易获得钻井位置的问题。

学习质疑范式对我来说是一个很好的教训。关于那个小镇为什么不钻探井的范式已被证明是完全错误的。

而如今，一度被视为司钻坟墓的丹佛盆地，在 Niobrara 页岩、Thermopolis 页岩、Codell 砂岩和其他复杂的储层，经历了非常规资源钻探的复兴。因此，那里的常规固有模式继续被打破，盆地继续大量生产"老地区的新油气"，但有"新想法和新技术"。

1.2.8　重视流体及关键井概念

我也很早就学会了关注岩石中流体的关键细节。在丹佛盆地发现石油和天然气无形中不恰当地夸大了我的自我价值感。当我开始在俄克拉何马州阿纳达科盆地(Anadarko Basin)进行深层天然气勘探时，我"变得草率"起来，忽略了关键数据。提出了一个很好的建议井位，该井目的层位于宾夕法尼亚州地层中 Atoka 砂岩段的两个产层之间。这种砂岩具有明显的线性等厚平行结构趋势，由于它是一种临滨或浅海砂岩，经验更丰富的"老前辈"称之为"走向平行的砂体"。

这一平面分布趋势的砂体的钻井成功率非常高，因而在构造等高线和生产井的走向上都发现了油气。地震只在外围使用。我的钻井方案落在了两个有着完全相同的测井曲线、孔隙度和饱和度的产层之间，它们处于相同的构造位置。我确信我所提出的钻井位置不会出任何问题。在推荐这口井位的时候，勘探主管问了我一个简单的问题，"在你提出的目标井位侧翼有两口井存在着不同的油气比和 API 值。你不介意吗?"我对观察的结果不予理会，回答说这只是简单的沿走向的钻井，一切都会很顺利的。我在这一趋势中钻出了第一个"粉状砂"，充满了泥岩的潮汐河道封堵带，它将近海的砂体分隔开来。流体相的差异应该能明确地警示我，在这些井之间的某个地方存在一个屏障，我就可以发现它! 这是一个惨痛的教训，但是那是在花费了数百万美元之后。

我讨厌干井，但它们很难避免。在接下来的几年里，我参与了一些项目，包括区域盆地分析、广泛的野外工作以及在阿拉斯加的 Cook Inle 盆地测试几口野猫井的机会。像许多年轻的地球科学工作者一样，我从失败和成功中来审视我的未来。这种自我反省的视角使我更加努力地去更快理解岩石物理和流体分析，并研发出更好的方法来整合、可视化和理解地下数据。然而，我需要帮助，而且非常幸运地获得了对几个基于岩心的岩石物理大型综合性项目的一流的监督，这些项目涉及到由真正世界级的专家参与的碳酸盐岩和碎屑岩储层研究。

我费了好大的劲才了解到关键井的概念。丹·哈特曼(Dan Hartmann)反复告诉我，我需要知道的大部分知识，只需要从任何盆地的一两口关键井的研究中就能掌握。这些井需要观察岩石(岩屑或岩心)及良好的测井组合资料和测试信息。他向我保证，对这些细节进行研究，就能揭示出油气系统工作的大部分原理。带着怀疑的态度，我们的团队开始搜索所有可用的数据，而不是仅仅只关注一两口关键井。这项工作给我们的分析增加了几个月的时间。

在一年多的时间里，我们在两个独立项目中集中观察了 10000ft（3200m）岩心和 10000ft 岩屑。这两组数据都提供了重要的岩石信息和潜在烃源岩的定量评价信息。我们将分析结果和数据集中到一些最早可供业界使用的地质工作站中，并开始试图仔细地绘制图件并在圈闭和运移的背景下理解这些显示。在经验丰富的工作人员的监督下，我发现自己对岩石以及岩石的性质如何控制水饱和度知之甚少，这让我感到很惭愧。这表示我之前在以岩心为基础的层序地层背景下对沉积相和沉积环境的研究遗漏了大部分分析内容。

然而，更让我吃惊的是，Dan Hartmann 在关键井的概念上是正确的，我们可以通过研究关键井来节省大量的时间。我们有几口井拥有完整的信息，包括长段的岩心，这些井为我们提供了所需信息的 90% 的内容。我们最好是先把注意力集中在那些油井上，及早提出正确的问题，这样从开始到结束，项目周期可以缩短几个月。

我被要求定量分析残余油（比如在"波及"油田中的残余油、在运移路径上的残余油或在后期抬升过程中漏失的古油油藏中的残余油）和"连续相"之间的差异，"连续相"表明剩余油实际上处于一个有效的圈闭中。我重新认识到油水界面和在自由水位之上"圈闭底部"的区别。我认识到，只要岩石类型改变，整个油田油水界面就会发生显著变化。

最终，我们在工作站上生成的图件，以岩石和流体细节为基础，很好地解释了油气运移和圈闭，保证我们足以做出经济决策。一个案例可以让我们做出停止工作和放弃该区块的决定，另一个案例也可能被认为是高风险的远景区，随后被证实是一口干井。在那两年的时间里，我沉浸在岩石和流体研究之中，这也许是我一生中做出的最好的技术研究方面的决定。

1.2.9　团队价值、同行协助及风险评估

1991 年我调到休斯敦，开始参与国际项目研究工作，最初是在俄罗斯、阿塞拜疆和哈萨克斯坦工作，这些项目虽然有助于学习新文化、了解前苏联的勘探和开发实践，但对我提高对油气显示的理解作用甚微。

然而，我在 1994 年和家人一起搬迁到埃及时间长达八年半，我担任苏伊士海湾石油公司地质顾问（GUPCO，Amoco-Egyptian 伙伴关系），这项工作涉及大量的钻井作业，这段时间我学习了应用油气显示和封堵条件分析。

我们在 GUPCO 的开罗办事处挂着一条醒目的横幅："图件有问题，它总存在问题，永远存在问题。问题是，'到底哪里存在问题'"显然，工作人员的态度是正确的，这对任何勘探人员来说都是很好的建议。每一张图都存在假设、偏差和局限性。制作好的图件最好的方法是通过与持有不同观点和采用不同工作方法的人进行交流并交互来完成。最终，您需要评估该图到底哪里存在问题。这样，你就会发现更多的石油，也很少让人失望。

举个例子，从 1990 年到 1993 年，在"储量累积曲线的末段"，GUPCO 进行了一系列勘探，钻遇了 32 口干井，没有任何发现。此外，开发井只发现了勘探曾经预测的 60% 的储量，几乎从未进行过同行评议，也没有进行风险评价。数据组织混乱，有时甚至完全丢失。

需要作出改变。管理层给了我们 3 年的时间来解决问题，要么，正如管理层明确指出的那样，"关灯回家"。我们采集了三维地震，对新的、难以发现的圈闭进行了成像处理，并培训工作人员如何使用工作站（当时是新工具）以便更好地可视化、处理和集成地下数据。整个公司朝着多学科、一体化的团队方向发展，团队由地球物理学家、地质学家、数据管理

人员、油藏工程师和测井分析师组成。也许同样重要的是，我们建立了全面的同行审查和定量风险评估机制。

最初的转变比较困难，但在短短几年内，我们已经从连续 32 口干井的遗留问题发展到 75% 的成功率和 10% 的预测储量发现率。1997 年，我们的勘探团队获得了 Amoco 颁发的"勘探技术卓越奖"的最高奖项，其定量研究结果是增加和开发了数亿桶石油，显著减缓或逆转了老油田的产量递减速度（Hughes 等，1997）。

和我一起工作、学习的 128 名埃及员工以及许多外籍人士至今仍是我亲密的好朋友，我们所有人都自豪地回顾那段时光，因为苏伊士湾是另一个被"勾销"了的盆地。然而，尽管取得了所有的成功，还是有一些可以预防的失败，其中许多是作为案例研究在这本书中进行了讨论。

最后，我学会了以怀疑的眼光看待每一张图，并设想其还有其他绘制图的方法，从而对风险进行量化，之后也能够接受来自同行的批评和建议，这些被证明是成功的真正关键所在。

1.2.10　追求做事完美与速度相平衡

进行正确的风险评估和通过同行评议并获得合理的图件需要花费时间，但我们总有压力要求更快更智能地完成工作。毕竟，时间就是金钱。对一个勘探者来说重要是具有快速、彻底完成项目的能力。BP 的口号是"我们希望用 20% 的时间解决 80% 的方案"。在 GUPCO，管理层每天都会提醒我们"我们需要速度"。因此，学会在早期就对几口关键井提出正确的问题，之后再补充细节的进行，这是工作的一个重要组成部分。话虽如此，我们还是需深入到关键的细节中去寻找答案，特别是当您推荐一口可能需要花费数亿美元的建议井时，更是如此。

Robert M. Sneider（1929—2005）是 AAPG 的前总裁，也是著名的石油勘探专家，他曾经告诉我，他的公司有一套筛选、购买老油田的程序。这个过程需要有两个人在一个交易房间内花上一天时间来决定是否继续，另外四人花费四天时间所完成的审查。也提出四个基本问题：(1)是否采用了基于岩心的层序地层学和基于地震的层序地层学对储层进行了认识？(2)测井分析是否可靠，是否将其与岩心和岩屑分析进行了结合？(3)他们如何仔细研究压力历史？(4) 在测井曲线上是否存在过路油层，特别是在低电阻率的"薄层状"砂层和泥岩中？

他还告诉我，他们有一份清单，上面列的都是他们不愿涉足的公司，因为他们都把上述所提及的所有问题做得很好，经他们研究过的油田已经没有多少购买价值。但他还有另一份在这些方面做得很糟糕的公司名单，他专注于这些公司。他用这种简单的方法买下了几十个油田，增加了一倍多的产量。

我们在本书中会涉及他所关注的问题的大部分内容。他相信"需要速度"。但他的团队总是在早期就提出正确的问题，并根据岩石属性仔细研究油气显示，做出正确的决定。

1.2.11　寻找 NULF(讨厌的、丑陋的、微不足道的事实)来打破范式

尽管"需要速度"，关键的细节还是非常重要。我最喜欢的一句名言是托马斯·赫胥黎

(Thomas Huxley)所说的一句话(图1.7):"科学的巨大悲剧——美丽的假设被丑陋的事实所扼杀。"

我使用NULF(令人讨厌的、丑陋的、微不足道的事实)这个短语来描述那些经常打破完全开放的范式的信息片段。一个精明的勘探家在寻找一个新油藏时通常先去会寻找NULF。本书中的许多例子都是通过定量的显示评估获得大量的油气发现,这些发现通常是在老的干井附近或者那些已被"勾销"了的产层中发现的。被NULF否定的范式在科学中普遍存在,特别是在石油工业中。

以下是一些例子:

(1)"你不能从页岩中生产油气"。直到20世纪90年代,水平井钻井和多级水力压裂技术的出现证明这种范式是错误的。什么是

图1.7 托马斯·赫胥黎(1825—1895)
(照片来自维基语录,2015)

NULF?几个世纪以来,许多浅层油田都成功地从裂缝性页岩中开采出了石油和天然气。在钻井过程中,当油气意外地从裂缝性页岩或石灰岩中产出时,这种情况通常是偶然的事件。此外,早在1980年,乔治·米切尔(George Mitchell)就率先在得克萨斯州的巴奈特页岩(Barnett Shale)进行了水平井钻探。

(2)"尼罗河三角洲的渐新统不会有好的结果,因为渐新统没有生油岩。"这是整个20世纪90年代在埃及的普遍看法(Dolson等,2002,2004)。NULF吗?在一口重要的深海干井的流体包裹体和测井资料中发现了油气显示,其中一口井在渐新世地层有石油产出。自2003年以来的后续钻探已经证明,渐新统烃源岩是目前在尼罗河三角洲发现的许多下中新世—渐新统巨型油田的成因(Dolson等,2014a)。

(3)"你永远无法从煤炭中获得商业天然气"。尽管现在很难相信,但在20世纪80年代中期,曾有一种观点认为,来自煤炭的天然气永远不会有太大的价值。NULF吗?煤矿瓦斯爆炸的报道显示了从煤中捕获甲烷的潜力。一些早期的计算显示出煤层可用的潜在储量很大。阿莫科石油公司在20世纪80年代末尝试的第一口煤层气完井,由于含水率高而在经济上失败。该公司本来打算"放弃这个概念",但坚持不懈的工程师和地球科学家要求再钻一口井,这样他们就可以尝试不同的完井技术。正如人们常说的那样,"其他的都众所周知了"在其他公司想出正确方法之前,他们就获得了20×10^{12} ft^{3}的储量入账。(Coal gas technology is well covered in EIA 2007, Schwochow和Nuccio,2002;和Flores,2014)。

(4)"东非裂谷不会起什么作用"。直到2004年乌干达阿尔贝特裂谷(Lake Albert Rift)发现巨型油田之前,许多大型石油公司一直遵循这种范式(Cloke,2009)。NULF吗?艾伯特湖周围有超过50处石油和天然气溢出点,在其他裂谷中也有大量油气显示。一家大公司将此解释作为盆地中没有封堵,因而也没有圈闭的证据。另一些人则认为这是一个尚未勘探的圈闭内存在油气系统的证据。有趣的是,Tullow和Heritage钻探的第一口井发现了CO_2并被废弃。在打第二口井后开启了Kingfisher的发现之旅,坚持就有回报。

在上述所有这些情况下，观察油气显示是打开油藏的关键，问题是如何从不同的角度看待它们，而不仅仅是用消极的眼光。

1.2.12　关注致密储层的油气显示

在过去的几年里，我一直是迈阿密大学的兼职教授，通过 AAPG 的研讨会和咨询的机会和许多地质学家教授交流石油地质学。不断地接触新的地球科学家和新油藏，让我不断地意识到，有很多东西我"真的不知道我以为自己知道的事情"。但也表明，无论在哪个国家，都存在一种共同的技术语言。

2004 年，我来到俄罗斯莫斯科的 TNK-BP 公司担任勘探方面的高级地质顾问。这段经历让我重新振作起来，在这里不仅是因为我要学习俄语，还因为我想了解俄罗斯的勘探方法，以及一套全新的基于电阻率的测井工具和勘探流程，而这些都是我以前从未使用过的。我有机会与 TNK-BP 和其他公司以及大学里的数百名俄罗斯地球科学家进行交流。然而，尽管有许多共同点，但在涉及到层序地层学、油气系统分析和油气显示评价等方法上仍存在较大的差异。

我们的俄罗斯员工为了获取常规的孔隙度、渗透率和岩石性质的信息，钻取了数不清的岩心，但很少去岩心库实地观察和描述岩心，也很少去定量地思考油气显示。他们也从来没有在勘探中用毛细管压力数据（第 5 章）来确定一个圈闭中油气显示在自由水位之上可能高度。致密岩石中较低或极低的石油采收率被认为是负面的，而没有作为一个比已采出的石油更大、更富集的圈闭的标志。如今，许多西方公司都存在这种观念上的差异。

因此，在我们所有的培训中，我们把重点放在了油气显示、地层学、油气运移和岩石物理学上。在这一过程中，我们在下切河谷沉积中由低幅度构造和多重封堵形成的复杂的侏罗系地层圈闭中发现了 30 多亿桶原油（Dolson 等，2014b）。我们观察的所有井都是位于较低幅度的构造中，构造幅度一般不超过超过 15m（第 2 章对圈闭进行了详细定义）。油气显示指示了这些圈闭的位置，实际上并不是构造圈闭，而是一个大型地层圈闭的一部分。

1.2.13　永远没有足够的资料，坚持不懈终会有好结果

在我 35 年的从业经验中，不同的公司和个人对待风险的方式给我留下了深刻的印象。有些人会遇到"分析性瘫痪"，纠结于他们缺少什么数据，而不是他们拥有什么数据，行动过于缓慢以至于无法做出承担风险的决定。而另一些则像球员一样会在比赛中提前开球，占据场上优势，这些公司创造了巨大的财富，而且往往拥有在早期失败中坚持下去的能力。

成功的公司，面对早期和负面的结果，如果他们仍然相信成藏组合，利用这些知识，寻找出下一步该做什么的思路就有所不同。如果做不到这一点，往往意味着过早地放弃一个好主意。这一点在勘探领域一再得到证明，公司每年都会根据同样的数据，造就出赢家和输家，但他们的观点和精力却各不相同。

特别幸运的是，我在凯恩能源印度公司（Cairn Energy India）担任了 6 年的轮职顾问，据我所知，凯恩能源印度公司是世界上为数不多的在过去 15 年里发现了两个新的含油气盆地的公司之一，这两个盆地分别是巴默裂谷盆地（Barmer Basin Rift）和斯里兰卡近海盆地（Offshore Sri Lanka)。然而，凯恩能源（印度）公司在 Barmer 盆地的故事不同寻常，因为他们开始研究该盆地时，所掌握的信息很少，但他们通过努力设法找到了一个全新的盆地（Dolson 等，2015）。

在 20 世纪 90 年代早期，该盆地只是一个推测性的，埋藏在一个毫无特色的沙漠之下，地表没有什么特征，也没有油气显示。重、磁力数据显示，丰富的坎贝裂谷向北延伸，1998 年采集地震数据并进行了处理，钻出了第一口井。这一发现是由壳牌石油公司、印度政府石油公司（ONGC）和凯恩能源公司（Cairn Energy）合作完成，虽然在经济效益上令人失望，但在一套薄的砂岩储层中，每天仍能够采出 2000bbl 石油，在储层品质较差的火山岩中也发现了天然气。2000 年，壳牌石油公司和印度政府石油公司放弃合作关系，将全部控制权交给凯恩能源公司（Cairn Energy）（当时是一家独立经营营的小公司，位于苏格兰爱丁堡），凯恩能源公司在他们钻探的第 14 口探井时发现了大型 Mangala 油田。

坚持不懈为成功铺平了道路。凯恩能源公司没有消极地对待早期的结果，而是看到了一个新盆地的潜力。第一口井的测试结果表明，那里存在一个有效的油气系统，但他们必须找出优质储量的分布位置。壳牌石油公司和印度国家石油公司在相对较小的区域内只测试了三口井的几种圈闭类型，而凯恩能源公司决定测试盆地的其余部分。作为钻探活动的一部分，他们努力选择：（1）对各种类型的圈闭进行测试；（2）收集尽可能多的信息，以增进对盆地的了解。在经历了 13 口令人失望的井（但总体上发现了约 2×10^8 bbl 的石油地质储量，但在经济上还不够）和在即将退出的时候，他们在 2004 年用第 14 口井发现了巨大的 Mangala 油田。与早期所钻的油井有所不同，Mangala 油田拥有几个达西渗透率的高质量油藏。该油藏原油表面呈蜡状，需要加热才能生产，但显然是经济的。之后，该公司的员工从 18 人发展到 2000 多人，石油日产量从每天 1.3×10^4 bbl 发展到每天 25×10^4 bbl，这是一个了不起的成就。

他们一直致力于收集数据，建立了最好的地下数据库，包括油气显示、岩心、流体包裹体、磷灰石裂变轨迹、有机地球化学、放射性年龄数据以及二维和三维地震数据。这些数据巩固了他们对含油气系统的理解，有助于约束和模拟烃类的三维运移，并利用地震反演技术对盖层和储层进行量比。尽管地下数据库非常庞大，但每口井都会带来一些惊喜。通常情况下，作为全面风险评估的一部分，其中一些结果已经在钻前进行了讨论。

最终，正是由于他们能够从所获取的少量信息里看到全局的能力，将他们与那些过早退出盆地、缺乏洞察力和信息的公司区分开来。坚持不懈的努力最终得到了回报。

1.3 地震背景知识

关于地震的全面论述远远超出了本书的范围，但在这里需要理解一些基本概念。第一个也是最重要的概念是，地震数据是通过震源车、炸药或任何能产生波的震源"重击"水面或陆地并产生声波而获得的（图 1.8）。关于地震数据采集和处理的详细信息最好的来源是耶尔马兹所著的相关文献（Yilmaz 2008a，2008b）。而三维地震整体解释工作流程的最佳资源是由 Brown（2011）提供相关资料。

声波在地下传播时，穿过不同密度的岩石，在遇到这些岩石界面时，会加速或减速。界面处声波速度和岩石密度的乘积称为"声阻抗"。通过界面处反射，地震波能量返回到地表，由检波器进行接收并记录其到达时间，然后由计算机进行处理，恢复到反射波在时间和空间上的原始位置。处理过程比较复杂，通常涉及到超级计算机，可能需要几个月的时间才能交付一套可用于解释的地震数据体。

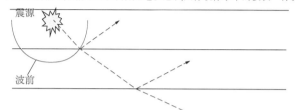

地震反射原理

A.声波穿过不同密度的地层界面时，发生界面反射，并返回不同时间的反射信号，该信号以秒或者是毫秒记录,图像就像像水中的波纹一样。

B.通过对返回信号进行时序、能量的处理形成合成数据，这种合成数据有助于认识信号并将其归位到空间中的合适的位置

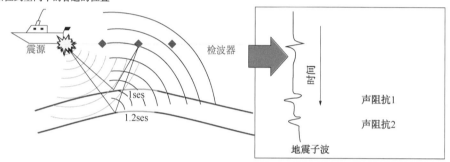

图 1.8　反射法地震：时间域采集和处理(地震子波是绘制反射界面的主要可视化工具。地震子波记录了不同岩石类型界面速度的变化，这些岩石类型具有不同的速度。修改自 BP-Chevron 钻井联合体课程讲义修改，经许可刊载)

地震的关键在于，它实际上是唯一的一种能够直接显示井间关系的工具。例如，井与井之间或井上是否存在断层？沉积相横向是如何变化的？油藏分布在哪里？封堵带分布在哪里？在某些情况下，甚至可以利用地震资料检测油、气与水的分布，从而直接发现油气，这一过程称为 DHI(直接碳氢化合物指示或叫烃类指示)。DHI 非常棒，它可以大大降低勘探风险，但是大多数人认为 DHI 所检测的地震特征响应可能是由岩石性质变化引起而不是流体引起的。

能够看到界面速度变化是解释反射率的关键。为了直观地观察储层和断层，进行声波阻抗对比非常必要。例如，如果多孔砂岩与周围泥岩具有相同的速度和密度时，那么利用地震就区分不出砂岩。当界面上下的速度和密度不同时，地震波的性质会发生变化(图 1.8)。阻抗对比度越高，反射率和振幅越大。小波分析是详细了解储层封堵性和储层变化的关键方法和技术。振幅强度和其他属性是从地震中提取数据的关键参数。

影响波阻抗(从而影响振幅)的因素主要包括：(1)岩石类型；(2)压实作用；(3)孔隙度；(4)孔隙胶结；(5)流体类型(水、油或气)；(6)异常地层压力；(7)埋藏深度。

地震勘探主要有三种类型(图 1.9)。

最古老的反射地震方法是在 20 世纪 30 年代发展起来的地面二维采集方法，到 20 世

地震勘探类型

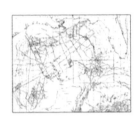

2D:

*普通陆上地震
*通常多服务商，处理技术(系统混乱)
*不规则间距(尤其是陆上，越过障碍物时)
 一条线一条线推断断层和相图)
*三维地震采集之前用于勘探作图

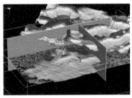

3D:

*可以认为是小间隔二维地震,炮点间隔通常几十米
*通常由单一服务商进行处理
*具有完整的三维可视化的能力
断层和相的变化可以进行精确的可视化,因此解释误差较小
*大部分目标,尤其是费用昂贵的深水作业项目都利用三维地震进行钻井

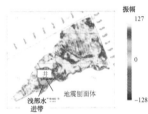

4D:

*震源和接收点按前后相同的位置,分几个月或者几年重复进行三维地震采集
*如果应用质量好的数据,足以区分出流体和岩石的组分
*最典型的应用是随时监测油田的生产情况,通过数月或者数年的油田开采,地震特征的变化将会反映出哪个部位发生了水进或者是哪个部位的油气没有得到有效的开采

图 1.9　主要的地震勘探类型(二维地震主要用于大面积的区域调查，而三维地震在较小的尺
度上反映更多的细节，四维地震适用于当前正在开采的油田，这些油田在开采过程中，
流体性质的变化可以通过声波阻抗随时间的变化而成像。
由 BP-Chevron 钻井联合体课程讲义修改，经许可)

纪 80 年代，三维地震开始实验测试。与通常间隔较大且方向不规则(尤其是在陆地上)的二维地震不同的是，三维地震是用短距离的检波器进行面积接收。由此产生的"地震立体"包含了足够多的数据来实现三维反射率的可视化。地震可以进行垂直切片，就像二维切片一样，也可以从上到下观察，就像在不同深度的图件上从上到下剥离图层一样。利用三维地震能够更详细地观察断层三维空间的展布、储层连通性(或不连通)以及井间沉积相的变化。

四维地震采集方法是通过将记录仪器固定在相同的位置(通常是在海底)并每隔 6 个月左右重新采集一次 3D 地震数据来完成，该方法也称之为时移地震。该类地震主要用于跟踪和预测油田生产过程中流体饱和度的变化。一些非常好的论文对这一概念进行了详细的解释和应用效果分析(Calvert 等，2014；Marten 等，2002；McClay 等，2005；Riviere 等，2010)。

地震数据可以用多种方式进行可视化。可以列出的显示类型比较多，图 1.10 给出了几个示例。每一种显示方式都有各自不同的特点。许多解释人员都有自己喜欢的色标或成像工具。不过，不管采用什么方式对地震数据进行显示，都可以对具有相似特征的断层和层位进行逐条测线的解释，或在 3D 数据体中用可视化的方法进行解释，确定它们的空间几何形态。最终解释出断层、不整合面甚至地震相的变化。地震振幅信息也很重要，因为强振幅反射可能代表着速度的急剧变化。

对于岩石，我们讨论的是"粗粒、分选差"的相，然后将其与沉积体系联系起来，如

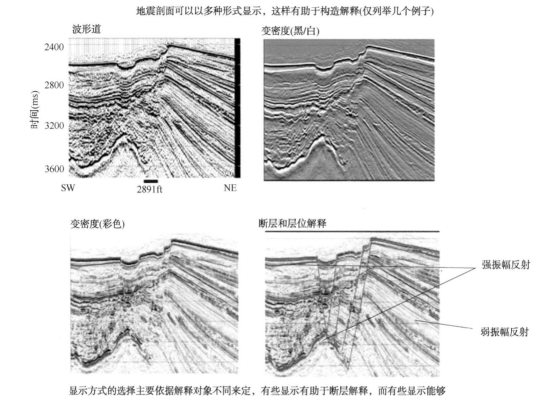

地震剖面可以以多种形式显示，这样有助于构造解释(仅列举几个例子)

显示方式的选择主要依据解释对象不同来定，有些显示有助于断层解释，而有些显示能够
更好地帮助识别地震相和可能的沉积环境的解释，地震相一词主要是指地震特征的相似模
式的总称，比如杂乱相、平滑–相平行等。画出这些相模式能够有助于确定岩相的分布，进
而考虑到之后的封堵、储层和圈闭。

图1.10　不同的地震观测方法(地震解释有时可能会让人上瘾，有许多种方法处理和可视化数据，
有多种标准进行绘图和解释。改编自BP-Chevron钻井联合体课程讲义，经许可)

辫状河道或泥石流。地震相解释也是如此，比如"平滑平行反射"或"杂乱反射"。这些模
式是由沉积体系的变化引起的，沉积体系的变化可以与井和岩心相结合，用于构建地震
相图。反过来，这些属性又可以进行进一步的定量模拟，通常是利用一种叫做"地震反
演"的技术来完成，也就是推导出子波的声学特性与流体饱和度、岩性或孔隙度之间的数
学关系。

　　这本书的大部分内容都是关于如何用封堵性进行油气运移模拟的。封堵性几何形状是由
断层和相变化控制的，如从多孔储层到封堵性泥岩。为了建立高分辨率的油气运移模型，高
质量的三维地震数据必不可少。

　　认识地震分辨率的限制非常重要。

　　油藏规模的地震分辨率很难达到，因为它需要高频率的地震数据，而这在数据采集中很
难得到。地震能量也会随深度增加而减弱，因此观测的越深，频率就越低。地震子波的分辨
率一般由波长、频率和速度控制。当速度除以频率达到1/4波长时，这是地震分辨率的
极限。

　　在图1.11中，分辨率为30m。你可以把它想象成三层楼那么高，然后你在寻找一个只
有一层楼高或更低的油藏。地震资料将粗略描绘出几套储层和封堵层的大概，但不只是一

层。在苏伊士海湾，地震资料在深层频率可能降低到10Hz或以下，这意味着我们在深层只能解决600ft(157m)厚的储层，同时会漏掉大量的看不见的断层。

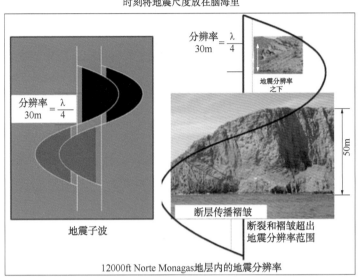

本例中地震分辨率能够识别30m厚的储层，事实上，高分辨率地震也许能够识别3~4m的储层，但是具有那样的分辨率可能不同寻常。大部分沉积层序的厚度都小于30m，因此，低分辨率的地震资料实际上很难精准地获取封堵模式和储层

图1.11　地震子波分辨率(从一张地震图像中很容易高估它真正要解决的问题。分辨率的大小应该时常牢记在心中。图修改自BP-Chevron钻井联合体课程注释，经许可)

另一个问题是时—深转换。地震是时间域采集的，然后进行处理并在深度域建模。许多显示在时间域的东西并不代表其在深度域里的真实的几何形状。如图1.12所示，由于浅层存在一套高速的盐层，存在速度拉升现象。盐岩的速度比围岩的速度要高，所以声波在盐层中传播的速度比在其他岩性中传播的速度要快，从而到达地表的速度比通过其他岩石的速度要快。深度处理是为了将时间域数据转换成地下合适的界面深度，这样时移量有时会很大。

此外，在图1.12中，处理的地震剖面中反射波产生的假象并不能反映真实的地层情况，只能反映声波的运动方式。这些假象必须从最后的处理中去除；承包商使用的软件或采用的处理流程将原始地震数据转换成深度域或时间域时，可能会产生另外一些复杂的问题。不同的解释员和不同的软件可以提供不同的深度转换方式。

不过当工作进展顺利时，得出的结果可能是非常令人惊奇。小波级细节分析可以较准确地揭示沉积相和断层(图1.13)。

图1.13中的图片展示了来自三维地震的几何图形，实际上看起来像现代的沉积体系(Posamentier，2006a，b)。例如，图1.13A为地震显现的白垩纪河流相储集层，图1.13B为现今地球表面类似沉积体系的航拍图。同样，图1.13C-E所示的古深水浊积河道、中新世、泥盆纪礁体和陆架台地边缘清晰可见。

当我咨询年轻的地球物理工作者时，他们经常给我看一些没有明显几何形状的地震振幅

地震剖面时间域和深度域显示

A.地震采集、解释通常在时间域进行

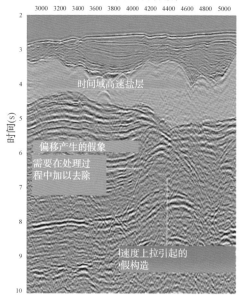

B.最终结果要求转换到深度域

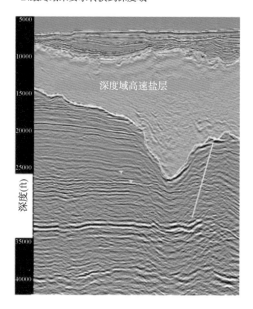

图 1.12　时间与深度的关系(深度模型的好坏取决于转换时间数据所花费的时间和精力。同样，分辨率和准确度也必须考虑进去。修改自 BP-Chevron 钻井联合体课程笔记，经许可)

图，如果几何形状不清晰或者类似于现代沉积体系，那么成像就不是很好，而且可预测性也有限。我经常听到"反推"说，"数学常识告诉我们，浅亮色的反射振幅应该是砂体特征"。在进一步的讨论中，我们发现他们提取振幅时所选取的间隔为 500m 厚，而目标的厚度不超过 25m。因此，振幅图显示的是 20 个不同的储层和封堵层组合成的一套层系。因此，地质学上的成像特征消失，这归根结底是分辨率问题。

本书介绍的地震图将用来帮助我们解释如何观察储层，封堵和圈闭。地震数据也可以用来模拟地层压力，这是第 4 章中讨论的主题。读者并不需要像地球物理学家那样掌握后面章节的内容，不过，重要的是要记住以下一些关键问题：

(1)地震是时间域采集的而处理是在深度域里进行(这句话值得商榷，其实大部分地震资料是在时间域处理的，只不过在叠前深度偏移处理技术出现之后，才有深度域地震数据，译者解释)。

(2)地震分辨率受速度和频率的限制。永远要注意尺度和限制。

(3)三维数据是准确定义井间沉积相或断层间关系所必需的，而使用二维数据时需要在测线间进行内插。

(4)地震数据可以用来识别流体(DHI)和岩性。

(5)地震反演是指对地震速度进行建模的过程，输出结果可以是孔隙度、净毛比、封堵能力、压力或其他参数。地震子波的分辨率及其包含的信息是保证地震预测精度的关键。

当频率合适,三维地震能够显示出宏观的断层和相的形态

A.白垩纪河流体系 B.现代河流体系,航拍照片 C.地下深水浊积河道

  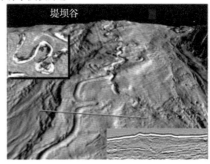

D.地下碳酸盐礁滩,马来西亚 E.泥盆纪碳酸盐岩,加拿大

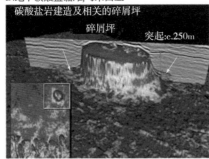 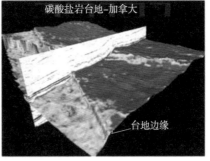

图片来自Henry Posamentier,经许可

图 1.13 高分辨率三维地震相可视化[当在小波尺度上使用高品质三维地震数据进行解释时,就可以得到断层和沉积相的极好的和高相似度的几何特征。图件来自未发表的 AAPG 杰出讲座之旅的 Henry Posamentier 提供(Posamentier,2006a,b)]

1.4 新工具:油气运移建模和显示校准的进展

两大主要技术正在迅速改变我们对地下油气显示的理解能力:地震成像和油气成藏模拟。如前所述,在过去的 20 年里,从采集、处理和软件角度来看,地震技术取得了惊人的进步。这些进步极大地降低了勘探风险。与我 1979 年进入该行业时相反,20% 的成功率不再被视为"好的",公司通常以 50% 或更高的成功率进行钻探。

一个值得称赞的目标应该是零失败率,但这个目标可能还在遥远的未来。我相信,未来勘探成功的很大一部分将主要来自地震和油气成藏模拟软件的结合,再加上合理的推理和对油气显示位置的深刻理解。我们有能力在储层规模上对岩性、孔隙度、饱和度、裂缝系统和其他地震属性进行越来越多的量化,这意味着我们能够更好对封堵性和圈闭几何形状进行量化。成藏模拟软件正在稳步提高利用断层封闭性和相变化来对水动力、压力和油气运移进行建模的能力。但最终,油气显示信息或许是少数几种能够验证模型的方法之一。油气运移建模不仅可以在三维空间中进行,而且可以作为时间、温度和压力的函数来完成。然而,尽管有了这些进展,验证一个模型需要对已知的油气显示进行定量的理解。

1.4.1　蜘蛛图到三维模型

定量显示评价的主要目的之一应该是对油气运移和圈闭模型进行重现的能力。流体流动和运移的早期概念(Gussow，1953；Hubbert，195)在过去的60年里取得了长足的发展。标准分析依赖于"蜘蛛图"，该图试图预测油气从"烃源岩灶"中的成熟烃源岩向圈闭中的运移(图1.14)。我第一次接触蜘蛛图(有时被称为"毛犬"图)是在20世纪80年代初，使用的是ZMAP+软件。该软件将沿着垂直于构造等值线方向的线用来标记潜在的油气运移路径。假设条件是，如果没有遇到障碍，油气会垂直于构造线流动。这些早期的模型只考虑了简单的流体流动，由于断层或相的封闭性，无法显示沿运移路径上的圈闭。它们也不能将地下压力信息或水流等其他限制因素考虑进去。图1.14是蜘蛛图成图的一些基本概念的图片。在这本书中，有许多更复杂的模拟运行的例子，利用封堵和流体动力学的三维运移，极大改变了运移路径和圈闭成藏。

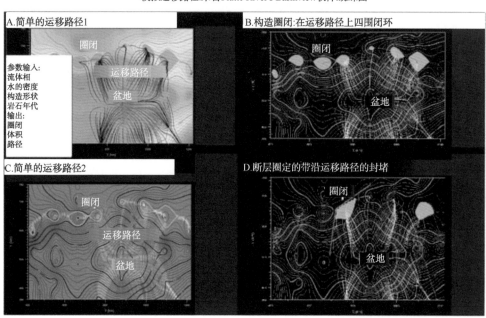

图1.14　蜘蛛图模拟了烃类从成熟烃源岩灶到烃源岩灶侧面圈闭中流动的模型(软件已经变得越来越复杂，包括地下压力、成熟期的时间和温度控制、流体力学和多重封堵以及圈闭几何形态预测。然而，所有的模型都需要校准并用显示数据来验证其准确性。由Jay Leonard，Platte River Associates，Boulder，Colorado 提供)

目前有许多出色的油气成藏模拟软件包(表1.2)。本书中的例子集中于 Trinity 软件(http://www.zetaware.com)工具上，因为我使用的就是这套工具，且发现它显示二维和三维剖面和层的数据库非常方便、容易。该软件还具强大的网格编辑和电子表格可视化的优势，软件包中的工具允许快速修改图件，并能够在运移模型中测试大量不同的油藏和封堵组合。

表1.2　一些常见的可进行油气系统运移建模软件包

软件包名称	下载地址	说　　明
Trinity 3D	www. zetaware. com	二维和三维运移建模与1D埋藏史包和动力学包。极好的网格和图编辑工具
Petromod	http：// www. software. slb. com/ products/ foundation/ Pages/ petromod. aspx	斯伦贝谢公司产品，具有超强的复杂三维建模能力
TemisFlow	http：//：/ beicip. com/Petroleum - system -assessment	BeicipFranlab 三维建模包
Permedia	http：// www. permedia. ca/	哈里伯顿油气系统建模解决方案，原名M-path
Basinmod	http：//platte. com/ software/ basinmod - 2012. html	二维三维运移和埋藏历史建模；普拉特河联合公司
MIGRI	http：// www. migris. no/ software/ migri	基本运移建模工具

我坚信，每一位探索地球的科学家都需要越来越多地了解如何运用这些软件工具，并将它们的油气显示数据库放置在油气运移环境中。

然而，这本书并不是专门介绍软件应用的，它介绍了岩石的基础、岩石物理、压力、岩石地球化学与油气的关系、水动力和油气运移等内容。是关于采用一些基本工具来认识这些复杂的精美图形的模型，是有用的还是存在错误的。我最喜欢的一句话是20世纪著名的统计学家 George Box 的一句话，这句话也醒目地张贴在 Zhiyong He 的 Trinity 网站上：

"所有的模型都是存在问题的，但某些模型还是有用的"。

虽然我们在构建三维运移模型方面还有很长的路要走，这些模型需要使用足够多的层和细节来获得完美的结果，但是现在有很多工具可以测试关于时间和空间运移的想法。下面的例子能够让我们了解到可以通过油气运移和封堵模拟来完成的一些事情，但是最好记住上面的引用和其他关键的概念：

图件是存在问题的，它总存在不少问题，问题是它存在什么样的问题？

我曾见过数百种油气系统模型，其中一些是20世纪80年代用手工绘制的，但现在几乎都是使用计算机软件进行绘制。在此过程中，我有机会参与了几百口井的钻井，并发现我完成的图件可能存在很多问题。这种学习过程是无价的，因为计算机生成的图件非常精美并具有诱惑力，尤其是当你自己是完成这些图件者的时候，这些图看起来可能非常棒，但也可能是完全错误的。

建立一个油气运移模型，需要输入的数据包括诸如构造和断层几何形状的精确图件、带封堵能力和储层属性的相模型等。还需要了解烃源岩及其年龄、地球化学性质和成熟史。油气运移的时间可以模拟，但通常不能验证，因此任何模型都存在一定范围的误差。尽管如此，大多数模型都很好地解释了已知的油气聚集。但是，所有的模型都需要用来自油井甚至是地震的油气显示数据信息进行校准。当大多数或所有已知的油气分布可以用一个模型来解释时，进一步的钻井位置或开发下一个油田就可能会变得更加容易。第5章提供了一个科罗拉多州和犹他州的四角地区的很好历史案例。

我坚信，最好的软件允许快速迭代、可以快速修改网格、断层、相图和其他数据，然后重新运行模型。对多个模型进行测试常常会发现，有一些解决方案给出的结果比较类似但是输入的参数不同。当你理解了你所完成的模型的好坏有可能所带来的风险时，你就可以在此基础上很好地做出经济决策。

1.4.2 模型开发和可视化的实例

图 1.15 使用 Trinity 软件展示了一个简化的垂向和横向运移模型。不同的颜色表示不同层模拟的油气聚集模型。左图大量潜在的圈闭显示为棕褐色和绿色多边形。每个圈闭的颜色随其所建模的级别而变化。圈闭可以在构造剖面 A—A′ 和三维视图中看到。对这些油气聚集进行模拟时需要对每一层顶封容量进行简单调整，然后使用简单的 3D 运移方案来选择油气聚集最多的地方。这是一个高度简化的模型，无法准确描述各盖层的封隔能力的复杂性，也没有考虑断层或沉积相变对模型的影响。然而，该模型很好地构建了一个基本的、快速的了解如何在一个地区进行运移模拟工作的过程，以及在钻井之前可能会导致勘探失败的因素。该模型只能通过查看现有井控中油气显示的位置来验证。

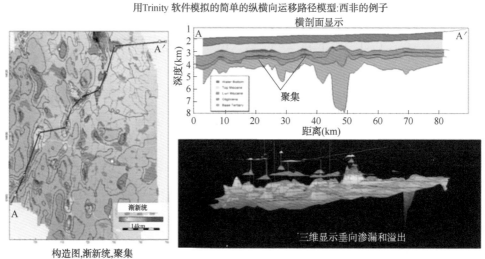

图 1.15 使用 Trinity 软件简化垂直运移模型[西非的例子。在烃源岩上方四层的顶部封堵层的封堵能力
(以柱高定义)已经发生了变化，以评估油气可能的垂向运移方式。构造图上不同颜色的多边形
表示在不同层次上的聚集。一个三维模型(右下角)显示，由于构造封闭
性超过盖层密封能力，垂向泄漏和溢出形成了多个圈闭]

校准这些模型通常需要对区块所钻井油气显示进行分析，并对它们在运移模型中的剖面和平面位置进行分析(图 1.16)。该模型采用埃及地区的断层封堵能力和多个构造层面，应用 Trinity 3D 运移预案建立。这个模型的重要之处不仅在于它做对了什么，还在于它做错了什么。它成功地预测了 5 号井位置的 FMT4 层油气富集。预测了 2 号井 FMT8 层有残余油存在，而之前此段测试为干层，成功预测了 4 号井 FMT8 的油藏。不过，它也预测了 2 号、3 号和 5 号井在 FMT 6 中不存在油气聚集。通过改变模型中的其他参数，也许可以解释这些干层的级别。即使通过模型进行了解释，该模型也可能无法预测整个地区的情况，但是如果模型明显是错误的，那么将其应用在其他地方时就存在风险。

在模型和井之间取得完美匹配非常困难。要做到这一点，就需要有非常精确、可靠的构造图和地层图，以及足够多的细节，以便或多或少地在地震模型中模拟油气运移，而地震模

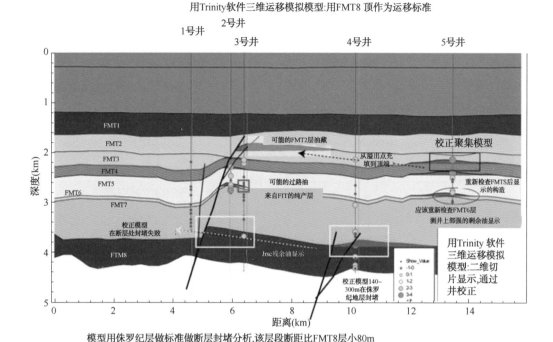

图 1.16 采用 Trinity 软件进行三维偏移仿真得到的结构截面
（在井中投上显示数据，以校准运移模型。见正文论述）

型比现实情况简单得多。更复杂的是，从地震模型到稀疏井控模型，人们对岩石性质在纵、横向上的详细理解受到限制。地震反演是一个复杂的过程，超出了本书讨论的范围，但书中涉及到寻找算法，以及将地震速度数据转换为有意义的岩石属性和流体数据，以模拟和预测岩相和圈闭。正如前文所讨论的，反演模型的精度取决于地震数据的频率和所使用的处理技术。最终，任何解释员的目标都是能够准确地描述三维空间中的流体和岩石，并能够模拟出油气是如何在垂向和横向上的运移以及何时进入圈闭的。

这就类似于通过快速发展的成像技术提高分辨率来了解人体的复杂性一样。尽管这种成像技术取得了一些进展，但要在分子水平上了解人体结构以预防或治疗疾病，我们还有很长的路要走。理解 $1km^3$ 大小的岩石的变化是一个类似的挑战，因此，所有的油气系统模型虽然大体上接近真实，但仍然存在内在的问题，这只是因为我们没有所有必需的工具和所需的地震分辨率来完全模拟在运移和充注发生的规模上的地球内部的变化。

如图 1.17 所示，一条深度域地震剖面，在 Trinity 软件中，用简单的比例因子将原始地震（上部）的振幅变化转换为储层/封堵对（中部），最下面的图是模拟的深层烃源岩垂向运移的剖面。这种"快速观察"运移的方法并不是一种复杂的三维地震反演模型，反演模型能从岩石速度精确估算封堵能力，而是一种能够比例化振幅特征的简单模型。由此产生的运移模型以二维的方式从概念上说明了油气从烃源岩穿过许多潜在的圈闭并向海底运移的复杂性。在某些区域，低幅度构造不允许油气强烈的垂向运移和聚集、横向溢出，而在剖面图中的构造的右边，在垂向上，断层作用和油藏/封堵带并置的位置允许油气进行垂向运移。

快速观察用地震振幅在封堵和油藏方面的变化模拟的油气运移模型

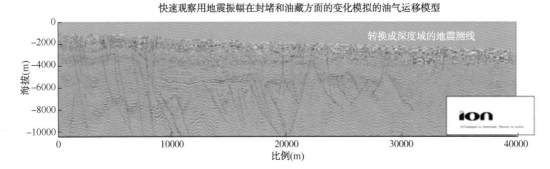

转换成深度域的地震测线

振幅变化转换成封堵能力

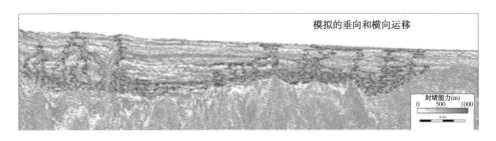

封堵能力(m)
0   500   1000

模拟的垂向和横向运移

封堵能力(m)
0   500   1000

用Trinity软件完成的模拟。注意:运移不是严格的垂向的,封堵几何形状的快速变化强烈地影响垂向运移。需要用井校正和渗漏来测试模型,现在有许多软件可以将地震体积转换成油藏/封堵来模拟迁移

图 1.17 简化了的纵向和横向运移模型深度域地震剖面(包含地震属性的完整三维体运移模型很难构建,
但在构建时,仍然需要校准到已知的聚集积和显示上。顶部:深度域地震剖面。
中间:根据振幅差异将地震剖面转换为包含封堵带和储层的剖面。
底部:模拟的石油从烃源岩向地表运移的剖面。剖面由地球物理公司提供,经许可使用)

油气成藏模型只能通过海底渗漏或油井研究来校准。在大范围的三维空间中,从地表到目标深度的各个层面上,在油藏规模上对油藏和封堵能力进行正确的建模几乎是不可能的。

当利用显示数据对任何油气系统模型进行校准时,最好记住一点,地球通常比当今我们所拥有的工具能够进行解释的要复杂得多,但是随着技术的不断进步,这些工具会变得越来越好。正如医学技术一样,解释和预测包膜的能力也在不断变化,而且越来越好。

1.5 总   结

即使拥有快速先进的进行油气运移和盖层封堵的建模能力,有些事情也不会改变。井中的油气显示、地表渗漏和地球化学信息对于理解和校准运移和圈闭模型仍然至关重要。从油

气显示和岩石中提取信息的核心概念将保持不变。在一个越来越强调软件操作的时代，特别是使用三维地震技术和油气成藏模拟软件，依靠基本原理来了解这些工具的局限性和潜力是关键。一张巨幅的计算机图形和三维显示可能是极其的不准确，但看起来非常好看，就像一幅绘画大师的画，看起来是一个奇迹。因此，当模型看起来非常漂亮时，模型中的缺陷往往被忽视。

　　本书中列出的一些原则在未来将得到完善和发展，但其基本概念应保持不变。一旦你习惯了把油气的显示看作是一个油气生成、运移和圈闭的动态过程，你就在一定程度上发现了石油和天然气。当你学会了评价控制含水饱和度、含水率、流体相、压力和流体流动的岩石属性时，打破旧的范式并找到新的油气资源将变得更加容易。

　　今天的石油工业面临着巨大的挑战，就像我 1979 年刚进入职场时一样。它再一次经历了从退休人员到下一代石油勘探人员的大规模知识转移。经常被称为"伟大的船员更换"落在了我们的身上。同样，快速发展的技术、对计算机模型的日益依赖、钻井技术的变化以及全球地缘政治的迅速转变也是如此。我已从事石油和天然气勘探 36 年，现今使用的工具是我刚开始工作时做梦也想不到的。我的学习历程依然充满坎坷、崎岖，我相信，对于今天刚进入这个行业的人来说，当他们读到这本书之后，在 36 年之后回首往事时会说："我真希望当初我就能够知道我现在知道的东西"。

　　我希望这本书能帮助任何一个进行油气勘探的新手，能够在寻找新圈闭过程中"快速掌握"进行油气显示、封堵和运移评价等关键技术。

参 考 文 献

Arps JJ, Mortada M, Smith AE (1971) Relationship between proved reserves and exploration effort. J Pet Technol 23:671-675

Arringdon JR (1960) Predicting the size of crude reserves is key to evaluating exploration programs. Oil Gas J 58: 130-134

Belopolsky A, Tari G, Craig J, Illife J (eds) (2012) New and emerging plays in the eastern Mediterranean: an introduction, vol 18. Petroleum Geoscience, The Geological Society of London, London, 372 p

Brown AR (2011) Interpretation of three-dimensional seismic data, 7th edn. v. AAPG Memori 42/SEG Investigations no. 9. American Association of Petroleum Geologists, 315 p

Calvert MA, Roende HH, Herbert IH, Zaske J, Hickman P, Micksch U (2014) The impact of quick 4D seismic survey and processing over the Halfdan Field, Danish North Sea. First Break 32:43-50

Cloke I (2009) The Albert Rift, Uganda: a history of successful exploration, IRC-Egyptian Petroleum Exploration Society (EPEX), Cairo, Egypt, AAPG Search and Discovery Article #10192

Detterman RL, Hartsock JK (1966) Geology of the Iniskin-Tuxedni region, Alaska, United States. Geological Survey Professional Paper 512, p 78, 6 sheets

Director (2014) Chapter six: oil and gas exploration, development, production, and transportation, Southwest Cook Inlet oil and gas exploration license: Director's written finding. Alaska Department of Natural Resources, p 19. http://dog. dnr. alaska. gov/leasing/Documents%5CBIF%5CExploration _Licenses%5CSW_CookInlet%5CSWCI _Ch6. pdf

Dolson J, Burley SD, Sunder VR, Kothari V, Naidu B, Whiteley NP, Farrimond P, Taylor A, Direen N, Ananthakrishnan B (2015) The discovery of the Barmer Basin, Rajasthan, India, and its petroleum geology. Am Assoc

Pet Geol Bull 99:433-465

Dolson JC, Atta M, Blanchard D, Sehim A, Villinski J, Loutit T, Romine K (2014a) Egypt's future petroleum resources: a revised look in the 21st century. In: Marlow L, Kendall C, Yose L (eds) Petroleum systems of the Tethyan region, Memoir 106. American Association of Petroleum Geologists, Tulsa, OK, pp 143-178

Dolson JC, Boucher PJ, Dodd T, Ismail J (2002) The petroleum potential of the emerging Mediterranean offshore gas plays, Egypt. Oil Gas J:32-37

Dolson JC, Boucher PJ, Siok J, Heppard PD (2004) Key challenges to realizing full potential in an emerging giant gas province: Nile Delta/Mediterranean offshore, deep water, Egypt. Petroleum Geology: North-West Europe and Global Perspectives—Proceedings of the 6th petroleum geology conference, pp 607-624

Dolson JC, Boucher PJ, Siok J, Heppard PD (2005) Key challenges to realizing full potential in an emerging giant gas province: Nile Delta/Mediterranean offshore, deep water, Egypt. 6th Petroleum geology conference, p607-624

Dolson JC, Pemberton SG, Hafizov S, Bratkova V, Volfovich E, Averyanova I (2014b) Giant incised vally fill and shoreface ravinement traps, Urna, Ust-Teguss and Tyamkinskoe Field areas, southern West Sibertian Basin, Russia, American Association of Petroleum Geologists Annual Convention, Houston, Texas, Search and Discovery Article #1838534, p 33

Dolson JC, Shann MV, Matbouly S, Harwood C, Rashed R, Hammouda H (2001) The petroleum potential of Egypt. In: Downey MW, Threet JC, Morgan WA (eds) Petroleum provinces of the 21st century, Memoir 74. American Association of Petroleum Geologists, Tulsa, OK, pp 453-482

Dolson JC, Shann MV, Matbouly SI, Hammouda H, Rashed RM (2000) Egypt in the twenty-first century: petroleum potential in offshore trends. GeoArabia 6:211-229

Dolson JC, Steer B, Garing J, Osborne G, Gad A, Amr H (1997) 3D seismic and workstation technology brings technical revolution to the Gulf of Suez Petroleum Company. Lead Edge 16:1809-1817

EIA (2007) US coalbed methane: past, present and future. Energy Information Administration Office of Oil and Gas, Washington, D.C., p. 1

ENI (2015) ENI discovers a supergiant gas field in the Egyptian offshore, the largest ever found in the Mediterranean Sea. http://www.eni.com/en_IT/media/press-releases/2015/08/Eni_discovers_supergiant_gas_field_in_Egyptian_offshore_the_largest_ever_found_in_Mediterranean_Sea.shtml. ENI, p 1

Flores RM (ed) (2014) Coal and coal bed gas: fueling the future. Elsevier, Waltham, MA, 697 p

Gold R (2014) Why peak-oil predictions haven't come true. Wall Street J, Sept 29 2014

Gussow WC (1953) Differential trapping of hydrocarbons. Alberta Soc Pet Geol News Bull 1:4-5

Halbouty MT (1972) Oil is found in the minds of men. Gulf Coast Assoc Geol Soc 22:33-37

Hubbert MK (1953) Entrapment of petroleum under hydrodynamic conditions. Am Assoc Pet Geol Bull 37:1954-2026

Hubbert MK (1967) Degree of advancement of petroleum exploration in the United States. Am Assoc Pet Geol Bull 51:2207-2227

Hughes SC, Ahmed H, Raheem TA (1997) Exploiting the mature South El Morgan Kareem reservoir for yet more oil: a case study on multi-discipline reservoir management, Middle East Oil Show and Conference, Bahrain, Society of Petroleum Engineers

Hyne NJ (2012) Nontechnical guide to petroleum geology, exploration, drilling and production, 3rd edn. PennWell Corporation, Tulsa, OK, 698 p

Klett TR, Attanasai ED, Charpentier RR, Cook TA, Freeman PA, Gautier DL, Le PA, Ryder RT, Schenk CJ, Tennyson ME, Verma MK (2011) New U S. Geological Survey method for the assessment of reserve growth. World Petroleum Research Project. United States Geological Survey, Reston, VI, p 11

Lie O, Skiple C, Lowrey C (2011) New insights into the Levantine Basin, GeoExPro. Geopublishing Ltd., London, pp 24-27

Magoon LB (1994) Tuxedni-Hemlock(!) petroleum system in Cook Inlet, Alaska, U.S.A. In: Magoon LG, Dows WG (eds) The petroleum system-from source to trap. American Association of Petroleum Geologists, Tulsa, OK, pp 359-370

Marten RF, Keggin JA, Watts GF (2002) The future of 4D in the Nile Delta (abs.). International Petroleum Conference and Exhibition, p A56

McClay KR, Dooley T, Whitehouse PS, Anadon-Ruiz S (2005) 4D analogue models of extensional fault systems in asymmetric rifts: 3D visualizations and comparisons with natural examples. In: Dore AG, Viking BA (eds) Petroleum geology: North-West Europe and global perspectives—proceedings of the 6th petroleum geology conference. Geological Society of London, London, pp 1543-1556

Narimanov AA, Palaz I (1995) Oil history, potential converge in Azerbaijan. Oil Gas J 93:4

Patterson R (2015) Why peak oil is finally here. In OILPRICE.com (ed). http://oilprice.com/Energy/Crude-Oil/Why-Peak-Oil-Is-Finally-Here.html

Peace D (2011) Eastern Mediterranean: the Hot New Exploration Region, GeoExPro. Geopublishing Ltd., London, pp 36-41

Posamentier HW (2006a) Imaging elements of depositional systems from shelf to deep basin using 3D seismic data: implications for exploration and development, AAPG Dean A. McGee Funded Distinguished Lecture

Posamentier HW (2006b) Stratigraphy, sedimentology and geomorphology of deep-water deposits based on analysis of 3D seismic data: reducing the rick of lithology prediction, AAPG Dean A. McGee Funded Distinguished Lecture

Rice DD (ed) (1986) Risk analysis and management of petroleum exploration ventures: AAPG studies in geology # 21. American Association of Petroleum Geologists, Tulsa, OK, 265 p

Riviere MC, Robinson ND, Tough K, Watson PA (2010) 4D Seismic surveillance over the Azeri-Chirag-Gunashli Fields, South Caspian Sea, Azerbaijan, 72nd EAGE Conference and Exhibition, Barcellona, Spain, EAGE, p 5

Roberts G, Peace D (2007) Hydrocarbon plays and prospectively of the Levantine Basin, offshore Lebanon and Syria from modern seismic data. GeoArabia 12:99-124

Rose PR (2001) Risk analysis and management of petroleum exploration ventures. American Association of Petroleum Geologists, Tulsa, OK, 178 p

Rose PR (2012) Risk analysis and management of petroleum exploration ventures (multimedia CD). American Association of Petroleum Geologists, Tulsa, OK, p 178

Schenk CJ, Kirschbaum MA, Charpentier RR, Klett TR, Brownfield ME, Pitman JK, Cook TA, Tennyson ME (2012) Assessment of undiscovered oil and gas resources of the Levant Basin Province, Eastern Mediterranean. World Petroleum Resources Project. United States Geological Survey, Reston, VI

Schlumberger (2015) Oilfield glossary. Schlumberger Corporation. http://www.glossary.oilfield.slb.com/

Schwochow SD, Nuccio VF (eds) (2002) Coalbed Methand of North America: II. Rocky Mountain Association of Geologists, Denver, CO, 108 p

Steinmetz R (ed) (1992) The business of petroleum exploration: treatise of petroleum geology; handbook of petroleum geology. American Association of Petroleum Geologists, Tulsa, OK, 382 p

Stieglitz T, Spoors R, Peace D, Johnson M (2011) An integrated approach to imaging the Levantine Basin and Eastern Mediterranean: new and emerging plays in the Eastern Mediterranean, p 15-19

Whitson CH (1992) Petroleum reservoir fluid properties. In: Morton-Thompson D, Woods AM (eds) Development geology reference manual. American Association of Petroleum Geologists, Tulsa, OK, pp 504-507

Wikipedia (2014) Schlumberger brothers, Wikipedia. http://en. wikipedia. org/wiki/Schlumberger_brothers

Wikipedia (2015) Thomas Henry Huxley, Wikipedia. http://en. wikiquote. org/wiki/Thomas_Henry_Huxley

Yilmaz O (2008a) Introduction. In Doherty S, Yilmaz O (eds) Seismic data analysis: processing, inversion, and interpretation of seismic data: investigations in geophysics No 10, vol. 1. Society of Exploration Geophysicists, pp 1-24

Yilmaz O (2008a) Seismic data analysis: processing, inversion, and interpretation of seismic data. In: Yilmaz O (ed) Investigations in geophysics, No 10. Society of Exploration Geophysicists, Tulsa, OK, p 2028

2 圈闭、封堵、油藏与油气显示基本要素

摘 要

当储层在某个时间获得从烃源岩中运移而来的烃类充注时，在有效的封堵和圈闭几何匹配就位时便形成了油气圈闭。集中对运移路径上的圈闭进行的勘探称为常规勘探。常规勘探涉及到对二次运移的理解。在过去的 20 年里，人们越来越关注非常规勘探，即把重点集中在烃源岩本身中残留的烃类的勘探。在烃源岩内产生的油气称为初次运移。

有许多不同的圈闭几何形状，它们都依赖于闭合幅度的概念。闭合幅度被定义为沿运移路径构造等值线终止于封堵带之间的等高线之差。定义封堵的几何形态和运移路径需要理解岩石性质、埋藏史和压力变化。圈闭的大小受最弱封堵能力和可供进入圈闭的油气的量所控制。如果圈闭顶部的浮力超过了最弱的封堵能力，圈闭就会在上倾方向发生外溢。

岩石中的孔隙提供了容纳油气的空间，但连接孔隙系统的孔隙喉道的分布是含水饱和度、封堵能力以及油水界面与自由水位等的主要控制因素。残余烃显示总是位于自由水平面以下，必须与位于圈闭的内自由水平面以上的连续相显示区分开来。

2.1 油气系统：初次、二次运移和非常规勘探

油气系统主要由四要素组成：(1)富含干酪根的烃源岩在埋藏和成熟过程中排出烃类；(2)自烃源岩排出后的有效的运移通道；(3)将油气封堵在运移通道上的封堵带；(4)保存油气的储集层。油气在烃源岩中生成运移的过程称为初次运移。初次运移的油气分子只移动很短的距离，并停留在烃源岩层内。如果这些油气进入渗透性岩层，它们就会向上继续运移，直至到达圈闭内或在地表消散。这种从烃源岩本身运移到渗透性输导层的过程称为二次运移(图 2.1)。目前的勘探工作主要集中在这两种类型的油气系统上，不仅要开采富含干酪根的烃源岩中残留的石油，而且还要开采沿二次运移路径上被截留在渗透层中的石油。

油气在二次运移过程中形成了许多不同类型的油气圈闭，但它们都有一个共同的基本特征：沿运移通道形成一系列有利的封堵几何体。勘探油藏的目标大致可归类为常规油气圈闭和非常规油气圈闭。

"非常规"正在迅速成为"常规"勘探的一种类型，因为随着"非常规"行业实践变得更加常规，不断上升的成功率正开始重新定义"非常规"一词。然而，在本书中，"非常规"一词指的是针对烃源岩初次运移中的勘探。"非常规"一词还包括煤层气和某些类型的致密砂岩气。在致密砂岩中，圈闭本身定义不清，但气藏是可开采的。

烃源岩层一般需要水力压裂才能产出油气，且其产层局限于成熟的油气窗口，部分油气

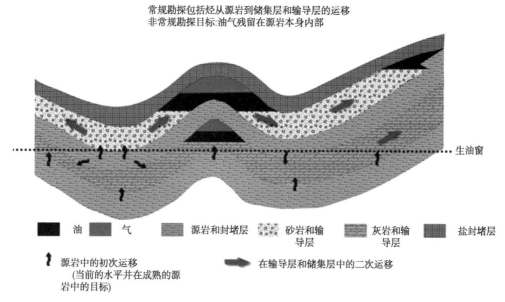

常规勘探包括烃从源岩到储集层和输导层的运移
非常规勘探目标:油气残留在源岩本身内部

图 2.1 常规与非常规圈闭及油气运移(修改自 England 等,1991)

仍滞留在烃源岩中。非常规烃源岩油藏开发的一个最重要的驱动因素就是大量油气仍滞留在干酪根中,且从没有进入二次运移通道。因此,对于任何给定的盆地,非常规源岩油藏即生成的大部分油气通常仍残留在烃源岩中。"常规勘探"一词指的是在构造、地层或水动力圈闭中通过对二次运移通道进入储层的油气进行勘探,即从源岩侧向或垂向运移至圈闭内的油气。

油气显示分析可以帮助我们发现油气的初次和二次运移通道。例如,当钻遇烃源岩时,钻头会频繁摩擦烃源岩使其中的油气释放出来,通常伴随钻井液中逸出的气体增加钻井工具可收集这些油气显示数据。同样地,在岩屑中的油气显示、特别是在沿输导层的区域封堵带下面或者在岩石的流体包裹体中,经常可以识别出运移路径。稍后我们将详细地介绍这方面的内容。

2.2 圈闭、孔隙、溢出点和封堵

潜在的圈闭类型有很多。图 2.2 说明了常见的圈闭类型以及圈闭闭合线和溢出点的概念。油气圈闭需要运移、储层和一定几何形态的封堵层组合,匹配形成封闭的空间来容纳油气。储集岩通常是砂岩或碳酸盐岩,也可以是裂缝性花岗岩、火山岩甚至页岩(非常规)。简言之,只要岩石中存在有足够的空间来容纳烃类分子的孔隙系统,储层就会存在。孔隙度是岩石中孔隙空间的百分比。如果不存在孔隙,就没有空间容纳石油、天然气或水。孔隙将在本章后面更详细地讨论,可以看作是类似于房子的内部结构,房间是孔隙。孔隙通过孔喉相互连接,孔喉类似于房间之间的门。孔隙和喉道尺寸在决定地层是否含油气方面起着重要作用。孔隙喉道(门)越大,孔隙(室)之间的连通就越好,油、气就越容易进入储层。这种机制与油、气分子相对于孔隙喉道(它比比碳氢化合物分子大得多)的大小无关,而是与流体和岩石系统的毛细管压力有关,本书第 5 章将详细讨论这一问题。

相比之下，封堵带是低孔隙度或微孔性的孔隙喉道，如果几何形状合适，运移的油气无法通过，就会被截留。封堵带的岩性多种多样，最常见的是由泥岩、粉砂岩、致密碳酸盐岩或蒸发岩和盐类形成。然而，当孔隙空间几何形状或毛管压力足以克服驱动运移的力时，就会形成封堵。在第 4 章和第 5 章我们将讨论利用岩石和压力数据来定量分析封堵能力，以及利用油气显示的变化、钻井信息或压力恢复测试等资料来识别封堵的方法。

"闭合幅度"术语是在早期由绘制地表背斜构造的等高线图发展而来的。当等高线"闭合"形成一个圆形或椭圆形时，圈闭就被认为是"闭合"的。随着时间推移，闭合幅度一词的概念被进一步扩展，包括任何与封堵带相交并在两侧封闭的等值线高差(图 2.2)。大多数圈闭需要多个封堵的几何组合，通常是顶部、侧面和底部封堵。等值线不能闭合的点称为"溢出点"。在钻井前，大部分的勘探远景区都是在假定盆地中有足够的油气运移的前提下进行的。这种情况可能并不总是如此，但是如果所有的封堵都起作用，并且有足够的油气到达圈闭，那么圈闭就会被"充满而溢出"，而聚集的下倾极限通常会达到溢出点的构造面位置。

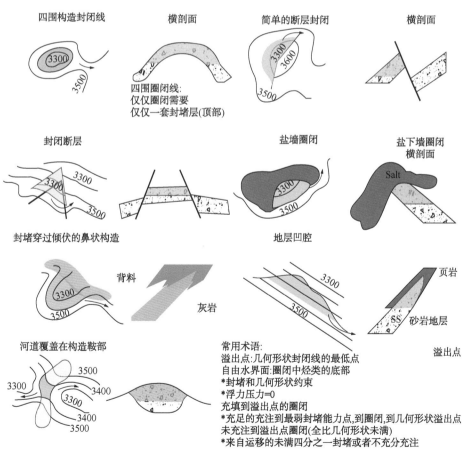

图 2.2　常见的圈闭类型和闭合幅度概念

最常见的富集的圈闭是四围闭合线构造，在这种圈闭中，储层被褶皱成穹窿状或封闭的背斜状，油气聚集主要受顶部盖层和构造闭合幅度控制。在这些类型的圈闭中，可能存在多个"叠合油层"，具有不同的油水界面甚至流体类型在垂向上是分层的。它们是迄今为止最容易用地震构造图绘制的圈闭，如果是在明确的运移路径上，或者在圈闭内部存在层间源岩、储层和盖层的组合，则钻探风险最低。

盐下或盐墙封闭线也很容易识别，但需要精细的地震处理和精确的时—深转换，这一过程可能非常困难且费用昂贵。在这种情况下，构造等值线加入断层的简单地震构造图件就足以迅速观察到"闭合幅度"和圈闭大小。与复杂的盐穹和分离的盐岩推覆体相关的圈闭也拥有非常可观的"叠合"石油地质储量。盐岩和其他蒸发岩形成上凸的盖层，可以控制较长的油柱高度。当今世界的深水钻井大多集中在"盐下"储层中，这些盐下储层被褶皱或断裂断入盐墙、悬于盐下或完全分离的推覆体之下。这些都是非常极具吸引力的远景区，但需要特殊的地震采集、处理和解释技术。

不过，闭合幅度本身可能无法定义油气聚集量的大小。油、气柱高度被定义为圈闭所能控制的油、气的真实垂直高度。如果圈闭完全充满，则称为"满溢"。利用油、气柱高度可以间接对封堵能力进行预测。在一个经验证的500m油柱高度的圈闭中，从油水系统来看，给出的在最弱封堵层处的最小封堵能力应该是500m。

然而，许多构造的油气并没有充注到溢出点，因为一个或者多个封堵层控制油柱高度的能力要低于最大封闭线几何形状所能控制的油柱高度。这些圈闭是"充至最弱封堵能力"。不过，没有充注到溢出点的另外一个原因其实很简单，那就是在运移通道上没有足够的油、气到达圈闭。这类油气聚集是"有限充注"的圈闭。

但即使消除了充注的风险，仍然面临着封堵能力的风险。封堵失败可能是在大多数盆地打出干井的最大原因之一。封堵能力一般用高度(m或ft)来表示。

图2.3给出了一个没有充注到几何溢出点的构造的示例。如果断层封堵，几何溢出点会在2400mTVDSS左右(海平面真垂直深度，在这种情况下，是正数，所以2400m是最低点)。然而，储集的原油只有200m，在这种情况下，如果沿运移通道有足够的充注量，那么圈闭没有被充满至溢出点的唯一解释就是顶部盖层或断层发生渗漏。由于只有200m的柱高，最弱的封堵(无论那是什么)上的封堵能力一定是在200m处遇到了流体-水系统。

有些好的封堵层可能是薄层，除非存在可能抵消封堵层的断层，否则封堵层的厚度并不重要。因此，在存在断层的地层段中，较厚的封堵层非常需要，但薄的封堵层也可能是有效的。例如，在图2.4中的中新世和白垩纪页岩显示出非常好的封堵性。我在职业生涯早期接受的一个行业"范式"是，不整合面的底部砂岩是油气运移通道，不能形成封堵。阿塞拜疆的Shabandag油田是这一"规律"的数千个例外之一，其海侵滨岸相油藏是被次生的中新世页岩油藏的顶部和侧面封闭形成。油柱高度很大。在某些情况下(Amirkhanly Field，图2.4)，超覆圈闭甚至反转，但仍然控制可观的油柱高度。

即使是微小的成岩作用变化也能形成显著的封堵。以陆上不整合面为例，古土壤可以完全阻塞孔隙系统，并形成大量圈闭。Martinsen等(1994)记录了怀俄明州下白垩纪泥质地层的几个实例。

另一个需要记住的关键点是，对于任何给定的岩石类型，封堵能力会随流体类型的变化

三围断块背斜未充填至溢出点

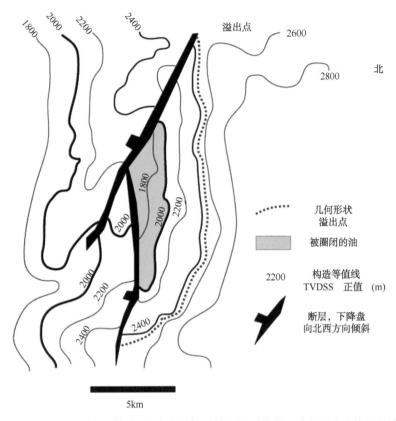

图 2.3　一个未充至溢出点的构造(造成这种情况的原因可能是运移的原油充注不足或断层封堵能力差，在这种情况下，在断层的一侧或两侧的油限制 20m 以内)

而改变。这是因为天然气比石油轻得多，因此在地下的浮力更大。当圈闭慢慢充满时，浮力就会增加，此时圈闭顶部的浮力最大。相反，在圈闭或自由水(FWL)底部，浮力为零。浮力越大，封堵失效的可能性就越大。

从概念上讲，这就像是人在池中漂浮一样。如果你想下沉，你需要呼出空气，增加身体密度，直到你下降到不能再下降的点为止。在油气田中，那个平衡点是自由水位。如果你增加重量使其密度变大，你会下沉得更深。因此，在一个封闭的 500m 的圈闭顶部，一个气田实际上可能有较大的浮力，以至于在 300m 的气柱高度时，它会突破最薄弱的封堵。这个圈闭，即使有 500m 的几何封闭线，也不会聚集超过 300m 气柱高度的气。而在同一个圈闭的稠油—油水系统中，由于烃类和水的密度不同，浮力较小，圈闭很容易被充满到几何溢出点。

断背斜和断层圈闭(图 2.5)是另一种比较容易识别的圈闭类型，但除圈闭四周封闭之外还会有其他风险。如果四周闭合只需要有效的顶部盖层封堵，而断层和所有其他圈闭都需要多重封堵。断层圈闭具有很大的吸引力，如四周闭合，断层两侧可以形成许多层叠加地层，形成具有多套油气柱和油气—水界面的大型油藏。然而，断层封闭性失效也很常见，要么是断层直接通过开启的裂缝渗漏，要么是断层两侧的储层在断层上的并置关系导致渗漏。

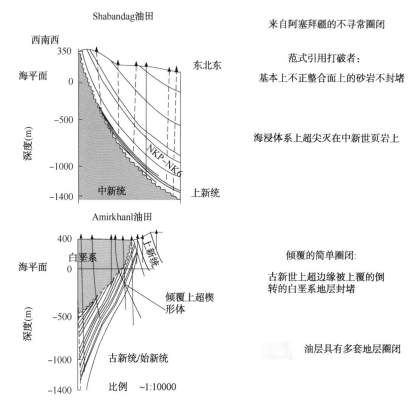

图 2.4 在陡峭和复杂的构造单元中，页岩盖层能够非常有效地控制较长的油柱高度的原油
（原图由阿塞拜疆巴库 SOCAR 公司 Akif Narimanov 提供）

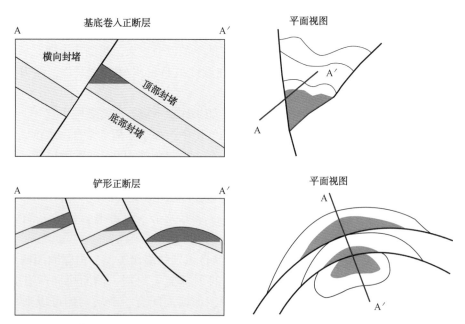

图 2.5 典型的断块圈闭[与地层圈闭一样，圈闭烃类也需要多层封堵。圈闭 A
总共需要 4~6 个封堵，只要有一个封堵失效就意味着没有圈闭。修正自 Biddle
and Weilchowsky(1994)。经 AAPG 批准重印，进一步使用须经 AAPG 的许可]

　　组合圈闭是指地层超伏强烈，甚至占主导地位的构造，如倾伏的鼻状或在构造鞍部褶皱的河道发生的沉积相的变化。

　　地层圈闭发生在储层向上倾方向侧向尖灭到盖层中。这些圈闭形成于各种各样的沉积环境中（Dolson 等，1999）。图2.6说明了在被动大陆边缘环境中能够形成区域性圈闭的常见原生沉积地质构造。

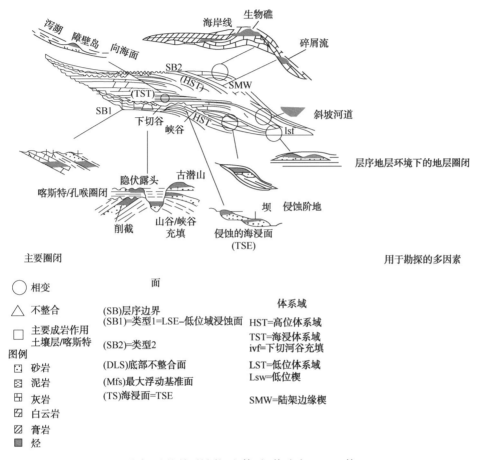

图2.6　形成地层圈闭的同沉积体系[修改自 Dolson 等(1999)。
经 AAPG 许可转载，需要获得 AAPG 的进一步许可才能继续使用]

　　与断块圈闭一样，多重封堵在地层圈闭中也是必须的，但与断块圈闭不同的是，地层圈闭很少有"叠合油气藏"也很少有多个盖层与储层的多重组合形成大型油气藏。大多数地层圈闭只包含一套储层，不像断层和四围闭合的圈闭那样具有吸引力。地层圈闭虽然在统计上包含的巨型油田较少，但它是全球最常见的圈闭类型，几乎在每一个油气区都存在。

　　图2.7为区域不整合面下侵蚀形成的典型地层圈闭。古潜山的东北和南部两侧是因等厚层的 Opeche 页岩而闻名的侵蚀洼地。这些较厚的地层是古河流系统的一部分，很可能是荒凉的山谷，在后期的海侵中大部分被红色页岩所充填，形成了相当好的封堵。最终，Opeche 页岩将储层段完全覆盖，形成顶部和侧向双重封堵。砂岩储层段曾是沙漠沙丘的一部分，被一套由致密白云岩形成的另一套盖层所封堵。在这个形成了合适的封闭几何形状的封闭条件

下，后期构造倾斜，油气运移至该地层，从而封堵聚集了油气。在所有的地层圈闭中，这三种封闭性都需要共同作用来保存和圈闭油气。

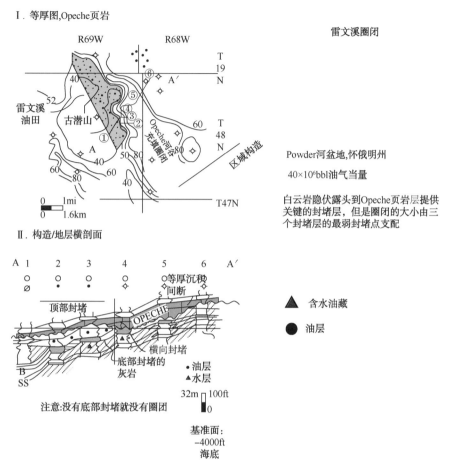

图 2.7 典型的地层圈闭[与断块圈闭一样，顶部、侧面和底部必须有封堵。油柱高度由圈闭几何形状和最弱封堵点的封堵能力所控制。来自 Dolson 等人(1999)。经 AAPG 许可转载，需要获得 AAPG 的进一步许可才能继续使用]

大型地层圈闭(定义为大于 $1×10^8$ bbl 石油可采储量的油田)是可能存在的，通常位于大型角度不整合圈闭中，如普拉德霍湾(Specht 等，1987)或东得克萨斯油田(Wescott，1994)，但实际上在每一种类型的沉积体系中都发现了大型地层圈闭油田。在某些情况下，地层圈闭甚至无法识别，直到钻出构造、异常的油气显示以及在闭合线以下还出现持续地生产，告诉解释人员"一切都不是它看起来的那个样子"。

地层圈闭的变化是经成岩改造的圈闭或流体圈闭(图 2.8)。

成岩作用改造的圈闭形成于胶结物改变孔隙网络并产生内部封闭性的地方，如果不通过测井、岩心、压力或其他数据对系统中的显示和封闭性进行定量分析，通常很难识别到这种圈闭。这些类型的圈闭数量众多，产量也很大，这就强化了一个概念，即并非所有的封闭性都存在于页岩、盐或其他显而易见的岩性中。许多封堵只是孔喉的几何形状的改变。如图 2.9 所示，硬石膏胶结物堵塞了原本多孔的白云石，形成侧向封堵。

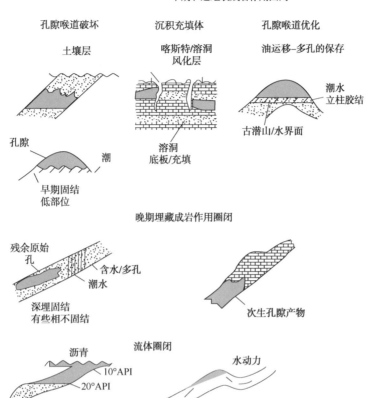

图 2.8　成岩作用形成的圈闭[来自 Dolson 等(1999)。经 AAPG 许可转载，
需要获得 AAPG 的进一步许可才能继续使用]

流体和水动力圈闭也很常见(Vincelette 等，1999)，而且常常无法识别。流体圈闭是由流体密度或超压的变化引起的。许多油田都有商业轻质油，这些轻质油是保存在沥青胶体表层的下倾方向，在那里，流体自身的变化形成对较轻的烃类的部分封堵。水动力圈闭出现在有水流的地方，无论是浅盆地还是深盆地，压差或压头将油气推向圈闭侧翼位置(图 2.10)。这个主题在第 4 章中有详细的介绍。

这些圈闭往往被忽视，特别是在超压盆地中。许多圈闭可能还有待发现，这些圈闭的构造已经在顶部进行了测试，只发现了很小的油柱高度，其实由于水动力的倾斜造成真正的"战利品"是处在远离侧翼的地方。

若能从测试和显示数据中找出圈闭的位

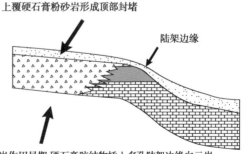

图 2.9　一种由硬石膏胶结物引起的成岩改造白云岩侧向封堵[尤其是碳酸盐岩油气藏的封闭性非常复杂，需要对测试、显示数据进行仔细分析，才能识别出单纯从测井曲线上不明显的封堵层。摘自 Dolson 等(1999)。经 AAPG 许可转载，需获得 AAPG 的进一步许可方可继续使用]

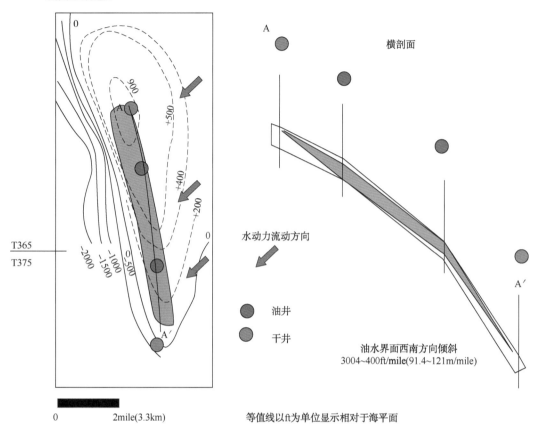

图 2.10　一个水动力圈闭[由 Vincelette 等人(1999)修改]

置，则不需知道圈闭为什么会存在。有些圈闭很难界定，只有通过仔细检查油气显示数据才能发现。"盆地中心"的天然气聚集就是一个很好的例子，它出现在没有明显的构造特征或地层封闭线的含水层的下倾圈闭中。科罗拉多州 Wattenberg 大型油田就是一个很好的例子(图 2.11)。1970 年，阿莫科石油公司的地质学家 R. A. "Pete" Matuszczak 发现了该油田。他注意到丹佛盆地底部的十多口井的下白垩系低孔隙度砂岩有可移动气体指示，这些指示来自测试、录井或油气显示。他绘制了一张该区周围井的产量图，并注意到干井的产水量向盆地中心方向稳步下降。在不了解原因的情况下(这一点目前仍在争论中)，他在图上画了一条线，在这条线上，他看到没有可移动水的证据，只有饱含气的致密砂岩。他推测，也许水力压裂法可以使这些井变得经济可采，并向管理层提出：在可容纳 100 万人口的丹佛政府机关所在地的地下存在一个大型天然气田，并沿着科罗拉多州的落基山脉分布。一开始，管理人员非常怀疑，因为他无法解释这个圈闭，也无法解释那么凑巧，让这栋建筑正好坐落在一个大型油田之上，因为之前已经有人钻探过这片区域了，在一无所获之后就离开了。结果，管理层不断拒绝为其提供资金来测试他的想法。最后，他终于说服了管理层，获得了一口井的钻探许可，"其他的都众所周知了"，这口发现井证明了他的想法。40 年后，该油田仍在继续生产。这是一个极好的例子，说明了为什么理解油气显示是寻找油气的重要组成部分，而其他人却忽略了这一点。

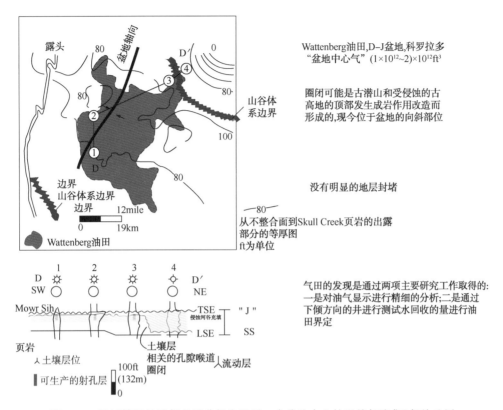

图 2.11　通过精细的油气显示分析发现了一个盆地中心的天然气聚集[仅从地层
或构造资料无法识别出明显的圈闭。该圈闭可能与"潜山"顶部的古土壤发育有关，
其两侧为多孔的、可渗透的切入河谷网络，被成岩作用的孔喉堵塞所封闭。TSE 指
的是"侵蚀海侵面"，LSE 指的是"低水位侵蚀面"。Weimer 等(1986)修改]

2.3　风险评估：考虑封闭性、构造和储层品质

　　在所有的勘探远景区中，封堵性的定量评价必不可少。在运移的烃类充注量不受限制的
圈闭中，油气柱高度由最弱的封堵能力决定。这条规则没有例外。当处理多个封堵时，会遇
到更高的风险。考虑图 2.12 所示的情况。

　　在钻井前，对四围构造圈闭的远景区进行了预测，认为顶部封堵起作用可能性为 70%。
邻井资料显示了储层良好及充注良好的构造，排除了其他因素的风险。在这种情况下，预钻
四围构造目标有 70% 的成功率。相反，在一个古风成沙丘形成的地层圈闭中，圈闭需要顶
部、侧面和底部三个方向的封堵才能发挥作用。即使油气充注和储层是确定的，也存在着相
当大的风险。一个顶部盖层的等厚图或构造图可能显示潜山顶部的闭合线，但如果底部封堵
成功的概率只有 20%，顶部和侧向封堵成功的概率为 70%，远景区将只有 10% 成功的概率。
因此，仅仅有一个封堵面的"封闭线"是不够的。

　　断层封堵的机制也是同样的道理。在断层并置但未能在断层之间或断层带内封堵的三围
断层封闭线的构造上已经钻出了无数的空构造，随后的钻井都是干构造。对断层或地层封堵
性和风险的钻前评估是充分评价预期钻前的必要条件。

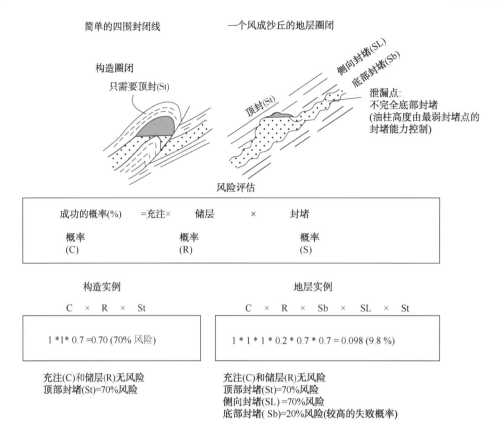

图 2.12　通过封堵性评价，研究了最弱封堵性控制的圈闭大小及预期
规模对钻前风险的影响[摘自 Dolson 等 (1999)。经 AAPG 许可转载，
需要获得 AAPG 的进一步许可才能继续使用]

此外，封闭线内的构造幅度必须尽早考虑，以此来评估好的封堵性所必须拥有的油气聚集量。在第 4 章和第 5 章中，这一点将更详细地进行阐述，但是考虑构造闭合幅度和流体类型是钻前评估的关键。一个简单的筛选标准就是对油(气)柱高度与圈闭几何形状的定性认识。以图 2.13 为例，在曲流河道中嵌入一个典型的地层圈闭，显示了两种不同的区域构造倾斜角。尽管圈闭的几何形状相同，但由于构造斜率不同，构造的溢出点也不同。由于最弱封闭线的封堵能力限制在 100ft，这两个圈闭都不会被充注到几何形状的溢出点。然而，在构造倾角较低的情况下如果它覆盖更大的面积就会圈存更多的油。

另一个关键的问题是流体类型，一个可以控制 100ft(32.8m)气柱高度的封堵能力，可以轻松地控制 500ft(152m)的油柱高度。图 2.13 所示的圈闭，如果其有一个 100ft(32m)的封堵气体的能力，就可能控制 500ft(152m)或更高油柱高度的石油。在稠油等密度较大的流体中，它们会被充注到溢出点。流体密度的差异对封堵性能影响很大，而气体的密度较轻，比石油更难封堵。下一节和第 5 章将更详细地介绍相关内容。特别是在气藏中，每一种类型的烃类—水体系的潜在密度和封堵能力都有很大的变化范围。

在对圈闭进行评价时，几何溢出点应首先被视为圈闭的最大可能位置。最小圈闭位置可能由最弱封堵点处的封堵能力来决定。当你展示一个远景区的时候，你需要同时展示这两种

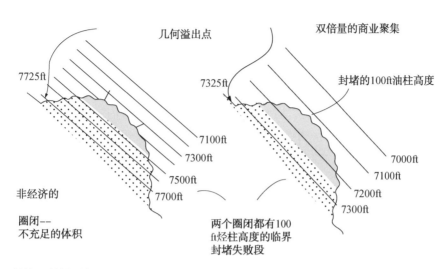

构造倾角率和封堵能力:
一个快速筛选工具

几何溢出点　　　　　　　　双倍量的商业聚集

7725ft　　　　　　　　7325ft　　　　封堵的100ft油柱高度

7100ft
7300ft　　　　　　　7000ft
7500ft　　　　　　7100ft
7700ft　　　　　7200ft
7300ft

非经济的

圈闭--
不充足的体积

两个圈闭都有100
ft烃柱高度的临界
封堵失败段

其他区关键问题:
(1)流体类型是什么?(气在这个系统里可能不封堵)
(2)岩石类型是什么?(圈闭中岩石质量差生产将会是非经济的)

图 2.13　筛选工具和需要考虑的事情(构造倾斜率与最弱封堵的
封堵能力之间的关系。该圈闭示例不是"充注到溢出",而是
"充注到封堵能力最弱的封堵点"。经 AAPG 许可转载,需要获得
AAPG 的进一步许可才能继续使用)

方案,这样你的资助者或经理就能明白他们所面临的风险。你所做出的经济分析将基于"风险和非风险"两方面来进行,因此"积极的一面"显而易见,但风险也是如此。在大多数情况下,经济决策是基于远景区或作为潜在油藏开启者具有重要意义的井这两方面的投资组合而做出的。预钻风险量将在决策过程中扮演重要角色。

　　更复杂的是,如果储层中的岩石性质不太好,100m 柱的圈闭就可能无法形成商业圈闭。储层品质会因岩石类型的不同而有很大的变化,而且储层在圈闭内纵、横向变化也很快。储层品质和饱和度变化的实例如图 2.14 所示。这些岩石中的油渍有很大的不同,这在一定程度上反映了原油进入孔隙空间的难度。图 2.14A 为孔隙度和渗透率均很好的饱含油的河道砂岩,这块岩石已被油完全饱和。相比之下,其他两块岩石的储层品质要差得多。图 2.14C 所示的细粒砂岩虽然处于一个相当大的圈闭内,但实际上不含油气。由于其实在太致密,不可能容纳与圈闭面积和油水系统相适应的油气。

　　第 5 章将详细介绍岩石性质的定量化及通过烃柱高度来评估油气饱和度的方法。在一个品质好的储层中,50m 油柱高的圈闭可能具有商业价值,但在一个品质差的储层中,这种圈闭可能是不经济的,甚至根本不能采出任何油、气。

　　在这种情况下,一个 50m 闭合高度的圈闭看起来可能是一个很好的远景区,但是如果储层品质不好,圈闭就会失败。人们钻了许多小圈闭,就是因为这个原因,这些圈闭在经济上就失败了。

令人惊讶的是，对于许多勘探家来说，这正是干井后评价的最佳机会所在。公司经常放弃令人失望的油井，而没有将这口井对其他远景区的影响进行适当的后评估。例如，一个具50m 构造幅度的圈闭可能是以河流相河道砂岩为目标。当对其进行钻探时，该井测试的结果只是致密的、品质差的河道附近堤坝沉积体。虽然发现了一些饱和状态的石油和天然气，但还不够，于是就废弃了该井。多年后，另一位地球科学家对这口干井有了新的不同的认识。石油的存在就意味着存在一个圈闭，意味着存在一个油柱。他决定，如果能在这个圈闭和油柱中找到更好的储层，就能找到商业性的石油。这位地球科学家建议进行三维地震勘探，地震成像揭示出了一套很难寻找的高渗透性河道砂岩。随后在老的干井旁边钻一口新井，该井开采出了商业油流。这并不是一个罕见的现象，相反，这是一个很好的例子，是通过对老井的油气显示和饱和度的精细分析得出的结果。

并非所有的岩石都是一样的

A.一块饱含油的高渗粗粒浊积河道砂岩(印度)
孔隙度>20%，渗透率>1000mD

B.油斑低渗侏罗纪浊积河道砂岩(俄罗斯)
孔隙度10%~15%，渗透率>5~30mD

C.无油迹微孔侏罗纪潮坪砂石(俄罗斯);孔隙度7%~10%，渗透率<1mD，甚至有100m高的油柱高度，岩石实际上是封堵层

图2.14　有些岩石需要有效的柱高和浮力来充注商业烃类，
（A. 中所示砂岩为高品质储层，饱含石油；B. 更致密的岩石
中只有油斑；C. 微孔岩石中几乎没有油迹）

2.3.1　绘制正确的图件

了解岩石的性质和饱和度是一回事，但能够做出正确的图件是另一回事。考虑地层和水动力圈闭遇到的困境，如果没有做出正确的图件，它们甚至看起来不明显！制作这些图件比绘制构造图更困难、更耗时。利用地震和测井资料最容易做的事情就是绘制一张简单的构造图。虽然在 3D 地震出现之前很难获得正确的断层几何形状，但是如果你细心地使用基本的等高线平衡规则(Tearpock 和 Bischke，2003)来高质量地控制构造图，你就可以在 2D 地震上很好地处理断层。然而，如果你仅仅停留在构造图上，你会发现你能找到的远景区的数量是非常有限的。

例如，为了便于讨论，假设我们有一张带有断层的非常完美的构造图，如图 2.15 所示。假设封堵能力不受限制，圈闭内油气充满到几何溢出点，则有两种基本的远景区：（1）四围闭合线圈闭；（2）下倾的断块圈闭。

构造圈闭远景区–无界线无封堵能力

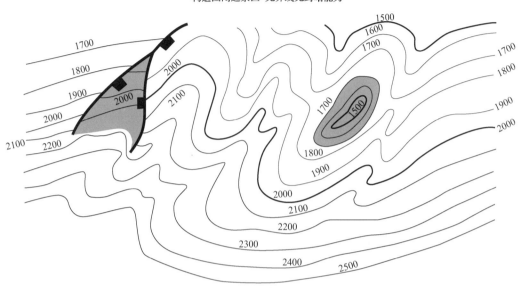

所有深度以正TVDSS等值线间隔100m
（例如:1500表示–1500TVDSS）

20km

图 2.15　顶部封堵的构造图（充满到溢出点）

如果你仅仅绘制了这张构造图，而不考虑储层和封堵的位置，这两个远景区将相对容易获得资金投入。

在图 2.16 中，把一张利用地震和井约束的沉积相图叠置在同一构造图上。这张叠合图可以帮助你直观地观察到该区域的这个沉积体系，并利用此沉积体系对封堵性进行量化分析。然而，如果进行仔细研究的话，这张图可能也存在问题，但这是你利用现有数据所能做到的最好的处理结果，所以假设这张图是正确的。图中，位于上倾方向的一套红色页岩和硬石膏潮上滨岸线与下倾方向的多孔灰岩相互交错。通过这张图的分析，你对该区域的看法就发生了改变（如果打井的话），在这个四围圈闭的构造上所钻的井将是一个没有储层的干井。同样，如果断块圈闭在上倾方向钻得太远的话，就找不到储层，所钻井也就会成为一口干井。如果顶部和侧向封堵能力不受限制，那么在四围圈闭的下倾处就会形成一个大型地层圈闭，圈闭被充满到几何溢出点。2200m 的等高线为自由水位和溢出点标注线。油柱高度为从圈闭最高点的 1800m 到底部的 2200m 高度，即 400m。

在这种简化的情况下，如果没有复杂的储层变化或存在破坏流体连续性的断层，那么一端的圈闭将与另一端的圈闭具有相同的随时间变化的产量变化特征。这在自然界中实际上是不寻常的，但随着油田的开采，横跨这一广阔区域的压力会均匀下降，而在这一广阔区域，圈闭的底部或"自由水位"将是相同的。

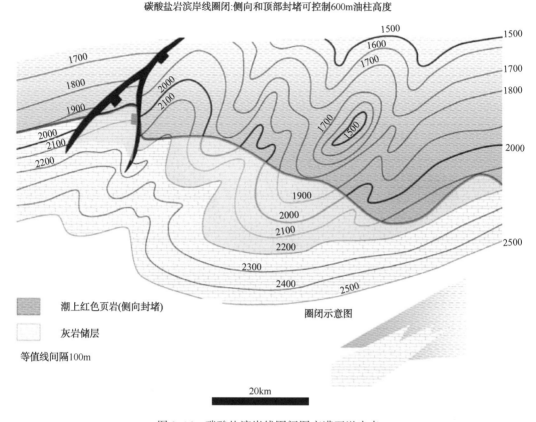

图 2.16　碳酸盐滨岸线圈闭图充满至溢出点

在全球范围内，这种大型地层圈闭下倾方向出现干构造的情况已被反复证实。为了在这样的圈闭中找到油田，你通常必须了解你所钻的干井的情况，并根据地震、岩心和测井曲线等资料绘制出很好的沉积相图来。在高质量的三维地震出现之前，这种圈闭是通过创新性绘制上倾封堵几何形状与油气采收率或干孔显示相匹配的图件而发现的。从事这种工作是一门艺术，今天依然如此，但已有更好的工具来改进和完善几何形状。在一些案例中，类似这样的油田位于干井的下倾方向上，而这些干井钻遇了有油气显示的致密储层，致密储层靠近非经济油藏的圈闭的顶部，被称为"废弃带"(Schowalter 和 Hess，1982)。在下倾方向较好的储层内钻探是关键。

最好的例子是在得克萨斯州西部的二叠系碳酸盐地层(Ward 等，1986)，例如，对于Slaughter-Levelland 油田，花费了 40 多年的时间才认识到该油田二叠系的真实规模。位于该油田所在圈闭上倾部位"废弃区"的储层品质差的油井，采收率较低，多年来，越来越偏离上倾方向甚至渐渐进入品质差的储层。真正有价值的储层位于下倾方向的具有含油饱和度的多孔白云岩中。最初，人们认为这个圈闭是由不同的油藏构成，一个是 Slaughter 油田，另一个是 Levelland 油田。随着时间的推移，这些油藏和其他独立的油藏被证明是一个数十亿桶巨型油田复合体的一部分。因此，从油田发现情况看，仅简单地利用测井对比中识别圈闭是远远不够的。

现在，考虑存在相同的构造几何形状，但在滨岸相中引入了一个渗漏的封堵层，并将封堵能力限制在 100m 以内(图 2.17)。

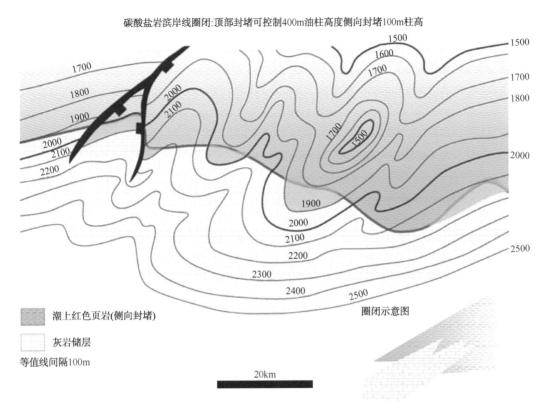

图 2.17 圈闭的几何形状与图 2.16 相同，但是最弱的封堵只能控制 100m 柱高的油
（这种圈闭仅仅充注到封堵能力最弱点处，而不是充注到几何溢出点）

在这种情况下，圈闭由 4~5 个独立的油藏组成，每个油藏都处于不同的压力系统和不同的"自由水位"以及油—水界面。溢出点距离由区域封堵形成的圈闭几何形态顶部 100m。所有这些油藏都很容易错过！同样重要的是，这些油藏中的井与井之间的压力没有一口能与其他井保持连续，它们都是各自独立的圈闭，的确如此。

2.3.2 关于地层圈闭的思考

1989 年，我在阿莫科生产公司参加了一项地层圈闭精细勘探项目研究。我们已经认识到，有许多规模非常小的公司在落基山脉和中部大陆发现了许多大型地层圈闭。而阿莫科公司的员工从来没有意识到这种潜力，我们被要求评估我们的技术策略，并分析判定为什么我们会错过这些机会。

通过对全球 300 多个地层圈闭的研究，我们发现只有大约 10% 的地层圈闭是石油地质储量超过 1 亿桶以上的"巨型"圈闭。造成这种情况的原因主要有四个方面：（1）单层产层；（2）最弱封堵点失效的概率较高；（3）封堵形状的闭合幅度小；（4）储层品质差的小圈闭导致油气聚集量小。不过，我认为单层产油层和封堵失效是大量的良好背斜、断层和盐相关的圈闭形成较小规模油气藏的主要原因。

在过去的十年里，人们发现了许多大型地层圈闭，这些圈闭通常是由一些拥有丰富经验员工的小公司发现的，他们只是简单地建立了适当的沉积相图，理解油、气显示，并刻意地寻找它们。其中多为深水浊积扇和河道相。例如加纳近海的 Jubilee 油田(Jewell，2011)和北海的 Buzzard 油田(Editor，2005 年；Ray 等，2010)。

另一个引人注目的例子是最近福克兰群岛的石油发现，利用干井信息证明了有效的含油气系统，然后将重点放在储层和复合圈闭的研究上(Richards，2012；Saucier，2014)。有趣的是，壳牌公司在该区块钻了许多干井，这些井证明这是一个有效的油气系统，但不是一个有活力的油藏。放弃这个区块后，规模小的公司进入后发现了、复合储集和具有商业价值的地层圈闭。所有这些新发现都是利用三维地震技术发现的，在适当的条件下，三维地震技术可以比二维地震或井控技术更准确地对储层和封堵层进行成像，最终可以越来越容易发现这些成藏组合。

另一个关键的统计数据显示，在一个成熟盆地，识别一个大型地层圈闭往往需要平均长达 11 年的时间！我想，随着三维地震的出现，需要的时间可能会减少，而在一些仍以二维地震勘探为主的盆地，情况可能会有所不同。在较老的井区或成熟盆地中，由于勘探过程中没有使用 3D 地面技术，许多地层圈闭实际上已被钻遇或者被堵塞掉，而没有认识到油气显示的重要性，这可能是因为只发现了有显示的致密储层。

要想绘制出好的沉积相和地层圈闭图往往需要花费很多时间，但是这点非常重要，如果没有因为其他原因，许多地层圈闭大多都发育在构造圈闭或陡峭的鼻状背斜构造的两侧。这些构造的顶部是首先考虑的目标，因为可能会漏掉储层。这种情况很常见，因为在储层沉积过程中，许多这样的小构造本身就处于规模较大的构造的高部位，像下切河谷和非海相及深水河道体系等相带在沉积过程中围绕古高点附近发生弯曲变形，形成了侧翼圈闭。来自俄罗斯西西伯利亚的侏罗系储层就是很好的例证(Dolson 等，2014)。因此，许多早期的钻井穿过某一构造的顶部，却只发现了封闭相或废弃带(如非海相的河道砂泥岩中的河漫滩粉砂岩和裂隙面)。致密储层的油气显示，可能意味着已经发现了一个圈闭，有时还发现了一个巨大油柱高度的储层，但由于该储层可能不会产生任何商业油流，或根本不会有石油流动，因此该井可能因为是干枯的会被废弃。许多这样老的干井多年来都没有抵消掉，实际上可能离一口高产井不远，而这两口井可能会是位于同一个圈闭内的不同储集相带上。

另一个很好的地层圈闭的例子是蒙大拿大型 Cutbank 油田 (Dolson 等，1993；Dolson 和 Piombino，1994)。这个圈闭是一个下切河谷充填圈闭，位于一个大型穿窿构造的侧翼，但处在构造闭合线之外(图 2.18)。油气显示数据，加上下白垩纪油层到泥盆系烃源岩的显著的地下地球化学特征，显示了从烃源岩到圈闭的复杂的垂向和横向运移特征。该油田是在 20 世纪 20 年代一个偶然的机会发现的，当时是沿构造闭合线的下倾方向钻探。人们在今天可能很容易错过这一发现，因为快速观察该地区就会发现有良好的储层，但在这个位置附近没有有效富集的烃源岩。这种性质的油气藏是通过"探求油气显示"而发现的。这里的原油实际上来自于泥盆纪烃源岩，该烃源岩向西生成了成熟的石油，并通过裂缝垂向运移，穿过厚厚的密西西比碳酸盐岩，然后在侏罗系区域不整合面下运移，直至到达下白垩纪不整合面斜交进入该运移通道的位置。然后，油气通过多孔的 Cutbank 的河谷充填砂岩从加拿大向南运移到美国。第 8 章将详细介绍确定这个油田的运移路径的详细情况。

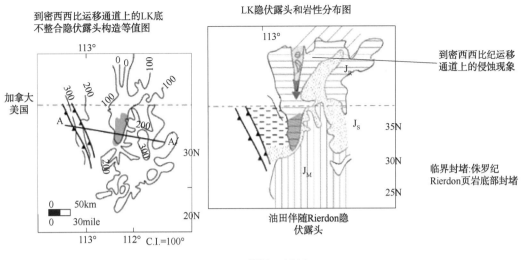

A-A'横剖面示意图

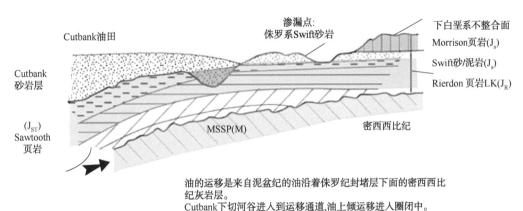

油的运移是来自泥盆纪的油沿着侏罗纪封堵层下面的密西西比纪灰岩层。
Cutbank下切河谷进入到运移通道,油上倾运移进入圈闭中。

图 2.18 蒙大拿 Cutbank 油田[Dolson 等人(1993)综述。用油气显示图及油—源的地球
化学关系两项资料揭示原油从泥盆系到密西西比系,再到下白垩系的运移路径]

在多种情况下,因为有人关注一些异常井的开采状况或油气显示而发现了更大规模的地层圈闭,在这些大型地层圈闭中,原油累积产量超过构造溢出点所能容纳的原油聚集量,或油气显示的位置比构造圈闭线更深。在这些情况下,必须重新考虑圈闭本身的几何形状。有时,要花好几年的时间和精力去关注那些细节,才能认识到仅凭构造圈闭的几何形状本身并不能解释原油的位置。

这些疏忽的情况和对构造圈闭特别关注的原因很简单。石油公司在冒险测试地层圈闭之前,总是倾向于在盐墙圈闭的断层或四围闭合线的范围内钻井,除非地震中有直接的烃类指示物(DHI)能直接显示出流体在圈闭中的位置。对多套产层、多套盖层和储层的关注会使这些目标的勘探风险大大降低。

然而,在成熟的陆相盆地中,大多数或所有的构造异常都已经过测试,剩下的是勘探难度更大的地层、孔喉、水动力以及现在的非常规油页岩圈闭。要得到正确的储层和封堵几何形态,需要使用三维地震、岩心、岩屑和测井曲线进行细致而耗时的工作,而其中的一些资料往往无法获得。实际上,我曾听到经理们告诫员工不要寻找地层圈闭,因为它们需要太多

的封堵条件,相应的图件也很难绘制,而且"不会成为我们投资组合的一部分"。这对我们来说是个好消息,因为我们相信在这些圈闭中存在着更多的石油有待发现。在所有这些情况下,油气显示分析对于发现被忽略的油气藏至关重要。

为了说明这些圈闭的隐蔽程度,以北美两个最大的常规圈闭来举例说明:它们是东德克萨斯油田和阿拉斯加普拉德霍湾油田的角度不整合圈闭。在地震方面,有些圈闭非常隐蔽。储量 50×10^8 bbl 的东德克萨斯油田是一个离成熟烃源岩几英里的削截圈闭(Wescott,1994)。封堵层(盖层)是由白垩纪 Austin 地层形成顶部封堵和侧向封堵组成,侧向封堵层是奥斯丁盆地 Woodbine 地层多孔砂岩隐伏露头下的页岩,奥斯丁白垩层处于一个非常低的角度不整合面上。图 2.19 所示的是阿莫科生产公司总裁(1980 年至 1981年)办公室的墙壁上悬挂的一条被框起来的老二维地震线,它提醒我们,一些大型地层圈闭是多么隐蔽。

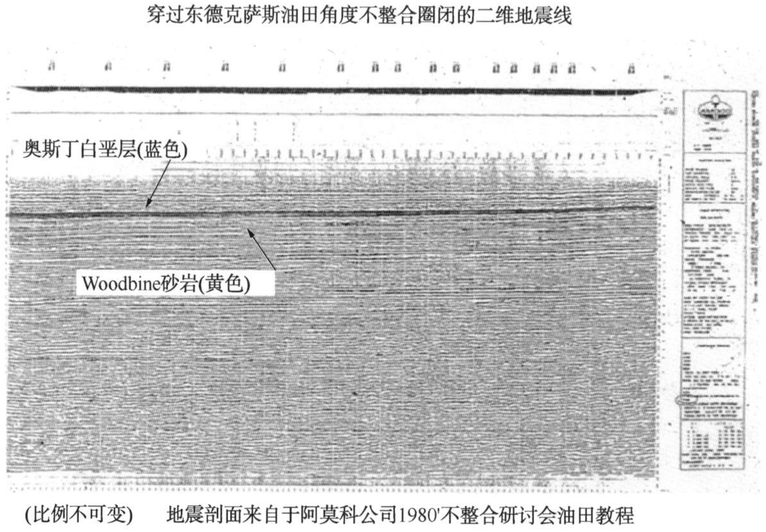

穿过东德克萨斯油田角度不整合圈闭的二维地震线

奥斯丁白垩层(蓝色)

Woodbine砂岩(黄色)

(比例不可变)　　地震剖面来自于阿莫科公司1980'不整合研讨会油田教程

图 2.19　未公开的东德克萨斯地震剖面(采集的日期和质量未知。角度不整合
圈闭截断线以黄色表示,上覆的奥斯丁白垩地区为顶封,侧向封堵为切割
Woodbine 砂岩的页岩。地震承蒙阿莫科生产公司提供,来自未出版的
1987 年不整合油田研讨会材料)

东德克萨斯油田是一个偶然的机会发现的,由一个名为 Marion "Dad" Joiner 的油田发起人钻探的。他和他的合伙人 A. D. 'Doc' Lloyd 根据不存在的"断层、褶皱和盐背斜",在德克萨斯州的拉斯克郡(Rusk County)合伙提出了一个虚构的远景区,并以 25 美元的价格销售股票,为野猫井(wildcats)钻探筹集资金。Humble(现在的埃克森)的专业地质学家将这一区域作为非远景区给排除掉了,因为它没有明显的构造特征。一位评论家甚至承诺"喝光你在那里发现的所有石油"——就像之前提到的那样,这是一件非常危险的事情。幸运的是,1930 年他的第三口井发现了当时世界上最大的油田。

另一个角度不整合圈闭——普拉德霍湾预钻被认为高风险性,成功的可能性很低。此圈闭被绘制成一个小的断层闭合,但实际上是一个大型地层不整合圈闭。在这两个油田中,原油从"烃源灶"纵向和横向运移的距离都相对较长(Specht 等,1987)。

最后，成岩作用叠加往往会掩盖最明显的圈闭几何形态（图 2.20 中的例子）。

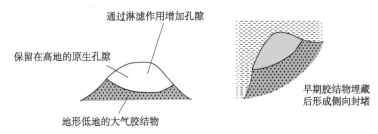

图 2.20　一个成岩作用封堵的圈闭的例子，早期的胶结物封堵了
后来倾斜构造上的聚集（图由 Rick Tobin 提供）

沉积后的胶结物可能封闭应在古油水界面的圈闭中，随后的构造倾斜可能使圈闭很难被发现。许多碳酸盐岩圈闭因成岩改造而闻名，这些改造甚至可以使圈闭的最高部位变成非商业圈闭和"废弃带"的一部分。当对这些圈闭进行钻探时，真正的收获可能是下倾或沿构造趋势面向下的沉积较为有利的位置。通常，即使是三维地震也不能很好地对这些岩石类型的细微变化进行成像，必须应用钻井的油气显示信息来了解圈闭和进行远景预测。

2.4　岩石性质、自由水位、浮力和烃类显示

了解与油气显示有关的岩石性质对于解释地下数据至关重要。Hartmann 和 Beaumont 1999 年对储层品质和油气饱和度进行了很好的描述，相关内容将在第 5 章中将进行更详细地介绍。然而，对一些基本的岩石物理术语以及油气显示、储层和封堵性的分类方法有一个初步的了解非常重要。

2.4.1　孔隙度

孔隙度（PHI）是颗粒之间能够储存石油、天然气或水的孔隙的总量与岩石总体积的百分比。岩石中的孔隙系统比较复杂。岩石中的孔隙通过称为"孔喉"的狭窄通道相互连接。孔喉形状是提高产能的关键，在圈闭充注过程中对进入储层的原油的量起着决定性的控制作用。

孔喉系统通常分布不均。对孔隙类型和孔隙网络的深入研究超出了本书的范围，在其他文献中也有详细介绍，特别是 Choquette 和 Pray（1970）。多年来，人们一直强调理解孔隙类型和孔隙几何形状的重要性（Berg，1975；Gunter 等，1997；Hartmann 和 Beaumont，1999；Pittman，1992；Schowalter，1979；Schowalter 和 Hess，1982；Swanson，1977，1981）。

最常用的孔隙度估算方法（图 2.21）来自岩心分析、各种测井工具、薄片和扫描电镜（SEM）。最近，CT 扫描（图 2.21D）和三维岩心层析成像（图 2.21E 和 F）等工具提供了更好的三维孔隙度系统差异的可视化和定量分析方法。

然而，正如前面提到的，需要考虑的关键不仅仅是孔隙系统，还有孔隙喉道本身的几何形状和大小。

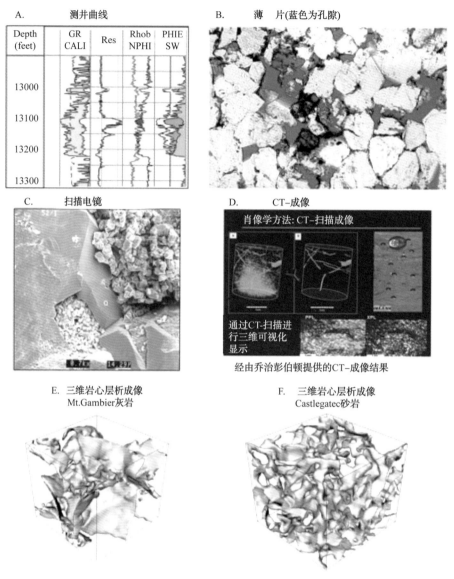

图 2.21   成像和测量孔隙度的方法[测井(A)是最常用方法，薄片(B)和扫描电子显微镜(SEM)
(C)提供了黏土和矿物学的关键细节。CT 扫描(D)和 3D 岩心层析成像(E，F)越来越多地用于
可视化孔隙网络。图片(E，F)来自 Sheppard(2015)，获得了澳大利亚国立大学许可]

为了量化封堵能力、储层性能和油气饱和度，对孔隙喉道概念的理解至关重要(图
2.22)，孔喉尺寸以微米为计量单位，基本分为五类(表 2.1)。

表 2.1   孔隙大小分类及其意义[由 Hartmann 和 Beaumont(1999)修正]

孔隙类别	孔喉尺寸(μm)	说 明
纳米孔	<0.1	封堵性极好
微孔	0.1~0.5	封堵性差或差储层

孔隙类别	孔喉尺寸(μm)	说　明
中观孔	0.5~2	过渡带通常是饱和的，除非在圈闭高或者在气藏里
宏观孔	2~10	优质储层
大型孔	>10	优质储层

理解孔隙网络的几何形状对于理解油气显示、预测新圈闭、识别运移路径和了解潜在产能至关重要。在圈闭充注过程中，孔喉的大小和分布对油气进入孔隙系统的量有很大的控制作用。孔隙喉道实际上类似于小型毛细管(在第5章中定量描述)，最初(通常)充满了水，在油气运移和圈闭充注过程中势必被油气所替代。

孔隙喉道

A.　　　示意图　　　　　　　　　　B.　　扫描电镜定量化

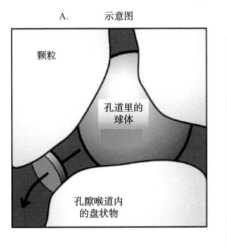
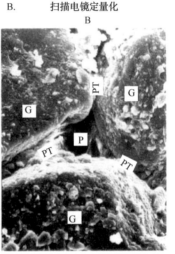

G=颗粒
PT=孔隙喉道
P=孔隙

图 2.22　在任何位置的圈闭中，孔隙喉口对水饱和度和油的体积都有很强的控制作用
[Coalson 等(1994)的孔隙图，由 RMAG 提供]

大型和宏观孔隙对油气的进入几乎没有阻力。相比之下，微孔需要巨大的压力来克服孔喉处的阻力，从而用烃类取代水。这是通过增加圈闭上的浮力来实现的。

2.4.2　浮力压力、压力与深度图、自由水位和含水饱和度

什么是浮力压力？由于烃类比水轻，再者由于烃类/水密度存在差异，圈闭内产生压力。这种压差称为浮力压力(p_b)。使用井下工具在钻井平台上进行常规的压力数据收集，或根据控制井眼所需的钻井液密度进行估算(第3章和第4章)。这些数据可以在压力与深度图以及直接测量的烃类的梯度和浮力压力图中进行分析，如图2.23所示。直线的斜率决定了流体的密度，烃类和水的密度决定浮力压力。$p_b=0$ 的点是自由水位，标志着圈闭的底部及其溢出点。压力—深度图是确定圈闭中自由水位的最佳方法，尽管使用毛细管压力图(第5章)也可以在数据足够好的情况下给出答案。

在压力—深度图(图2.23)中，线条的斜率是压力(psi)与深度(ft)的比值。水的密度通常是0.43~0.5 psi/ft，这取决于它是淡水还是盐水(盐水的密度比淡水大)。解释浮力压力的一个很好的例子就是游泳者在炎热的夏天试图在一个淡水湖里漂浮，屏住呼吸会让你的身体密度变得较低，人就会漂浮在水面上。然而，在盐饱和的平静的海水中漂浮要更容易，因为在那里你的身体与浓度更高的盐水之间的密度差更大。

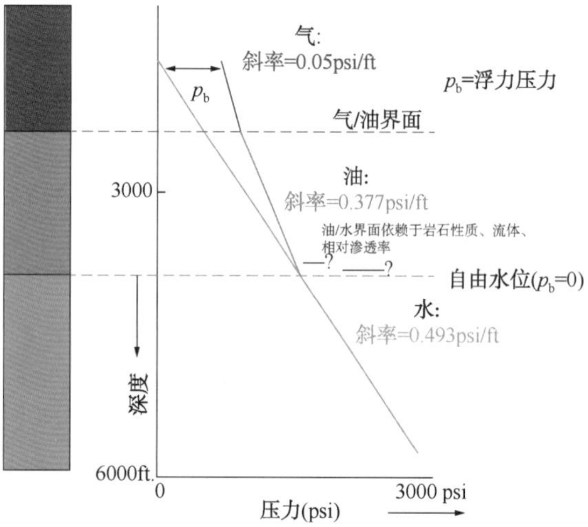

图2.23　压力—深度图[修改自 Dahlberg(1995)，由 Springer-Verlag 提供]

密度差显示在压力—深度图上不同流体的交点为接触点。因此在图2.23中，水位线的斜率为0.493 psi/ft，是盐水的梯度线。原油的梯度为0.377 psi/ft，气的梯度为0.05 psi/ft。斜率和交叉点的变化决定了油-气界面和自由水位的位置。

一些常见流体的梯度和密度见表2.2。

表2.2　一些常见流体的密度(有关更多公式和转换，请参见附录 A)

流体	API 重度(°API)	密度(g/cm³)	密度(psi/ft)	注释
淡水		1	0.43	1g/cm³ = 0.43psi/ft
盐水		1.1	0.47	
超重油	<10	>1		
重油	10~22.3	0.92~1.0	0.38~0.43	
中质油	22.3~31.1	0.87~0.92	0.37~0.38	
轻质油	31~50	0.87~0.5	0.37~0.216	
冷凝物	60	0.73	0.319	
湿气		0.5	0.216	
干气		0.2	0.086	

原油的密度通常以 g/cm³ 或 API 度表示。API 度(以美国石油学会命名)是描述密度的常用计量单位。

API 重度公式由式(2.1)表示：

$$°API = \frac{141.5}{相对密度(60\ °F)} - 131.5 \qquad (2.1)$$

式中相对密度由实验室测定或者在 60 ℉ 钻井平台上测定。

表 2.2 比较了 API 重度和常用的密度测量值。从表 2.2 和图 2.23 可以明显看出，由于流体密度差异较大，圈闭中任何给定高度的气藏的浮力都要高于油藏的浮力。

压力—深度图是确定自由水位(FWL)或圈闭底界的唯一精确的方法，因此，如果你有来自井的数据，这个图非常有用。在圈闭底部，储层中没有油，$p_b = 0$。确定自由水位(FWL)的构造高度很重要，因为它之上全部是油，但不一定是商业饱和状态。这将取决于其他因素，如孔隙喉道分布和流体相。

寻找自由水位(FWL)是了解油气显示的关键，它不应该被错误地认为是油或气/水的界面。未能理解油、气/水界面与自由水位之间的差异，很可能是全球地质科学家面临的更普遍的问题之一。要定量理解这种差异，就必须理解岩石的毛细管压力性质(第5章)。

然而，要开始理解毛细现象，就要学会理解和解释自由水位之上的高度相关图件上各参数的物理意义。

2.4.3　水、烃饱和度及自由水位之上高度

当石油进入圈闭时，就会产生一种叫做"毛细管压力"的力，这种力可以抵抗孔隙中已经存在的任何流体的运移。在大多数情况下，这种流体就是水。现在，考虑在一个圈闭中孔隙喉道作为主要的需要克服的阻力，以使石油取代水。孔隙喉道越大，就越容易克服毛细管阻力。然而，孔隙越小越需要更大的浮力才能连接越来越小的孔喉。这类似于人体的毛细血管。将血液泵入大动脉很容易，但将血液泵入更小的毛细血管中却很困难。当人的心脏随着年龄增长而变弱时，更小的毛细血管就不再接收所需的氧气和血液流动，健康问题就产生了。从概念上讲，这与利用浮力来充注圈闭的原油没有什么差别。

由于孔隙的几何形状并不都尽相同(图 2.14)，因此进入储层的原油体积受到孔隙网络的强烈控制。小孔喉比大孔喉需要更多的压力来排水。

水占孔隙空间的百分比称为"含水饱和度"(S_w)。它以孔隙空间中含水量的百分比来表示。烃的饱和度被定义为($1-S_w$)，并被指定为 S_o。因此，90% 的含水饱和度意味着 10% 的油气饱和度(S_o)。同样的，$S_w = 20\%$ 则 $S_o = 80\%$。孔隙几何形状因岩石类型而异，但可以在含水饱和度与自由水位之上高度的关系图上进行定量可视化。但前提是必须知道或估计孔隙喉道的分布、流体/水相(气体或油的密度与盐或淡水的密度之比)和流体的化学性质，以及最后一种称为"润湿性"的性质，这种性质与矿物颗粒有关(第5章)。

现在先不考虑数学和物理学原理，假设您绘了一张计算具有三种岩石类型的自由水位之上的高度与含水饱和度之间的关系图(图 2.24)。每种类型岩石形状的变化完全是由孔隙几何形状的变化引起的。孔隙几何形状的变化基本上是由于岩石性质的不同造成的。分选良好、高渗透砂岩与致密白云岩或页岩相比，具有完全不同的自由水位之上高度。

例如，在图 2.24 中，在同一圈闭和封闭组合中有三种类型的岩石。砂岩和灰岩具有共同的压力系统和共同的自由水位，因此具有相同的溢出点。在这种情况下，灰岩和砂岩都处于压力连通状态，压力点会精确地绘在压力—深度图上的原油梯度线上。在圈闭底部 $p_b = 0$，在圈闭顶部 $p_b = 50$ psi。这对于两种岩性都是成立的，所以在任何给定的圈闭高度上，它们

的 p_b 都是相等的。显然，圈闭顶部的 p_b 比底部的要高得多。

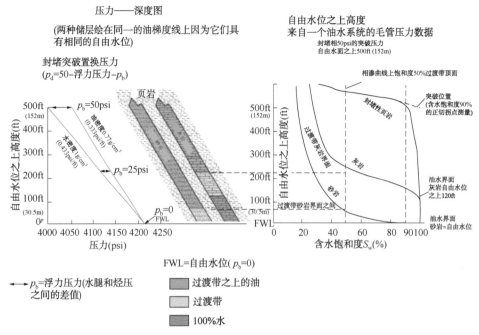

图 2.24　自由水位之上的岩石特性和压力与深度之间的关系图[图中所示的三种岩石具有不同的孔隙几何形状，因此在圈闭的任何一点都有不同的饱和度。部分修改自 Schowalter (1979)；Schowalter 和 Hess (1982)]

2.4.4　油—水界面、过渡带顶—自由水位和相对渗透率

图 2.24 还说明，在一个圈闭内，油水界面和过渡带顶部是如何因岩石类型的变化而变化的。油水界面应位于 100% 含水饱和度线上。然而，过渡带的顶部是油井开始产水的物理位置，这是其岩石类型和饱和度的函数。

自由水位之上高度与饱和度的关系图可以很好地说明一口井在钻井时的表现。在图 2.24 中，过渡带顶部与油水界面存在较大差异。例如，为了便于说明检查所有岩石的 50% 含水饱和度位置处的点。对于砂岩和灰岩，过渡带的顶部都设置在 50% 的含水饱和度的位置。尽管在相同的 p_b 条件下，砂岩的孔喉网络更大，并在自由水位之上 75ft(20m) 处含水饱和度达到 50%。相比之下，在圈闭内灰岩只有在超过 200ft(61m) 的地方含水饱和度才能到达 50%。页岩的含水饱和度怎么也达不到 50%，因为它是封堵的，在它排烃之前只能容纳 500ft(152m) 柱高的石油。

另一个临界点是含水饱和度为 100% 的位置。这是实际的油水界面。油水界面也大致相当于岩石的封堵能力。这一点可以通过检查图表右侧的 90% 含水饱和度线来发现。这个饱和度值经常被用来作为封堵能力的近似值，但是如果你有这样的图，那么在该点上与曲线相切并投影到 100% 含水饱和度的直线是更好的封堵能力和油水界面的近似值(Jennings,1987)。

在所举例子中，第三种类型的岩石是页岩封堵。页岩中有许多微小的微孔喉道和纳米孔喉道，这些喉道只有在 p_b =50psi 时才能在圈闭顶部突破。与曲线相切的直线在 90% 含水饱和度(S_w)处显示，对于油水系统或泥岩的封堵能力，其值为500ft(152m)。相反，砂岩没有封堵能力，油水界面与自由水位(FWL)相同。这意味着砂岩中的孔喉很大(就像动脉一样)，只需很小的p_b就可以排水，并开始向储层中注入石油。灰岩是第三种类型岩石，可以封住一个120ft(36m)的油柱高度，油水界面在自由水位(FWL)上方120ft(36m)处。与砂岩相比，灰岩的孔喉尺寸更小，更难以排水，但却比页岩的孔喉大得多。

这些图的另一个关键部分就是在图的左侧曲线迅速变陡。当这条线垂直或近似垂直时，就称为束缚水饱和度(S_{wi})。注意，砂岩曲线仍然有相当多的水残留，直到其含水饱和度达到40%或50%，然后迅速充满。在束缚水饱和度(S_{wi})的状态下，较小孔隙喉道中的水不能再被排走，将留在圈闭中。在这种情况下，砂岩的束缚水饱和度(S_{wi})约为18%，石灰岩的束缚水饱和度(S_{wi})约为30%。

然而，如果作业者试图在自由水位(FWL)上方几英尺处的砂岩中射孔并生产，尽管存在一定的含油饱和度，但无论岩性如何，可能只会产水。例如，在自由水位(FWL)以上25英尺处，砂岩中的含水饱和度80%~90%。尽管有10%~20%的含油饱和度，但这个含水饱和度可能太高，除了产水之外，什么都不产。产生这种现象的原因是一种叫做"相对渗透率"的现象，相对渗透率概念在第5章中有更详细的介绍。从显示的角度来看，在圈闭内的一口井测试出很少量的水而该井又处于 FWL 附近，因含水饱和度很高，而且可能无法采出油气，这口井很容易被误认为"没有在圈闭中"。

对灰岩，较浅的油水界面会产生另一个问题。如果这是圈闭内唯一的一口井，很容易将油水界面误认为自由水界面。这意味着操作者将圈闭线低估了120ft(32m)。邻井可能遇到与灰岩处于同一水平面(或更低)的砂岩，并发现极好的低含水饱和度的含油带。位于自由水面上方120ft(32m)处的砂岩，其含水饱和度约为30%，很可能只产油而无水！

这是在最基本的层面上理解油气显示的真髓。饱和度随岩石类型和烃柱中位置的变化而变化。穿过同一圈闭、同一压力连续性的、相同自由水位的油田，其油水界面可能不同，由于岩石类型改变，会产生不同的油水界面。

如果换成气水系统，曲线会再次发生变化，封堵能力会大大降低(由于气水情况下p_b会增大)，这三种类型岩石的饱和度都比油—水的情况要低。

以下是需要记住的要点：

(1)含水饱和度(S_w)值的变化不仅取决于自由水位之上的高度，还取决于岩石类型和孔隙喉道分布。

(2)气—水系统在任何给定的圈闭位置都比油—水系统具有更高的p_b(浮力压力)(因此，对于任何给定的岩石类型，封堵能力都会降低)。封住的油柱要比封住的气柱长。不过，这种说法有几点需要注意：

①在气—水系统中，界面张力(在第5章中讨论)可能很高，这将增加任何圈闭相的封堵能力。

②气体聚集的密度变化很大，气体越轻，封堵就越困难。因此，并不是所有的"气体"圈闭在形成圈闭之时所需的封堵能力都是相同的。

(3)自由水位(FWL)是$p_b = 0$的地方。在 FWL 之上总是会有一定的含油饱和度，但高的含水饱和度层实际上可能测试的全部为水，并被误解为在油水界面之下或者不在圈闭中。

(4)压力—深度图是准确确定自由水位(FWL)的唯一方法。其他技术，如毛细管压力分析(第5章)只是提供了很好的近似。

(5)气—油、油—水和气—水界面可以在压力—深度图上识别出来。

(6)油、气—水界面可能不等于自由水界面。在具有小孔喉、圈闭位置高的岩石中可能是100%含水。

(7)许多油田由于第(6)点的原因,钻井后规模减小,或者钻空。了解岩石品质,仔细检查显示数据,看100%含水饱和度是否低于自由水界面或实际上只是非常致密的岩石!

2.4.5 渗透率

渗透率是液体或气体通过多孔物质的流速。目前普遍缺乏对孔喉几何形状与渗透率之间的差异的理解。岩心渗透率需要测量下述参数进行计算(Hartmann 和 Beaumont,1999):

(1)大气压力;

(2)岩心塞的横截面积;

(3)流量(cm^3/s);

(4)栓塞的长度;

(5)大气条件下输入端压力(atm);

(6)大气条件下中输出端的压力;

(7)空气黏度(cP)。

标准的计量单位是毫达西(mD)。在定性层面上说,100mD 被认为渗透性很好,1000mD 或更高认为渗透性显著,而低于1毫达西(mD)的岩石可能会被称为"致密或低渗"。一口井的产量多少不仅取决于岩石渗透率,而且取决于流过井眼的压力损耗、射孔层段的横截面积以及流体的黏度。由于黏度的变化,气体在10mD岩石中的流速,要高于稠油在其中的流速。

特别指出的是,工程师们经常依据孔隙度和渗透率来谈论问题,因为渗透率可以衡量油井生产油气的速度。另一方面,地质学家应该学会考虑孔隙喉道的分布及其对井生产时含水饱和度和含水率的影响。高孔隙度岩石可能具有低渗透性和微孔性,需要很长的烃柱和很高的浮力才能使储层达到饱和(第5章)。相反,一些低孔隙度岩石具有很好的渗透率和很好的孔隙网络连接,只需要很小的 p_b 来充注到束缚水饱和度。高孔隙度带不一定等于高渗透率带,反之亦然!

因此,在某些岩石和流体组合中,束缚水饱和度可能低至3%,而在其他组合中,束缚水饱和度可能高达80%,但在孔隙度和渗透率"正常"范围的岩石中,束缚水饱和度通常在10%~25%之间。在理解油气显示过程中,解释人员需要考虑孔隙几何形状(而不是孔隙或渗透率),以及岩石类型、流体类型、浮力和在圈闭中的位置等条件下的饱和度。

2.4.6 废弃区

如前所述,"废弃带"(Schowalter 和 Hess,1982)一词曾被用来描述上倾部位、储层品质差、饱和度较低的沉积相,这类沉积相在圈闭中很大程度上是非经济的。因此,货币价值不能被"浪费在这些岩石上"。在任何油井或干井中,识别废弃带非常重要。废弃带的岩石孔隙一般为中孔或微孔,这取决于流体系统及其在圈闭中的位置。例如,在稠油中,中孔岩石可能是一个"废弃带",但在升高的 p_b 气藏中,它可能是一个以极高的速度流动的极好的油藏。

对井显示、测试、采收率和压力的评价需要持续地势力来考虑孔喉几何形状和油气/水系统的密度以及其他影响毛细管压力、流体驱替和水饱和度的因素。

以图 2.25 为例，在图中，上顷方向具巨大孔隙系统的浅滩碳酸盐粒状灰岩逐渐过渡到潮下中孔石灰岩，然后进入滨岸微孔硬石膏石灰岩，最终进入蒸发岩封堵层。最初如何看待这个圈闭很可能取决于钻井的顺序！如果先钻第 3 口井，就会在圈闭的高部位得到非常高的含水饱和度，并很可能把这口井误解为"湿气"和"不在圈闭里"，那么这就错了。压力–深度图显示，1~3 井在一条油柱上处于压力连通状态，共用一个自由水面(FWL)。导致 3 号井效果不佳的唯一原因是岩石类型！

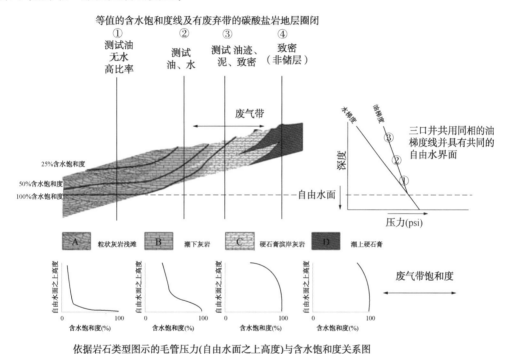

图 2.25　上倾废弃带地层圈闭中含水饱和度与压力的关系及岩石性质的变化
（修改自 Coalson 等人，1994）

如果先钻 1 号井，大家就会庆祝一番，可以正确地识别出高品质储层，并很高兴地把油/水界面当做自由水面。观察图件并进行储量计算，得到一个非常大的储量数据。之后钻 2 号井，含水饱和度非常高，肯定存在上倾、尖灭。现在没人买午餐了。大家都在挠头，估算的储量减少了。不幸的是，在没有压力数据的情况下，也可能很容易地将 2 号井解释为"处于不同的圈闭中"，因为含水饱和度差异很大，以至于在油藏底部附近计算出 100% 的含水饱和度。几乎可以肯定，有人会将 2 号井的 100% 的含水饱和度线视为自由水位(FWL)，并将其等同于油水界面，他们这样做就可能错了。

如果先钻 2 号井，就会左右为难。含水饱和度不高。管理层会督促"钻上倾方向"以获得更大的浮力和更好的饱和度。如果那样做，钻了 3 号井，那就太令人失望了。

如果观察岩心或岩屑，就会发现 2 号井是中孔岩石，3 号井是微孔岩石，但两者都有饱和度。如果对油气显示和自由水面之上高度图有所了解，就会认识到，只有在长油柱高度和大型圈闭存在的况下，这才有可能。仔细想想，然后决定在这个圈闭里需要找到一套更好的储层，可能是在下倾方向。可以根据所有可用的数据仔细地构建一张沉积相图。就会在下倾方向的浅滩相高孔粒状灰岩中打一口井，其测井曲线看起来不像第2口或第3口井。确定在下倾方向有一个明显的沉积相的变化，然后绘制出图来。如果幸运的话，可以使用三维地震资料。如果没有，而认为它能够显示出沉积相的边界，就会推荐进行地震采集。

当把最终的相图拿出来，向管理人员建议，钻2号井的下倾方向，在浅滩粒状灰岩处找到真正好的饱和度。几乎可以肯定，管理团队中的某些人会认为你有点疯狂，甚至可能会这么说。他们会说你已经在2号井发现了油水界面，那么为什么还要往下倾方向打呢？如果你在2号井和3号井中有压力点，你可以指出这些压力点落在相同的原油梯度上，与已经采出的原油的API度相匹配。如果不是，你就必须在基本的岩石属性方面上要具有说服力的分析结果。这不是一件"容易的买卖"。

你长篇大论地谈论"废弃区"、浮力和岩石类型，直到把你的远景区概念搞清楚为止。你认为2号井和3号井都证明了圈闭的存在，只是没有达到商业饱和度。最终你会得到一些投资并开始钻探1号井。在钻井的过程中，你会因为担心钻探结果而失眠，因为你在豪赌，把油水界面向下倾方向移动和具有高的饱和度，并保证结果会更好。

钻井结果出来了，每个人都去参加晚宴以示庆祝。你们的经理宣称他是个天才，自己想出了这样一个新奇的主意。他得到升迁，你会得到一顿免费的午餐，并在同事中享有很高的声誉。俗话说"每一个干井都是没有父辈，每一个发现都有多个父母的"，显然是正确的。

2.4.7　油气显示类型

随着对岩石类型和浮力的理解，理解油气显示开始变得有意义。关于油气显示分类，最基本的论文是 Schowalter(1979)、Schowalter 和 Hess(1982)所发表的相关内容，Hartmann 和 Beaumont(1999)及 Vavra 等(1992)对这些论文进行了大量的总结。

在过去的十年里，识别油气的工具取得了许多进步，但如何在勘探中使用它们的根本问题仍然是一门"综合的艺术"。解释人员往往缺乏压力、岩石物理或地球化学方面的背景知识，无法充分利用盆地或油田的大量信息来帮助了解石油发现。本书的其余部分提供了更多的细节，如何解释关键数据集，并利用油气显示信息作出勘探和生产决策。

首先，Schowalter 的论文中定义了四种基本的油气显示类型。如何识别这些显示的细节以及解释过程中出现的陷阱将在后面的章节中进行讨论(表2.3)。

表 2.3　油显示分类(Schowalter 和 Hess，1982)

显示类型	定义	注释
连续相显示	在自由水位以上的油	以连续的油丝连接最大的孔隙而出现。如果饱和度低至不能试油的程度，就很难识别
残余油显示	在之前的油气聚集过程中散失或沿运移路径留下的石油痕迹。总是低于自由水位(FWL)	很难从连续相显示中分辨出来。将始终测试出水，并在压力—深度图上的水梯度内
溶解气	在钻井过程中，气体通过压降从地层水中释放出来	在常规勘探中意义不大，但在墨西哥湾(美国)的一些高渗透性砂岩正被用于研究非常规天然气生产(Tim Schowalter，《个人通讯》)
富干酪根烃源岩	未未成熟烃源岩中或生油后残留在烃源岩中的油气，通过钻头发热和摩擦释放出来	非常规页岩油气资源丰富、规模巨大。一般需要水力压裂或天然裂缝经济生产

连续相显示(图2.26)始终位于自由水位之上。紧接在自由水位(FWL)之上的是第一个油桥的丝状纤维,最大的孔喉(因此得名)。

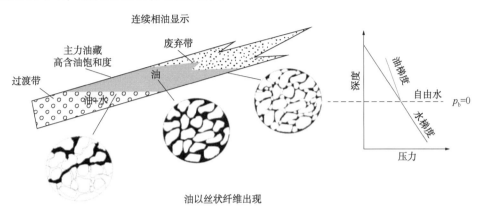

注意:过渡带测试结果可能大部分或者全部为油,依赖于岩石性质
废弃带测试结果会是少量的水,带有微量的或者没油,依赖于岩石类型

图2.26　连续相原油[修改自Meckel(1995)和Hartmann和Beaumont(1999)]

残余油(图2.27)出现在曾被封闭或运移但已发生散失的地方。这些油气显示位置总是低于自由水位(FWL),但可能有较高的残余饱和度,甚至在岩心上出现油斑和气味。O'sullivan等(2010)介绍了残余油和连续相油的评价技术,提供了通过在新构造位置挖掘或旋转老圈闭和上倾方向溢出油气形成残余油的好案例(Farrimond等,2015;Igoshkin等,2008;Littke等,1999;Naidu等;Sorenson,2003)。第5章和第6章将更详细地讨论这一主题。

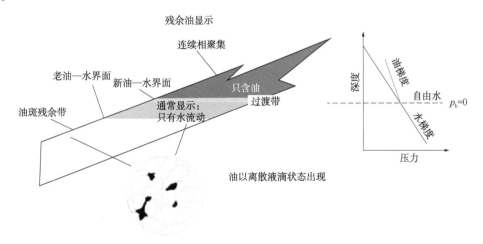

图2.27　剩余油显示[修改自Meckel(1995)和Hartmann和Beaumont(1999)]

如果一口井测试出了可计量的油气,那么它显然处于一个连续相圈闭中。一口在圈闭中测试出1bbl(油)/d和1000bbl(水)/d的井,考虑到较高的水/油比率,该井可能接近自由水位或油/水界面。一口井在非常致密的储层中测试出1bbl(油)/d,那么该井也处于圈闭中。这两个例子都是连续的相显示,必须仔细观察才能确定在哪个位置钻另一口井。致密储层井可能位于废弃带。

我在俄罗斯的 TNK－BP 工作和生活了 4 年。我们经常会发现数百口被废弃的井，这些井在非常致密的储层中测试出了非常低的产油量，并被作为"干井"而废弃。对某些区域开展了更为细致的工作(Dolson 等，2014)，从一个布满非商业"干井"区域的地层圈闭中发现了数十亿桶的油气。经过仔细的压力、岩心和相分析，最终揭示了该圈闭的特征。

残余显示是有问题的，因为问题是"石油去了哪里"？在第 5 章中将给出更多的例子，但是仅用测井或岩屑资料很难识别一些实质的油显示是残余油。残余油在经历水驱的老油田很常见，因为水已经取代了油，只留下残留的油滴。在许多情况下，这些残余饱和度是相当可观的(60%~90% 含水饱和度，相当于 40%~10% 的含油饱和度)，但由于原油之间不再连通，不能再用传统的方法将他们开采出来。

通常，化学物质(RPSEA，2009)被引入这些油田，以改变储层的毛细管性质(如第 5 章中所述的润湿性和界面张力)。这些化学物质的变化使油滴重新相连并可再生产。在全球范围内的老油田留下了大量的残余油，无论何时我们都能找到开采它们的方法。

2.4.8　富干酪根烃源岩

20 世纪最激动人心的进展之一，无疑就是人们认识到仍有大量的石油滞留在富含干酪根的烃源岩层中的页岩和致密灰岩中。这是一个"非常规勘探"的领域，需要研究如何从仍处于初级运移阶段的岩石中获取石油。连续相和残余显示与二次运移有关，这就需要采用一套不同的技术来评价。

本书只是简单地谈到了非常规勘探，它足以说明，当石油在烃源岩中生成时，相当多的原油仍然滞留在细小的孔隙空间中，直到干酪根在成熟过程中完全"成熟"。非常规勘探的先驱之一是弗雷德·迈斯纳(Fred Meissner，1978)，他认识到北达科他州巴肯页岩中还有数十亿桶未开采的石油残留在页岩中。早期用直井和水力压裂法从这些页岩中开采原油的尝试令人失望，但在技术上是成功的。事实上，一些北美地区的最古老的油田出现在裂缝性页岩中，像科罗拉多州 Florence 油田的油层以及宾夕法尼亚 Marcellus 页岩，早期的钻井者和先锋们可以从很浅的张开的裂缝中开采油气，有时甚至将油桶放置到裂缝中开采石油。

水平井钻井和多级水力压裂最终使这些资源的开发成为可能。EIA (2008a，b，2009a，b，2010a，b，2011)对非常规资源的评价进行最为全面的阐述。DCNR (2014)，Harper 和 Kostelnik (2013a，b，c)，Smith 和 Leone (2010)，Wrightstone (2009，2010)，Zammerilli (2010)等也对此提供了一些精彩的技术总结。

当钻头遇到孔隙中含有干酪根的页岩时，钻头的摩擦和热将这些干酪根中富存的烃类释放为游离烃。后面的章节更全面地讨论了评价页岩油气显示的新工具，但它们与常规储层显示不同，这一点非常重要。

2.4.9　像分子一样思考

本章为后面的大部分章节奠定了基础，后面的章节将更详细地探讨压力、岩石性质、岩石物理、油气显示和地球化学数据采集和运移分析等方面的技术。

不止我一个人坚持认为，成功的油气发现者是那些"回归基本"和"像分子一样思考石油"的人，使用对岩石性质的理解、油气运移和含水饱和度分析等来绘制出原油在成熟的过程中一旦离开了烃源岩层后到底去了哪里。现代的软件包允许我们对油气运移进行模拟，但仍然需要了解输导层、封闭性、烃源岩特征、油气运移时间等方面的地质认识，以及利用来自干井和其他资料的油气显示信息数据库模型进行验证。

Downey（2014）强调，无论有多少年的工作经验，人们往往对绘制、刻画和理解油气显示的基础知识重视不够。理解油气显示往往是困难和令人困惑的。但是对于那些理解本章节和本书其余部分的岩石物理基础的人来说，对于饱和度的变化更容易理解。

寻找石油和天然气并不容易。它需要不断提高应用计算机、软件、地震、地球化学、测井、工程、经济学和其他复杂工具的基本技能。我最喜欢的一句格言是多年前帕克·迪基（Parke Dickey）所说的，今天依然适用：

我们通常用老观念在新地方发现石油。有时，我们也会用新观念在老地方发现石油，但我们很少会用老观念在老地方发现更多的石油。曾经有多少次，石油快要耗尽了，但实际上，我们只是没有新观念罢了。

研究、描述和思考有关油气显示方面的情况，考虑其在圈闭内的位置，岩石类型、封堵性和运移可能是开放"用新观念在老地区发现新油田"，或者是开辟一个被别人忽视的新油藏的关键。

2.5　总　　结

今天的勘探工作，包括观察两类成藏组合：一类是仅发生过一次运移的烃源岩；另一类是沿二次运移路径上分布的储层。圈闭类型、封闭性和储层岩性多种多样。对油气显示的理解基本上可以归结为两方面的内容：能够量化或从概念上评估油气显示的含义，这些油气显示是残留在泄漏的圈闭中或者沿着运移路径、还是在自由水位以上的圈闭中？

圈闭的大小受最小封堵能力控制，如果圈闭没有充注到溢出点，那么它们要么没有充满，要么最弱的封堵点小于整个圈闭的闭合高度。能够区分这两种情况可能会引导我们识别出沿其他运移路径上倾方向的潜力。在圈闭内，废弃区很常见，可以认为是储层品质差的岩石，测试结果只有少量的油气。在废弃区游离态油气表明存在一个油气柱。有时，该油气柱很重要，只需改变横向或上倾或下倾方向的沉积相，就能发现更好的储层，从而开发有经济效益的油田。

由于岩石性质的不同，油水界面不应与自由水位相混淆。同一圈闭内的不同相可能处于同一压力系统内，相间具有连续性，但油水界面不同。当位于自由水位之上的劣质储层计算出90%~100%的含水饱和度时，许多油田的规模被低估了，因此圈闭被认为不具商业价值，或者是由于封堵失效等因素造成的。精明的解释人员通过分析不同储集相的几何形状，寻找更好的能够钻遇高品质储层的地方，从而识别出额外的潜力。通常情况下，这些好储层往往是那些在测井曲线上看起来"湿润"的岩层，但实际上只是处于废弃地带。

参　考　文　献

Berg R（1975）Capillary pressures in stratigraphic traps. Am Assoc Pet Geol Bull 59:939-956

Biddle K，Wielchowsky CC（1994）Hydrocarbon traps. In：Magoon LB，Dow WG（eds）The Petroleum System—

from source to trap: Tulsa. The American Association of Petroleum Geologists, Oklahoma, pp 221-235.

Choquette PW, Pray LC (1970) Geologic nomenclature and classification of porosity in sedimentary carbonates. Am Assoc Pet Geol Bull 54:207-250

Coalson EB, Goolsby SM, Franklin MH (1994) Subtle seals and fluid-flow barriers in carbonate rocks. In: Dolson JC, Hendricks ML, Wescott WA (eds) Unconformity related hydrocarbons in sedimentary sequences, vol 1. Rocky Mountain Association of Geologists, Denver, CO, pp 45-59

Dahlberg EC (1995) Applied hydrodynamics in petroleum exploration, 2nd edn. Springer, New York, 295 pCrossRef

DCNR (2014) Thermal maturation and petroleum generation. Pennsylvania Department of conservation and Natural Resources (DCNR), p. 1. http://www.dcnr.state.pa.us/topogeo/econresource/oilandgas/marcellus/sourcerock_index/sourcerock_maturation/index.htm

Dolson JC, Bahorich MS, Tobin RC, Beaumont EA, Terlikoski LJ, Hendricks ML (1999) Exploring for stratigraphic traps. In: Beaumont EA, Foster NH (eds) Exploring for oil and gas traps: treatise of petroleum geology, handbook of petroleum geology, vol 1. American Association of Petroleum Geologists, Tulsa, OK, pp 21.2-21.68

Dolson JC, Pemberton SG, Hafizov S, Bratkova V, Volfovich E, Averyanova I (2014) Giant incised vally fill and shoreface ravinement traps, Urna, Ust-Teguss and Tyamkinskoe Field areas, southern West Sibertian Basin, Russia, American Association of Petroleum Geologists Annual Convention, Houston, Texas, Search and Discovery Article #1838534, p. 33

Dolson JC, Piombino J, Franklin M, Harwood R (1993) Devonian oil in Mississippian and Mesozoic reservoirs—unconformity controls on migration and accumulation, vol 30. The Mountain Geologists, Sweetgrass Arch, MT, pp 125-146

Dolson JC, Piombino JT (1994) Giant proximal foreland basin non-marine wedge trap: lower Cretaceous Cutbank Sandstone, Montana. In: Dolson JC, Hendricks ML, Wescott WA (eds) Unconformity-related hydrocarbons in sedimentary sequences. The Rocky Mountain Association of Geologists, Denver, CO, pp 135-148

Downey M (2014) Thinking like oil, the AAPG explorer. American Association of Petroleum Geologists, Tulsa, OK, p 3

Editors (2005) Buzzard- a discovery based on sound geological thinking. GEO ExPro, pp. 34-38.

EIA (2008a) Barnett Shale, Ft. Worth Basin, Texas. Wells by year of first production and orientation. Energy Information Administration Office of Oil and Gas, Washington, DC, p 1

EIA (2008b) Fayetteville Shale, Arkova Basin, Arkansas: key geological features. Energy Information Administration Office of Oil and Gas, Washington, DC, p 1

EIA (2009a) Haynesville-Bossier Shale play, Texas-Louisiana salt basin. Energy Information Administration Office of Oil and Gas, Washington, DC, p 1

EIA (2009b) Marcellus Shale gas play, Appalachian Basin. Energy Information Administration Office of Oil and Gas, Washington, DC, p 1

EIA (2010a) Shale gas plays, lower 48 states. Energy Information Administration Office of Oil and Gas, Washington, DC, p 1

EIA (2010b) Woodford Shale play, Arkoma Basin, Oklahoma: key geological features. Energy Information Administration Office of Oil and Gas, Washington, DC, p 1

EIA (2011) World shale gas resources: an initial assessment of 14 regions outside the United States. Energy Information Administration Office of Oil and Gas, Washington, DC, p 1

England WA, Mann AL, Mann DM (1991) Migration from source to trap. In: Merrill RK (ed) AAPG treatise of petroleum geology, handbook of petroleum geology. The American Association of Petroleum Geologists, Tulsa, OK, pp 23-46

Farrimond P, Naidu BS, Burley SD, Dolson J, Whiteley N, Kothari V (2015) Geochemical characterization of oils and their source rocks in the Barmer Basin, vol 21. Petroleum Geoscience, Rajasthan, India, pp 301-321

Gunter GW, Finneran JM, Hartmann DJ, Miller JD (1997) Early determination of reservoir flow units using an integrated petrophysical method. Society of Petroleum Engineers, v. SPE 38679, pp. 1-8.

Harper JA, Kostelnik J (2013a) The Marcellus Shale Play in Pennsylvania, geological survey. Pennsylvania Department of Conservation and Natural Resources, Middletown, PA, p 21

Harper JA, Kostelnik J (2013b) The Marcellus Shale Play in Pennsylvania part 2: basic geology, geological survey. Pennsylvania Department of Conservation and Natural Resources, Middletown, PA, p 21

Harper JA, Kostelnik J (2013c) The Marcellus Shale Play in Pennsylvania part 4: drilling and completion, geological survey. Pennsylvania Department of Conservation and Natural Resources, Middletown, PA, p 18

Hartmann DJ, Beaumont EA (1999) Predicting reservoir system quality and performance. In: Beaumont EA, Foster NH (eds) Exploring for oil and gas traps: treatise of petroleum geology, handbook of petroleum geology, vol 1. American Association of Petroleum Geologists, Tulsa, OK, pp 3-154

Igoshkin VJ, Dolson JC, Sidorov D, Bakuev O, Herbert R (2008) New interpretations of the evolution of the West Siberian Basin, Russia. Implications for Exploration, American Association of Petroleum Geologists. Annual conference and exhibition, San Antonio, TX, AAPG Search and Discovery Article #1016, pp 1-35

Jennings JB (1987) Capillary pressure techniques: application to exploration and development geology. Am Assoc Pet Geol Bull 71:1196-1209

Jewell G (2011) Exploration of the Tano Basin and discovery of the Jubilee Field, Ghana: a new deepwater game-changing hydrocarbon Play in the transform Margin of West Africa, AAPG Annual Convention and Exhibition, Houston, Texas, AAPG Search and Discovery Article #110156, p. 22

Littke R, Cramer B, Gerling P, Lopatin NV, Poelchau HS, Schaefer RG, Welte DH (1999) Gas generation and accumulation in the West Siberian Basin. Am Assoc Pet Geol Bull 83:1642-1665

Martinsen RS, Jiao ZS, Iverson WP, Surdam RC (1994) Paleosol and subunconformity traps: examples from the Muddy Sandstone, Powder River Basin, Wyoming. In: Dolson JC, Hendricks ML, Wescott WA (eds) Unconformity-related hydrocarbons in sedimentary sequences. The Rocky Mountain Association of Geologists, Denver, CO, pp 119-286

Meckel L (1995) Seals and shows. Chapter V: Shows (unpublished workshop notes). In: Traugott MO, Gibson R, Dolson J (eds) Seals and shows workshop, September 10-14, 1995. Amoco and Gulf of Suez Petroleum Company, Cairo, Egypt, p 21

Meissner FF (1978) Petroleum Geology of the Bakken Formation, Williston basin, North Dakota and Montana. The economic geology of the Williston basin: Proceedings of the Montana Geological Society, 24th annual conference, pp 207-227

Naidu BS, Burley SD, Dolson J, Farrimond P, Sunder VR, Kothari V, Mohapatra P, Whiteley N (in press) Hydrocarbon generation and migration modelling in the Barmer Basin of western Rajasthan, India: lessons for exploration in rift basins with late stage inversion, uplit and tilting, Petroleum System Case Studies, v. Memoir 112. American Association of Petroleum Geologists, Tulsa, OK

O'Sullivan T, Praveer K, Shanley K, Dolson JC, Woodhouse R (2010) Residual hydrocarbons—a trap for the unwary. SPE, v. 128013, pp 1-14

Pittman E (1992) Relationship of porosity and permeability to various parameters derived from mercury injection-capillary pressure curves for sandstone. Am Assoc Pet Geol Bull 76:191-198

Ray FM, Pinnock SJ, Katamish H, Turnbull JB (2010) The Buzzard Field: anatomy of the reservoir from appraisal to production. Petroleum Geology conference series 2010, pp 369–386

Richards P (2012) Entrepreneurs finished the Falklands' story, AAPG Explorer. American Association of Petroleum Geologists, Tulsa, OK, p 1

RPSEA (2009) First ever ROZ (Residual Oil Zone) symposium, Midland, Texas, Research Partnership to Secure Energy for America (RPSEA), p. 59

Saucier H (2014) Mom and Pop E&P makes unlikely success: Rockhopper hits it big offshore Falklands, AAPG Explorer. American Association of Petroleum Geologists, Tulsa, OK, p 1

Schowalter TT (1979) Mechanics of secondary hydrocarbon migration and entrapment. Am Assoc Pet Geol Bull 63: 723–760

Schowalter TT, Hess PD (1982) Interpretation of subsurface hydrocarbon shows. Am Assoc Pet Geol Bull 66:1302–1327

Sheppard A (2015) The network generation comparison forum: a collaborative project for objective comparison of network generation algorithms for 3D tomographic data sets of porous media. In Sheppard A (ed.). Australian National University, Canberra, Australia. http://people.physics.anu.edu.au/~aps110/network_comparison/

Smith LB, Leone J (2010) Integrated characterization of Utica and Marcellus Black Shale gas plays, New York State, AAPG Annual Convention and Exhibition, New Orleans, Louisiana, AAPG Search and Discovery Article # 50289, p 36

Sorenson RP (2003) A dynamic model for the Permian Panhandle and Hugoton Fields, Western Anadarko Basin, 2003 AAPG mid-continent section meeting, Tulsa, OK, AAPG Search and Discovery Article #20015, p 11

Specht RN, Brown AE, Selman CH, Carlisle JH (1987) Geophysical case history, Prudhoe Bay Field, Alaskan North Slope geology, volumes I and II, pacific section. SEPM (Society for Sedimentary Geology), Tulsa, OK, pp 19–30

Swanson BF (1977) Visualizing pores and non-wetting phase in porous rocks. Society of Petroleum Engineers, vol. SPE Paper 6857, p 10

Swanson VF (1981) A simple correlation between permeabilities and mercury capillary pressures. J Pet Technol 33 (4):2488–2504MathSciNet

Tearpock DJ, Bischke RE (2003) Applied subsurface geological mapping- with structural methods, 2nd edn. Printice Hall PTR, Upper Saddle River, NJ, 822 p

Vavra CL, Kaldi JG, Sneider RM (1992) Geological applications of capillary pressure: a review. Am Assoc Pet Geol Bull 76:840–850

Vincelette RR, Beaumont EA, Foster NH (1999) Classification of exploration traps. In: Beaumont EA, Foster NH (eds) Exploring for oil and gas traps: treatise of petroleum geology, handbook of petroleum geology, vol 1. American Association of Petroleum Geologists, Tulsa, OK, pp 2.1–2.42

Ward RF, Kendall CGSC, Harris PM (1986) Upper Permian (Guadalupian) facies and their association with hydrocarbons—Permian Basin, West Texas and New Mexico. Am Assoc Pet Geol Bull 70:239–262

Weimer RJ, Sonnenberg SA, Young GB (1986) Wattenberg field, Denver basin, Colorado. In: Mast RF, Spencer CW (eds) Geology of tight gas reservoirs, vol 24, AAPG Studies in Geology. American Association of Petroleum Geologists, Tulsa, OK, pp 143–164

Wescott WA (1994) Migration pathways and seismic expression of a North American Giant: East Texas Field. In: Dolson JC, Hendricks ML, Wescott WA (eds) Unconformity-related hydrocarbons in sedimentary sequences. Denver, CO, The Rocky Mountain Association of Geologists, pp 131–134

Wrightstone G (2009) Marcellus Shale-geologic controls on production. AAPG annual convention. Denver, CO,

AAPG Search and Discovery Article #10206, p 10

Wrightstone G (2010) A shale tale: Marcellus odds and ends, 2010 winter meeting of the independent oil and gas association of West Virginia, p 32

Zammerilli AM (2010) Projecting the economic impact of Marcellus Shale Gas development in West Virginia: a preliminary analysis using publicly available data. Department of Energy National Energy technology Laboratory, p 37

3　钻井、录井、测井与取心

摘　要

采用水基钻井液或油基钻井液钻井，一来可以稳定井筒，二来可防止由于高地层压力而带来的井喷。井场地质学家和工程师在钻井时监测地层压力并采集岩屑和岩心数据。如果钻井过平衡，或者井筒钻井液压力高于地层压力，钻井液就会进入地层，这可能不仅抑制油气显示，而且也会污染岩心。前者可通过电缆测井获得的电阻率剖面和滤饼层的分离来进行识别；后者如果不对岩心进行细心地处理并有效分析未被侵入的部分，则受钻井液饱和的常规岩心会残留下来。

套管柱的作用是封闭有问题的储层，随着钻井的加深，套管尺寸逐渐变小。电缆测井测量地层的电、磁、电阻率或其他各种性质，有各种类型测井和服务公司。测井曲线有扫描（光栅）和数字（. LAS 和 ASCII）两种格式。完井报告包含了钻井和生产测试过程中的所有信息，如果有这些信息的话，仔细检查这些信息非常重要。为了识别井筒中的油气显示，尽管我们做了很多努力，但仍有可能无法识别一些重要的油气显示，从而导致未测试的生产层或生产井被作为干井而废弃掉。

3.1　关于理解油气显示和钻井的历史背景

人们打井已经有几个世纪了。最古老的机械方法是电缆工具钻机，主要用于在基本上非固结的岩石中钻几百英尺或几百米的井。最早的机械井是使用中国的"弹簧杆"技术钻探出来的，早在公元前 450 年，就有文献记载使用弯曲的树木或竹竿控制杆，用凿子或其他切割设备打入地面将竹竿拉回然后反弹（AOGHS，2015）。在美国，弹簧杆技术的广泛应用最早是在 1809 年西弗吉尼亚的浅盐卤水井中。

不久之后，该技术被应用于蒸汽驱动电缆工具钻机（图 3.1），该钻机能够钻得更快、更深，但其本质上与"冲击"钻井技术相同。1946 年在阿塞拜疆巴库第一次使用电缆工具钻探油井（Mir-Babayev，2002），1959 年在美国宾夕法尼亚州完钻了一口深达 69.5ft（21m）的德雷克油井。不久，电缆工具钻机遍布全球各地。

钻井是一项复杂、技术含量高、成本昂贵的工作，井场就像一个小城市，通常由钻井工人、地质学家和司钻工程师等组成。当然钻井成本也是重要的。美国许多陆上油井的价格从每口井 100 万美元到 1500 万美元不等。在海上，成本可能飙升至数亿美元。在北极的高海拔地区，一口探井的总投资可能接近 10 亿美元。

大多数探井都是直井，但也有许多井是水平或定向钻井，尤其应用在非常规页岩油藏的钻井中。

虽然钻井设计的细节差别很大，但其基本原理上都有一些共同的特点（图 3.1）。与早期的凿岩技术形成对比，现代钻机使用旋转钻头。钻井可以在任何条件下进行，从深海到恶劣的北极环境，如果可能的话，钻井可以保持24h运转。房屋一般用拖车拖着(陆上)或是一个生活区(海上)。在海上工作的工人通常会在钻井平台上工作一到两周，然后回家里一到两周，轮班工作，但在钻井平台上每天24h待命。

随着钻井深度的增加，在套管柱中依次设置套管。新套管柱的起始位置取决于所钻地层的地质条件和压力。套管柱可以稳定井眼，允许进行射孔和水力压裂等作业。岩屑必须循环到地面，取样和处理，钻井液必须在钻井时可用。当油井完井后，一种被称为"采油树"的装置会装在口井，使地层流体通过管道或卡车运送到市场。

许多井使用一个钻井平台进行定向钻探。在钻井平台上，初始井垂直钻进，随着钻头深度加深到水平或次水平位置，钻头进行偏离，从而实现从一个地面井场位置到达深部多个地层。这有助于减少钻井"轨迹"，容许一个钻井平台布置数十口，从而节省地面占用面积。

井和套管设计的一些基础知识

科罗拉多的现代勘探钻井

典型的13.75in(34.9cm)变深度数百到数千英尺(保护含水层)

表层套管

用于隔离有问题的区带比如异常压力、盐层、井漏。可能是几组8⅝in(21.9cm)中间套管

中间套管

延伸穿入产层5.5in(14cm)

生产尾管

图3.1　油井设计基础(下套管在钻井过程的各个阶段进行，在深度上套管的直径逐渐变小。套管稳定了井口，保护含水层不受污染。在问题层段设置中间套管，在困难的钻井情况下可能需要多个套管柱。照片由Debbie Dolson提供)

3.1.1　水平井和多级压裂

近40年来最重要的创新之一便是水平井钻井(图3.2)。

19世纪60年代，人们首次使用炸药进行水力压裂，但其在现代油井中的首次成功应用是在1950年。从那时起，全世界已经有超过250万口井进行了水力压裂。该过程包括向致密的含油气地层中高压注入液体，通常是水、砂和其他化学物质的混合物。通常情况下，这类储层若只进行简单的完井作业，则不会产生商业流量。裂缝从井筒向外辐射数百米，帮助连通孔隙系统，为油气进入井筒提供通道。

勘探人员喜欢寻找不用水力压裂就能完成泄油的高品质储层，但大自然并不完全配合，许多井会钻遇到致密、低渗透率的地层，如果不通过水力压裂增产，这些地层就不会释放出油气。在致密岩石中，水平井比直井具有更大的优越性。例如，在美国宾夕法尼亚州Marcellus页岩中，一口直井射孔可能将油气从15m厚的地层中采出。然而，在同一区域内的一口水平井，水平距离可达到900m或更长，相对于直井来说会大大增加接触表面积。最近一些水平井的水平井段长度已经超过了37000ft(11227m)(PetroWiki，2015)。

对于直井进行一次压裂就足够了。但是在水平井中，会有多个水力压裂"段"。典型的Marcellus井一次压裂作业可能会消耗多达$250×10^4$gal的压裂液，压裂液在压裂后从井中泵

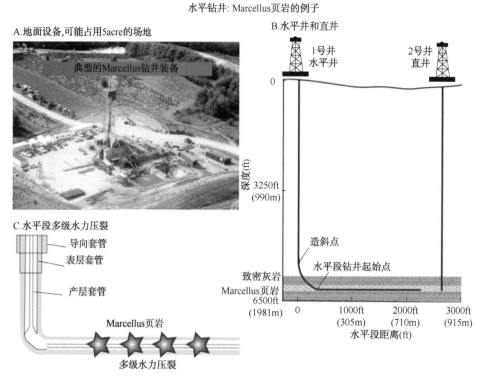

图3.2 典型的水平井装置[有些井的水平段延伸长度超过3公里。
修改自(Harper and Kostelnik, 2013c)]

出,使油气进入井筒。越来越多的水力压裂液和水被回收循环用于其他井,而不是在处理后进行排放。

EIA(2009),Engelder (2014),Hardage 等 (2013),Harper 和 Kostelnik (2013a,b,c),Wrightstone(2010)对影响 Marcellus 页岩区块作业、地质和水力压裂因素进行了综述。

不管井型如何,所有井都要采集样品并进行分析,并将电缆测井工具下入井中,对现有的碳氢化合物进行定量评估。

3.1.2 东、西方评价技术的演化

里海油田的财富成就了诺贝尔兄弟和罗斯柴尔德等人的金融帝国。到1894年,巴库的年产油量已与美国持平。巴库成为欧洲最东部的文化和工业中心,大部分石油都流向了北方的俄罗斯。随着1917年俄国革命的到来,巴库的石油工业进入了一个漫长的衰退期,直到最近在苏联解体后才重新焕发了生机。

在苏联统治下的90多年里,阿塞拜疆和俄罗斯的石油工业发展技术基本上没有输出到西方,也没有受到西方的影响。二战结束后,俄罗斯石油和天然气行业在摆脱对西方能源依赖的强烈愿望驱使下,发起了一场勘探活动,发现的石油和天然气比其他任何国家都多,而且往往是在非常恶劣的北极环境和偏远地区发现的。衡量勘探成功的标准是钻井进尺,而经济性在此战略中几乎没有扮演任何角色。相比之下,在西方,除非能确保找到的石油能够支付开采费用,否则就不会钻探油井。

在俄罗斯，评价油井时非常重视取心，以便直接检测岩样的显示、岩石类型和质量。然而，传统的测井技术很大程度上依赖于电阻率测井仪（稍后讨论），与之形成对比的是，西方在同一时期开发了一套范围更广的测井仪。电阻率测井工具仍然是东方和西方技术的重要组成部分，因为它们可以测量岩石和流体的导电性。例如，盐水的导电性比淡水更强（电阻性更弱），因此电阻率测量值较低。同样，像黄铁矿这样的导电矿物电阻率也很低。然而，油气是不导电的，地层电阻率的变化也可以反映是否存在油气与水。

我第一次接触俄罗斯的测井是在 1993 年，也就是苏联刚刚解体 4 年之后，也是西方人获准参观巴库和其他地方的技术机构大约 1 年之后。对我来说，这是一个很好的学习机会，学习利用测井曲线技术对井进行评价，进而理解石油和天然气显示及勘探方法。我的俄罗斯同事也是如此。

与今天的大多数公司相比，俄罗斯石油行业多年来一直高度分散。地球物理学家、地质学家、生物地层学家、研究人员、工程师和钻井工不仅分布在不同的建筑物里，而且分布在不同的城市里。勘探工作主要是用钻头进行的，地震资料可以提供大致的位置，但勘探部门得到资金支持，可以钻探尽可能多的井。因此，学术机构非常重视如何对油井进行评价，而岩心分析很大程度上深化了这种理解，但其分析技术要比西方公司的技术粗糙得多。因此，缺乏或根本没有一个高度综合的、能够基于现有数据而制作出标准图件的跨学科团队，而这样的团队却是今天公司运作的一个重要标志。

在西方，1859 年在宾夕法尼亚州成功的德雷克油井催生了一个巨大的新产业。随之而来的石油繁荣改变了这个国家的面貌，为家庭照明提供了充足的新能源，并很快为汽车和飞机提供了动力。在竞争和资本的推动下，技术进步迅速，但多年来，寻找渗透层一直主导着勘探过程。具讽刺意味的是，它还拯救了鲸鱼，减少了对鲸油的需求，有效地摧毁了捕鲸业。石油勘探也在全球范围内蓬勃发展，最引人注目的是荷兰东印度公司（现为壳牌勘探公司），它几乎在同一时期开启了对印度尼西亚的石油和天然气勘探和开发。

本章涵盖了西方钻井、钻井液录井和常规电缆测井的基础知识。在第 6 章中，我们将介绍一些基础的"快速观察"测井技术，以及更多利用电缆测井工具识别油气的理论。随着新工具和新技术的不断涌现，评价和钻井技术日新月异。有时，现在很多认识很难跟上创新的步伐！

3.1.3　渗漏和微渗漏

在世界上一些地区，渗漏在油气勘探中仍然发挥着重要作用。许多供应商继续监控和销售"海上油迹和渗漏"研究的数据库。在近海，用卫星图像来发现海面或海底浅层的浮油。在条件允许的情况下，对这些渗漏进行物理采样，并对原油进行分析，以确定其特性及其他参数，如它可能来自的烃源岩和该烃源岩的成熟度。这些地球化学技术我们在第 8 章中会涉及到。

海上渗漏数据库试图区分来自泄漏的船只、沉船的浮油或者海底的天然渗漏。这些研究对于了解未经测试的深水甚至以前禁止勘探的浅水的潜力是必不可少的。陆上仍有许多未经测试的石油和天然气渗漏，特别是在偏远的盆地或由于政治或安全问题难以进入的国家。这些渗流仍然是"难题"，附近的盆地和潜在的圈闭要么没有经过测试，要么测试得很差。因此，识别渗漏仍然是许多前沿地区石油和天然气勘探的主要部分。

微渗漏研究是另一种从土壤细微化学变化中寻找浅层油气踪迹的技术(McCoy 等，2001；Schumacher，1999，2012)。渗漏和微渗漏有一个共同的特征，即油气运移到地表，往往通过曲折的运移路径，甚至是很长的垂向和横向距离。

然而，在渗漏点附近钻井并不总是能保证发现石油。在怀俄明州的逆冲断层带，渗漏如此之多，以至于 19 世纪去加利福尼亚西部的定居者在遇到这些渗漏的时候停下来，用石油润滑马车的轮子。但阿莫科公司发现巨型 Ryckman Creek 油田(Ploeg 1980)之前，在逆冲带上钻了 52 口以上的干井。圈闭是一个倒转的背斜，位于高度褶皱断裂的盐构造之下。地表渗出位置和地表背斜与包含大型油田的深层逆冲背斜没有任何物理关系。人们花了数年时间才认识到丰富的侏罗纪块状砂岩的构造背景。

所有这些失败导致了更多的偏见和需要被打破的范式。然而，阿莫科公司的另一位高管做出了致命的评论："我将喝光从逆冲带流出来的所有石油和天然气"。在发现了巨型 Painter 油田之后，他变得出奇的沉默。

只要说渗漏是油气系统运行的标志，是某种油气系统运移的终点就足够了。若要确定油气残留在渗漏点下倾方向的具体位置，则需要付出大量的努力、成本和想象力。

3.1.4　钻井液钻井

在过去 100 年里，勘探的概念发生了巨大的变化，我们钻井和收集数据的方法也随之发生了变化。电缆钻具可以在不含流体或水的情况下进行作业，水可以将岩屑冲洗到地表，帮助清理井眼。

这些钻机不使用泥浆之类的润滑剂，井口一般都很浅。大块的岩石从井筒中返回，很容易看到岩性和油气显示的迹象。我读过很多关于这类井的老报告，它们通常都有非常简单的描述，与后来随着钻井技术进步而发展起来的描述形成对比，其主要是强调通过气味或视觉检查，并直接识别岩屑中的石油，较少关注岩石类型等细节。如今的现代钻机(图 3.1 和图 3.3)不仅可以获取油气显示的大量信息，还可以获取岩石类型、年龄、胶结物、矿物学、颗粒大小、分选等诸多岩石属性数据。

在机械钻井的早期，成功的标志是石油流入井筒。在美国东北部的宾夕法尼亚、俄亥俄和西弗吉尼亚，大多数油井的流量都不大。高压井和井喷没有发生，水和空气作为钻井介质工作良好。然而，到 19 世纪 80 年代末，俄罗斯的井喷事件传到了美国，石油每天以极高的速度喷出井口，并将数百米长的钢管抛向空中。

"井喷"，在制作伟大的好莱坞故事，也是钻井不希望的结果。在早期的机械钻井中，井喷太常见了，每年都有数千名不幸的钻井工人在井喷事故中，因动作太慢无法及时离开钻机而死亡。井喷仍然是一个严重的问题，人们花费了巨大的努力来避免它们。尽管如此，就在最近的 2010 年，英国石油公司的深水油井在墨西哥湾爆炸，造成 11 人死亡(DHSG，2011)。

对钻井来说，也许最具创新的技术是将钻井液泵入钻具组。钻井液不仅可以冷却钻头，还可以加入化学物质来增加钻井液的密度和增强井筒的稳定性。当钻头经过含油层段时，钻井液液柱的重量有助于阻止原油的流入。由于浮力和地层本身的压力，钻井至少要做到"平衡"或"略微失衡"这一点是很重要。这确保了油井不会遭受灾难性的井喷。

每口井都配备了钻井液工程师，并在钻井时通过钻机的精密设备监测压力。每个地球科

典型的海上钻井操作区

图 3.3　现代海上钻井平台作业设置(修改自 BP-Chevron 钻井财团课程说明。使用许可)

学家都需要了解油井的基本构造,以及钻机上的工具,以获取有关地下岩性、压力和油气显示的信息。

3.1.5　井筒设计、压力和钻井安全

1901 年,在德克萨斯州 Spindletop 油田的 Lucas 井(Clark 和 Halbouty,2000),首次有文献记载使用泥浆来稳定井筒。24 岁的 Al(曾是一名牧民)和 28 岁的 Curt Hamill(曾是一名推销员)是两兄弟,他们通过直觉和创新偶然发现了这项突破性的技术。Hamills 使用的是蒸汽驱动钻井技术,而不是传统的电缆工具钻机。在 Lucas 井之前,钻井工人以前只使用水来稳定井筒(GeoExpro,2008)。Lucas 井远景区是一个突破性的发现,它不仅向南德克萨斯州开放了石油工业,而且向世界开放了,因为发现了大量石油以及用于开发石油的新钻探技术。

就像许多突破性发现一样,这对当时的"专家"来说是一个"惊喜"。因为来自德克萨斯州博蒙特的自学成才的地质学家帕蒂洛·希金斯(Patillo Higgins)认为,小镇附近一座有趣的小山周围有冒泡的石油和天然气渗出物,可能含有石油。希金斯出生于德州一个著名的拓荒者家庭,只有一只胳膊,另一只在一次枪战中失去的。他沉迷于在德克萨斯南部发现大型石油矿藏,而那里以前从未发现过石油。自 1893 年以来,他一直试着在这座山上钻探,但钻井一直未达 300ft(100m),结果他身无分文。当时,没有比希金斯更著名、更权威的地质学家告诉他,他的想法是愚蠢的,应该回去打水井去。结果,希金斯花了 8 年多时间对他的前景区进行钻井,但没有成功,既没有买家,也没有运气。

希金斯在技术上的运气出现了转机,他遇到了一位奥地利籍的美国公民,他既是一位采矿工程师,也是一位自学成才的地质学家,名叫安东尼·卢卡斯(Anthony Lucas),他和希金斯一样,对得克萨斯州的大型石油公司抱有同样的信念。卢卡斯从宾夕法尼亚州匹兹堡

(当时的油气田中心)的支持者那里获得了资金，开始钻探。对希金斯来说不幸的是，这笔交易并没有把他包括在其中。从一开始，哈米尔兄弟在钻井时就遇到了麻烦，因为高压水层频繁出砂，导致井筒充满了松散的沙子，造成钻井停止。他们沮丧地望着油田的另一边，一群牛正在踩踏着一个池塘。这可能是一种纯粹的绝望之举，他们把牛群赶到钻井现场，让它们搅拌泥浆，然后注入井筒。

尽管采取了这种孤注一掷的措施，但成功了，井筒稳定下来，他们能够每天钻24h。在347m深处度，井筒以每天 10×10^4 bbl 的速度喷出50m柱高的油，花了9天时间使得井喷得以控制。控制井喷这种前所未有的井涌比率，在美国以前是没有见过的事，Hamill 也是临时准备了第一个油田采油树，该设备被用来直接覆盖在井口上将油从井中抽出并通过管道输送到露天矿场。采油树比之前回收装置要复杂和坚固得多，现在是钻井的标准装备，与防喷器一起对控制灾难性的井喷至关重要。

顺便提一句，当油井投产时，希金斯向卢卡斯索赔400万美元，最后以低得多的价格达成和解。石油工业的繁荣带来了一种变化，这种变化在20世纪产生了深远的影响，不仅体现在油田发现的石油储量上，还体现在突破性的钻探技术上，这种技术开启了新的钻探时代。

3.1.6 有关钻井液、钻井液密度和循环时间的基础知识

来自钻井的最重要的信息是钻井液循环时钻柱上的钻屑和气体。这些岩屑包含了丰富的岩性、孔隙度、岩石性质以及最重要的油气是否存在的信息。了解这些信息是评估地层中是否存在油气的第一个关键步骤。

不幸的是，随着现代金刚石钻头的出现，评估正在钻探的地层岩性难度陡增，因为大部分样品已被钻头给磨碎了，与早些时候电缆工具钻机和传统钻头形成鲜明的对照。早期的钻探通常会带出较大的样品到地面上来。此外，在绘制反映地层岩性的测井曲线时，必须考虑到从地层钻取样品到达地表的滞后时间。最重要的是，井筒中较高的钻井液密度常常会在井筒周围形成一个"冲洗带"，将地层流体(包括可能存在的石油和天然气)推离井筒。在某些情况下，由于冲洗次数太多，这些显示被压制住了，无法识别认出来。

现代钻机(图3.3)一般有 G&G(地质与地球物理)操作中心、电缆测井装置、MWD/LWD(随钻测量/随钻测井)和钻井液录井拖车。在这些区域工作的人员负责对钻井活动和结果进行全面和持续的监测。每天都会生成地质报告，总结钻井速度、钻井过程中的油气显示、钻井液密度及其他工具估算的孔隙压力、样本的收集和归档，通常还会对岩屑进行现场生物地层评价，以确定所钻地层的年龄。井场作业本身就是一门科学，要非常细心地监控流入钻井液系统的气体，因为这些气体可能表明存在含烃带，或表明存在可能对钻井造成问题和潜在井喷的高压气层。因此，安全是任何井筒作业的首要问题，但岩石数据的采集和存档也至关重要。Seubert(2004)提供了井场作业地质方面很好的在线参考资料。

样品到达地表后即进入振动筛，该振动筛表面不断摇晃以使样品从钻井液中分离出来。这个区域被称为"振动筛"，是现场地质学家或技术人员依据由钻井队和地质学家确定的预钻井时间间隔内，获取和存档岩石样本的地方。样品以"湿"和"干"两种形式储存，并在井场立即进行分析，包括粒度、岩性、孔隙度、预估渗透率和油气指标等信息。所有这些信息都记录在报告中，作为信息的电子表格，然后转换成能用于工作站的数字曲线，并最终与其

他数据一起展示。

生成三种常用报表：(1)钻井日报表；(2)地质日报表；(3)完井最终报告。钻井日报总结了钻井过程中遇到的所有异常情况(如天然气急剧增加或钻井液重量增加或减少、钻压记录、钻速、温度等关键数据)。钻井地质日报通常包括重要事件的地质摘要和岩性描述、显示、生物地层结果、孔隙压力评价、钻头和套管设计以及岩石物理概况。完井最终报告总结了井眼的整个历史，经常由州政府和政府机构要求作为成果的记录。

3.2 钻井液录井、气测和岩屑描述

3.2.1 钻井液录井

也许对于地球科学家和工程师来说，最重要的是钻井液录井(图 3.4)。

典型的钻井液录井描述

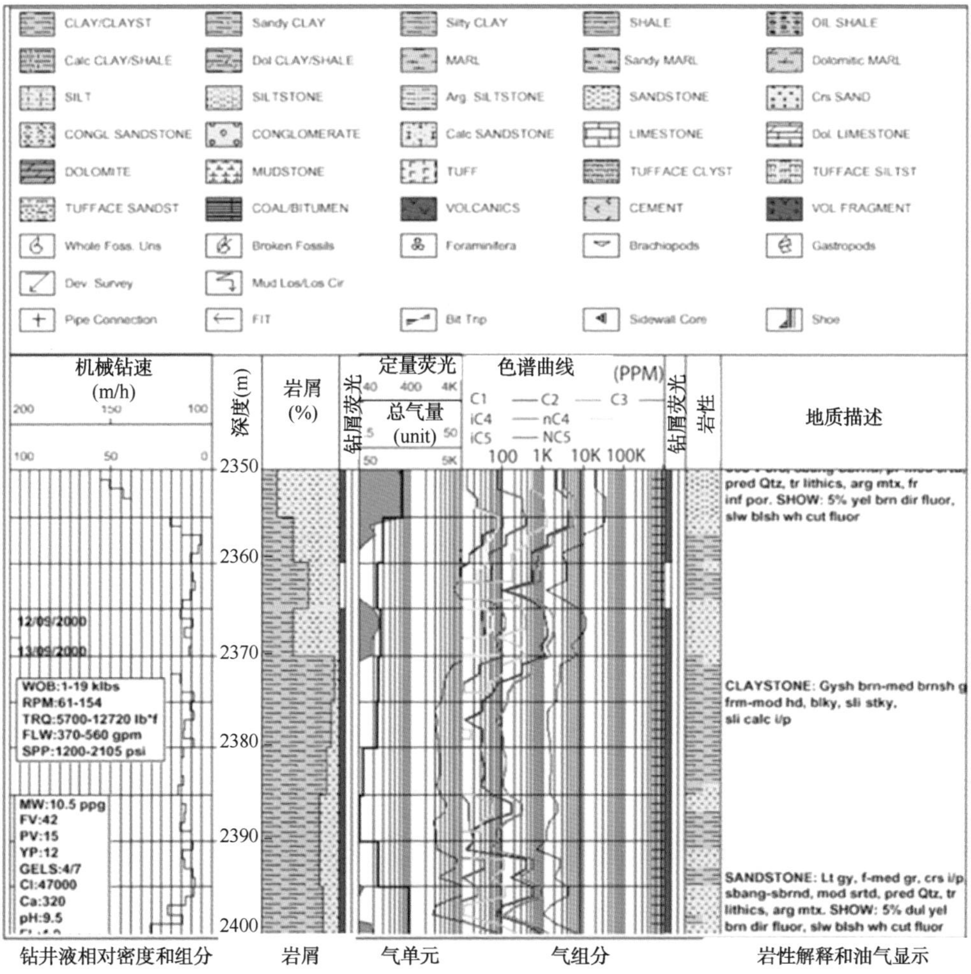

图 3.4 典型的钻井液录井曲线

有关钻井液录井的相关资料请参考(Whittaker, 1992b)和(Whittaker, 1992a; Whittaker 和

Morton-Thompson，1992)。钻井液录井记录了钻井液密度、井内和井外的流动温度、钻井液矿化度和电阻率、井筒水位和体积、立管压力、钻头钻压、旋转扭矩和转速、泵冲程速率、压力、钻头转速和钻入深度和时间。"滞后时间"是指特定地层钻井到地面之间的时间延迟或滞后。滞后时间随孔径、环空体积(管道内钻井液体积)和循环速率而变化。它被描述为井筒环空的体积和循环泵一冲程的钻井液排量。图 3.5 给出了一个计算滞后时间的例子。

计算滞后时间(英制单位)

1.钻头深度=95000ft，测量深度

2.泵速=300gal/min

3.9500ft测量深度处的环空体积=250bbl

4.三缸泵：效率97%，6in缸套，12in冲程长度

5.三缸泵排量公式：

$$三缸泵排量(bbl/冲程)=效率×0.000243×衬管直径^2(in)×冲程长度(in)$$
$$=0.97×0.000243×(6)^2(in)×12(in)=0.102bbl/冲程$$

6.泵速=300gal/min÷42=7.14bbl/min

7.冲程滞后时间=250bbl÷0.102桶/冲程=2451冲程

图 3.5　钻井平台上用于理解滞后时间和标记振动筛样品来源深度的典型方程
(BP/Chevron 钻井财团课程讲义的例子，经许可)

在完井报告中，岩屑的描述通常会进行调整，以更准确地匹配完井后电缆测井的信息。

需要注意的一件更重要的事情是气体读数通常以气体单位显示，在色谱上以百万分之一(ppm)显示。气体的增加意味着碳氢化合物流入井筒。急剧上升可能表明存在一个超压带，可能是靠近石油或天然气柱的顶部，或者仅仅是一套高压砂层。当遇到这些"气冲击"时，通常会增加钻井液密度，以防止在这些层段发生井喷。这也可能表明该井正处于欠平衡状态，需要增加钻井液密度以增加安全措施。

气测录井通常记录了从 C_1 到 C_5 的烃类气体，但也可以测量其他组分(表 3.1)。C_5 气体的流入可以指示含油带与纯含气带。

表 3.1　钻井液录井中气体摩尔百分比分类及常用密度测定[较重的烃类组分(C_5及以上)通常是油气带或湿气带的标志。修订自 Whitson (1992)]

组分	描述	干气(mol%)	湿天然气(mol%)	凝析液(mol%)	挥发油(mol%)	黑油(mol%)	注释
CO_2	二氧化碳	0.1	1.41	2.37	1.82	0.02	
N_2	氮气	2.07	0.25	0.31	0.24	0.34	
C_1	甲烷	86.12	92.46	73.19	57.6	34.62	
C_2	乙烷	5.91	3.18	7.8	7.35	4.11	
C_3	丙烷	3.58	1.01	3.55	4.21	1.01	
iC_4	异丁烷	1.72	0.8	0.71	0.74	0.76	
nC_4	正丁烷		0.24	1.45	2.07	0.49	
iC_5	异戊烷	0.5	0.13	0.64	0.53	0.43	C_5油价走高是油价可能出现的重要指标
nC_5	正戊烷		0.08	0.68	0.95	0.21	

续表

组分	描述	干气 （mol%）	湿天然气 （mol%）	凝析液 （mol%）	挥发油 （mol%）	黑油 （mol%）	注释
C_{6s}	己烷		0.14	1.09	1.92	1.16	
C_{7+}	庚烷		0.82	8.21	22.57	56.4	
密度测量							
GOR	气油比（标准 ft^3/油罐桶）		69000	5965	1465	320	
OGR	油气比（储罐 桶数/ft^3）	0	15	165	680	3125	
°API	API 重度		65	48.5	36.7	23.6	

3.2.2 钻井液气体分析：湿气—干气比分析

图 3.6 显示了色谱记录和确定流体类型的标准方法（Haworth 等，1985）。根据钻井液录井色谱数据计算出了三种类型的曲线：湿度、平衡度和 Ch 比值（公式和定义见图 3.6）

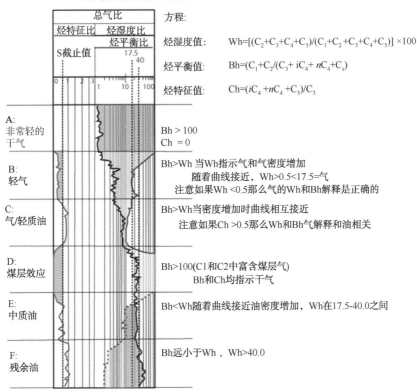

烃湿度比值理想图和解释

方程：

烃湿度值： $Wh = [(C_2+C_3+C_4+C_5)/(C_1+C_2+C_3+C_4+C_5)] \times 100$

烃平衡值： $Bh = (C_1+C_2/(C_3+iC_4+nC_4+C_5)$

烃特征值： $Ch = (iC_4+nC_4+C_5)/C_3$

A：非常轻的干气　Bh > 100　Ch = 0

B：轻气　Bh>Wh 当 Wh 指示气和气密度增加　随着曲线接近，Wh>0.5<17.5=气　注意如果 Wh <0.5 那么气的 Wh 和 Bh 解释是正确的

C：气/轻质油　Bh>Wh 当密度增加时曲线相互接近　注意如果 Ch >0.5 那么 Wh 和 Bh 气解释和油相关

D：煤层效应　Bh>100(C1 和 C2 中富含煤层气)　Bh 和 Ch 均指示干气

E：中质油　Bh<Wh 随着曲线接近油密度增加，Wh 在 17.5-40.0 之间

F：残余油　Bh 远小于 Wh ，Wh>40.0

图 3.6　油气润湿性图作为从钻井液测井气体中识别流体类型的一种方法［改编自 Haworth 等人（1985）］

烃湿度比（Wh）曲线由色谱图上的 C_2-C_5 烃类与总 C_1-C_5 烃类（ppm）的比例计算得出。

高 Wh 值意味着系统中有大量湿气或油。烃平衡比(Bh)曲线是 C_1、C_2 与 C_3-C_5 的比值。数值越高，地层中的气体越轻。烃特征比率(Ch) 计算为 C_4-C_5 气体与 C_3 的比率。干气的 Ch 值小于 0.5，湿气或油的 Ch 值大于 0.5。各种界限值和理想的录井显示如图 3.6 所示。当平衡曲线远低于润湿性曲线和润湿性曲线大于 40 时，区分残余烃与连续(圈闭)烃的潜力特别有用。残余显示在许多盆地中很常见，试图将它们与圈闭中的油气区分开是了解任何含油气系统运移的关键部分。

图 3.7 提供了一个来自印度近海发现的实例。该发现验证了深水碎屑流地层圈闭的成藏组合概念。该圈闭油气柱高度较长，但储层渗透率低，低分选，含中、微孔喉。因此，最好的饱和度只出现在圈闭顶部，那里浮力最高。但使用水力压裂技术，该井在多个区域都有可观的流量。垂直方向总烃(Tgas)的增加，以及 Wh-Bh 曲线间隙增大，证实了该圈闭顶部的气体含量高于底部。

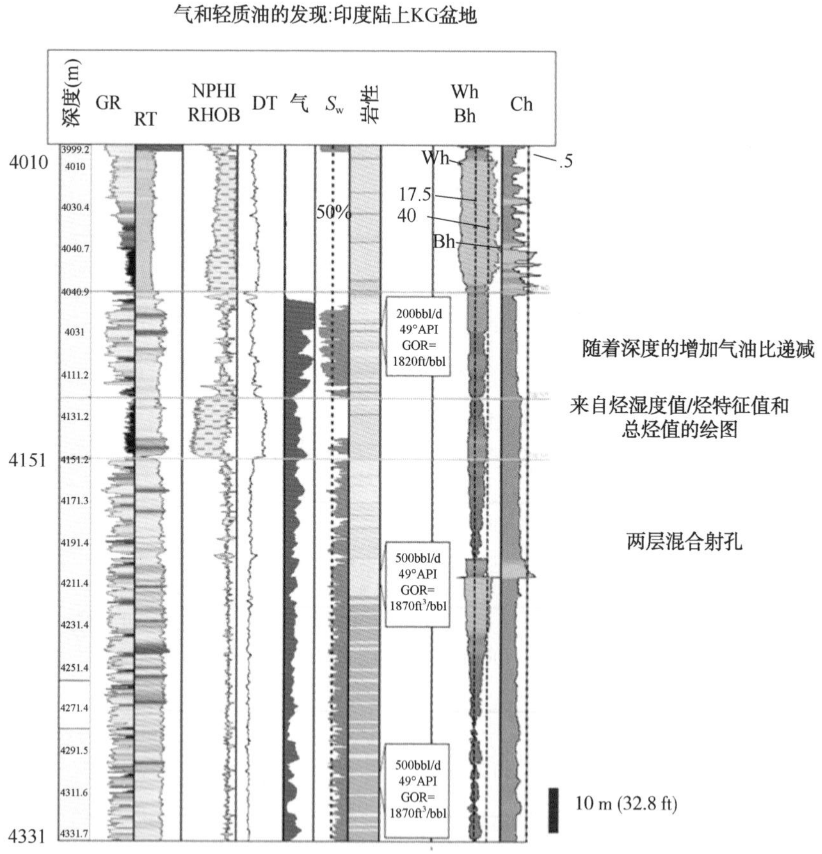

图 3.7　利用气相色谱分析确定含气油带［图由凯恩能源印度公司提供。Shubhodip Konar 和 Bikashkali Jana。GR＝伽马射线；RT＝真电阻率；NPHI＝中子孔隙度；RHOB＝密度(g/cm^3)；S_w＝含水饱和度。图由凯恩印度公司提供。使用许可］

另外需注意的是在 4151m 至 4331m 之间的长井段，其含水饱和度不曾低于 50%。这是由于致密的泥质砂岩中有很高的束缚水。这类致密储层的水仍然附着在储层孔隙中，不能开采，但占储层中计算出的水的百分比。尽管含水饱和度达到了 50%~60%，但这口井并没有测试出水来。第 5 章讨论了相对渗透率与岩石类型的相关性，并解释了高泥质含量、高含水饱和度的钻井是如何保证在石油流动产出过程中为什么不会产出水。

3.2.3　井筒冲洗及过、欠平衡钻井

本书第 4 章将详细地讨论压力问题，但为了能更好地理解井筒冲洗的概念，这里需要对压力先做一个简要讨论。如第 2 章所述，压力—深度图用于算地层压力、产层之间的连通性、封堵能力和其他相关的数据，这些数据不仅与圈闭和远景区评价有关，而且也与钻井安全密切相关。

造成井内地层过压或欠压的原因是多种多样的，但多来自生烃、快速埋藏、盆地抬升和剥蚀等因素，这些因素将在下一章讨论。

过压和欠压的梯度和定义见表 3.2。

表 3.2　压力梯度(修改自 **BP-Chevron** 钻井联合体课程笔记，使用获得许可)

钻井液密度（bbl/gal）	压力梯度（psi/ft）	相对密度	压力梯度（kPa/m）	描述	注释
1.0	0.051948	0.12	1.18	等价于	转换成钻井液重量的转换单位
<8.3	<0.433			欠压实	梯度小于淡水密度
8.3	0.433	1.00	9.9	正常压力	淡水梯度
8.6	0.446	1.03	10.3	正常压力	盐水梯度
9.0	0.467	1.08	10.6	轻微超压	高盐水
12.0	0.624	1.44	14.2	适度超压	
13.0	0.676	1.56	15.3	适度超压	
15.0	0.780	1.8	17.7	超高超压	难度井
19.2	1.0	2.31	22.5	最大过载的压力	在陆地上，这是上覆岩层压力的近似值。海上的上覆岩层压力变化较大

从钻井角度来看，钻井人员希望钻井液柱的压力与等深度的所钻地层压力近似相等。在任何一口钻井中，来自钻井液系统的流体会将烃类从井筒中冲洗出去(图 3.8)，冲洗程度和侵入深度不仅取决于钻井液与地层之间的压差，还取决于地层渗透率。在任何井中，为了获得测井分析所需的信息，都要对冲洗带进行详细研究，因为测量油气饱和度的工具需要在远离井筒的未冲洗带(未被钻井液污染的区带)进行测量。

钻井情况有三种：

(1)欠平衡(井筒液柱压力低于地层压力)；

(2)正常平衡(井筒液柱压力约等于地层压力)；

(3)过平衡钻井(井筒液柱压力大于地层压力)。

表3.2给出了钻井液密度典型压力梯度和压力。低于淡水或盐水的梯度被认为是欠压实。通常受压地层采用的钻井液密度相当于淡水或盐水的密度。当井筒压力梯度超过海水密度时,地层就会受到过压。当井筒压力梯度超过0.78psi/ft(15ppg)时,就会产生"硬"压力或高压。尽管这些孔隙压力变化的原因多种多样,但从钻井的角度来看,提前预测地层压力并在进入任何可能流动的区域时确定适当的钻井液密度,对钻井安全和井筒稳定性至关重要。

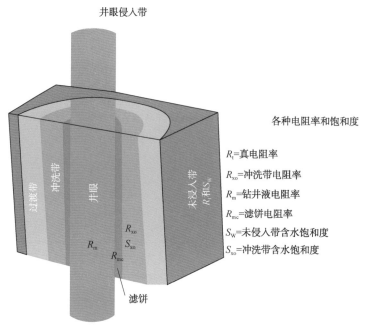

图3.8　钻井液造成的井筒侵入[电阻率测量(R_m、R_{xo}、S_{xo}和R_{mc})
反映了远离井筒的流体盐度的变化。R_t为地层真实电阻率
(矿化度),处于未受侵带]

如果没有预测到超压条件,那么大多数井都是采用平衡钻井液密度或略高于或低于压力的钻井方式。图3.8显示了在钻过地层时,钻井液对地层的侵入。如果油井压力不平衡,侵入剖面通常不是很深。地层的渗透率也可能是影响侵入深度的一个因素。

当预测到超压情况时,出于安全考虑通常会采用过平衡钻井。在这些情况下,侵入剖面可能相当深入。从油气显示角度看,井的过平衡程度越高,井筒内油气显示受抑制的程度就越大。在某些情况下,这就足以使含油气饱和度良好的地层在没有测井记录的情况下钻进。侵入的流体还会堵塞孔隙系统,从而破坏地层。尽管地层中存在烃类,但当井筒受损时烃类可能永远不会向井中流动。

欠平衡钻井是避免地层损害、限制钻井液侵入和最大程度减小冲洗带的极好方法(Bennion和Thomas,1994;Jacobs,2015)。过平衡钻井还有一个潜在的问题,就是钻头、岩心或测井仪可能会卡在地层中,这通常会导致油井废弃,需要钻一个新的井眼或侧钻。这种情况在在产的油田钻井中很常见,因为生产区域的开采活动可能会使地层孔隙压力比预期的更低。我自己至少经历过一次这样的"卡钻"情况,我可以亲自证明,对于管理人员和钻探人员来说,为了获取真实的地层压力,必须钻一口新井,并将老井废弃,这是多么令人不安的事情。

由于钻井液压力过平衡，油气层的显示被抑制或未被记录在案，因此在钻过油层时，可能无法识别出油层。这是每一位地球科学家都担心的情况。对于地质学家来说，最糟糕的命运莫过于在评价一口井时发现它已经干枯，但几年后有人来了，就在旁边钻了一口井，然后有了新发现。另一方面，对于精明的勘探者来说，对老干井的仔细分析常常会产生新的见解，并能识别出被作业者忽视掉或者漏掉的油气层。理解钻井液密度和地层压力是这种后评价的关键环节。

有趣的是，在非常规页岩油气藏中，数千口井已经钻过了以前很少有油气显示，甚至根本没有显示，而现在正在进行生产的烃源岩层段，在页岩区即使在欠平衡钻井的情况下，低渗透率也会使井筒中的油气无法显示出来。当勘探人员在其他区域寻找常规成藏组合时，这些高产的页岩层段在许多盆地中被忽视了一个多世纪。

在井筒四周冲洗带附近的油气对于详细理解和定量研究是很重要的。测井仪器可以记录远离井筒不同深度的地层水电阻率。如果地层中含有盐水，而油井是用淡水钻的，那么离井筒最近的区域的含盐量要比未被钻井液冲洗的区域低得多。在被渗透的地层边缘形成一层滤饼。这种"滤饼"厚度可有效指示岩石的渗透性和侵入深度。主要存在三个区域：（1）冲洗带，其中盐度接近钻井液；（2）过渡带，其中遇到的地层水越来越多；（3）未侵入带。测井分析试图解决所有这些层段的电阻率和盐度。图 3.8 给出了侵入带 XO（如 R_{xo}、S_{xo}）、未侵入带的真实电阻率（用 R_t 表示）和滤饼电阻率（用 R_{mc} 表示）。

由于烃类具有电阻性，如果它们存在于地层中，所测得的电阻率通常会高于相邻含水层的电阻率。由于地层本身的矿物学特征可能会有例外，但这将在以后的章节中讨论。测井资料中油气分析的本质是基于对地层电阻率变化的观察，油气层的电阻率比含水饱和度为 100% 的地层的电阻率值要高。

3.2.4　岩屑和油气显示

在显微镜下观察并记录紫外荧光，可以从岩屑中检测出油迹。Paul 等（1992）和 Swanson（1981），Swanson 和 Fogt（2005）等几篇优秀的文献均谈到了样品和油气显示的内容。

用氯苯、丙酮、酒精、热水、酸等溶剂将岩屑中的油分离出来（图 3.9）。明显可见的油斑表明油气在过去的某个时间曾存在于岩石中，现在也可能还存在。但是，没有明显可见的油斑并不意味着该地层中没有石油。由于近井筒的冲洗，在钻井过程中可能会对样品中的油气显示进行了抑制。

烃类通常在紫外线照射下会发出荧光，但许多矿物也是如此。白云石、霰石、石灰石、一些页岩、硬石膏和其他矿物会发出荧光，并给出错误的油气指示信息。一个敏锐的钻井液录井人员可以在钻井液录井中识别出这些"矿物荧光"。此外，一些钻井液中含有柴油添加剂或油基钻井液的添加剂，这使得甄别真正的烃类显示更加困难。

"岩屑荧光"是用溶剂从岩屑中萃取出的油，通常会在钻井液录井中注明。样品在平光、紫外光下的颜色、剪切色、释放率、强度和残留量均被捕获。在高渗透带，裂缝可能是一个非常迅速的"闪速切割"，而在渗透率低的储层，它可能被描述为"渗出"、缓慢流动或缓慢开花。表 3.3 总结了岩屑和荧光的物理测试方法和技术。

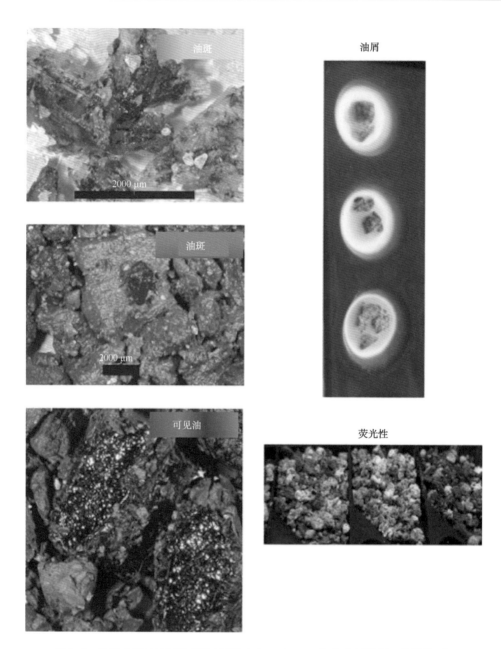

图 3.9　岩屑中显示油气的情况(图片由 BP-Chevron 钻井公司提供。使用许可)

表 3.3　岩屑和荧光术语[修改自 Swanson(1981)和 Swanson 和 Fogt (2005)]

术语	定　义
丙酮测试	适用于重烃,不建议用于常规检测
丙酮-水测试	粉末状岩石放置在一个加入丙酮的试管中,然后过滤到另一个加入水的试管中。如果有烃存在,就会产生乳白色的色散

术语	定　　义
振动测试	用于碳酸盐岩。将样品滴入装有稀盐酸的烧杯中，从反应中释放出二氧化碳气体。如果有碳氢化合物存在，它就会封闭住气体，导致样品在烧杯中上下摆动，形成气泡
氯丁二烯测试	最常见的试剂。长时间后可能被污染
屑	用试剂萃取的烃类
屑荧光	也叫"湿屑"。最可靠的测试。在纯溶剂中干燥样品。通常被描述为在多孔岩石中有"流状屑"或缓慢渗出的屑（较致密的岩石）
黏性油	热废弃的固体烃类，不会发出荧光或分解。一个经常被误用的术语
热水测试	将至少170℉（77℃）的水添加到未清洗的岩屑中，如果有油，在紫外光下可观察到油膜形成
彩虹色测试	可在湿样品盘中观察到。没有着色的彩虹色可能是轻质油或冷凝物
热解试验	样品置于厚壁试管中，置于丙烷炬上。可能会产生油性褐色残渣。适用于非常规烃源岩的识别，但是在过熟烃源岩中不会产生任何结果
残余屑	碎屑不流动，但在试剂蒸发后会在盘中留下荧光环或残留物
润湿性测试	如果存在烃类，表面的水滴就不会渗入

油斑的颜色可以作为其API重度和流体类型的指示。油斑颜色越浅，烃类密度越小（表3.4）。

表3.4　API重度、荧光和油的颜色（颜色越浅，碳氢化合物就越轻）

API重度（°API）	颜色	备注
<15	褐色	重油，可能是残留的焦油
15~25	橙色	
25~35	黄到奶油色	
35~45	白色	
>45	蓝白色	接近冷凝物

此外，如果没有其他显示，也通常记录下样品的气味。在没有直接荧光的情况下，诸如"微弱气味"或"强烈气味"之类的评论可能也是重要的观察结果，在此情况下，样品干燥过程中可能会把油气驱走。气味只存在于较重的油气中，因为甲烷和丁烷等较轻的气体没有气味。

油气显示中一个比较棘手的问题是残余油。Schowalter & Hess（1982）和 O´Sullivan 等（2010）总结了许多识别井中残余油气的方法。残余烃类表明油气在孔隙中不再含有彼此相连的"连续细丝"的聚集或运移路径，用传统的完井技术无法生产。残余油气显示在古油水界面、古油田及运移通道中普遍存在。它们很容易被误认为是连续相显示。

一些重油可能根本不会发出荧光。"残余"一词经常出现在钻井液录井曲线图上。当溶剂蒸发后留下荧光环或残留物时，就会产生残余屑。然而，术语"残差屑"并不一定意味着样本是一个"残余显示"。

3.3　测井基础知识

3.3.1　测井格式：数字与光栅

电缆测井是最基本的测井。有数百种类型的测井和许多不同的测井服务公司。每年都有新测井工具被发明出来，要跟上技术进步变得非常具有挑战性。在本节中，我们将介绍用于了解岩性、孔隙度和利用电阻率测量计算含水饱和度等的最基本测井类型。

在计算机普及应用之前，测井服务公司对井进行测井作业，并将所测数据存储在磁带上，之后将记录的信息多份硬拷贝，然后打印出来存储在公司的井档案中。若想了解这些测井，地球科学家必须访问公司的图书馆，查阅硬拷贝的测井资料，并带着这些资料在办公室一起工作。这项工作既繁琐又缓慢。利用测井资料制作地层和构造剖面图同样是一项繁琐的工作。含水饱和度和孔隙度测井分析计算通过手工完成，直接从硬拷贝中读取曲线值，然后使用手持计算器进行计算，期间通常要借助于服务公司提供的大量图表。

如果决定在横剖面上增加一口新井就需要重新更新现有的横剖面并作出更多硬拷贝。在过去的一个世纪里，产生了数以百万计的测井资料硬拷贝，而原始磁带则往往会随着时间推移而丢失或退化至不可读的程度。我个人很高兴看到硬拷贝的测井曲线日渐消失。

20世纪80年代，随着个人电脑的迅速普及，公司开始收集旧的硬拷贝测井资料，并进行扫描以便在工作站上使用。今天，这种类型的测井显示被称为"光栅化测井"。测井曲线的任何扫描图像都可以通过多种格式加载到工作站上(图3.10)，然后进行深度刻度标记，这样图像就可以在数字横剖面上显示和处理。扫描后的图像不仅可以直接拾取曲线数据，还可以拾取到在测井曲线和岩性上的批注，并显示出信息。

随着计算机使用量的增加，服务公司开始提供数字格式的测井曲线，通常是需要专用软件才能读取的二进制文件，但更常见的是.las格式(测井ASCII标准)。这些记录更容易共享并可以快速加载到地质工作站中，在工作站上它们可以进行定量分析使用。剖面可以快速绘制和缩放到任何深度段并根据需要增加井或去除井。

图3.11显示了工作站上.las文件的一些总体视图。数字文件可以作为曲线数据(A)或数值数字(B)快速查看。LAS文件头具有相同的结构，提供了关于井的基本信息、位置和文件中包含的曲线(图3.11C)。

3.3.2　测井曲线图信息栏及常用测井曲线

表3.5列出了在油井现场使用较多的、最常见的测井曲线。这只是部分列表，因为有许多测井曲线缩略词和许多测井服务供应商(表3.6)提供，它们会有所不同。

光栅测井曲线格式

原始扫描的组合测井的拷贝在Ptra软件中作为光栅图像进行了深度标记

解释的岩性数据，来自于原始扫描的拷贝并存储为ASCII格式的数据

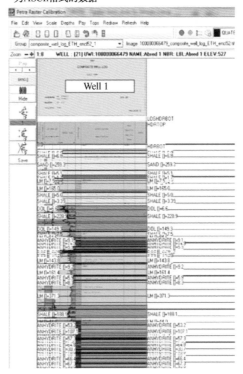

图 3.10　已在工作站上标记深度的测井扫描图像示例(左)和手工数字化的
岩性图(右)(来自原始栅格上的测井曲线和文本，这些经过解释的岩性被
存储为 ASCII 曲线数据，然后用于计算或在剖面上显示)

数字化测井曲线的例子:LAS格式(Ascll标准测井)

A.用Petra软件曲线面板显示的曲线

C.LAS文件头记录和AScII码曲线数据

B.用Petra软件数据面板显示的曲线

图 3.11　LAS 格式数字测井。(a)以曲线视图形式显示在摘要面板中
(b)以数字形式显示(c)带有井信息的 .las 头文件

表 3.5　常用测井曲线类型及其用途

测井曲线名	应　　用	注　　释
Caliper（CALI）	测量井筒大小和形状	
GR	天然放射性物质的测量。适用于岩性识别和页岩含量测定	低读数通常表明储层纯净，但一些储层可能具有放射性(在火山岩夹层的砂岩中很常见)，在这种情况下，GR 测井可能看起来像页岩，读数较高
SP（自然电位）	记录井下电极与固定在井口电极之间的直流电压(称为电位)。用于岩性和渗透带的识别	最古老的测井技术之一。可用于确定地层水电阻率(R_w)。在含油气区，油气饱和度往往受到抑制
电阻率（R）	测量地层电阻率。对确定孔隙流体类型至关重要	
密度	测量地层中基岩的体积密度。用于测定岩性和孔隙度	
中子	地层中烃含量的测量。用于计算孔隙度和识别气层	
声波	地层旅行时的测量。用于计算孔隙度和岩性	地球物理学家用来生成合成地震记录和用于地震剖面时深关系的一种关键测井曲线。必须观察地震剖面上的测井曲线，这一点非常关键，因为地震剖面通常只以双程旅行时的方式显示

表 3.6　一些测井类型、首字母缩写和用法

测井曲线名	全　　称	注　　释
LLD	深侧向测井	在未受侵区域测量 R_t
AND	方位密度中子	组合孔隙度、岩性、地层倾角仪和井径测井(声波井径仪)
ARC	阵列补偿电阻率	电阻率和 GR 测井组合
BHC	井眼补偿声波	旨在尽量减少钻井尺寸变化的影响。通常以 μs/m 或 μs/ft 计量
CALI	井径	测量井孔的大小和形状
CGR	减去铀的总伽马射线	SGR 工具的测井曲线
CMR	组合核磁共振	一种提高工具精度的核磁共振测井。通常可以与 MDT 压力记录设备一起运行(第 4 章包括压力工具)
CNL	补偿中子测井	
密度测井	测量体积密度（RHOB）和基质密度	一般的计量单位是 g/cm^3。密度—孔隙度估算需要了解孔隙系统中的流体和地层基质密度。体积密度（RHOB）测量流体和岩石的密度。基体密度是固体岩性的密度，不考虑孔隙度
DPHI	由密度导出的孔隙度	为了得到这条曲线，需要对流体类型和基质类型进行修正
DRHO	密度校正曲线	该曲线显示了由于孔大小或滤饼厚度对 RHOB 曲线的修正量。通常是 g/cm^3 或 kg/m^3

测井曲线名	全　　称	注　　释
DT	声波测井（传播时间）	地球物理学家用来生成合成地震记录和地震剖面时深关系的一种关键测井曲线。必须查看地震剖面上的测井曲线，这一点非常关键，因为地震剖面通常只以双程方式显示。这也是一种常用的孔隙度测井仪，用于岩性识别
DTCO	DTCO	用于孔隙压力、地震速度、孔隙度和岩性的计算
FDC-CNL	地层密度和补偿中子测井组合	孔隙度和岩性识别中应用最广泛的测量方法
FMI	地层微成像仪	测量微电阻率，生成能够反映薄层岩性、沉积构造、地层倾角和走向的图像和分析
GR	伽马射线	天然放射性物质的测量。低读数通常表明储层纯净，但一些储层可能具有放射性（在火山岩夹层的砂岩储层中很常见），在这种情况下，GR测井可能看起来像页岩，读数较高
ILD	深感应测井	读取地层最深处以测量 R_t（未侵入带真实电阻率）
ILM	中感应测井	测量未侵带的电阻率
LLS	浅侧向测井	测量侵入带的电阻率（R_i）
LWD	随钻测井	测井工具和钻头连接。节省钻井时间和成本。钻孔条件接近原始状态，崩落较少，侵入程度普遍较低。在一些高角度井中，它可能是唯一可用的工具
MRIL	磁共振成像测井	一种 NMR 测井，用于薄层泥质油藏，提高分辨率和精度，而其他测井组合可能低估电阻率
Neutron logs	中子测井	测量氢含量。对充满气体的孔隙非常敏感。当充填气体时，报告的孔隙度远小于地层孔隙度。这种表观孔隙度的降低称为气体效应，结合密度孔隙度测井可以识别出气层
NMR	核磁共振	利用磁响应估计孔隙度和流体类型，主要在侵入和混合带。孔隙度测量不太容易受到岩性变化的影响
NPHI	中子孔隙度	根据中子测井计算孔隙度
OBMI	油基微成像仪	一种利用油基钻井液系统进行微电阻率成像的方法。这些图像就像 FMI 测井一样，可以显示薄层、地层和构造倾角和走向
PEF	电成像曲线	用于根据密度测井确定岩性
RHOB	体积密度	一种非常常见的测量方法，通常以 g/cm^3 为单位。它测量整个地层（基质固体和流体）的总密度。相反，基质密度则是没有孔隙度时岩石骨架的密度
Rxo	微电阻率	测量冲洗带的电阻率（R_{xo}）
SFLU	球形聚焦测井	测量冲洗带电阻率
SGR	光谱射线	用于析出铀、钾、钍等不同放射性元素。适用于页岩识别、放射性储层识别、烃源岩、钾、粘土类型和裂缝检测。测量单位是 API
SNL	井壁中子测井	易受孔径影响

续表

测井曲线名	全　称	注　释
SP	自然电位	最古老的测井记录技术之一。可用于确定地层水电阻率(R_w)。在含油气区,油气饱和度往往受到抑制。它记录了表面电极与井下电极之间的直流电压(电位)。它也是渗透率的一个很好的指标
SPHI	声波孔隙度	由层间传输时间来估算孔隙度
WIRELINE	钻井后测井	在钻井后完成的测井。它比随钻测量更便宜,测量范围更广,通常比随钻测量更准确。"恶劣环境"工具可用来完成随钻测井完不成的剖面的测量

然而,数字化测井存在一个令人烦恼的问题是,在较老式的井中丢失的记录没有被包含在.las文件中,也没有在光栅图像中找到。测井基础信息是最重要的信息之一(图3.12)。如果没有详细的完井报告,测井基础数据可能是唯一的一种能够告诉我们使用了何种钻井液体系、使用了哪些测井资料以及钻井液温度和电阻率信息的资料。这些信息有助于确定钻井液和地层的盐度和电阻率。任何在地下记录的流体电阻率测量都必须进行温度修正。在缺乏这类信息的情况下,必须对地下温度和盐度做出许多假设,因为这对测井分析至关重要。如果没有提供可用的测井基础数据的井可能只有依靠邻井了。

图3.12　将测井基本信息扫描到井中(硬拷贝曲线的这一部分中包含的信息对于理解解释测井曲线所需的许多细节非常重要。不幸的是,多年来丢失了许多测井曲线的头文件。钻井液类型、温度和测井运行信息只是对测井进行更多定量工作所需的一些数据中的一部分)

3.3.3　常规测井显示及基本的测井解释

一旦测井数据在工作站上准备就绪，就可以设置各种"模板"来显示测井数据，以便在地质剖面中进行分析和可视化，甚至可以在地震剖面中显示。通常情况下，测井模板将岩性测井曲线放置于最左边的道(第一道)中，中间为深度道，电阻率测井曲线放置在紧靠深度道右边的第二道中，孔隙度、含水饱和度等曲线则放置在右边更多的道中。注释、相关显示信息、测试、射孔和其他数据信息也可存储在表中，并显示在相同的测井曲线模板上，其目的是可以对解释人员有意义的方式快速可视化井眼信息。

图 3.13 提供了一个很好的例子。在放置自然电位和伽马射线测井曲线的第一道旁边，增加了一条数字岩性道。这是用来识别潜在储层的两种最常用的测井方法。刻度设置使得向左的偏移一般能显示出质量越来越好的储层。向右偏转显示泥质含量更高。通常从这些曲线中选择一条"泥岩基线"，然后使用这个基线来量化哪些是纯泥岩，哪些是不含泥岩的碳酸盐岩或砂岩储层。

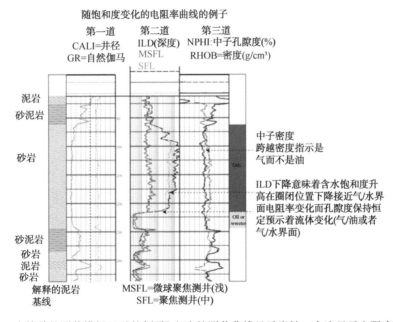

图 3.13　一个简单的测井模板显示的例子[左边的测井曲线显示岩性，右边显示电阻率和孔隙度，修改自 Schroeder (2004)，AAPG 在线测井讲座]

电阻率(第二道)显示了 ILD 测井(深感应测井)、MFL (微球聚焦测井)和 SFL(球聚焦测井)三条曲线。在这三种电阻率测井曲线中，ILD 测井曲线测量的地层深度最深，MFL 测井曲线测量的地层深度最浅。因此，这三种测井曲线被用来测量冲洗带、过渡带和未侵入带流体的电阻率。在这种情况下，ILD 最有可能读取到真实的地层电阻率。有时，需要根据侵入深度对测井曲线进行校正，从而推断出真实的地层电阻率。

第三道是 NPHI(中子孔隙度)和 RHOB(密度)测井曲线。这些曲线通常用来估算地层的孔隙度和识别含气层。NPHI 测井以孔隙度单位显示，RHOB 以 g/cm³ 显示。密度测井还可以帮助确定岩石类型，例如石灰岩、白云岩或硬石膏等岩石密度要比砂岩或泥岩大得多。中子测井测量的是孔隙系统中的氢含量。以图中所示刻度为例，当中子测井曲线"越过"RHOB

测井曲线时,其孔隙度小于密度测井曲线,这被称为"气体效应"。利用中子测井曲线与密度测井曲线的交叉是寻找气体饱和带非常好的快速方法。

图3.13还说明了有关如何识别电阻率变化的方法,因为电阻率变化可能表示存在油气与水。在第三道中,厚砂岩上的密度测井保持相对恒定,中子测井也是如此。这表明岩性为单一,孔隙度恒定。GR和SP测井支持这种解释。然而,在第二道中,电阻率测井曲线随深度而变化。在1250m时,所有电阻率测井曲线值突然下降到一个非常低的值。这表明流体含量变化,因为岩石类型和孔隙度在该层段内是恒定的。

这种变化很可能是由于油气的存在。NPHI/RHOB交会图上显示的气体效应为高电阻率带,与地层中高阻性气体一致,而不是水。如果不做进一步的研究,我们不可能知道1250m处的这种电阻率下降是由于含油饱和度较低的油层还是水层造成的,但可以肯定的是,它看起来不再像天然气体。所以砂岩的基底部分可能是水,在1250m处有一个气/水界面,或者它可能是一个含油带,在1250m处有一个气/油界面。

这就是测井分析的本质。

3.3.4 伽马曲线(GR)和自然电位(SP)测井

自然伽玛(GR)和自然电位(SP)测井通常用于识别"纯净"储层,而这些纯净的储层通常是砂岩或碳酸盐岩。特别是自然伽马(GR)测井,通常用于确定地层中的泥岩含量,因为地层放射性通常与泥岩有关。因此,自然伽马(GR)值越高,泥岩含量越高。当遇到放射性储层时,例外情况会发生。

自然电位测井具有很大的实用价值,因为它可以用来定量化地层水电阻率,识别可渗透层,而且通常可以直接指示烃类,因为曲线可能在油气层上受到抑制。自然电位(SP)测井对地层流体变化有响应,而自然伽马(GR)测井对流体变化没有响应。自然电位(SP)曲线的偏移方向是由钻井液(钻井液滤液的电阻率 R_{mf})与地层流体(R_w)的不同盐度作用的结果。SP曲线一般表现为左为负值,右为正值。当 $R_{mf} = R_w$ 时,不产生电流,曲线保持平直。如果 $R_{mf} > R_w$(较淡的水滤液相对于较咸的地层水),偏转方向向左。如果 $R_{mf} < R_w$(钻井液滤液比地层水的含盐度更大),则向右偏转,如图3.14所示。

如果钻井液滤液电阻率已知,则SP曲线的偏差记录可以用来计算地层 R_w。正确确定地层 R_w 是计算油气饱和度的关键。更多这方面的内容将在第6章中介绍,不过 Asquith 和 Krygowski (2004c)以及 Hartmann 和 Beaumont(1999)提供了很好的参考资料。

3.3.5 孔隙度测井、泥质含量计算和总孔隙度、有效孔隙度

请记住孔隙度测井工具不能直接测量地层孔隙度,这一点非常重要。孔隙度测井测量的是旅行时间(DT)、密度(RHOB)和流体填充孔隙度(NPHI)。这三类测井均受岩性、含气量和含油量的影响。孔隙度计算是测井分析中的一项关键内容,将在第6章进一步讨论,但更多的细节在许多出版物和服务公司提供的图表中都有介绍。也有很多非常好的概括总结可在许多出版物中找到(Asquith 和 Krygowski,2004b;Krygowski,2003;Krygowski 和 Cluff,2012)。通常,这些工具需要综合使用,以确定岩性和孔隙度。

孔隙度计算也与孔隙系统中黏土矿物含量有关。黏土大表面积和微孔系统可以发育很高的总孔隙度,但实际上没有渗透率,微孔或纳米孔喉。如果没有水力压裂或天然裂缝系统的

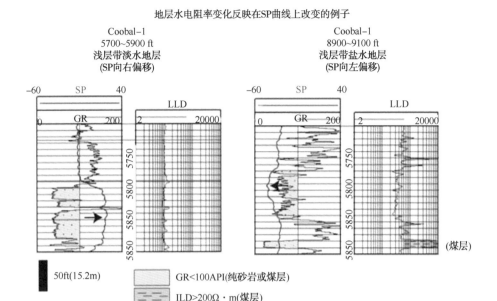

图 3.14　相对于泥浆滤液电阻率(R_{mf})，纯砂岩中
SP 偏转指示浅层淡水地层水、深层为盐水地层水

沟通，这些泥岩即使被烃类充填饱和，也不会流动。我喜欢把它想象成房子里的纱窗效应。纱窗的总孔隙度接近于敞开的门，但没有任何东西通过纱窗。用刀划破纱窗类似于裂缝孔隙网络，允许物质通过，并将微孔连接起来。

　　例如，许多纯泥岩的总孔隙度可能大于30%，但实际上没有有效孔隙度。有效孔隙度是指系统中的孔隙度，这种孔隙度实际上有助于油气饱和度的变化。这一点很重要，因为某些储层孔隙系统中的黏土矿物抑制了渗透性，并含有相当数量的"束缚水"。如前所述，束缚水是以分子形式附着在黏土颗粒上，但不能在井中产出。然而，在测井曲线计算中，它会显示为水的百分比。高泥质油藏的油井含水饱和度高达80%，但仍能产出100%的石油。

　　构建泥质含量(V_{sh})曲线不仅可以识别粉砂岩、泥质粉砂岩、泥灰岩或其他纯岩性，而且可以用来计算 PHIE 曲线。计算泥质含量曲线通常使用 SP 或 GR 测井进行。在泥质含量最小值处建立泥岩基线(图 3.15)。

　　V_{sh}曲线本身由式(3.1)计算。这个公式使用 GR 测井值，但也可以在小层段内使用 SP 值：

$$V_{sh} = \frac{GR_{\log} - GR_{\min}}{GR_{\max} - GR_{\min}} \tag{3.1}$$

$GR_{\max}$是通过目测最高值确定，然后将该值设置为100% 泥岩基线。$GR_{\min}$也是如此，该值假设是一个纯净的地层。然后可以设置不同的门槛值来显示纯砂岩、粉砂岩、泥岩或泥质比率。

　　图 3.16 为叠加在自然伽马(GR)曲线上的泥质含量(V_{sh})曲线，以及电阻率、孔隙度和解释的 PHIE 曲线。

　　利用V_{sh}将 PHIT 转换为P_{HIE}的一种简单方法由式(3.2)给出：

$$PHIE = PHIT \times (1 - V_{sh}) \tag{3.2}$$

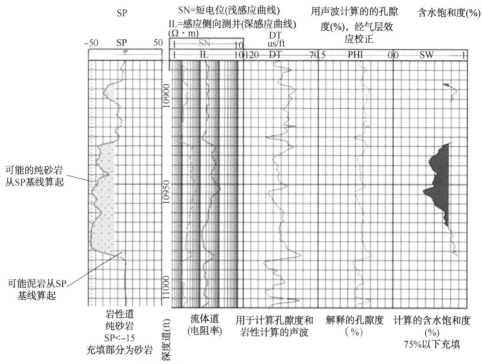

图 3.15   其他曲线显示和寻找泥岩基线方法以计算地层中的

泥质含量[源自 Asquith 和 Krygowski 的原始 . las 曲线(2004a)]

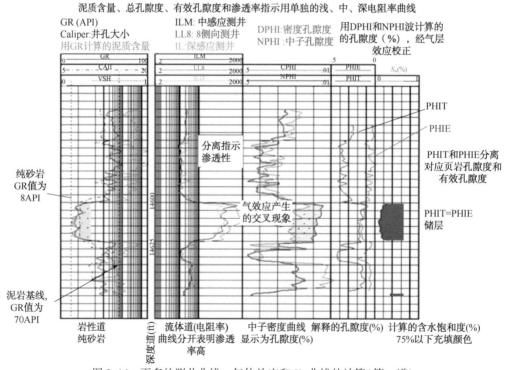

图 3.16   更多的测井曲线、气体效应和 V_{sh} 曲线的计算(第一道)

来量化地层中的泥质含量[原始 . las 曲线来自 Asquith 和 Krygowski (2004)]

泥质含量(V_{sh})为50%(类似粉砂岩)的区域，其总孔隙度(PHIT)可能为20%，但PHIE值将计算结果为10%，这将大幅减少计算的储层中石油或天然气的储量规模。图3.16中PHIT和PHIE曲线的幅度差表明了含泥质程度。当幅度为零时，地层几乎不含黏土。

3.3.6　从电阻率剖面快速寻找气体效应和渗透性

图3.16显示了电阻率值与浅、中、深感应测井曲线的显著幅度差。这是一个很好的判识渗透层的定性指标，表明地层受到了严重侵入。当幅度差较小时，地层往往较致密，渗透率较低。这是一种很好的快速观察技术，用以估计可能的易流动预期层位。图3.16还显示了典型的中子、密度测井曲线交汇。在有气体存在的情况下，中子测井读数将大大低于密度孔隙度。这是测井服务公司经常使用FDC-CNL测井的原因之一，FDC-CNL测井是测量密度和中子孔隙度的组合工具。

3.3.7　计算岩性

该主题的详细论述超出了本书的讨论范围，但图3.17显示了对各种岩性的一些典型测井响应。如果测井资料处理得当，岩性测定应与样品描述相吻合，并能很好地修正孔隙度计算，因为孔隙度计算受到地层基质本身的影响。各种工具的组合提供了最佳的解决方案。令人惊讶的是，计算或描述岩性不正确，这会导致分析错误，甚至完全失去一个含油带的情况并不少见。对测井解释值与样品中描述的值进行交叉检查是任何一口井的重要质量控制措施。

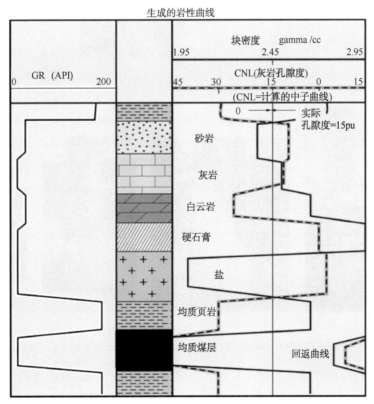

图3.17　各种测井类型对岩性变化的响应示意图

(数字岩性测井是绘制任何储层段的重要组成部分图由BP-Chevron钻井财团提供，使用许可)

3.4 获取和解释岩心数据

3.4.1 岩心数据

若要了解地层细节,岩心的作用无可替代。岩心和采样数据仍然是唯一的不能从其他工具(如电缆测井和地震测井)中推断出来的信息。岩心数据提供了标定所有测井解释试样,并可直接测量孔隙度、粒度、分选、胶结物、岩性、孔喉分布和饱和度。片状岩心还能明确了解沉积构造,这对确定沉积环境至关重要,同时也能提供更高分辨率的生物地层年代数据。

然而,钻井取心既昂贵又耗时,因此,需要充分考虑取心的必要性以及如何获取岩心。岩心数据基本有两种类型:井壁岩心和常规岩心(图3.18)。

各种岩心类型和处理

A.机械井壁取心组合工具(MSCT)　　B. MSCT　　C.震动井壁取心　　D.常规取心钻头

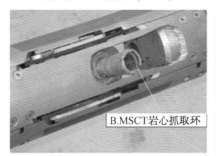
B.MSCT岩心抓取环

E.常规取心操作

F.岩心加条纹、贴标签　　G.钻取岩心塞　　H.岩心塞照相

图3.18　岩心类型和一些岩心处理程序
(照片由 BP-Chevron 钻探财团提供,经许可使用)

井壁取心的优点是在钻井和测井后取样。井壁取心工具可以精确地对感兴趣的区带取样。有两种方法:(1)机械井壁取心;(2)冲击式井壁取心。机械井壁取心装置下放到井筒

中，并按规定间隔紧贴地层一侧。岩心塞由小型旋转钻头取下，用岩心提取器回收。冲击岩心利用小型炸药从地层中提取岩心塞，在此过程中往往会诱发裂缝，这是不希望出现的结果，但可能是在未胶结储层中获取数据的唯一方法。

常规取心是使用各种钻头和取心装置来取整段岩石。取岩心的起始位置或"岩心点"由地质学家现场从钻井液录井和钻速数据对有关地层所在位置的预测来确定。这被称为"抬头取心"。由于取心段尚未钻穿，取岩心有时会错过关键层位，或开始得太晚，钻到关键层以下。为避免出现这种情况，许多公司会采取"旁路"取心。旁路取心包括先钻一个直孔并进行测井。之后，在拟取样层段上方第一个孔侧面开一个钻孔，然后在平行于第一个钻孔的位置开第二个孔。然后对第二个井眼取心，此时错失地层的可能性极小。

常规岩心到达地面后，在井架底板上摆放，并做出标识，以记录哪一端是顶部，哪一端是底部，并标记出岩心深度。如果此操作不正确，岩心可能会颠倒显示，将给解释者带来很多问题！1994 年我第一次去巴库时，为了进行详细的岩石物理研究，我们在巨型 Gunashli 油田取了一段岩心。在钻井现场，当岩心到达地面时，我们感到震惊，因为岩心上没有条纹或标记。更糟糕的是，岩心被截断成了三段，每段都被送往不同的部门进行分析。经过讨价还价后，我们说服了我们的同行保持好整段岩心，做好条纹布和贴标签，以便我们知道哪是顶部和底部，然后，在垂直方向将岩心切成厚片，这样每个部门可以有整个连续岩心段中的一部分。遗憾的是，我无法告诉你我检查过的岩心中有多少段没有被正确标记，岩块顺序是否混乱或上下颠倒！

在对岩心进行封堵时，还有许多地方需要特别注意，这些方法超出了本节概述的范围，其中部分内容在 Bajsarowicz(1992)著作中作了简要概述。

3.4.2　岩心饱和度变化

取心的主要目的之一是直接测量地层中的烃饱和度。然而，在取心过程中，钻井液会侵入井筒(图 3.19)。

如图 3.19A 所示，印度巨型曼加拉油田的岩心(O'sullivan 等，2008)边部受钻井液侵入。然而在岩心内部，并没有受侵入。岩塞通常垂直切割成这样的岩心，以便对未受侵入的区域进行取样。图 3.19 介绍了几种减少泥浆侵入的方法。其中最重要的是尝试在接近地层压力情况下钻取地层，或者在必要时钻取欠平衡的地层。在钻井液系统中加入示踪剂，然后再对岩心进行分析，以确定未受钻井液滤液影响的部分。

此外，由于原位地层条件下烃类所处的压力和温度的变化，烃类饱和度也会发生变化(图 3.19B)，这将极大地改变地表的最终饱和度计算。根据钻井类型和取心方法不同，岩心中所分析的 S_w 值与地下的 S_w 值之间可能存在很大的差异。

因此，过分依赖岩心测量的饱和度，并将其作为地层真实饱和度可能会产生误导。如果岩心在准备或存储过程中被大量冲洗或处理不当，含水饱和度(S_w)值可能会比实际地层中高得多，从而导致悲观的解释。

在 2006 年的另一个俄罗斯案例中，我看到一位俄罗斯技术人员用水冲洗岩心，以便地质学家能够更好地观察沉积结构。不幸的是，所用的岩心仍然是整段岩心，等待着密封和进行烃饱和度分析。我想，看到这些岩心分析结果的人可能会对所遇到的高含水饱和现象感到有点惊讶！

取心操作过程中冲刷和饱和度变化

A.　　　　围绕岩心周边侵入

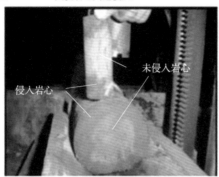

实践中考虑岩心中最小的流体变化：

1. 不钻超平衡钻井
2. 在井场对岩心进行适当的处理
3. 优化钻井液系统限制侵入
4. 用取心层段的油做油基钻井液系统
5. 钻井时快速取样，运输和保存中将岩心封闭上
6. 岩屑塞垂直穿过未侵入带

侵入岩心　　　未侵入岩心

B.　　　钻井和取出过程中可能出现在岩心中的饱和度的变化

原位黑油的含油饱和度75%

水基钻井液岩心。滤液侵入使含油饱和度降低到25%

在地表，天然气的演化和膨胀将石油和水从岩心中抽离出来

图 3.19　取心过程中流体的变化和侵入[A 修改自 O′Sullivan 等人(2008)；B 改编自 Bajsarowicz (1992)]

3.5　良好的油气显示是如何被错过及相关案例

3.5.1　错过烃类显示的行为

令人惊讶的是，有很多行为会错过油气显示，从而导致错过一个油藏。更多的例子将在第 8 章介绍，但表 3.7 总结了一些错误行为。

表 3.7　错过油气显示的常见行为

行　　为	注　　释
未经训练的人员马马虎虎地进行钻井液录井	这太常见了，因为许多入门级职位都是由没有受过良好教育的地球科学人员或技术人员在钻井平台上填补的
过平衡钻井液系统❶	尤其常见于非常规页岩油藏或低渗透带，在这些油气藏中没有任何气体流入
钻井液滤失量大，进入地层，漏失循环	
未能在振动筛上采集样品	
受控钻井，即未记录下多孔地层中的钻头破裂情况	

---

❶　原文为"欠平衡"，错过油气显示应为"过平衡"——编辑注。

续表

行　为	注　释
泥质砂岩储层或薄层砂岩和泥岩，在测井曲线上看起来像泥岩或粉砂岩，但其渗透层超出测量工具的垂直分辨率(见第6章)	在某些地层中很常见，在泥质层状油藏中尤其常见，常规电阻率测井不能准确测量地层电阻率(下一章)
含有导电性矿物(如黄铁矿)的地层会使"产层"在电缆测井上看起来"潮湿"(第6章)	在一些地层中非常常见，尤其是在页岩层状油藏中，常规电阻率测井无法准确测量地层电阻率(下一章)
丢失循环材料	
之前钻遇的岩层发生崩落	
放射性砂岩或其他岩性被误认为页岩	

3.5.2　抑制电阻率和"强放射性伽马"储层

在评价任何油井或以前的干井时，都需要考虑表 3.7 中所列出的陷阱。第 6 章将更详细地讨论测井分析的陷阱，但这里值得一提的是，在识别储层或产层时某些矿物可能引起真正的混淆。例如，放射性储层会有类似泥岩的"强放射性"伽马射线特征。这类储层既存在于碳酸盐岩中，也存在于砂岩中，最常见的是与火山岩有关，但也常出现在自然变化或储层中有放射性矿物沉积的不整合面中。下一节将展示 Williston 盆地的一个很好的案例。

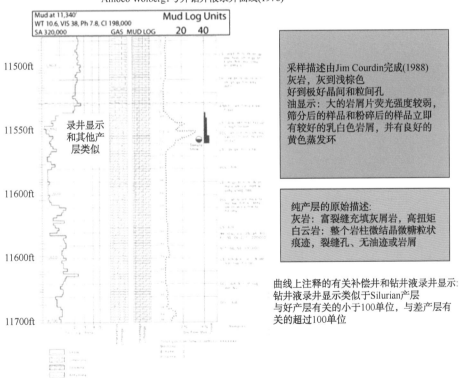

图 3.20　Amoco Wolberg 1 号井钻井液录井及描述
(由 Tim Schowalter 提供原始数据和案例历史)

在其他情况下，填隙物如黏土或固结物，如某些类型的绿泥石或黄铁矿，具有足够的导电性，电阻率曲线被抑制，在测井曲线上看起来像水层。尽管许多油井都经过了充分测试，但由于导电矿物的存在而导致油气藏被错失的情况并不少见。例如，在莫桑比克 Inhassoro 气田(Trueblood，2013)的天然气层下面发现了一套巨厚的高油柱，由于电阻率低，电缆测井看起来湿气带实际上是油藏。该油田在 2003 年发现的油层，比首次发现气田时间晚了 38 年。电阻率降低是由一种名为海绿石的矿物引起的，这种矿物在样品的描述中被提到，但是其油气显示特征被忽略了。

此外，电阻率测井仪本身的分辨率有限，在储层厚度较薄、与黏土混合的储层中，电阻率曲线和 GR 测井曲线的分辨率较低，使储层看起来潮湿或似泥岩。下一节的 Barmer 盆地将展示一个很好的历史案例，第 6 章将更详细地讨论这个主题。

3.5.3 案例 1 俄罗斯河东南油田：蒙大拿州 Williston 盆地 "热" 白云岩与过路层

俄罗斯河东南油田(现在称为 Simon Butte 油田)的发现是利用油气显示和测井来定位错失油藏的一个很好的例子。作者感谢 Tim Schowalter 提供了该案例的历史背景。1978 年，阿莫科公司钻探了 Wolberg1 号井(图 3.21❶)。没有对钻井液录井显示良好的志留系 Interlake 地层进行测试，尽管钻井液气测数据与其他补偿产层的标准相一致，但没有被记录下来。较浅层的测试只有滞流，更深层的射孔井段位于 12477～12488ft 段，在 9h 内抽汲了 5bbl 原油和 87bbl 水。在多次完井尝试后，这个较深的层段每天抽出 6bbl 原油和 145bbl 水，油井随后被封闭并废弃。

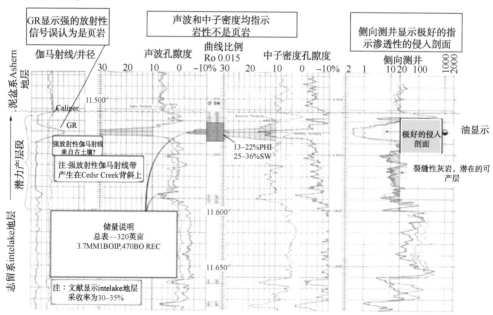

图 3.21 志留系 Interlake 地层 Amoco Wolberg-1 井良好的钻井液录井显示
(由 Tim Schowalter 提供原始数据和案例历史)

---

❶ 原书此处为图 3.20，有误。——编辑订正。

游离油的采出表明至少在深层存在圈闭。1988 年，地质学家吉姆·库尔丁(Jim Courdin)对这口井进行了更为详细的复查，重点研究了志留系地层的泥浆录井资料。虽然从样本中清楚地识别出该层段是白云岩，但自然伽马(GR)测井具有"强放射性特征"，对新手来说，可能看起来像泥岩。然而，中子和密度测井都表明该层段不是泥岩。此外，电阻率测井曲线表现出良好的深浅层分异特征，表明该层段具有良好的渗透性。

10 年后对这些岩屑进一步的检测显示良好的荧光性和油斑。利用邻井 R_w 值和中子密度孔隙度，对志留系强放射性白云岩带饱和度进行估算，计算结果为 22% 的含水饱和度，即纯产层，基本接近于不可还原的饱和状态。

进一步的二维地震资料研究表明，该井位于密西西比纪浅层中段的倾伏背斜闭合侧翼上(图 3.22)。因此，在 Interlake 白云岩、油层显示带和计算出的补偿产层存在更深层的构造封闭潜力(图 3.23)。

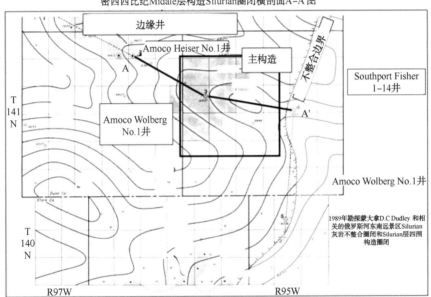

图 3.22　Midale (密西西比纪)构造图及剖面位置(灰色区域为志留系白云岩的地层尖灭边缘，有显示。由 TimSchowalter 提供原始数据和案例历史)

地层剖面 A-A′(图 3.23)显示，在志留系层面上可能存在复合圈闭，因为"强放射性白云岩"带被一个上倾的角度不整合带截断，并向东南方向延伸。有趣的是，"Wolbeerg 带"是 Russian River 油田一个产量较高的正常的白云岩下倾带。而显然上倾方向在侵蚀边缘附近，砂岩与白云岩的混合交替变化形成了放射性白云岩。在 1978 年对油井筛选中，很有可能将这个层段误认为泥岩层，因而未进行过测试。

该勘探项目于 1988 年提交给了 Dudley 和 Associates 公司，基于二维地震时间域构造图(图 3.24)成果，将志留系层面解释为四向闭合的构造，获得了钻井面积，钻探了 Amoco Wolberg-1 井。

这口油井的无水产量为 1000bbl/d，累计产油超过 $100×10^4$ bbl。该油田在五个不同的地层中已经生产了 $285.6×10^4$ bbl 石油，目前还正在开发丰富的巴肯非常规页岩资源。

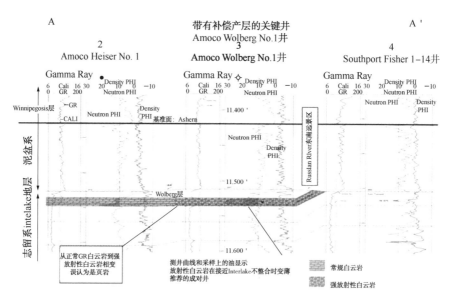

图 3.23 地层剖面图显示了从"正常"白云岩到"强放射性"白云岩的变化, 然后是 Wolbeerg 显示带的上倾截断(由 Tim Schowalter 提供的原始数据和案例历史)

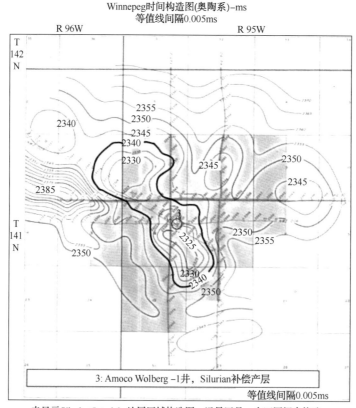

未显示Silurian Interlake地层区域构造图, 远景区是一个四围闭合构造, 在深层是一套宽广潜力区沿着灰岩上倾变薄边缘线的地层圈闭

图 3.24 奥陶系 Winnepeg 层 Amoco Wolberg 井位置时间域构造图(阴影区域是在远景区周围获得的面积块。由 Tim Schowalter 提供原始数据和案例历史)

该案例只不过是我们密切关注油气显示的一个例子。在较深的地层中发现了游离油，这表明存在一个圈闭，圈闭的位置可能较低。钻井液录井显示是合理的，只是在查看测井数据时需要多花点心思，才能识别出过路油层和更大规模油田。

3.5.4 案例历史2 用湿气钻井液录井发现印度 Barmer 盆地 Eocene Dharvi Dungar 组新浊积岩油层有利区

3.5.4.1 致谢及介绍

特别感谢凯恩印度有限公司允许公开发表这些材料。Kaushal Pander 和 Maniesh Singh 完成了该远景区和之后的后评估等大部分工作，并对这个案例的历史做出了贡献。

Barmer 盆地是一个相对年轻的勘探区，直到 2004 年才有了第一个重大发现。Dolson 等（2015）等详细介绍了该区块的勘探历史及石油地质情况。本节未讨论的地球化学解释和油气运移相关内容可参见 Farrimond 等（2015）、Naidu（出版中）。

该案例是一个通过创造性地观察地震特征进行开发的例子，但更重要的是，通过从钻井液录井中认识到在一个只有较浅层的天然气发现的区域，在更深层的存在着石油潜力。

3.5.4.2 区域环境

始新世 DharviDungar 地层为古近—新近系湖相裂谷中的同生裂谷沉积，无地表形态表现，也无上覆油层渗漏。从 1999 年到 2006 年，通过重磁分析、二维地震和钻井活动发现了这一沉积构造。壳牌和印度石油天然气公司（ONGC）的初步研究结果令人失望，只在盆地南部发现了薄层的非经济性油气。壳牌退出了该盆地的勘探，将运营权移交给凯恩印度公司。凯恩印度公司的第 14 口井于 2004 年发现了巨大的曼加拉油田，正如他们所说的"其余的都是历史了"。随着曼加拉油田发现之后的勘探发现，把重点主要放在了法特加尔和巴默山地层等较老沉积层的研究上。Dharvi Dungar 组原本是壳牌在南部发现的非经济带的一部分，位于河流和湖泊沉积物的薄层中，尽管盆地周围有零星的产出，但基本上被忽略了。

2007 年，在年轻的 Thumbli 地层钻了一口浅井（图 3.25）。

该井在 Thumbli 砂岩中发现了天然气（图 3.26）。这一发现有点让人吃惊，因为在南部地区 Thumbli 层主要是石油。热成熟图表明，在此处只有较深的巴默山烃源岩达到热成熟阶段，发生了强烈的垂向运移进入了 Thumbli 圈闭。

然而，这口井中最有趣的信息是，气层以下的湿度是如何随深度增加的（图 3.27）。湿度增加（Wh 曲线）和平衡曲线减少（Bh）的模式在第 3 章和 Haworth 等（1985）中都有描述，说明了深层的油气潜力。

随后立即对这一上升的湿度趋势进行了识别和论证，但钻井揭示深层只有粉砂岩透镜体，没有好储层，而且井底深度在 1450m 处的 DharviDungar 地层中。此外，950m 处的粉砂岩似乎是油饱和的，但没有经过测试。这套储层的饱和度足够好，可称为圈闭内潜在的 I 型连续相显示，勘探工作转移到盆地中其他更容易找到的目标。

2011 年，凯恩能源公司的工作人员开始重新评价 Dharvi Dungar 的区域地质特征，并识别出几套深水湖泊沉积，其中可能包含潜在储集层的浊流沉积物（图 3.25）。

对地震的研究（图 3.28）表明，在 1 号井 950 m 处，靠近油气层的地震相解释为浊积扇。

对这一异常进行详细地作图，发现了一个更大的圈闭（图 3.29），在圈闭线内储层可能更好。构造形态和基于地震振幅数据完成的相图显示出一个复合圈闭。精细成图突出地显示了 1 号井饱含油的粉砂岩的封闭范围内的很好远景区，但在振幅图范围之外则表明是废弃区显示。

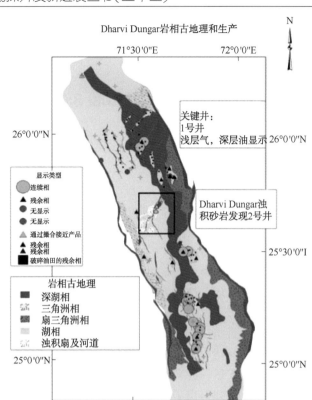

图 3.25　DharviDungar 地层的古地理和油气显示，DharviDungar 地层形成于一个湖坪面上升的时期 [第 7 章讨论了流体包裹体技术(FIT)的近源油气显示。棕色多边形是断层。凯恩印度有限公司提供]

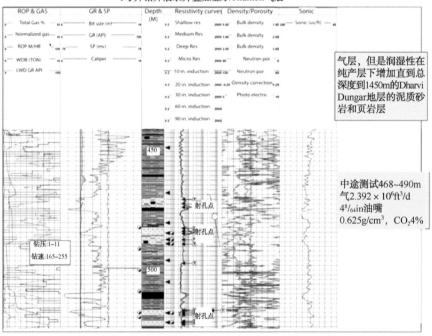

图 3.26　1 号井的组合测井(凯恩印度有限公司提供。年轻的 Thumbli 地层产层以干气为主，具有良好的孔隙度和渗透率)

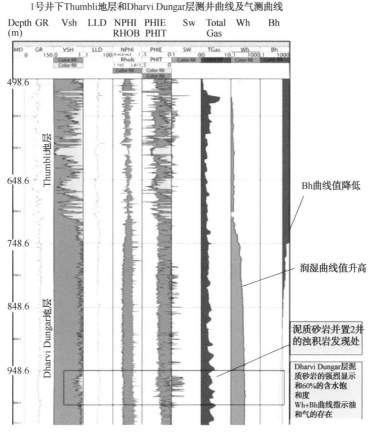

图 3.27　1 号井气的润湿性曲线指示出较深层的油（粉砂岩中存在大量的水饱和现象，这表明可能钻出了圈闭，但没有发现高品质的储层。承蒙凯恩印度有限公司提供）

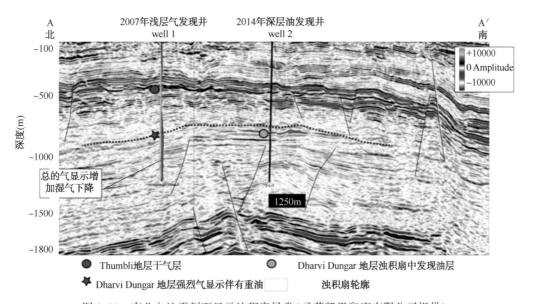

图 3.28　南北向地震剖面显示浊积扇异常（承蒙凯恩印度有限公司提供）

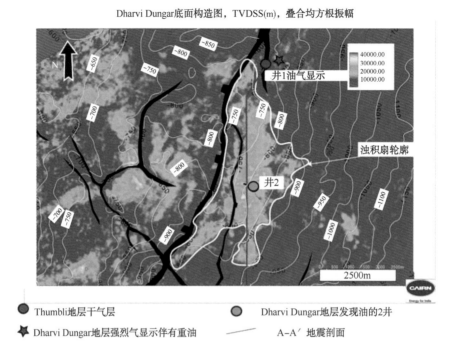

图 3.29 基于地震振幅和相的 Dharvi Dungar 扇圈闭(凯恩印度有限公司提供)

发现的 2 号井于 2014 年开始钻探,并进行了 MDT 测试,随后的流量为 270bbl/d(图 3.30),

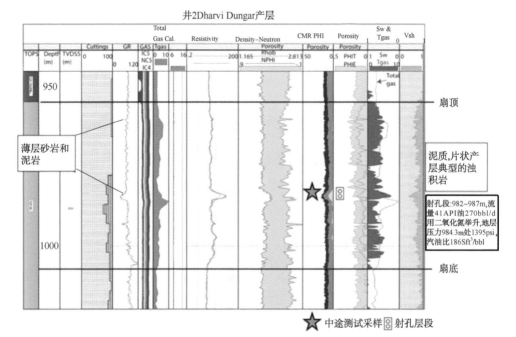

图 3.30 发现井的产层。层状砂岩、粉砂岩和页岩是许多浊积岩矿床的典型沉积类型。在 50m 的井段中只有 10m 的射孔段,但原油产量为 270bbl/d,证实了上覆干气油藏下有较深的油藏。其他测井组合(FMI、OBI)显示,该层段的富砂,但从薄片显示的 GR 特征看起来仅像粉砂岩和页岩(承蒙凯恩印度有限公司)

钻遇了 50 多米的含油层段。有趣的是，测井曲线显示为非常薄的层间砂岩、泥岩和粉砂岩互层，在常规测井曲线上表现为泥质。如第 6 章所述，这在浊积岩相中很常见，可能代表了被称为"鲍马旋回"的砂岩、粉砂岩和泥岩厘米级层流。这些薄层很难用传统的测井组合识别出来。在这些类型的油藏中，如果没有大量的测试，通常很难对储量进行评估。因此，并不是所有的层段都经过了充分的测试，因而在这个圈闭上仍然有显著的新勘探潜力。

3.5.4.3 总结与影响

Dharvi Dungar 油藏现在被认为是一个额外的勘探目标。Dharvi Dungar 泥岩的中下部大部分位于生油窗内，这就消除了存在充注的风险。因此，地层圈闭在盆地的其他地方应该是广泛分布的，需要人们重新努力寻找它们。

如果没有在 1 号井较深处记录到关于润湿性随着深度增加而增加的关键信息，就不太可能发现这个油藏。此外，通过对地震资料仔细地和创造性地分析，我们认识到该盆地中存在浊积扇和河道，它们通常被认为只是另一套页岩层序，需要钻穿才能到达主油层。

3.6 总 结

在过去的 50 年里，钻井、测井和钻井数据的量化显示取得了巨大的进步。钻井液系统和测井旨在尽可能多地获取有关岩层中流体、岩石成分和地层压力的信息。井场地质学家的工作是确保对岩屑进行准确的分析，但解释人员的工作质量可能有很大差异。

根据钻井方式的不同，如果钻井液系统失衡，可能将油气从井筒中冲洗掉。这可能会抑制岩屑和气体的显示。所得到的侵入剖面在高渗透性岩石中最高，可以用电阻率测井分离深部和浅部的曲线来识别，从而快速地观察分离程度高的潜在渗透带。

伽马射线测井和自然电位测井是识别纯净岩性最常用的测井方法，但自然电位测井会受到地层矿化度变化的影响，因为它与钻井液体系的矿化度有关。同样，天然的放射性砂岩、白云岩或石灰岩虽然不常见，但确实也会出现，可能会导致一些储层被误认为是页岩。到目前为止，FDC-CNL 测井是最常见的测井组合，因为这些组合工具提供了很好的孔隙度估算和岩性信息。

常规的测井分析依赖于这样一个假设，即电阻率的变化与孔隙系统中的地层水的电阻率变化而不同，它反映的是烃类，特别是在孔隙度和岩性保持不变的情况下。然而，当导电矿物、泥岩或黏土中含有高束缚水时，就会出现不同的情况，这些矿物或黏土可能通过在含油带中提供低电阻率来掩盖油气的显示。

岩心数据是目前分析储层岩石性质、对地层损害的敏感性、岩石学和饱和度计算的最佳方法。然而，岩心的饱和基本上都是残留的，因为取心过程中钻井液系统会产生冲刷，除非采取特殊措施来防止这种现象。因此，使用岩心计算出的含油饱和度可能会由于经多次冲洗而导致低估烃类饱和度。

本章的威利斯顿盆地案例历史说明了重要的岩屑或钻井液录井是如何被遗漏的，从而导致潜在重大发现被堵塞和放弃。Barmer 盆地的案例历史也表明，正确分析钻井液录井中湿度比变化是如何在干气聚集下发现石油的。

最后，尽管在钻井过程中使用了所有可用的技术，解释的好坏最终归结于相关人员的技能和诚信。1982 年，我在堪萨斯州的一口井中没有发现任何石油和天然气踪迹。这是一口钻井成本相对较低的井，钻了大约 5 天，我们中的很多人都遵循了这一点，作为我们井场培训的一部分。

就在我们准备离开的时候，我看到钻井液录井仪器记录下了井底强劲的油气显示信息。当我问他在做什么时，他回答说："我总是试图给公司带来希望。"

我希望那个故事不是真的，但它确实是真的。

参 考 文 献

AOGHS (2015) Making hole-drilling technology. http://aoghs. org/technology/oil-well-drilling-technology／, American Oil and Gas Historical Society

Asquith G, Krygowski D (eds) (2004a) Basic well log analysis (Second Edition)：AAPG methods in exploration series：Tulsa. American Association of Petroleum Geologists, Oklahoma, p 244

Asquith G, Krygowski D (2004b) Porosity logs, basic well Log analysis：AAPG methods in exploration series, v. methods in exploration series No. 16. American Association of Petroleum Geologists, Tulsa, Oklahoma, pp 37-76

Asquith G, Krygowski D (2004c) Spontaneous potential, basic well Log analysis：AAPG methods in exploration series, v. Methods in exploration series No. 16. American Association of Petroleum Geologists, Tulsa, Oklahoma, pp 21-30

Bajsarowicz CJ (1992) Core alteration and preservation. In：Morton-Thompson D, Woods AM (eds) Development geology reference manual. American Association of Petroleum Geologists, Tulsa, Oklahoma, pp 127-130

Bennion DB, Thomas FB (1994) Underbalanced drilling of horizontal wells：does it really eliminate formation damage：society of petroleum engineers. Soc Petrol Eng SPE 27352：153-162

Bouma AH (1962) Sedimentology of some Flysch deposits：a graphic approach to facies interpretation, Elsevier, 168 p

Clark JA, Halbouty MT (2000) Spindletop, v. Special Centennial Edition：Houston, Texas, Gulf Publishing Company, 306 p

DHSG (2011)) Final report on the investigation of the Macondo well blowout, Deepwater Horizon Study Group (DHSG), http://ccrm. berkeley. edu/pdfs _ papers/bea _ pdfs/dhsgfinalreport - march2011 - tag. pdf, Center for catasrophic risk management (CCRM), p. 126

Dolson J, Burley SD, Sunder VR, Kothari V, Naidu B, Whiteley NP, Farrimond P, Taylor A, Direen N, Ananthakrishnan B (2015) The discovery of the Barmer Basin, Rajasthan, India, and its petroleum Geology. Am Assoc Pet Geol Bull 99：433-465

EIA (2009) Marcellus Shale gas play, Appalachian Basin, in O. o. O. a. Gas, ed., Washington, USA, Energy Information Administration, p. 1

Engelder T (2014) Truth and lies about hydraulic fracturing, AAPG Explorer. American Association of Petroleum Geologists, Tulsa, Oklahoma, pp 62-63

Farrimond P, Naidu BS, Burley SD, Dolson J, Whiteley N, Kothari V (2015) Geochemical characterization of oils and their source rocks in the Barmer Basin, Rajasthan, India. Pet Geosci 21：301-321CrossRef

GeoExpro (2008) The discovery that changed the oil industry for ever, GeoExPro. Geopublishing Ltd., London, England, pp 71-76

Hardage BA, Alkin E, Backus MM, DeAngelo MV, Sava D, Wagner D, Graebner R (2013) Evaluation of fracture systems and stress fields within the Marcellus Shale and Utica Shale and characterization of associated water-disposal reservoirs：Appalachian Basin, Research Partnership to Secure Energy for America. Bureau of Economic Geology, Austin Texas, p 261

Harper JA, Kostelnik J (2013a) The Marcellus shale play in Pennsylvania, geological survey. Pennsylvania Department of Conservation and Natural Resources, Middletown, Pennsylvania

Harper JA, Kostelnik J (2013b) The Marcellus shale play in Pennsylvania part 2: basic geology, geological survey. Pennsylvania Department of Conservation and Natural Resources, Middletown, Pennsylvania, p 21

Harper JA, Kostelnik J (2013c) The Marcellus shale play in Pennsylvania part 4: drilling and completion, geological survey. Pennsylvania Department of Conservation and Natural Resources, Middletown, Pennsylvania, p 18

Hartmann DJ, Beaumont EA (1999) Predicting reservoir system quality and performance. In: Beaumont EA, Foster NH (eds) Exploring for oil and gas traps: treatise of petroleum geology, handbook of petroleum geology, vol 1. American Association of Petroleum Geologists, Tulsa, Oklahoma, pp 9.3–9.154

Haworth JH, Sellens M, Whittaker A (1985) Interpretation of hydrocarbon shows using light (C_1–C_5) hydrocarbon gases from mud-log data. Am Assoc Pet Geol Bull 69:1305–1310

Jacobs T (2015) Going underblanced in unconventional reservoirs. J Petrol Tech 75:50–52

Krygowski DA (2003) Guide to Petrophysical Interpretation. Online report: Wyoming University, Austin, Texas, Daniel A. Krygowski, p. 147

Krygowski DA, Cluff RM (2012) Pattern recognition in a digital age: a gameboard approach to determining petrophysical parameters. AAPG Annual Convention and Exhibition, Long Beach, California, USA, AAPG Search and Discovery Article #40929, p. 6

McCoy R, Blake JG, Andrews KL (2001) Detecting hydrocarbon microseepage using hydrocarbon absorption bands of reflectance spectra of surface oils. Oil Gas J, 3

Mir-Babayev MY (2002) Azerbaijan's oil history: a chronology leading up to the Soviet Era, Azerbaijan. Baku-City that Oil Built, Baku, Azerbaijan, Azerbaijan International, p. 34–40

Naidu BS, Burley SD, Dolson J, Farrimond P, Sunder VR, Kothari V, Mohapatra P (in press) Hydrocarbon generation and migration modelling in the Barmer Basin of western Rajasthan, India: lessons for exploration in rift basins with late stage inversion, uplift and tilting, Petroleum System Case Studies, v. Memoir 112. Tulsa, Oklahoma: American Association of Petroleum Geologists

O'Sullivan T, Zittel RJ, Beliveveau D, Wheaton S, Warner HR, Woodhouse R, Ananthkirshnan B (2008) Very low water saturations within the sandstones of the Northern Barmer Basin, India. SPE 113162:1–14

O'Sullivan T, Praveer K, Shanley K, Dolson JC, Woodhouse R (2010) Residual hydrocarbons—a trap for the unwary. SPE 128013:1–14

29. Paul A, Daniels J, Finnell DB, Anderson WJ (1992) Show evaluation. In: Morton-Thompson D, Woods AM (eds) Development geology reference manual. American Association of Petroleum Geologists, Tulsa, Oklahoma, pp 109–114

PetroWiki (2015) Extended reach wells, http://petrowiki.org/Extended_reach_wells, Society of Petroleum Engineers, p. 1

Ploeg AJV (1980) The overthrust belt: an overview of an important new oil and gas province, Laramie, Wyoming. The Geological Survey of Wyoming, p. 22

Schroeder FW (2004) Lecture 4: well log data. American Association of Petroleum Geologists, Tulsa, Oklahoma, p 25

Schumacher D (1999) Surface geochemical exploration for petroleum. In: Beaumont EA, Foster NH (eds) Exploring for oil and gas traps: treatise of petroleum geology, handbook of petroleum geology, vol 1. American Association of Petroleum Geologists, Tulsa, Oklahoma, pp 18.4–18.27

Schumacher D (2012) Hydrocarbon microseepage-a significant but underutilized geologic principle with broad applications for oil/gas exploration and production. AAPG Annual Convention and Exhibition. Long Beach, California, American Association of Petroleum Geologists, p. 27

Schowalter TT, Hess PD (1982) Interpretation of subsurface hydrocarbon shows. Am Assoc Pet Geol Bull 66:1302–1327

Seubert BW (2004) The wellsite guide, PetroPEP Nusantara, http://www.petropecom/download_1_html_files/The%20Wellsite%20Guide_new.pdf, p. 137

Swanson R (1981) MTH01-sample examination manual: methods in exploration. American Association of Petroleum Geologists, Tulsa, Oklahoma, p 117

Swanson R, Fogt D (2005) Sample examination AAPG Video Series on DVD. American Association of Petroleum Geologists

Trueblood S (2013) Finding big oil fields in East Africa: Inhassoro: the southernmost oil field in the East African rift system? SASOL Petroleum International, http://64be6584f535e2968ea8 – 7b17ad3adbc 87099 ad3f7b89f2b60a7a. r38. cf2. rackcdn. com/EA%20Oil%20Forum%20-%20Sasol%20Presentation. pdf

Whitson CH (1992) Petroleum reservoir fluid properties. In: Morton-Thompson D, Woods AM (eds) Development geology reference manual. American Association of Petroleum Geologists, Tulsa, Oklahoma, pp 504–507

Whittaker A (1992a) Mudlogging: gas extraction and monitoring. In: Morton-Thompson D, Woods AM (eds) Development geology reference manual. American Association of Petroleum Geologists, Tulsa, Oklahoma, pp 106–108

Whittaker A (1992b) Mudlogging: the Mudlog. In: Morton-Thompson D, Woods AM (eds) Development geology reference manual. American Association of Petroleum Geologists, Tulsa, Oklahoma, pp 101–103

Whittaker A, Morton-Thompson D (1992) Mudlogging: drill cuttings analysis. In: Morton-Thompson D, Woods AM (eds) Development geology reference manual. American Association of Petroleum Geologists, Tulsa, Oklahoma, pp 104–105

Wrightstone G (2010), A shale tale: Marcellus odds and ends, 2010 winter meeting of the independent oil and gas association of West Virginia p. 32.

4 认识油藏封堵、压力及流体力学

摘 要

几乎每一种岩性都有封堵性，但最常见的是页岩、蒸发岩和盐岩。随着时间的推移，所有的封堵都会有渗漏，而且大多数封堵边界都存在弥散现象。识别封堵性的最佳方法仍然是对测试井的压力数据进行分析，这些数据可以是简单的压力—深度图，也可以是生产井产液—压力异常图。断层封闭性是最不确定的，因为在断裂系统中，断层封闭性会随着岩性对接、断层泥涂抹/或应力方向变化而在走向和倾向上发生快速变化。

分析压力与深度关系对勘探和生产都有很大的实用价值，因为这是准确判定自由水位、倾斜的油气水界面和压力单元的最佳方法。在同一圈闭和同一封闭系统会在代表流体系统密度的斜坡上绘制相同的烃类梯度。

异常压力是指任何高于或低于淡水或咸水梯度的压力。异常压力的成因多种多样，包括沉积速率、生烃作用、抬升和侵蚀作用等。有效应力不仅从钻井的角度来理解很重要，而且对孔隙发育也有很强的控制作用。在有效应力较低的情况下，钻井条件比较困难，在浮力超过断裂压力之前，油气柱的空间可能很小甚至没有空间。在高压盆地中，压力衰减会产生增强的封堵压力和运移通道。

盆地内的水动力流动可能是常态，而不是例外，因为在盆地内的超压产生了水动力流动，就像大气降水从隆起向盆地中心移动一样。倾斜的油气—水界面可以发生在盆地的深、浅两种环境中，通常与栖水很难分开。

本章分为五个部分，介绍了利用压力—深度图和水动力分析来评价圈闭大小、识别自由水位、流体分割单元和倾斜油气/水界面的方法。

4.1 基本压力术语、用途及压力数据采集

4.1.1 为什么要从压力和流体力学的角度来看待封堵？

除了仔细评估井内压力外，利用老数据寻找新圈闭的方法很少。压力数据是准确发现自由水位的唯一方法，也是识别封堵的最佳方法。回顾第 2 章，自由水位是浮力（p_b）等于零的位置。如果有足够的充注和运移到圈闭中，自由水位的位置是最弱封闭的封堵能力和圈闭几何形状的函数。因此，早期定量评价封堵能力是勘探评价的关键内容。

由于自由水位标志着一个圈闭的绝对底部，任何高于这个点哪怕 1m 的井实际上都处在圈闭内。如第 2 章所述，有时仅仅因为井在圈闭中的相对位置未知或被误解而被放弃了。特别是致密储层的钻井，由于在自由水界面（FWL）之上含水饱和度（S_w）的值可能为 100%，因此存在一定的不确定性。与此相反，在同一圈闭中，具有优质储层的探边井可能处于束缚水

饱和度的区带。

对干井进行钻井分析，最困难的是保持开放思想，包括对岩石类型、微弱的显示和勘探潜力等。因为干井常被解释为圈闭缺乏勘探潜力。同样需要保持乐观开放思路的还包括由超压和水动力流动造成的烃类倾斜的界面。多年来，很多大型油藏一直被忽略，因为在顶部井口中发现了含有少量油气痕迹的水，而这些井实际上位于油气聚集的顶部，由于流体动力和超压作用，油/气水界面在侧面发生了倾斜。这种情况在浅盆地和深盆地都有发生。在写本书的时候，超压深层盆地的水流和倾斜仍然被低估。

4.1.2 一些好的参考资料

理解流体动力学和油气运移领域的一个真正突破是 Hubbert (1953)所提供的材料。他所描述的油气运移方面诸多原理奠定了大部分或全部油气运移建模软件的基础。然而，对压力和流体力学最佳的处理方法也许来自 Dahlberg (1982, 1995)。这本简短的教科书几乎包含了本章所涵盖的所有基本概念，并提供了完整的练习，帮助初学者学习如何定量处理压力数据。Dahlberg 的著作强调了利用 Hubbert 的 U-V-Z 方法来模拟水动力条件下的油气运移和对圈闭进行手工绘制等高线的方法。

本章通过说明如何使用网格和软件包进行计算，扩展了 U-V-Z 方法。网格操作提供了更快的解决方案，并允许快速测试替代模型，但使用了 Hubbert 和 Dahlberg 描述的原则。

其他关于压力和流体动力学的重要论文有：Beaumont 和 Fiedler(1999)；Berg(1976)；Biddle 和 Wielchowsky (1994)；Dennis 等 (2005)；England (1994)；England 等 (1991)；Ferrero 等 (2012)；Hartmann 和 Beaumont (1999)；He 和 Berkman (1999)；Muggeridge 和 Mahmode(2012)；Riley2009；Robertson 等(2013)；Swarbrick 和 O'Connor(2010)。

第5章讨论了如何使用毛细管压力进行封堵定量化分析，但是通过压力—深度图可以很容易地识别封堵，这些技术是本章的主题。封堵评价在文献中有广泛的论述，其中最经典的可能是：Downey (1984)；Sales (1997)；Skerlec (1999)；Vavra 等 (1992)；Yielding 等 (1997)。

断层封堵的定量化分析尤其重要，而且往往是最困难的。AAPG 专题卷册出版物 (Davies 和 Handschy, 2003)和许多其他出版物都涵盖了对断层封堵的良好处理，其中一些更重要的出版物是：Bjorlykke 等 (2005)；Cartwright 等 (2007)；Doughty (2003)；Faerseth 等 (2007)；Gibson (1994)；Gibson 和 Bentham (2003)；James 等 (2004)；Jones 和 Hillis (2003)。

关于封堵和压力环境的起源及识别也有广泛的论述，但基础参考文献是：Beaumont 和 Fiedler (1999)；Bradley 和 Powley (1994)；Lee 和 Deming (2002)；Lupa 等 (2002)；Shaker (2002, 2005)；Swarbrick 和 O'Connor (2010)；Traugott (1997)。

油气从烃源岩到圈闭的运移必然遵循流体动力学和流体流动的基本规律。如果几何形态适宜，任何沿油气运移路径的阻力都可能形成圈闭。这些阻力或来自岩性变化或断层作用而形成的简单的封堵，也可能是由于盆地深部的超压水流或进入盆地的浅层大气降水造成的超压而造成的。

图 4.1 显示了三种基本水动力状态及部分特征：(1)大气降水；(2)压缩水作用；(3)温压水。还显示了一个简化的压力—深度图和地静压力线。地静压力线的定义是沉积物总重量加上水的量(如果在近海)。在陆上，梯度通常约为 1psi/ft。当含水层具有一定的几何形状

和埋藏史，压力被保持在含水层内时，就会变成超压。在这种情况下，压力—深度图将显示水压梯度的突然改变。这些改变是由于压力封堵的存在而引起的，它分隔了各个含水层。如果含水层压力达到近似等于地静压力程度，就会出现封闭破坏，不能形成油气成藏。

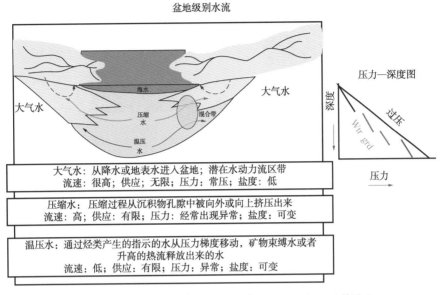

图 4.1　盆地级水流［由 Hartmann 和 Beaumont（1999）修改］

有时，很难判断超压的成因，但利用压力—深度图和其他数据识别出其所处的位置是很重要的。绘制出这些压力分割单元的边界封堵层十分重要，因为它们是每个含水层的储层的主要顶部封闭层。如果水在这些系统中流动，这个系统就叫做水动力系统。如果不是，它是静态的。不幸的是，许多勘探者很晚才意识到它们处于一个水动力盆地中，并没有建立适当的流体流动图来充分理解圈闭。如后面所示，由于存在倾斜油气—水界面，结果会错失一个油田或者会对一个圈闭做出错误的资源评价。

4.1.3　孔隙压力

任何内力或外力都会在孔隙系统内产生超压（图4.2）。孔隙压力预测在油气勘探中具有重要作用：

（1）安全。预测高压对防止井喷至关重要。

（2）封堵的识别和定量化。

（3）确定自由水位。

（4）确定本油藏是否与其他油藏存在水动力连通（区分程度）。

（5）水、油、气等流体流动方向、大小和油气圈闭定量制图。

（6）孔隙度预测。通常情况下，岩石在埋藏过程中会沿着可预测的路径被压实，同时岩石孔隙出现逐渐消失的情况。如果出现了超压情况，超压可以减缓压实程度，保持相当数量的孔隙。

异常压力是指任何偏离咸水或淡水梯度的压力。表4.1总结了压力异常的一些主要原因。

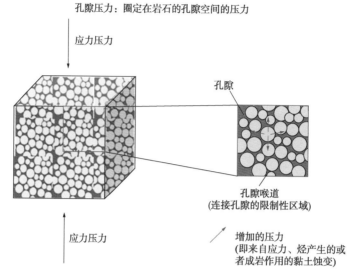

孔隙压力:圈定在岩石的孔隙空间的压力

应力压力

孔隙

孔隙喉道
(连接孔隙的限制性区域)

应力压力

增加的压力
(即来自应力、烃产生的或
者成岩作用的黏土蚀变)

图 4.2　孔隙压力(孔隙压力在流体静水压力梯度以上或以下的原因多种多样。
参见文本进行的讨论。修改 BP-Chevron 钻井联合体课程说明,经许可使用)

表 4.1　影响压力的地质因素

地质因素	例子	注解
总应力	重力、过载或构造	构造引起的压力发生在像逆冲带等地方,强烈的水平应力可能产生异常压力
沉积载荷速率 (压实不平衡)	沉积环境 地层时代 封堵等级随时间变化	压实不平衡是新近—古近系快速沉降盆地超压的主要来源。当沉积物被加载时,流体从岩石中排出的速度不够快。通常,较老的岩石有足够的时间来平衡压力,以保持正常的压力
成岩变化	黏土矿物由蒙脱石向伊利石的转变或其他变化	随着黏土分子形状的改变,水被排出,产生较高的孔隙压力
生烃	由于生烃而引起的体积膨胀或由于石油转化为天然气而引起的体积膨胀	具有长油气柱的圈闭顶部也会因为增加的浮力而成为超压。在一些盆地中,超压的顶部与油气窗口的顶部重合。这在落基山脉的许多盆地中很常见
底辟作用和挤压褶皱作用	挤压褶皱页岩或盐底辟	页岩和盐底辟构造通常是高度超压的。在某些情况下,随着压力的增加,泥火山实际上会在地表喷发
抬升和剥蚀	会引起高压和低压	如果一个正常压力的储集层由于盆地形状的改变而抬升,但有足够的封堵,原始压力会被保留下来,并被带到较浅的深度,从而产生超压。相反,如果盆地在抬升过程中冷却,就会产生低于正常的压力
油藏枯竭	产生低于正常的压力	这在老油田中很常见,因为老油田在生产过程中会发生压降

在处理压力—深度图和分析压力系统时，需要记住以下几个关键术语(图4.3)。

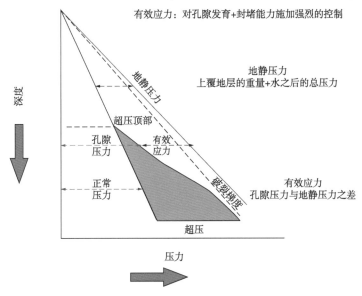

图4.3　孔隙压力条件(裂缝梯度是由试井或理论算法确定，
但它是岩石在高压下破裂的点，而与封堵层的岩性无关)

地层静压力是岩石总重量加上任何水柱。在陆地上，梯度接近 1psi /ft；在海上，可能有很多其他的梯度方程。破裂压力梯度是指孔隙压力超过地层静压力产生的水平应力时岩石发生破裂的压力点。

破裂压力梯度可用公式进行估算，但在油井中通常利用"泄油测试"对其进行常规测量。在泄油测试过程中，在检测到钻井液进入地层之前，泵压力会不断增加。在压力—深度图(图4.4)上绘制的一系列点将显示出更好的破裂梯度近似值。需要注意的是，钻井过程中超过破裂梯度会导致井喷。此外，如果岩石孔隙压力接近破裂梯度，就不会形成油气聚集，因为即使是很低的油气柱也会由于浮力而产生足够的额外浮力，从而导致封堵失效和圈闭漏失。

在常压环境中，压力随地层水密度增加而增加，淡水为 0.433psi/ft（1g/cm³），盐水为 0.48~0.5psi/ft。当超过这些压力梯度时，地层就会承受超压。如果在测点上，就直接测量孔隙压力本身的值。

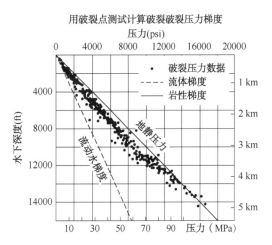

图4.4　采用破裂点试验直接测量破裂压力梯度
（获得 AAPG 的许可，需要进一步的
许可才能进一步使用）

有效应力是地层静压力与储层孔隙压力的差值。这是一个重要概念，因为有效应力也可以是一个在深度上保持或产生孔隙度的重要因素。有效应力值越高，岩石被压实程度就越高，孔隙度越小。在超压普遍存在情况下，有效应力值降低，孔隙度降低趋势放缓或停止。

在压力—深度图分析中，另一个基本概念与流体密度有关(图4.5)。压力点斜率代表流体密度的变化，如前面第2章所述。气柱密度比油柱低得多，这反映在图中压力曲线斜率的增加。当梯度超过相当于15lb/gal钻井液密度时，就会产生超常压力，而承压区(如果含水的话)的密度小于盐水密度。

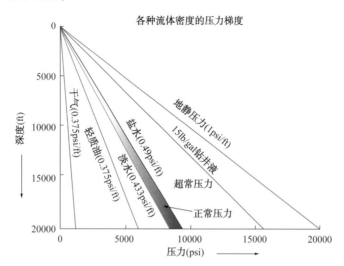

图4.5　各种流体的压力梯度和超压力区(修改自 BP-Chevron 钻井联盟的注释，经许可使用)

表4.2 显示了在绘制压力与深度图时使用的一些常见公式。在美国和世界许多地方，psi/ft 是一种标准测量单位，但 g/cm^3 或 kPa/m 的单位也很常见。在作图时，保持水平和垂直比例尺相同是很有用的，以便能够更好地可视化梯度(密度)。

表4.2　常用的压力测量单位(附录 A 中给出了附加的等式和等价关系)

压力单位	定义
$1g/cm^3 = 0.4335psi/ft$	磅每平方英寸和克/毫升
$g/cm^3 = 8.345ppg$	磅/加仑
$g/cm^3 = 9.806$ $kPa/m = 0.009806MPa/m$	千帕斯卡和兆帕斯卡每米
$1psi/ft = 19.25ppg$	
$1psi/ft = 2.307g/cm^3$	
$1psi/ft = 22.62kPa/m = 0.02262MPa/m$	
$1ppg = 0.1198g/cm^3$	
$1ppg = 0.051948psi/ft$	
$1ppg = 1.176kPa/m = 0.001176MPa/m$	
$1kPa/m = 0.102g/cm^3$	
$1kpa/m = 0.0442psi/ft$	
$1kPa/m = 0.9504ppg$	
$1psi = 6.895kPa = 0.006895MPa$	
$1MPa = 145psi$	

续表

压力单位	定义
1kg/cm² = 14.19psi	公斤/厘米²磅每平方英寸
1atm = 14.7psi	大气压 = 海平面约 14.7 磅每平方英寸(随海拔略有变化)
psia = psig+1atm = psig+14.7	绝对压力。这是压力—深度图中常用的数字
长度	
1m = 0.3048ft	米到英尺
1ft = 3.280804m	英尺到米

在处理压力资料时,了解各种相关流体的密度非常重要。表 4.3 提供了一些常用单元的汇总。直接测量压力,如果在压力—深度图上有足够多的点,该图就增加了实用功能,因为所测量的斜率反映了地下温度和压力条件下的实际密度。相反,当在钻机上记录流体密度时,流体密度则为地表温度和压力条件下的测量值,必须转换成流体所在深度处的等效重力。由于流体密度随分子组成、可压缩性、温度和压力的变化而显著变化,因此,对储层条件的调整(尤其是对天然气的调整)可能意义重大。表 4.3 中的数据是一个粗略的指南。当你需要非常准确的数据时,最好直接查阅 PVT(压力、体积、温度)图表,或者咨询公司的工程师或测井分析师。

表 4.3 常见的密度测量值

流体	API 重度 (°API)	相对密度 (60℉)	kg/m³	g/cm³	psi/ft	固体 (ppm)	注释
高盐水						330000	死海的例子
盐水			1030	1.03	0.4460	> 100000	
淡水			1000	1	0.4330	< 100000	非常新鲜的 地层水<10,000 ppm
沥青	8	1.014	1012	1.012	0.4382		
沥青	9	1.007	1005	1.005	0.4352		
沥青	10	1.000	998	0.998	0.4321		
重油	15	0.966	964	0.964	0.4174		
重油	20	0.934	932	0.932	0.4036		
常规油	25	0.904	902	0.902	0.3906		
常规油	30.	0.876	874	0.874	0.3784		
常规油	35	0.850	848	0.848	0.3672		
常规油	40	0.825	823	0.823	0.3564		
轻质油	45	0.802	800	0.8	0.3464		
轻质油	50	0.780	778	0.778	0.3369		
凝析油/气	55	0.759	757	0.757	0.3278		
凝析油/气	58	0.747	745	0.745	0.3226		
湿气			400	0.4	0.1732		气体梯度随压力和 温度变化很大
湿气			200	0.2	0.0866		

续表

流体	API 重度 (°API)	相对密度 (60°F)	kg/m³	g/cm³	psi/ft	固体 (ppm)	注释
干气			100	0.1	0.0433		
干气			7	0.007	0.0030		

其他表格的来源于在线计算器和 gearhart-欧文斯-industries（1972）的文献。

4.1.4　识别压力—深度图上的封堵、了解钻井液相对密度

图 4.6 显示了一个简单的压力—深度图，图中叠加了一些钻井液相对密度的等效线，以及淡水梯度(蓝线)。点 A-F 为不同井在海平面以下不同深度记录的压力值。A-C 井正常压力，落在淡水梯度线上，表层外推至封闭性水平面。在 7000ft(2133m) 处，遇到了一套厚的区域性泥岩封堵层。在 D 井处，压力从封堵层上方的 3000psi 跃升到封堵层下方的 7000psi。孔隙压力换算成钻井液密度当量由式(4.1)给出：

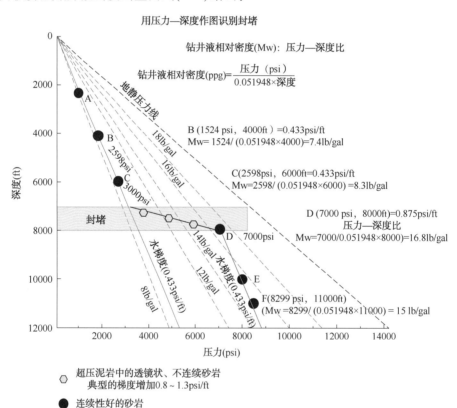

图 4.6　识别的封堵(压力—深度图上的急剧变化的水位线表明，密封能够保持显著的地压力。上面的封堵是在 3000psi 的淡水梯度下进入的，钻井液密度为 8.3lb/gal。当在 D 点钻出封堵层时，钻井液密度必须增加到 16.8lb/gal 以控制压力，压力—深度比从 0.433psi/ft(正常压力)增加到 0.875psi/ft 超压。整个封堵的压力增加了 4000psi。密堵性泥岩内的任何薄透镜状砂岩都可能承受显示在泥岩梯度的压力斜面上的压力，并可能发生灾难性的井喷。更多讨论见正文)

$$钻井液密度=\frac{压力梯度(psi/ft)}{0.51948×深度}或钻井液密度=压力梯度(psi/ft)×19.25 \quad (4.1)$$

A-C 井的钻井液密度为 8.3lb/gal。然而，在进入泥岩封堵层时，压力会急剧增加，在 D 井相当的位置离开封堵层后，需要 16.8lb/gal 的钻井液密度来控制孔隙压力。实际上由于泥岩的渗透率非常低，这种泥岩在较低的钻井液密度下可能是可钻的。然而，如果透镜状砂岩被包裹在泥岩中，它们就会承受泥岩压力，从而成为危险的高压砂岩，在这种情况下，8.3lb/gal 的钻井液无法控制油井。在泥岩中获得准确的地层压力非常困难，一些作业者认为，测量泥岩地层压力的最佳方法(泥岩地层压力可能与储层压力有很大的不同)是找到泥岩内部的薄砂层来直接测试压力。在第 5 章中，我们将定量地研究毛细管压力，并解释为什么泥岩和其他地层的微孔隙系统具有如此高的毛细管压力和封堵能力。像这样的压力曲线倾斜度通常被称为压力封堵，可能归因于地质特征，如普遍具有良好封堵能力的泥岩沉积物。

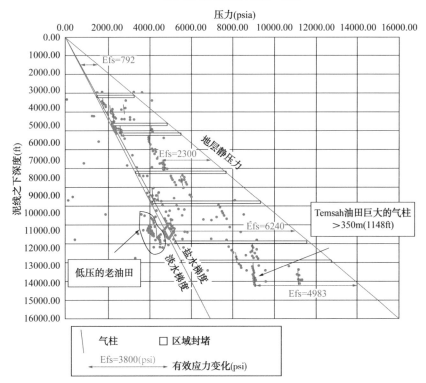

图 4.7　封堵识别和有效应力变化的例子(尼罗河三角洲，埃及。由于超压环境下有效应力的降低，Temsah 油田中新世地层的孔隙度远优于正常压力环境下的等深地层。许多区域性的封堵在图上很明显)

重要的是要认识到压力—深度比和压力—深度梯度之间的根本区别。压力图梯度或斜率反映了流体密度。绝对压力—深度比反映了超压、正常压或异常低压。例如，A-C 的斜率和 D—F 的斜率在淡水中是相同的，分别为 0.433psi/ft(淡水)。但各点压力—深度比不同。在 D 点，压力—深度比是 0.875psi/ft(相当于 16.8 lb/gal)，或者是高压。F 点则为 0.75psi/ft(相当于 15 lb/gal)。

在钻前，为了设计新井并预测压力梯度，像这样的图通常是由邻井或地震资料估算的孔隙压力变化值绘制的。

从压力—深度图中还可以获得大量的其他信息。然而，在对这个主题进行全面讨论之前，理解获取压力信息所需要的工具以及更定性地理解如何评价盆地中的断层和岩性封堵性是很重要的。

图4.7展示了一个来自埃及尼罗河三角洲的封堵识别和不同压力状态的例子。尼罗河三角洲是一个年轻的第三纪盆地，在三角洲中部近海沉积速率较高，快速埋藏造成了多套地层超压。灰色条形图显示了压力封堵的位置，水梯度用蓝色表示，气柱用红色表示。在图上有一个压力低于正常值的区域，这是由于油田生产使该区压力下降造成的。这些趋势表现为压力不足，其值不代表原始油藏压力。

同时强调有效应力的变化。并不是说深度浅，有效应力就很低。在这种情况下，由于圈闭顶部浮力压力将超过破裂梯度，因此，几乎没有空间来形成气柱。这就是为什么石油公司花费大量时间和金钱来识别可能导致井喷的浅层气砂或高压浅水带的原因。整个团队都被安排去寻找浅层存在的危险，然后设计井眼在钻入更深的目标时避免这些危险，同样重要的是，对于所有落在常压淡水梯度线上的井，有效应力随深度增加而稳步增加。

图4.8是储层孔隙度与深度关系图。根据对测井曲线和岩心的研究，该图已获得突破，以研究是否存在沉积对孔隙度显著控制。该图明确表明，正常的压实孔隙度降低(黑色虚线)表明，许多储层在泥线(海底)以下3500m处孔隙度已经不具备经济性。然而，也有一些明显的例外(红色线框)，孔隙度在泥线以下>3500m处可高达28%。仔细研究就会发现，实际上所有这些位置都承受着巨大压力。巨型Temsah油田就是一个很好的例子。孔隙度超过20%，压力超过0.7psi/ft。与之相反，在相同深度处的正常压力下储层孔隙度低于10%。

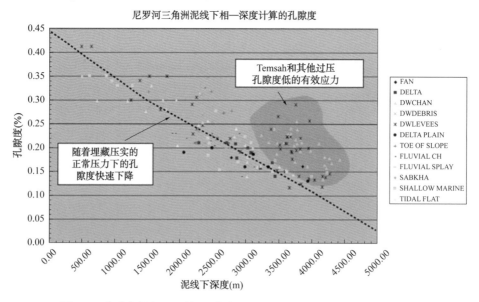

图4.8　孔隙度保存(尼罗河三角洲，由于超压阻止了正常的压实进程，
图4.6为Temsah区域有效应力的压力深度图)

该图成功地应用于设计超压盆地的深层钻探。英国石油公司目前已经在尼罗河三角洲钻探了一些非常深的天然气储层，所有这些天然气储层都在泥线以下 6km 处遇到了极好的孔隙度。

4.1.5　压力分析工具和数据采集

从压力分析中可收集到大量关键信息，但在详细介绍这些信息之前，理解压力数据采集工具对定性理解如何评价断层和岩性封堵非常重要。图 4.9 总结了四种最常用的直接测量地层压力的工具。虽然可以通过绘制钻井液密度与深度的关系图来进行间接测量，但无法替代井下工具直接提供的准确压力数据。

Beaumont&Fiedler(1999) 和 Dahlberg(1995) 对压力记录工具进行了很好的总结，并在公司网站上详细介绍了工具的操作和设计。

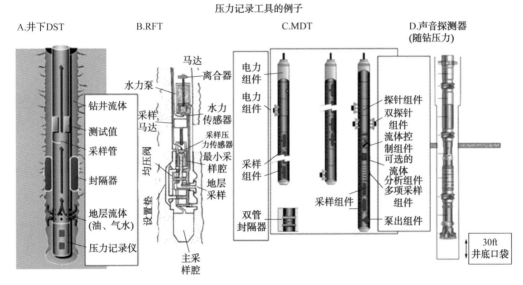

图 4.9　各种压力记录装置［DST＝钻杆测试；MDT＝模块化地层动力学测试仪；C＝重复地层测试仪。声音探测器是一种特殊的工具，它可以直接测量钻头后面的压力，因此可以节省从孔中起出来换上另一种压力工具的时间。图 A 由 John Armentrout 提供。图 B 来自 Dahlberg，1995 年。图 C 由 Ayan 等人(1996)修改，由斯伦贝谢提供。图 D 由 BP-chevron 钻井财团提供］

钻杆测试(DST)是获取地层压力和流体信息最可靠的方法之一。快速理解 DST 方法的一个很好的来源是 Borah (1992)。将工具放入井内，膨胀式封隔器完全封住地层，压力记录仪和样品室位于感兴趣的井段附近。测试费用昂贵，可能需要相当长的时间，但基本上可以像裸眼完井那样在一个层段工作。当测试工作进行时，它提供了可靠的流体样品、地层温度和压力。获取了丰富的信息。

其他方法包括 MDT 和 RFT 工具。这两种工具都可以在井筒中工作，其工作原理类似于井壁取心工具，在此过程中，可以选择测量层段，并将工具升高或降低，直到对准地层，探头插入储层中，然后打开，进行采样和压力测量。它们具有对多深度点取样测量的能力，但不如 DST 工具准确。然而，它们在快速收集数据方面可节省大量时间和金钱。还有其他具有专门设计和名称的压力测量工具，但从功能上讲，这四种工具基本上代表了井内测压的基本方式。表4.4总结了各种工具的优缺点。

表4.4 四种类型测压工具的优缺点(部分来自 Beaumont 和 Fiedler,1999)

考虑因素	DST	RFT	MDT	声音探测器
优势	最佳补偿,压力,评价	快速和采样多点在一个高分辨率的规模	准确的地层流体和快速稳定的压力的最佳工具	节省钻井时间,并能在 MDT 或 RFT 发生故障时采集流体数据
测量时间	最长	小于 5min,如果具渗透性	类似于 RFT	RFT 相似
钻井延迟	双程	大约一次测井	类似于 RFT	无延迟,只有时间去承受压力
采样间隔	几英尺或更多	<1in(<2cm)	类似于 RFT	要求带>10ft(3.28m)厚
采样数	少	多	多	多,但比 RFT 少
费用	大	小	小	适中
破裂储层	如果裂缝与井筒相交,效果良好	不可靠的	不可靠的	好
面临问题	获得良好的封隔器坐封位置和深度	有时很难得到座封位置 钻井泥浆堵塞筛管		必须在未扩孔的小孔段射孔。在泥质带不可靠
薄层状油藏	如果测试多个层效果好	不具代表性		困难
表皮损伤	可以测量或校正	会是一个大问题		

为了组装探头,需要在井筒中钻进钻出,然后放回井筒,这通常需要数小时到数天的作业时间。因此,一些公司提供了一种称为声音探测器(D)的工具,声音探测器在钻头后面运行,一旦穿透储层,声音探测器就可以开始运行。节省了钻井时间,但也带来了一系列问题,其中最重要的是可能会使钻井过程复杂化。

数据报告格式:

一旦收集到数据,就会以数字和硬拷贝形式记录和保存下来。在理想情况下,所有的压力和流体信息都可以观测到。在老井中,可能很少提及压力测试,因为压力测试报告长期丢失或由运营商私下持有。然而,一点点信息,如果准确的话,就能大有帮助,应该仔细寻找。

图4.10显示了来自 DST 的压力累积图。它是压力与时间的关系图,许多关键的拐点标记着记录的压力类型和数值变化。当测量工具进入井内时,钻井液柱产生的压力迅速增大,达到最大的 IHP。此时,工具打开,允许流量开始时的压力记录为 IFP1,测试停止时的压力记录为 IFP2。这些线的斜率可以很好地测量渗透率。快速增加可以表示良好的储层,而平坦或没有增加则表示非常致密的储层。

在第一个流动周期后,开始关闭井,压力逐渐增加,达到一个稳定的地层压力,称为 ISIP(初始关井压力)。重要的是,这个压力代表一个稳定的最大压力。如果不是,它将需要更长的时间进行修正以达到应该达到的压力。通过分析测试中压力随时间变化，将 DST 压力修正到最大地层压力，并通过构建"霍纳图"来实现。如何做到这一点 Horner（1951）、博蒙特（Beaumont）和菲尔德（Fielder）（1999）以及达尔伯格（Dahlberg）（1995）都曾谈到。在可能情况下，应该使用 Horner 修正值。

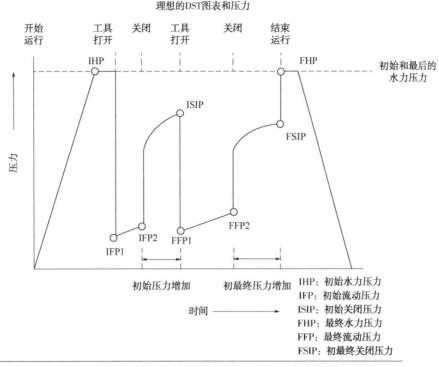

理想的DST图表和压力

工具打开61min；立即喷出，弱到动，记录2100ft水银柱高；80000ppm氯化物，气12单位；
工具有砂；钻井流体2600ppm氯化物，喷出最终水力压力1790psi；底部关闭18min压力3824psi；
BHHP4850：84°F下水电阻率0.065

2492.2m，压力5911.13psi，缓慢增压；2490m，
压力5895.08psi，缓慢增压；温度95.3℃

图 4.10　DST 图（通常情况下，没有图表只能评论压力随时间和恢复的变化。
修改自 Beaumont 和 Fielder1999 年。获得 AAPG 的许可后重印，需要许可才能进一步使用）

打开工具并进行第二次流动（FFP1 和 FFP2）并采集更多的样本。然后记录 FSIP（最后关井压力）。希望 FSIP 和 ISIP 能够彼此接近，并记录真实的地层压力。最后记录 FHP，测量钻井液柱的密度。如果工具测量准确，IHP 和 FHP 应该在 5psi 的范围之内。

通常情况下，如果封隔器封隔失败，则图表显示测试不成功，图中显示的情节与这个有很大的差异。各种成功和失败测试数据的例子显示在（Borah，1992）的文献中。

对于压力深度图，通常采用 FSIP 作为地层压力，但也可以采用 ISIP 或 FSIP 中较高者作为地层压力。

DST 测试可以获取大量附加信息。图 4.11 所示为澳大利亚库珀盆地一个小型四围构造圈闭上钻探的一口井的旧报告示例，该报告包含来自扫描的硬拷贝数据。

在图 4.11A 中显示的是来自数字测井曲线的现代测井分析，图中用绿色标出了产层。煤层用灰色的点划线着色。这是在河流相透镜状砂岩中发现的气体，DST 测试层段和总结的

成果加入软件数据表中,并标注在图4.11A中。图4.11B上显示了DST记录副本,其中图4.11C上显示了压力增加的摘要。详细报告包括有关测试速率、采收的石油和天然气的量、地层温度和密度及流体类型(图4.11D)等信息。所有这些信息可以进一步用于该井的油气显示分析,以确定油藏是否水动力连通及渗透率和流体属性特征。图4.11E中显示的气相色谱图不仅对工程师评估这一发现很有用,而且对地球化学家也很有用,被用来显示流体可能来自于什么源岩,以及样品的热成熟度特征。所有这些信息都可以输入到油气系统的运移建模软件中,以确定下一步在盆地中寻找其他流体和圈闭位置。第8章将更详细地讨论地球化学分析方面的内容。

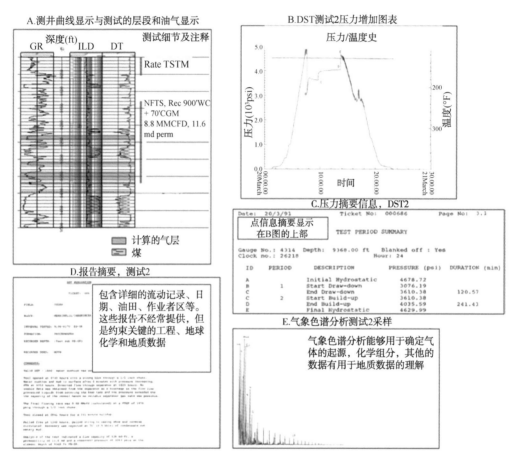

图4.11 与现代测井分析一起出现的分析类型与来自旧报告的信息混合在一起

使用RFT和MDT数据,报表通常保存在电子表格中。

有关MDT工具上的一个相当完整的电子表格如图4.12所示。建立时间和流动性,但也许最重要的是测试的质量,如果有测试记录的话。只有标记为"好"或"优秀"的点才能用于压力—深度图。石英压力计的测量结果(黑色轮廓,绿色方框)是最准确的点图。

许多RFT报告都非常简短扼要,这是你在测试中得到的唯一记录,详细信息被埋藏在公司文件堆中或某人的办公桌下。示例如图4.13所示。同样,通常只使用服务公司确定的较好的点。迁移率记录非常有用,因为它们可以转换为近似渗透率。

全表格报告，发现井的MDT，印度

MDT压力数据摘要

DATA ENTRY SHEET:-

工具移动　　FT修正　　流体指示

Run No.	Test No.	Time on depth	Day 0 = 1st 1 = 2nd	Tool Movement	Depth (meas.) (=MDBRT)	Depth (TVD) (=RT TVD)	Depth (TVDSS) (=SS)	Strain gauge data Mud pressure Before psig	Strain gauge data Mud pressure After psig	Strain gauge data Formation Pressure psig	Quartz gauge data Mud pressure Before psia	Quartz gauge data Mud pressure After psia	Quartz gauge data Formation Pressure psia	Result in log table md.ft/cp	Temperature Flowline DegF	Temperature Quartz DegF	Test Category G	D	SC	SF	NS	OFA Fluid Indicator (Dry Gas / Wet Gas / Oil / Water)	Comments entered on rig
1	1	16:43	0	U	339.00	339.00	177.64	573.2	573.4		586.35	585.00			46.50	45.36		x					5 cc slow DD - tight
1	1a	16:52	0	U	338.80	338.80	177.44	572.8	572.6	412.9	585.50	585.30	426.91	6.80	46.90	45.57		x					try for 20cc, got it, slow build but good
1	2	17:11	0	U	394.30	394.30	233.54	672.4	672.5	496.6	595.58	595.32	504.23	1738.00	47.70	46.82	x						20cc DD then 10cc - good test
1	3	17:42	0	U	409.30	409.30	247.94	696.3	696.5	510.1	711.24	710.61	524.48	1039.30	47.80	47.17	x						20cc DD slightly slow build
1	4	17:54	0	U	432.00	432.00	270.64	739.3	739.4	542.5	752.01	751.44	556.60	306.80	47.98	47.47	x						Good test 10cc DD
1	5	18:06	0	U	440.70	440.70	279.34	754.6	754.7	554.7	767.40	766.79	568.89	555.30	48.22	47.82	x						Good test 10cc DD
1	6	18:20	0	U	453.20	453.20	291.84	777.2	777.1	572.6	789.60	789.11	586.63	758.30	48.35	48.06	x						Good test 10cc DD
1	7	18:31	0	U	475.00	475.00	313.64	816.6	816.7	603.8	829.30	828.62	617.50	133.42	48.49	48.28	x						Good test 10cc DD
1	8	18:40	0	U	495.40	495.40	334.04	852.8	852.6	632.6	864.65	864.20	646.25	931.10	48.72	48.46	x						Goodtest 20cc DD
1	9	18:51	0	U	514.70	514.70	353.34	886.7	886.8	660.2	898.29	897.98	673.38	242.60	48.83	48.65	x						Goodtest 20cc DD
1	10	19:02	0	U	530.40	530.40	369.04	914.4	882.6	914.4	925.60	925.47	695.60	1209.50	49.07	48.91	x						Goodtest 20cc DD
1	11	19:32	0	U	592.90	592.90	431.54	1024.8	1024.8	771.8	1035.55	1035.27	784.13	4225.70	49.25	49.22	x						Goodtest 20cc DD
1	12	19:43	0	U	598.30	598.30	436.94	1034.3	1034.3	779.2	1045.01	1044.78	791.71	334.50	49.37	49.38	x						Goodtest 20cc DD
1	13	20:06	0	U	666.30	666.30	504.94	1165.1	1165.1		1165.59	1164.71			49.71	49.61		x					20cc retract 10cc DRY
1	13a	20:14	0	U	666.00	666.00	504.34	1154.3	1154.2	875.9	1164.16	1163.84	887.33	1107.70	48.99	48.96	x						Good test 10cc DD
1	14	20:35	0	U	830.80	830.80	669.44	1448.6	1448.8	1113.5	1458.23	1458.54	1125.83	2.10	54.35	50.45	x	x					10cc slow build but pressure looks
1	15	20:45	0	U	866.50	866.50	705.14	1512.8	1512.8	1163.7	1522.18	1522.67	1174.81	93.60	52.55	51.14	x						10cc goodtest
1	16	21:04	0	U	942.80	942.80	781.44	1647.0	1647.2	1272.6	1656.00	1656.2	1283.28	281.90	53.59	52.00	x						10cc goodtest

G=好的压力增加，数据可用

D=干、或者致密，缓慢增加，数据质量差

SC=超常变化

SF=封堵失败

修正注释：

用于作图的压力数据

图 4.12　在电子表格中的 MDT 报告格式(绿色柱状图显示了压力—深度图中使用的深度和地层压力。超级充注点是致密层，结果不可用，就像标记为干层或封堵失效的层段一样)

表格格式报告，RFT测试，印度

	Quality	PSIA	MD	TVDSS	mobility	
1	好	3666.54	2248.50	2089.10	7.40	(Ctrl)▾ …, Stable As A Rock - Good Pressure
2	SC		2359.00	2199.13		Still Building Slowly At 4156 ... Heading for ca. 4200
2	SC	4163.34	2359.00	2199.13	0.20	Still Building Slowly At 4164 ... Heading for ca. 4175-4200
3	干		2395.00	2234.93		Zero Pressure - Tight/Dry
3	missing		2441.50	2281.12		Missing
3	SC	4432.57	2441.50	2281.13	0.10	Still Building Slowly At 4433 ... Heading for ca. 4500
1	好	3676.57	2468.00	2307.46	0.70	Moderate Quick Build, Stable As A Rock - Good Pressure
1	好	3867.52	2480.00	2319.36	0.30	Moderate Quick Build, Stable As A Rock - Good Pressure
1	好	3784.23	2490.50	2329.78	3.10	Moderate Quick Build, Stable As A Rock - Good Pressure
3	干		2507.00	2346.14		Zero Pressure - Tight/Dry
2	SC	3877.63	2541.00	2379.86		Still Building Quickish At 4156 ... Heading for ca. 4200-4600
3	封堵		2558.50	2397.21		Lost Seal - No Data
3	封堵		2565.90	2404.55		Lost Seal - No Data
3	封堵		2565.90	2404.55		Lost Seal - No Data
2	SC	4589.66	2599.00	2437.36	0.50	Almost Built Up At 4589.7 ... Heading for ca. 4590-4592
3	封堵	5246.22	2656.00	2493.87	0.30	Heading For Hydrostatic - Probably Leaky Seal
3	封堵	5290.09	2716.50	2554.07		Two Tests Here But Both Heading For Hydrostatic - Probably Leaky Seal
3	封堵		2740.50	2577.98		Lost Seal - No Data
2	SC	5062.13	2755.20	2592.63	0.10	Still Building Slowly At 5062 ... Heading for ca. 5100
3	封堵		2764.00	2601.40		Lost Seal - No Data
3	封堵		2777.50	2614.85		Lost Seal - No Data
2	SC	5497.17	2822.00	2659.23	0.20	Moderate Quick Build, Moderately Stable - Good Pressure
comp test		3640.00	2466.00	2306.00		

好　好的修正值，好的压力增加，数据可用

封堵＝失去封堵，数据不可用

SC＝超常变化，数据不可靠

干＝致密，不可采或者无可用压力

图 4.13　RFT 电子表格(只有确定为好的值的点才应该使用图)

4.2 定性认识相和断层封闭性

4.2.1 封闭性概述：相、断层封闭性

压力图可以对盆地中的封堵性进行定量化分析和识别。其他能够用来估算封堵能力的方法主要是通过直接观察已知油田的油柱高度，以及从毛细管压力测试数据来量化封堵能力（第5章）。圈闭被充注到溢出点和油柱高度已知的断层和相封堵至少会给出所遇到的烃—水系统的最低封堵能力。关于岩相和断层封堵性的书籍已经有很多。一些好的参考文献是：Boult 和 Kaldi（2005）；Downey（1984）；Vavra 等（1992）。

封闭性最好的岩性为盐类、硬石膏类和页岩。然而，泥岩的封堵能力通常会发生很大的变化，在任何其他岩性中，只要孔隙喉道足够小，就可以封闭烃类。关于封堵性，有几个关键点需要记住：

（1）当驱动力（浮力）超过阻力（毛细管压力）时，封堵会泄漏。随着地质条件的不断变化，所有的封堵都会随着时间推移而泄漏。生烃期和圈闭期越长，封闭性越好。

（2）圈闭的大小受到最弱封堵能力的限制。

（3）封堵层的厚度并不是控制封堵能力的因素。封堵能力受毛细管性质、流体—水密度差和孔喉尺寸的控制。然而，在断层广泛发育的地区，更厚的封堵是可取的，因为如果断层的断距大于顶部封堵的厚度，顶部封堵就会被破坏。

（4）封堵强烈地依赖于流体。一个对于稠油来说是良好的封堵，而对于天然气的聚集而言，可能根本就不是封堵。其他因素，如毛管压力变化、润湿性和界面张力（第5章）可以显著改变封堵能力。例如，亲油岩石（孔隙喉道壁内充满的油）的封堵能力远低于亲水岩石（孔隙喉道壁内充满水）。

（5）封堵的边缘，特别是地层圈闭，通常是弥散的。边缘可能很难成图。

（6）断层可能有问题。断层封闭性的量化需要仔细的断层几何学分析，以及区域应力模式，可能的张开裂缝位置，或可能封闭的断层构造应力。

（7）即使储层在断层两侧直接对接，泥岩和岩屑沿断层面向下挤压也能形成封闭性。

（8）大多数侧向连续的烃源岩层具有良好封闭性，但仍是主要运移通道中残留油的良好勘探目标。

（9）封堵效果通常最好是根据已知的聚集和压力信息来进行估计。

（10）封堵岩性中的张开裂缝会导致封堵失效。

（11）跨断层的压差头会导致断层泄漏。

在第5章中，我们将讨论通过压汞毛细管试验来对封堵能力进行量化分析。这是一个量化封堵能力的一个很好的方法，但可能不能完全代表封堵，除非进行单点采样。封闭能力的纵、横向变化是常见的，主要是由于相的几何形状和相沿断层发生变化造成的。因此，准确预测封堵能力非常困难，在使用封堵进行油气运移移模拟时，最好测试多个工作模型，并使用油样分析并最终结果进行校准。

封堵质量、压力和时间：

有两种泥岩封堵端员：硬泥岩（脆性）和软泥岩（韧性）。软泥岩通常能形成更好的封堵，

因为它们不易破裂。硬泥岩在较老的岩性和富含碳酸盐的泥灰岩中更为常见。年轻的第三纪盆地通常存在具有很强的可塑性并能产生更好封堵性的泥岩。

常用判别准则是声波测井。硬泥岩声波时差一般小于 $90\mu s/ft$，而软泥岩大于 $90\mu s/ft$。此外，硬泥岩的电阻率通常较高，而软泥岩电阻率较低。

封堵能力也会随着沉积体系的变化而变化。表 4.5 给出了一个较好的总结。

表 4.5　印度尼西亚 Talang Akar 组按相划分的封堵属性(由 Vavra 等人于 1992 年修改)

相	计算封堵能力(ft)	厚度(ft)	面积(mile^2)	封堵潜力	注释
陆架碳酸盐	2500~10000	< 10	1~10	中等	
三角洲前缘泥岩	1000~1400	1100~1500	1~10	好	
前三角洲泥	270~1800	300~2000	1~10	中等	
废弃河道砂泥岩	90~320	100~300	<10	差	从个人经验来看，这往往为油田生产提供了有效的屏障，形成了分区油藏系统
三角洲平原泥岩	80~90	90~100	1~10	差	
河道砂岩	6.5	—	10~100	储层	

封堵采用油水系统计算。气—水系统的封堵能力将会降低。经 AAPG 许可重印，需要 AAPG 的许可才能进一步使用

建立良好的相图是理解封堵能力横向变化的先决条件。这些图应尽可能准确地反映出岩心、测井和地震信息，但仍可能存在不确定性，特别是在相边界处。除非涉及不整合面，否则相的横向急剧变化是常见的。众所周知相带边缘通常是弥散的。因此，在一个位置起作用的相在另一个位置可能会相当不同，从而导致封堵失效。

图 4.14 所示为埃及西部沙漠侏罗系 Khatatba 组弥散的封堵边缘。Dolson 等(2014)。沉积相带覆盖面积达数千平方千米，由多个构造带和海平面引起的海侵、海退组成。其结果是油层和封堵层之间形成了复杂的交错层。向西南方向进入海岸平原和大陆砂岩中，封堵变得越来越差，由于缺乏良好的封堵，这些地方往往很难找到圈闭。沿着海岸线，特别是潟湖和碳酸盐岩礁带，情况正好相反，而储集相是主要的挑战。右上角显示了一个相对封堵风险图。请注意，大多数已探明油田(以饼状图显示，其中包含相对的石油、天然气和凝析油可采储量)位于北部低风险封闭区域内。

西部沙漠的侏罗纪剖面从另一种视角印证了关于绘制顶部封堵图的重要性。图 4.15(上图)显示了上白垩纪 Bahariya 和 AbuRoash 地层的油田生产的位置。根据以往的地球化学工作和区域盆地分析研究，在 Rosetta 断层以北，有许多油田的原油似乎来自侏罗系 Khatatba 烃源岩。在该地区，白垩系烃源岩发育不成熟，不能很好地解释白垩系上部的沉积作用。

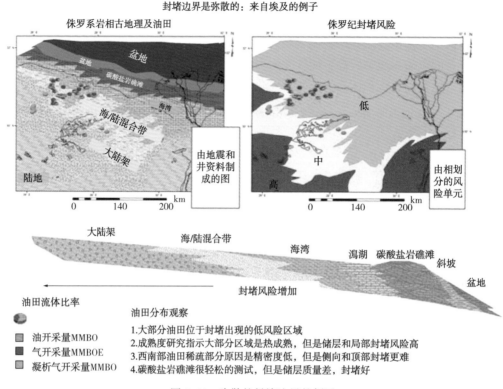

图 4.14　弥散的封堵边界的例子

在这张图件上的重叠部分是侏罗系断层的位置，以及顶部封堵到 Khatatba 等高线，即 Masajid 组(顶部图件)。红色或橙色区域是 Masajid 地层从薄到缺失直至被上覆不整合面侵蚀的区域。这些区域对应着大量的上白垩统沉积地层，表明下白垩统 AEB 组沿断层或向上普遍存在的、具有区域厚度的砂岩中有大量的垂向运移。利用 Trinity 软件构建的地质剖面图(图 4.15 下图)叠放了商业数据库中油气显示数据，该软件显示了从热成熟的侏罗系烃源层向上进入 AEB 和浅层存在的可能的运移路径。最具区域性的盖层位于 Abu Roash 和 Khoman 地层中，这是该地区大部分油气聚集停止的地方。在上白垩统的厚层 Masajid 地区，有大量的四围闭合和极好的三围断层圈闭，但没有油气，这表明垂向运移完全失败了。

唐尼(1984)提出的另一个见解是，定量分析了由于油藏顶部存在的微裂缝可能造成的油气损失的量(图 4.16)。虽然损失的数字令人印象深刻，但在自然界中，事情更复杂，也更宽容。许多裂缝并没有延伸到封堵层中足够远的地方，形成的只是一个复杂的废弃区。由于基底封堵的岩性脆弱(图 4.16 左)，勘探中普遍存在的一种倾向认为基底封堵是高风险的油气候选层。

虽然这一点值得考虑，但全球有大量油气不仅来自断裂基底本身，而且来自沿基底的断层封闭性。最近一些最好的例子是乌干达艾伯特湖的下倾圈闭(Cloke 2009；Smith 和 Rose 2002)。野外工作和对压力和显示的细致工作有时能够化解这类地质情况带来的风险。

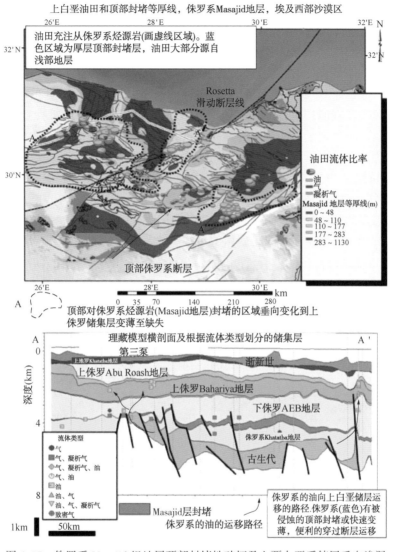

上白垩油田和顶部封堵等厚线，侏罗系Masajid地层，埃及西部沙漠区

油田充注从侏罗系烃源岩(画虚线区域)。蓝色区域为厚层顶部封堵层，油田大部分源自浅部地层

顶部对侏罗系烃源岩(Masajid地层)封堵的区域垂向变化到上侏罗储集层变薄至缺失

图 4.15　侏罗系 Masajid 组地层顶部封堵性破坏及上覆白垩系储层垂向渗漏

与破碎带有关的封堵问题

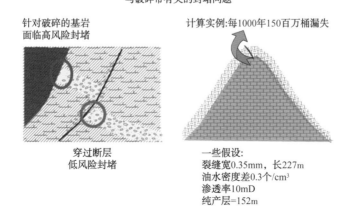

针对破碎的基岩面临高风险封堵

穿过断层低风险封堵

计算实例:每1000年150百万桶漏失

一些假设:
裂缝宽0.35mm，长227m
油水密度差0.3个/cm³
渗透率10mD
纯产层=152m

图 4.16　造成断层封闭的裂缝(改编自唐尼 1984。经 AAPG 许可重印，需要 AAPG 许可才能进一步使用)

另一个关键点是了解压力状态和对封堵性的影响。唐尼(1984)指出，断层上的压差会导致油气泄漏。在图4.16中，来自埃及的另一个例子是由于压差和超压而导致跨断层封堵性失效。通常用地震速度来估计孔隙压力。对此的详细讨论超出了本书的能力范围，但稍后将简要介绍。在图4.17中，地震孔隙压力分析显示的超压区域为深蓝色、绿色和米黄色。EEM-1 井以西有一个明显的生长断层，向西南方向为超压区，向东北方向为常压区(Heppard 等2000)。在断层上升盘一侧钻探一口浅井-Ringa-1 测试断层上升盘断层闭合情况。当钻完井后，只发现了当初预期的油气储量的很小一部分。压力—深度图显示，在一个小的连续相可生产气层之下有一个58m长的残余气柱(图4.17C)。该井是利用地震DHI(直接烃类指标)剖面上钻井的，该烃类指示与残余气底部的古气水界面具有良好的相关性。对这一封堵失败的最佳解释是，最初的圈闭要大得多，但由于超压，穿过断层后压力消弱了，只留下一个小得多的商业烃柱。不幸的是，地震DHI对10%的饱和度气体都很敏感，它们看起来像稳定的圈闭，但实际上只是残留的聚集。

过断层压差产生封堵泄漏

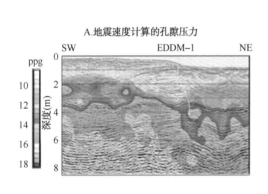

A.地震速度计算的孔隙压力

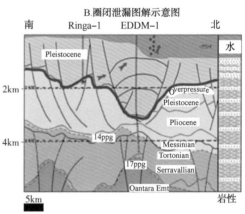

B.圈闭泄漏图解示意图

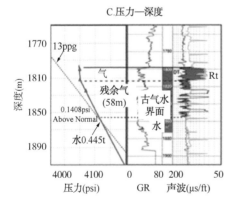

C.压力—深度

关键点:

1.地震速度转换到孔隙压力来识别穿过断层并置的泥岩和砂岩超压层到常压层

2.Ringa-1井勘探是通过地震振幅识别的气层勘探

3.Ringa-1井只发现了比预测的要短的气柱
--地震振幅对应古汽水界面
--在可动气下面气层是58m的水梯度的残余气柱

4.造成失败的原因是由Ringa位置的高压和穿过断层的正常压力引起的断层封堵泄漏，EDDM-1井证明了这一点

图4.17　由于过高的超压而导致的跨断层泄漏(在 Ringa-1 井中，连续相气下方的残余气柱来自于因压差而跨断层泄漏的古烃柱。摘自 Heppard 等人，2000 年)

从1999年到2002年，我在尼罗河三角洲工作期间，我们在该盆地钻探了不止一个古沉积物。不幸的是，你必须钻一口井才能知道它是否还在那里，有得必有失。

4.2.2 断层封堵性

4.2.2.1 断层圈闭、断层泥和岩性并置关系分析

断层圈闭是仅次于4围闭合的第二大圈闭,其远景区相当容易识别。如果断层在多个层面上封堵性好,它们还提供了一些叠加的产层潜力。在一些盆地中,特别是裂谷盆地,断裂成藏是主要的圈闭类型。埃及的苏伊士湾(图4.18)就是一个很好的例子,在过去的半个世纪里,几乎所有的勘探活动都是由断层圈闭构成的。然而,即使在这个盆地,在某些程度上断层封堵失败也是常见的,而在另一方面则会产生意外的情况。

作为GUPCO大型团队的一员,我花了5年时间在苏伊士海湾进行勘探工作。为了寻找新的油田和更好的加密井位,人们付出了巨大努力来绘制断层图,建立断层平面和相变化的三维计算机模型。以准确预测断层位置、断距、方向和类型,Bengtson 1981年利用计算机软件对地层(记录地层倾角和走向的测井)倾角进行常规定量分析。与此分析相结合的是对油气显示和指示井间断层封堵的压力等方面进行了仔细的观察,其中一些项的分辨率低于地震分辨率。

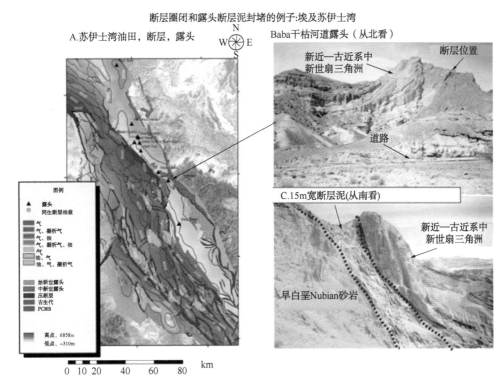

图 4.18 以断层圈闭为主的裂谷盆地:埃及苏伊士湾
(经过50多年的近海勘探,断层圈闭仍是该盆地的主要圈闭)

今天,许多服务公司提供软件和培训服务来评估断层几何形状和封堵性。表4.6列出了许多这样的供应商和软件包。由于这个主题非常广泛,并且有许多书籍专门讨论断层封堵,本节只总结了许多用于评价断层封堵的基本问题和技术,并举例说明该方法在油气系统建模软件中的实际应用。

表 4.6 用于断层封堵分析的软件包和供应商的部分列表

供应商	软件包	链接
Badley 地球 科学有限公司	T Seven (Trap Tester)	http：//www. badleys. co. uk/traptester-overview. php
FaultSeal 企业有限公司	FaultRisk	https：//www. faultseal. com/
Paradigm	SKUA 断层封堵	http：//www. pdgm. com/getdoc/c3e50ad1 - debe - 48 cd - bacf - 32dd9a335167/ skua-fault-seal/
Emerson Process Management	RMS 断层封堵 (ROXAR)	http：//www2. emersonprocess. com/en-us/brands/roxar/ reserve oirmanagem ent/ reserve oirsimulat ion/ pages/ rmsfaultseal. aspx
斯伦贝谢公司	VISAGE， ECLIPSE，Petrel	http：//www. slb. com/services/technical _ challenges/geomechanics/reservoir _ management/fault_ seal_ analysis. aspx

因此，理解断层封堵性风险的评价方法是任何前景评价的重要组成部分。

图 4.18 还显示了在活动断层出现期间发生的地层和构造的变化，以及随后在主要断裂带中形成的断层泥。图 4.18A 为在大型盆缘正断层下发育的中新统扇三角洲，厚度非常大。这个地区的地质细节在西奈半岛边缘露头的三维空间中清晰可见，Gawthorpe 等(2002)、Sharp 等(2000)、Young 等(2002)等人对其都有很好的描述。在断层上升盘一侧是大量的下白垩纪 Nubian 砂岩。Nubian 砂岩几乎没有有效的封堵性，至少在区域上或在这个位置上肯定没有。但在白垩纪和中新世储层之间有一个宽 15m 以上的断裂带。当岩石在断层平面内被压碎时，就会产生这种断层泥，它至少可以为油气提供一定的封堵能力，特别是当流体是重油时。在地下地层中，有许多位于中新世地层的断层下降盘上的烃柱常与下白垩统储层对接。

处理断层封闭性分析的最古老、最成熟的方法之一仍然是断层平面作图法，即沿断层面的横剖面显示上盘和下盘的岩性。这些图被称为 Allan 断层平面图(Allan，1989)，如图 4.19 所示(Yielding 等，1997)。

如果是手工建立这些剖面，需要花费大量的时间，并且需要对每一个构造层的相的关系有详细的了解，还需要对封闭层和储层垂向叠置情况有清晰的认识。在现实世界中，沉积体系内的相的变化可能会使图件的构建更加复杂化。例如，在河流系统中，由于储层是高度透镜状的，封堵会沿着断层平面发生迅速的变化。这种类型的分析用计算机来完成要快得多，计算机可以建立储层—封堵对的三维模型，然后在任何方式的视图下对剖面进行建模。给定建立这些图所需要的详细的层面信息，该技术在油田、井距密集的地区或三维地震可用于帮助确定相几何形状的地区具有最佳的应用效果。

在勘探规模上，由于层饼状封闭性和储层在许多地方并不常见，尤其是在同生构造环境中，活动性生长断层可能在断层的一侧沉积厚的储层，而在另一侧则不发育。由于相变极其迅速和储层几何形状复杂，裂谷也以这种方式处理。尽管如此，在地层学提供了一个更多的储层和封堵层的层状几何形状，这些类型分析对于早期了解圈闭潜力和风险是至关重要的。

另一种常用的评价技术是泥岩断层泥比率(SGR)的计算，该值可以只根据断层面本身内的岩性组合来帮助确定断层是否封堵，而不考虑断层两侧储层的并置情况。如图 4.20 所示。有些人喜欢用这个式子的倒数来计算黏土涂抹或泥岩涂抹因子(图 4.21)。

Allan断层面分析

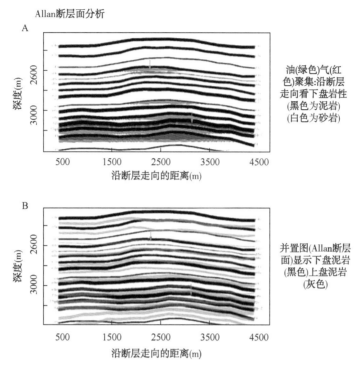

A

油(绿色)气(红色)聚集:沿断层走向看下盘岩性(黑色为泥岩)(白色为砂岩)

B

并置图(Allan断层面)显示下盘泥岩(黑色)上盘泥岩(灰色)

图 4.19　Allan 断层面分析(来自 yield 等人 1997 年。经 AAPG 许可重印,
需要进一步的许可才能进一步使用)

用于断层封堵分析的断层泥比率(SGR)

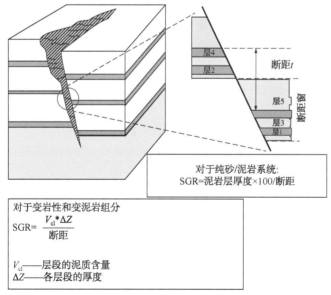

层4

层2

断距t

断距窗

层5

层3

层1

对于纯砂/泥岩系统:
SGR=泥岩层厚度×100/断距

对于变岩性和变泥岩组分

$$SGR= \frac{V_{cl}*\Delta Z}{断距}$$

V_{cl}——层段的泥质含量
ΔZ——各层段的厚度

图 4.20　计算断层中可以起到封堵作用的泥质含量(由 yield(2002)修改而来。
经挪威石油学会许可使用)

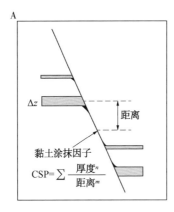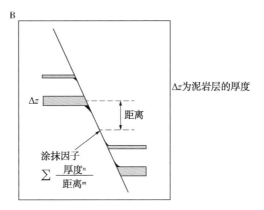

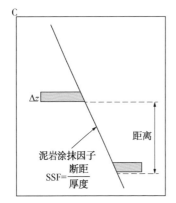

图 4.21　黏土涂抹比率(由 yield 等人 1997 年修改而来。获得 AAPG 的许可后重印,
需要进一步的许可才能进一步使用)

无论是哪种情况,都需要对断层两侧每一层的砂岩和泥岩比例进行定量评估,才能得出这些数据。数字本身是相当无用的,除非用压力或显示数据进行校准,以确定什么是有效的 SGR 封堵以及对何种流体封堵。

Gibson(1994)以特立尼达生长断层区的多层油层为例说明了一种简单的校准方法(图 4.22)。

在特立尼达案例中,SGR 在 30%或以上的断层具有 100%的封堵性。因此,钻前 SGR 估算成为一种有价值的工具,可用于确定其他未开发或未排干烃的油藏的低风险位置。

其他需要牢记的因素包括:

(1) 压力;

(2) 埋藏历史

(3) 运移与断裂的时机。

与岩性封堵情况一样,在稠油中起作用的因素可能在天然气中不起作用,因为气层浮力压力增加了。

Bretan 等(2003)提供了有关使用 SGR 分析这些因素及其对断层封闭性影响的很好的图示总结(图 4.23)。

图 4.22 特立尼达复杂断块油田基于压力和烃柱的封堵断层对 SGR 比值进行标定的例子
（修改自 Gibson 和 Bentham 2003。获得 AAPG 的许可重印，需要许可才能进一步使用）

断层封堵能力是泥岩断层泥比率、埋深、柱高和流体类型的函数

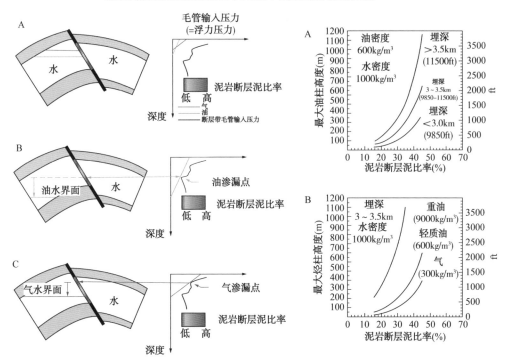

图 4.23 在 SGR 计算中，柱高和封堵能力是流体密度和埋藏深度的函数
[摘自 Bretan 等人（2003）。获得 AAPG 的许可，需要许可才能进一步使用]

从图4.23可以看出,油水系统的浮力压力远低于气水系统的浮力压力。泄漏点可以通过毛细管压力分析(第5章)来确定,也可以根据现有油田的已知柱高进行校准。图4.23A(图右侧)显示了油水系统中埋藏深度对封堵能力的影响。一般情况下,埋藏越深,岩石越脆,封闭性越差。图4.23B(右下角)给出了柱高与当前流体相的比较估计值。请注意,对于稠油系统,SGR为30时,可以圈住高达1100m的石油,而对于天然气系统,SGR仅为100m。

断层类型也很重要。走滑断层沿断层面上有大量的碎石,能起到封闭的作用,但其数值难以量化。一个典型的例子是巨型Jonah气田,它是怀俄明州的一个致密气油藏(图4.24),经由Hanson等(2004)、Montgomery和Robinson(1997)、Shanley 2004、Surdam等(2001)等很好的记录下来。该油田是一个经典的案例向我们展示了为什么要对油气显示和压力更加关注。

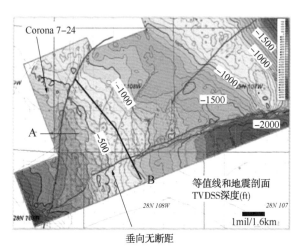

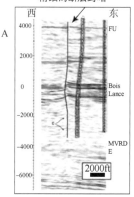

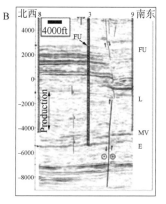

图4.24 走滑断层封堵,沿封堵断层最小化直至无断距(来自Shanley 2004年图。地震深度剖面来自Hanson等人,2004年。获得AAPG的许可,需要许可才能进一步使用)

1983年,作为一名年轻的地球科学家,我就职于阿莫科公司(Amoco)在Johan地区工作。根据要求着眼于绿河盆地的相关研究,在绿河盆地有许多吸引人的天然气显示,但有许多干井。从构造上看,该地区多为斜坡区,断层很少,地震资料有限。能够提供的地震资料主要是2D地震和年份更老的资料。我指出,实际上在一些井中已经测试过有少量的天然气,但所有这些测试段都被堵塞了并作为干井废弃了。我无法解释这个圈闭。

几年后,我的一些同事(和其他规模较小的公司)采取了一种更实际的方法。Jonah地区有一口干井，在新近—古近系和白垩系储层中有明显的致密饱和气柱。这口井属于超压。上倾方向的 Corona 7-24 井是湿气井，属于常压。这一信息证明了油井之间存在封堵，尽管造成封堵的原因尚不清楚。在超压区有个明显产层的干井，证明了气田的存在。聚集量可能很小，也可能很大。问题在于规模和位置，而不是存在与否。

干井之间的测井曲线对比显示该区砂岩广泛发育，但是没有明显的圈闭。但考虑到压力和产层观测情况，他们围绕天然气和超压井区周围购买尽可能多的面积。正如他们所说，"剩下的就是历史了"。在应用了水力压裂和一些更新颖的完井技术以避免地层伤害后，开发了一个 $8 \times 10^{12} \mathrm{ft}^3$ 的气田。经过三维地震采集后，圈闭和断层清晰可见(图 4.24)。

这两条断层都接近垂直，具有走滑性质。需要注意的是，沿着断层走向有许多地方的断距为零。尽管如此，这些断层仍然封住了一个 1200 英尺(400 米)高的气柱。

从我个人的角度来看，当我不得不处理走滑断层时，我认为它们是潜在的低风险封堵，然后寻找其他可能的数据来支持或揭示这一观点。

4.2.2.2　应力方向：井眼破裂

如果没有对区域和局部应力场的理解，对断层封闭性风险的讨论就不完整。承受拉张力的断层可能会泄漏，而承受挤压应力的断层则更有可能封堵。利用区域应力方向分析来确定许多非常规页岩中最佳的天然裂缝方向，从而在水力压裂过程中提高渗透率，或在某些情况下允许直井生产。Engelder 等(2009)从露头和井中使用这种技术进行了很好的总结。

测定井筒应力最常用的方法之一是井眼突破法。这个概念相当简单，在理论上，如果应力方向相等，井眼将是完整的圆柱形。然而，如果井眼形状是椭圆的，则意味着差异应力作用于井筒，使其变形。因此，井径测井可以方便地测量井筒直径和应力图。

一个很好的可视化方法是在大尺度上观察活动性构造体系中的火山(图 4.25)。Afar 三角是一个活跃的三叉连接构造的一部分，在这个三叉连接中，新近—古近系裂谷作用发生，张应力方向为 NW-SE。裂缝将优先发生在垂直于最小水平应力的地方。一个显著的火山在这个方向上显示出明显的延伸，相关的熔岩流主要从 NE-SW 向裂缝中流出，或者垂直于最小水平应力。

在模拟断层封堵能力时，这是一个可被用来评估封堵能力的额外步骤。关于这一主题以及压力随时间的演变的一个相当好的处理方法是 Bjorlykke 等 2005 年的论文中所讨论的。

最后，需要从各种模型和技术来探讨断层封闭，对研究区的每一条断层很少有确定的答案。然而，建立能够降低风险的模型是非常可取的。关键问题之一仍然是继续根据压力、断层两侧的烃相、显示和其他数据对模型进行校准，以验证模型。

4.2.2.3　用显示数据测试断层模型

只有你能够根据观察到的数据改变你的想法，才能让你更有效地评估封堵和圈闭。图4.26 显示了一个 Trinity 运移模型，该模型使用了两种断层封堵方案，并根据井的测试结果进行了校正。图 4.26A 是目标层(上侏罗统)的构造图。在 2 号井和 3 号井位置上的一个大型 3 围构造封闭线。该地区的构造几何特征和断层很好地受三维地震约束，对评价有很大的帮助。图 4.26B 是通过计算断层两侧高程差得到的断距图。该图对每个断层多边形产生一个断距等值线网格，然后可以使用该网格依据参数的变化建立封堵网格。例如，由于断距已知，如果断层区域内泥岩与储层的相对比值已知，就可以利用断距图来构造泥岩断层泥比率图。同样，所有断层都可以设定为封堵(图 4.26C)，或根据断层相对于盖层厚度的断距设定为封堵(图 4.26D)。

大比例模拟井眼突破确定火山活动变形的最小应力开启缝，从开启缝中流出的熔岩流垂直于最小应力

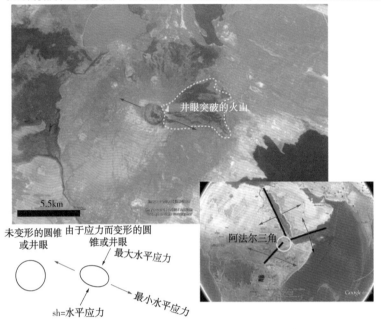

图 4.25　钻孔突破类比，阿法尔三角火山

简单的断层封堵及断距偏移和圈闭预测

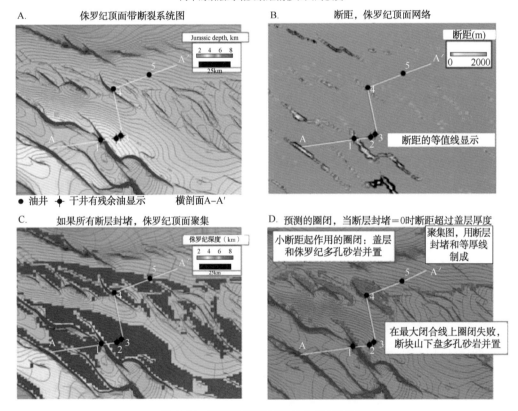

图 4.26　断距绘图和封闭性分析(埃及)

以所有断层作为封闭点运行的运移模型显示了目标层的预测聚集量(图 4.26C)。不幸的是,在最大的三向构造周围或内部钻出三口干井(1,2,3)。与任何盆地一样,了解盖层厚度和岩性是至关重要的。通过将所有断层设定为封堵,封堵风险的这一部分被忽略和低估了。对于图 4.26D 中运行的模型,从盖层的区域等厚线中减去断距图。当断距超过盖层厚度时,断层就会泄漏。

图 4.26D 的结果表明,大型圈闭的失败是由于断距太大,使得下白垩统的多孔储层与横跨主断层的侏罗系的多孔储层发生了并置。Trinity 断层封闭性模型还成功地预测了(钻前)在断距没有突破盖层的地方可能会出现聚积。在更大的区域范围内,几乎所有钻达这一层的干井都可以很容易地用断距和盖层等厚来解释。

在图 4.26 中,通过 1~5 井的三维地震剖面可以得到良好地震和相图像(图 4.27)。4 号井的油气发现层段是侏罗系地层,同时也是该剖面比较高部位的地层。Trinity 3D 模型帮助降低了这一区域的预钻风险。来自 1 号井的流体包裹体的信息(第 7 章的主题)表明,在 1~3 号井主断层两侧的侏罗系层(蓝色地平线)内,残余显示明显。然而,正如预测的那样,在断距不超过盖层厚度的情况下,设计了一口重要的远景井(4 井)。有趣的是,该地区直到区域封堵的终止端在白垩系的白垩地层中有相当大的垂向运移。地球化学数据表明,5 号井在上白垩统 Abu Roash 段内发现的石油,是来自于侏罗系的烃源岩。在 Trinity 的运移模型中,对这种聚集进行了钻前预测。

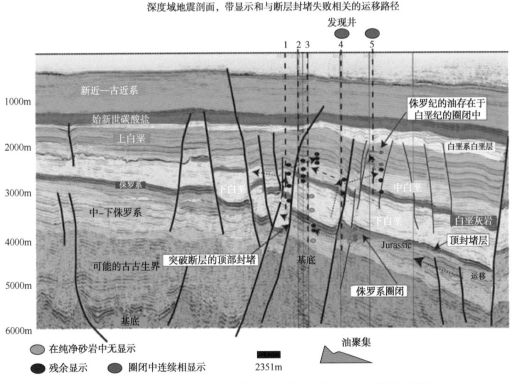

图 4.27　地震深度剖面 A—A′显示剩余相与连续相油气显示(具体位置见图 4.24)

4.3 建立和解释压力—深度图及水动力流

4.3.1 压力—深度图基础及水动力流的识别

最简单的情况下，当厚油层中存在油气—水界面时，压力与深度关系图将给出自由水位

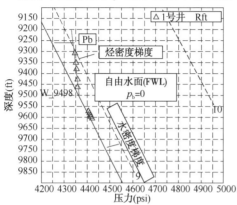

图 4.28 一个简单压力—深度图及
自由水位位置(FWL)

的精确深度，并可直接读取油气和水密度(图 4.28)。在相同的梯度上排列的任何点都表示它们处于相同的流体和液压空间中。还要记住，在烃和水相之间的压力差值是浮力(p_b)的直接测量值。在这个圈闭的 9250ft 处浮力是 100psi。自由水位(FWL)处是零。重要的是要记住自由水位(FWL)不一定是油气/水界面。这种界面是由储层毛细管性质和孔喉尺寸决定的。如果岩石品质较差，油水界面会明显高于自由水界面。再说一遍，在一个接近 100%含水饱和度(S_w)的有效的圈闭上钻一口干井也是可能的，并假设圈闭失败。如果有压力数据，可以帮助理解和识别这些情况。

然而，加入更多的井和更多的层位时绘出来的图会变得更难读懂。归结起来，要理解压力—深度图就是必须理解储层系统中的"管道"，以及如何解释压力差异的原因。这种差异可能是由于断层、相的封堵性、水动力或其他因素造成的。

图 4.29 很好地解释了压力—深度图所涉及的问题。

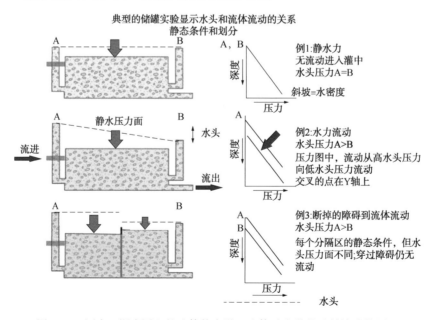

图 4.29 压力—深度图上的流体静力学、流体动力学的及封堵腔的原理
(来自 Dahlberg，1995。经 Springer-Verlag 同意转载)

在没有水流动的盆地中，这种环境称为静水环境（图4.29A）。在这个储罐实验中，对岩石—流体系统均匀施加相同的向下压力，在插入储罐的管道中的水上升到等高度 A 和 B 的层面。这些管模拟井的状态。井中水位上升的高度称为静水压面（或等势面）。井中水位的高低差异反映了所谓的压力水头。在流体静水状态下，没有水头（H_w），流量为零。

在某些情况下，盆地表现为非常简单的静水状态，例如在阿尔伯塔省的部分泥盆系碳酸盐岩中（图4.30）。在这个地区，泥盆纪碳酸盐岩的礁体发育形成了大量的地层圈闭，这些圈闭覆盖在同一含水层系统上。这是一种理想的情况，因为一旦发现了石油，并施加压力，就可以直接确定自由水界面。通过绘制一条显示油层密度的曲线，它与含水层的交点就是自由水界面和圈闭的底部。但实际上，我很少看到这种情况。生活通常要比现实复杂得多。

泥盆系礁滩压力—深度图（加拿大）

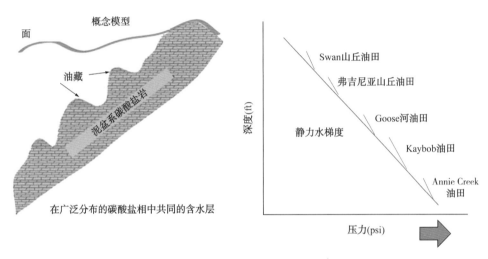

图4.30　一个简单的流体静力学案例，区域含水层在多极圈闭之间共享（改编自 Dahlberg）

然而，在流动情况下就有所不同（图4.29B）。水总是从高水头流向低水头。在倾斜的静水压力面情况下，由于不同的液面所产生的势能差异，会产生地下水流。我发现许多地球科学家和工程师的一个常见误解是"水从高压流向低压"。这在物理上是不可能的。如果这是真的，你就不能喝一杯咖啡，因为杯子底部的压力比顶部的压力大。水流是重力驱动的。瀑布的存在是由于重力，而不是压力。

作为一名地质工作者，我的第一份专业工作是在科罗拉多州丹佛市的美国地质调查局担任水文地质野外助理。我所从事的工作需要开车去科罗拉多东部的农场，我曾经避开了农场里那些看似不可回避的狗，与狗的主人成为朋友，然后往井里扔石头寻找响尾蛇，我就得在井里取样。我往每口井里都放一根钢条，然后把它收回来，标出地下水位深度。然后对水的盐度和其他矿物含量进行采样。回到办公室后，把每个取样点的位置输入电脑，然后绘制出轮廓线，绘制出一幅等势面图。该图不仅量化了可钻到任何含水层的深度，而且还确定了水的流速和流动方向。

在石油和天然气行业，很少有公司花费心思来制作这些等势面图，而是假设盆地里没有水流，即使有水流，也没有那么重要。如本节所示，这种遗漏会导致油气田的漏失，因为流动的水有可能使烃类界面倾斜，并完全冲刷掉某些位置上的潜在圈闭（图4.31）。

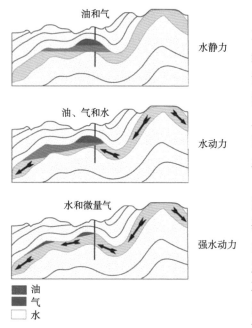

油

气

水

图 4.31　流体动力流动对油气聚集的影响
(倾斜程度是水—油气密度差和水流强度的函数。
如果梯度足够高，构造会使其聚集物
冲刷出圈闭。Dahlberg，1995)

在压力—深度图上，水动力流动是由与 Y 轴不同水平上相交的井之间的平行线表示的。由于线的斜率为水的密度，趋势线与 Y 轴相交的点为静水压面(等势面)的实际深度。在图 4.29B 中，流体流动方向是从 A 井到 B 井，在压力—深度图上 A 井的位置比 B 井的位置高，流动方向垂直于图上的线。图 4.32 显示了水动力环境中倾斜油水界面的压力与深度图。

不幸的是，如果在井中有隔层，并且每个隔层上的力略有不同，则会出现完全相同的情况。在这种情况下，模拟一个断层。图 4.29(底部示例)中 A 井和 B 井之间的隔层也很容易发生相变。模式是一样的。图 4.33 所示为两种不同的含水层系统，但盆地是静水的。这种作图方法在勘探开发中具有很大的实用价值，它可以识别出哪些油藏具有相同的自由水位和压力系统，哪些油藏处于不同的圈闭中。从压力数据中直接可视化连通的能力是收集此类信息的重要原因之一。

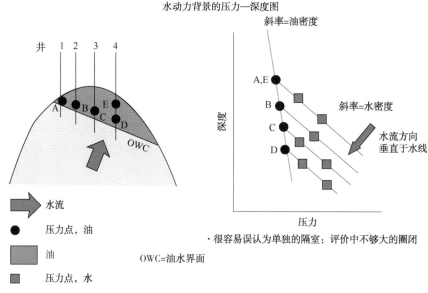

图 4.32　从压力—深度图识别潜在的水动力流的模式[烃相在一个梯度上标绘，
水相在右侧的多个水平面上标绘。水流方向及倾斜方向与水线垂直。
来自 England 等人(1991)。获得 AAPG 的许可，需要许可才能进一步使用]

特别是对工程师来说，要认识到井的边界是很重要的，因为没有压力连续性的井会以不同的速度生产。分区研究被用来调整新钻井的位置，使之能够钻到未排干的储层上部，以及设置更有效的水驱井来支撑压力。有时，压力变化相当微弱，需要仔细分析。

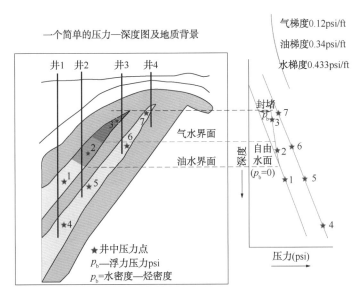

图 4.33　压力—深度图显示了静水环境中不连通的储层（修改自 Dahlberg，1995）

　　如图 4.34 显示了一个实例。该井是在澳大利亚发现的一口天然气井，构造为四围闭合圈闭构造，沉积环境由具透镜状的薄层状河流相砂岩组成。在这种情况下，储层可能非常狭窄，因此储层的分隔几乎是可以预料到的。事实上，在许多这种情况下，井距（通常为每口井 160~640 英尺之间）会漏掉很多产层，因为井间可能已有多个独立的河道。

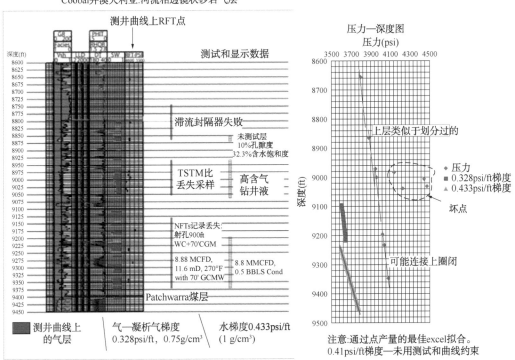

图 4.34　澳大利亚 Cooper 盆地一处天然气发现的压力分析
（注意：excel 通过这些点的最佳拟合会产生 0.41psi/ft 的梯度–与测试和测井不一致）

在考虑划分时，重要的是要使用所有数据，并在相同尺度上显示测井和岩石物理分析的压力—深度图。DST 和 RFT 数据显示的气梯度是梯度为 0.328psi/ft 时（图中红线所示）的湿气。含水层是淡水(蓝线)。许多压力点不可靠，必须忽略掉(或最好是不绘制)。尝试将所有的点连接到一条直线上会得到一个陡峭的斜率，但这条直线(我的一些学生尝试过)会得到 0.41psi/ft。这与测量到的气体密度不一致。较好的解释是如图所示的一个轻微的压力封隔单元。有可能底部较厚的区域实际上共享相同的自由水位(FWL)，但我有理由相信上面的区域将有单独的封堵和自由水位。

4.3.2 绘制等势面图，建立水动力圈闭模型

等势面图测量的是水—烃系统的势能。如果盆地中出现水流，构建这些图件是必要的，可以作为油气系统运移分析的一个组成部分。等势面图很容易制作，涉及相当简单的计算。问题是要找到足够好的压力点来建立一个等势面。

一个简单的图(图 4.35)显示了实现此目的几种方法。经典公式为式(4.2)(Hubbert, 1953):

$$H_w(水头) = Z + \frac{P}{P_{grad}} \tag{4.2}$$

式中：Z 为 TVDSS 深度；P 为测点的地层压力；P_{grad} 为水压力梯度(淡水为 0.433psi/ft)。完整的 Hubbert 方程使用重力常数 g 乘以 Z 来表示势能。然而，由于重力是一个常数，在实际应用中，可以忽略掉，得到的方程可以用 ft 或 m 来表示。H_w 图可以用来绘制任何流体系统中跨盆地的势能图。流体势和流动的概念也在(England 等，1987)有所涵盖。

从图 4.35 可以看出，A 井和 B 井孔隙压力(6250psi)完全相同，但流体是从 A 井流向 B 井。此外，压力—深度曲线的垂直交点为 H_w，并远远超过覆盖层线。这是因为数学是对流

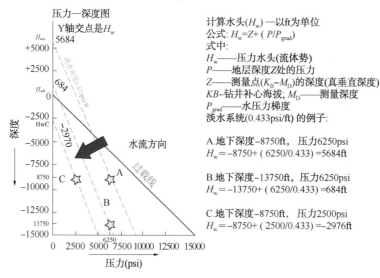

图 4.35 压力水头计算公式[星号表示来自不同井的压力点。通过每个压力点的水梯度线外推到 Y 轴作为水头值，如图所示给出了一个可以用数学方法计算的图形解。注：这也可以作为超压来考虑并作图。

超压：$P_{ex} = P - (Z \cdot P_{grad})$，其中 TVD 中 Z 为真垂直深度(正数)。-10000ft TVDSS = 10000ft TVD。

例子：在 10000ft 时为 5000psi，P_{grad} 是 0.433(淡水)，$P_{ex} = 5000 - (10000ft \cdot 0433psi/ft) = 567psi$。

$$H_w = P_{ex}/P_{grad} = 567/0.433 = 1309ft \text{ 水头压力}]$$

体势的量化。在超高压盆地中，流体势很高，等势面图的数值可能很大。了解油气运移和水动力图的构建可以在 Trinity 网站上找到（www.zetaware.com）。

此外，如图 4.35 所示，可以根据超压来考虑或绘制液压头（压力水头）。对于那些仍然坚持告诉我水从高压流向低压的地球科学家，我提醒他们用"更高的超压来降低超压"的术语来表述可能更好。计算超压（P_{ex}）由（www.zetaware.com）给出，式（4.3）所示。

$$P_{ex} = P - (Z \cdot P_{grad}) \tag{4.3}$$

式中：P 为地层压力；Z 为测点 TVD（正值）；P_{grad} 为水系统梯度。若以英制单位计算的话，P_{grad} 的单位是 psi/ft，P 的单位是 psi。如图 4.35 所示，在淡水系统（$P_{grad} = 0.433$psi/ft）中，如果地层在 10000ft 深度处的压力是 5000psi，$P_{ex} = 567$psi。这种方法计算压力水头需要多算一步[公式（4.4）]：

$$H_w = \frac{P_{ex}}{P_{grad}} \tag{4.4}$$

在这种情况下 $H_w = 567/0.433 = 1309$ft。

4.3.3　利用等势面图对水动力倾斜和运移进行模拟

在油气系统建模软件中，可将流体势表示为等势面图，用于模拟油气运移。由于浮力是一个驱动因素，因此还必须考虑烃类相的密度，并根据给定的烃类—水密度差按浮力压力比例绘制等势面图。

圈闭与流动的数学解（England 等，1987；England 等，1991）由式（4.5）给出：

$$\Phi_p = \Phi_w + (\rho_w - \rho_p) gZ + P_c \tag{4.5}$$

式中：Φ_p 为油气的流体势；Φ_w 为水头的流体势（压力水头 H_w）；（$\rho_w - \rho_p$）为水与烃类的密度差；g 为重力加速度；Z 为地下深度；P_c 为毛细管压力。毛细管压力是用来量化沿运移路径的封堵效果。流体势图的部分内容将在下一章详细讨论。

（$\rho_w - \rho_p$）g 是浮力的另一种表达方式，可以用油气与水的密度差来表示。这个方程可以进一步除以（$\rho_w - \rho_p$）g，修改到式（4.6）：

$$\Phi_w/(\rho_w - \rho_p)g + Z + P_c/(\rho_w - \rho_p)g \tag{4.6}$$

如果此时忽略毛细管压力分量，则根据浮力调整的流体动力流的流体势式（4.7）：

$$\Phi_p = \Phi_w/(\rho_w - \rho_p)g + Z \tag{4.7}$$

g 分量（重力）实际上是常数，为了实用的目的可以省略掉，进一步将方程简化到式（4.8）。

$$\Phi_p = \Phi_w/(\rho_w - \rho_p) + Z \tag{4.8}$$

用 Φ_w 作为液压头（H_w）图的近似。在这种方法中，Z 是以正的或以英尺为单位的地下正的深度值，这取决于等势面图所使用的单位。

流体流动对运移的油气的影响如图 4.36 所示。向上的流量是由压力梯度和流体密度决定的。石油和天然气的密度比水的密度小，因此具有更强的垂直流动成分。在静水环境中，当 F_w（水的流动分量）= 0 时，运移是垂向的。但当水流存在时，矢量解表明油气会由于浮力而向水流方向倾斜，如图所示。气体的矢量分量比石油的矢量分量更陡。

因此，简单地说，通过将等势面图缩放到油气—水密度之间的差值，当将等势面图添加到构造图上[公式（4.7）]时，就可以显示油气的流体势。

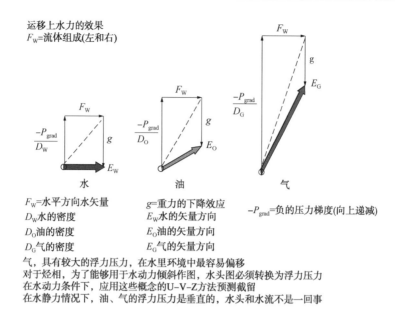

运移上水力的效果

F_W=流体组成(左和右)

水   油   气

F_W=水平方向水矢量 g=重力的下降效应 $-P_{grad}$=负的压力梯度(向上递减)

D_W水的密度 E_W水的矢量方向

D_O油的密度 E_O油的矢量方向

D_G气的密度 E_G气的矢量方向

气,具有较大的浮力压力,在水里环境中最容易偏移

对于烃相,为了能够用于水动力倾斜作图,水头图必须转换为浮力压力

在水动力条件下,应用这些概念的U–V–Z方法预测截留

在水静力情况下,油、气的浮力压力是垂直的,水头和水流不是一回事

图 4.36　流体动力流动对运移的油气的影响的图示[向上的力(垂线)由压力梯度和流体密度驱动,

重力施加向下的力。垂直方向的油气的浮力大于水,因此矢量分辨率会产生不同的流动路径。

由于密度的差异,气体的浮力大于石油,结果气体(E_G)的矢量方向比石油(E_o)的

矢量方向更陡。改编自 Dahlberg（1995）]

　　这也假设了在长距离运移过程中油气密度保持的影响不变,这是一个潜在的误差来源,当发生长距离运移时,由于压力和温度降低以及其他因素,密度可能会发生变化。然而,这些变化很难进行模拟,简单的近似总比完全没有近似要好。等流体势线图将确定流体流动的方向和速度。在图上当流体势等值线闭合时,就存在圈闭。重要的是要记住,并不是水使烃柱倾斜,而是浮力产生的过剩流体势能使烃柱倾斜。等势面图直接测量水、流体的流体势,当根据浮力进行调整时,可对任何给定密度的运移烃类的流体势进行近似估算。因此,等势面图是能够模拟水动力倾斜和流动的第一步。

4.3.4　利用 Trinity 软件模拟水动力倾斜油水界面的实例

　　Trinity 网站上有一篇使用 Trinity 软件模拟流体力学倾斜油水界面的教程,也有可下载相关文件和数据。关于卡塔尔 Arch 流体动力图的内容如下（He 和 Berkman, 1999）。

　　图 4.37 显示了卡塔尔 Arch 的构造和水动力环境。图 4.37A 是一个包含油田位置（绿色）的构造图。图 4.34B 所示为没有水动力流动和后续油气聚集的简单运移图。这些聚集并不像在流体静力运移模型中预测的那样,其中只有浮力是驱动因素。如果是这样,将在图的顶部充满,形成一个非常大的构造圈闭,如图所示的横剖面中,在那里将形成平坦的油水界面。相反,已知这个区域的油水界面是倾斜的。

　　图 4.37C 显示了在油气运移过程中模拟的 Shuaiba 组储层正上方地层的等势面。从等势面图的斜率可以看出,东北方向有较强的水动力流动。通过选择等势面图来预测倾斜的和可供油气运移的不同势能,图 4.37D 显示了正确的油气聚集位置。在软件中,流体和水相的密度也必须通过定义。

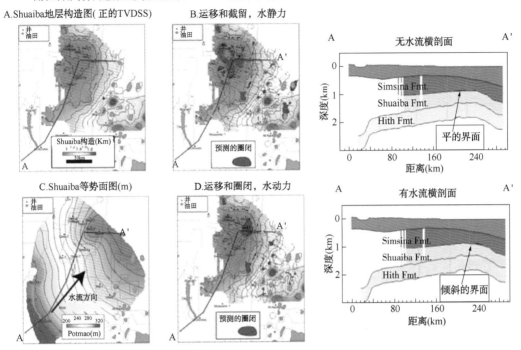

图 4.37 Trinity 卡塔尔 arch 倾斜油水界面和运移(图片来自卡塔尔运移模型练习,
www. zetaware. com,经许可。另外,参见 He 和 Berkman,1999)

为进一步说明水流对倾斜柱的影响,我们重新对等势面图进行比例放大,以反映更高的水流和势能,结果如图 4.38 所示,将烃类聚集地点进一步推离了构造一侧。

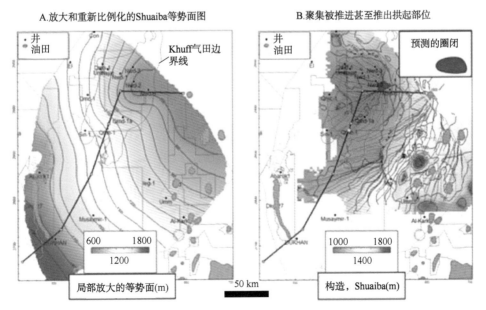

图 4.38 增加水系统势能对运移的影响,卡塔尔 arch 的例子
(油气聚集将被进一步推离构造的顶部。在强水动力环境中,可能根本不存在聚集)

4.3.5 超压环境中倾斜界面的例子

直到最近，大多数由于流体流动而导致的油气水界面倾斜的例子都涉及大气淡水流动，相对较浅的烃类聚集。然而，在过去十年中，发表的许多重要论文已经表明，超压盆地可能存在非常活跃的深部含水层，这也会导致气体界面发生倾斜。其中一些参考文献是：Dennis等，2005；O'Connor 和 Swarbrick，2008；Riley，2009；Swarbrick 和 O'Connor，2010。我个人认为，这是一种评价不充分的情况，许多区带有自由气体但是有超压干井实际上可能是一个更大的圈闭顶部的一部分。

从概念上讲，超压盆地应该具有活跃的含水层系统，这是很有道理的，因为极端的超压提供了额外的势能和水头，从而形成了一个非常高的等势面。里海盆地 Riley(2009)就记录了一个引人注目的例子(图 4.39)。

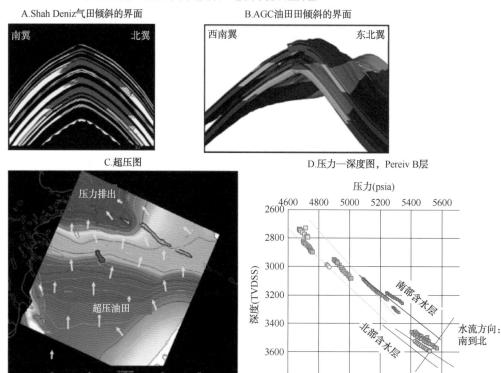

图 4.39 来自阿塞拜疆里海高压盆地的向上水流导致的倾斜界面(来自 Riley，2009 年。使用许可)

我第一次接触这个盆地是在 1993 年的一次巴库之行，那是第一批西方人获准进入巴库竞标石油和天然气资产之后不久，这是近 90 年来第一次。阿莫科公司参与了对 Azeri、Gunashli 和 Chiraq 油田的收购(称为 AGC，如图 4.39 所示)。当时，Azeri 油田仅有几口探井，虽然被认为是世界级的巨型油田，但人们认为油水界面是平的。因此，最初的石油地质储量估算是根据这一假定作出的。

此外，这些油田处在一个非常大的近海下倾闭合圈闭中，是一个诱人的远景区。阿莫科公司在这片土地上投入了重金，获得了相当大的权益。深层勘探油田（即现在的 Shah Deniz）是一个超大型天然气藏，是主要的勘探目标之一。盆地内的极端超压已得到很好的记录，在陆地上有许多活跃的泥火山，是与脱水和生烃有关的泥底辟封堵失效的结果。尽管如此，当时认为该油田具有倾斜界面似乎不太可能。油田的石油地质储量是根据平的油—气—水界面估算出来的。

有趣的是，阿莫科公司获得了大量关于周边油气显示和油田、流体开采图的数据，该图显示了向 ShahDeniz 油田下倾方向逐步升高的汽油比数据。所有这些数据，再加上对主要烃源岩（渐新世 Mykop 组）油气系统模拟，表明该远景区可能是一个天然气田。由于靠近陆上或浅水区的大型油田，其他公司在石油上押下重注。

当 Shah Deniz 最终钻探时，证明它是一个富含天然气凝析油的油田。同样，最初的研究表明气水界面是平的。然而，随着钻探继续，所有油田的油水界面都明显地向东北方向倾斜（图 4.39A，B）。

目前利用井和地震资料对孔隙压力开展了一些真正的研究工作，加上最先进的油气系统模拟定量显示，南滨里海盆地沉降速度非常快，水以每年 10cm 速度从泥岩和储层中排出，这是一个非常高的速度（图 4.39C）。压力—深度图（图 4.39D）显示了南北含水层的水头差。

4.3.6　构建自己的水动力图：运移和水动力背后的更多理论：U-V-Z 方法

对于如何构建这类图，更详细地了解工作流程非常有用。我经常遇到的抱怨是，缺乏能够轻松生成水动力倾斜图的软件。然而，市场上有许多简单的网格化软件包，今天大多数地球科学家至少有一些涉及网格操作的软件工具。因此，多理解一点理论和在实际工作流程中的实例也是很有用的（图 4.40）。

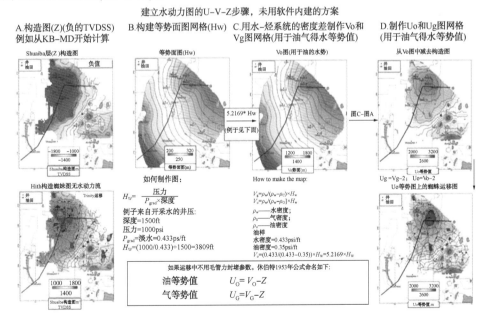

图 4.40　使用 U-V-Z 方法绘制烃类等势图的步骤[这是一种遵循 U-V-Z 方法的基于网格的方法。任何能够处理简单网格算法的程序都可以遵循这些步骤来创建流体力学的圈闭分析。这些图没有使用 Trinity 的内置功能。它们简单地说明了使用任何简单的网格程序包来获得相同结果的过程。Dahlberg（1995）更详细地介绍了这个主题]

Hubbert 于 1953 年建立了一种被称为 U-V-Z 方法来定量化地下油气运移和截留。由 Hubbert(1953)开发的公式是所有含油气系统运移软件包的基础。在 Dahlberg(1995)中,这种方法通过手工绘制的构造图和叠合图,与练习一起进行了反复仔细的图示说明。一种更简单的方法是使用基本的数学网格处理来获得相同的结果。

该方法依赖于:

(1)一套好的构造图(Z)(在这些方程中,构造图是相对海平面的 TVDSS,或 KB 补心海拔—测量深度)。

(2)一套好的等势面图(H_w)。

(3)构建关于石油(V_o)或天然气(V_g)的水的等势图(V)。

(4)从 V_o 或 V_g 图中减去构造图,生成 U(油和气的等势图-U_o 或 U_g)。

V_g 或 V_o 图依赖于相同的方程,但密度不同[如方程(4.9)和(4.10)]。

气:

$$V_g = \frac{D_w}{D_w - D_g} \times H_w \tag{4.9}$$

式中:D_w 为水密度;D_g 为气密度;H_w 为水头。

油:

$$V_o = \frac{D_w}{D_w - D_o} \times H_w \tag{4.10}$$

式中:D_w 为水密度;D_g 为气密度;H_w 为水头。

最终需要的图是 U[原油或气体流体势,方程(4.11)和(4.12)]:

$$U_g = V_g - Z(Z \text{ 负的 TVDSS 表示,从 } KB - \text{深度}) \tag{4.11}$$

$$U_o = V_o - Z(Z \text{ 负的 TVDSS 表示,从 } KB - \text{深度}) \tag{4.12}$$

这些最终的图可以像构造图一样对待,闭合线显示了可能的油气圈闭位置。作者鼓励读者对这一理论进行更深入的研究,而不仅仅是在这篇简短的总结中,最好的处理方法是参考 Dahlberg (1995)所述内容。

4.3.6.1 关于油气系统软件包中 Z 值说明

在处理构造图时,大多数绘图包是通过从井口地面海拔(通常设置在钻井平台上的 KB(方钻杆补心)处)减去测量深度(MD)来生成的。在某些情况下,如果没有记录 KB,您可能只需要用地面海拔这个数字就足够接近了。因此,这些数字总是负的,计算水头和 U_g 或 U_o 方程的工作原理见方程(4.9)~(4.12)。

然而,许多油气系统软件包是基于 TVDSS 为正数情况下运行的,实际上是将 TVDSS 网格乘以-1 来"转换"它们。在这些情况下,方程是一样的,但 $U_g = V_g + Z$ 和 $U_o = V_o + Z$。在本书中,没有油气系统软件如何使用网格的例子,将使用负 TVDSS 值(KB-MD)。

4.3.6.2 加封堵容量的 Hubbert 完全方程

最后,Hubbert 完整流体势方程还包括由于毛细作用和相或断层封堵而形成的圈闭(第 5 章)。

Hubbert 的完整方程[类似于方程(4.5)]为方程(4.13)。

$$\Phi_p = gZ + \frac{P}{\rho} + \frac{P_c}{\rho} \tag{4.13}$$

式中：Φ_p 为流体势；Z 为构造海拔深度（TVDSS）；P 为在海拔深度处的压力；ρ 为流体密度（水、石油和天然气）；P_c 为毛细管压力。

由于 g 是常数，为了实用的目的，将其消除并应用于 U_o 或 U_g 图。

g 被消除掉时，密度单位（ρ），压力梯度为：

$$\Phi_p = Z + \frac{P}{\rho_{grad}} + \frac{P_c}{\rho_{grad}} \tag{4.14}$$

式中 Φ_p 为流体势；ρ_{grad} 为石油或气体密度，psi/ft（例如，石油为 0.35psi/ft）。因此，公式（4.13）用于 Z（地下构造）的单位得出英尺或米的值。然后对这些值进行等值线网格化处理，生成一个反映流体相、运移路径上的封堵和流体动力流动的等势图。

一个完整的 U-V-Z 方法近似的总流体势来自：

（1）水动力流图（以米或英尺表示）（本章示例）。

（2）封堵能力图（以米或英尺表示）（下一章）。

（3）基于流体动力流+沿运移路径的封堵势能的放大封堵和流动图（总流体势）。

本章所述的水动力 U-V-Z 方法仅涉及活跃水动力环境中油气运移的等势面。在沿着运移路径有封堵的地方，圈闭几何形状会发生进一步改变。

第 5 章讨论了如何直接从毛细管压力，或从面积、伪毛细管压力的知识（以英尺或米为单位的封堵能力）估算出方程的 $\dfrac{P_c}{\rho_{grad}}$ 部分。一个完整的油气圈闭模型需要从断层和相分析中建立定量的封闭性图，以用于模拟流体流动（如果系统是水动力的）的等势面图。

4.3.7　栖水——另一个看起来是水动力的问题

"栖水"一词通常用于浅水含水层系统，几何形状是这样的，一些水被困在区域地下水位之上。在油气田中，经常遇到发育在（或解释）透镜状砂体、构造凹陷或河道底部（特别是在厚的浊积岩斜坡河道中）在圈闭充注过程中没有排出的截留水。我有充分的证据证明在墨西哥湾发生的事件是这样记录的（Kendrick，1998）。

与水动力倾斜界面的情况一样，如果没有认识到栖水界面，将不可避免地导致对地质储量的严重低估，因为发现井中水平的油气—水界面将降低油气的下倾程度。栖水很难从水动力倾斜的界面中分辨出来，因为压力—深度图基本是相似的，烃类相的井排列在相同的密度梯度上，但高压水则会指向一侧（图 4.41）。

关于水梯度的一项观察是，它们似乎压力过大，或者从压力图来看，它们的密度梯度大于淡水。一种解释是，由于这些是困在气柱或油柱内的水柱，烃类相的浮力压在相对较少的栖水体上，导致超压。

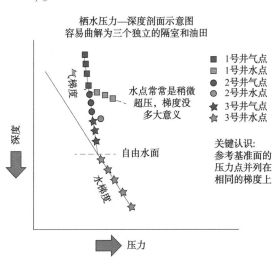

图 4.41　栖水压力—深度图

这已成为异常压力水梯度的判据准则，并在许多井中得到应用。如图 4.42 所示（Marcou 等，2004），在 Tanguu 地区有许多独立的含水层和许多独立的气田。特别值得一提的是 Vorwata 气田，有证据表明存在水力流动或栖水，多口井中有连续的气柱，但也在其他许多口井中发现了与气分离的水袋。最初，该油田被认为是高度分隔的，有多个小型气顶，多个气水界面和自由水位。然而，生产和压力数据表明，烃相是连通的，生产中只存在部分有限的问题。从储量上看，油井的表现要好于预期。到 1997 年，估算天然气探明储量约为 $2 \times 10^{12} ft^3$，天然气预测储量 $10 \times 10^{12} ft^3$。随着模型的不断完善，到 1998 年，探明储量已跃升至 $10 \times 10^{12} ft^3$，预测储量 $4 \times 10^{12} ft^3$。从图中看，气田顶部沉积洼地和向斜洼地显示出高气柱，解释为具有水平的气界面。

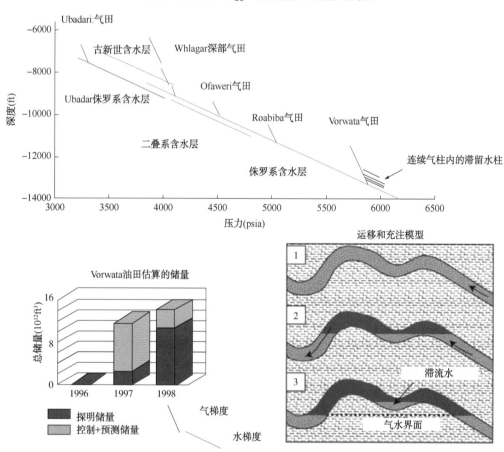

图 4.42　栖水区域储量增长［印度尼西亚。由 Marcou 等人（2004）修改。经印尼石油协会许可使用］

另一个提出栖水模型的例子如图 4.43 所示（Cross 等，2009）。我第一次接触到栖水是在 20 世纪 90 年代末，当时英国天然气公司（British Gas，Samuel 等，2003）在一个于 1995 年被阿莫科公司放弃的大型背斜上发现了一个储量达几万亿立方英尺的斜坡河道。20 世纪 80 年代初，埃克森公司在上新世油田地下构造上进行了钻探，希望在薄而物性差的砂岩和粉砂岩中发现石油，但却发现了天然气。阿莫科公司错过的是远离废弃井处的潜力，这口废弃井证明了圈闭的存在，但不是油藏。BG 开始对该区块上新世进行地震 DHI 异常测试，发现超过

$10×10^{12}ft^3$ 天然气储量。

除了对错失如此大天然气藏感到尴尬之外，发现井和开发井开始让所有的作业者感到惊讶，因为从压力上看气柱是连续的，但在许多斜坡浊积河道砂岩的底部发现了水柱。这些水带后来被解释为栖水，如图 4.43 所示。从体积上看，它们是相对无关紧要的水柱。

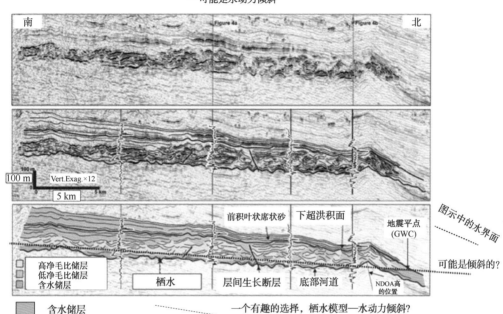

Sequoia油田，尼罗河三角洲：复杂层状巨大斜坡大型浊积扇气田的滞水解释
—可能是水动力倾斜

图 4.43　Sequoia 油田栖水模型(长期以来，人们一直认为该地区圈闭的油水界面是北部低于南部。一个可能的水动力模型也可以解释含水层。对我来说，提出的倾斜的气–水界面纯粹是一种推测，但它与后来在这里和尼罗河三角洲的其他发现相吻合。修改自 Cross 等人，2009。经 AAPG 许可转载，需要获得 AAPG 的进一步许可才能继续使)

有趣的是，人们还注意到，不仅从井中，而且从地震上，构造南侧的气界面比北侧偏高。同样，这种差异归因于栖水。图 4.43(底部)显示了另一种可能的解释，尽管只是纯粹推测，没有确凿数据。另外，许多基底砂岩可能位于倾斜的气水界面之下。

虽然这种倾斜模型的确定需要做更多的研究工作，但近年来在该盆地工作的一些同事认为，水动力倾斜在该盆地比以前认识到的更为普遍。更多的文档随后将讨论 Temsah 气田。

Ormen-Lange 油田，挪威——栖水还是倾斜？

挪威 Ormen-Lange 气田的实例表明，栖水界面模型已转变为水动力模型(Cade 等，1999；Ferrero 等，2012)。该发现井位于下倾方向上，与上倾方向上的井处于不同圈闭中，钻遇到了大量天然气，然后是"明显的"含水层和过渡带。压力图(图 4.44，Cade 等，1999)在底部较致密的砂、泥岩互层中有压力点，压力点随深度加深逐渐升高，但与计算的水密度不匹配。这种坡度上的差异是由于栖水的地下水位(上层栖水面)过高，或低渗透封堵内的薄透镜状储层承受着封堵的粉砂岩的压力(如前所述，在图 4.6 中)。

测井曲线(图 4.45)清楚地显示了在井的深层异常压力点处的孔隙度和储层在井中损失情况。岩石物理工作将该带解释为"含水砂岩"，表明是由于孔隙中绿泥石等粘土矿物中的高

Ormen Lange 气田井6305/5-1压力数据和解释

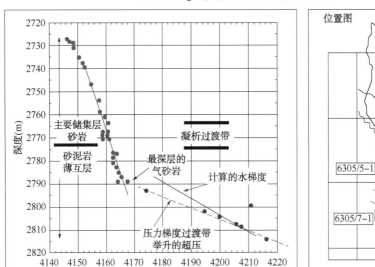

本井在独立的圈闭内遇到的气砂岩来自主油田,其压力与北部没有关系

图 4.44 挪威 Ormen Lange 油田发现井(修改自 Cade 等,1999。经 EAGE 许可使用)

关键井:1988 6305/1

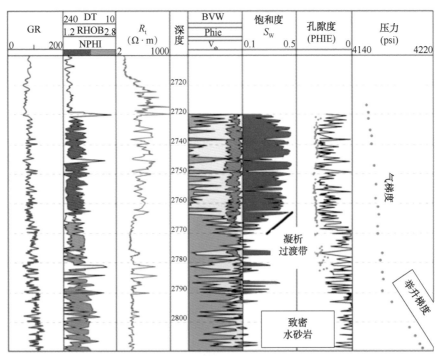

标注为含水砂岩实际上非常致密,透镜状砂岩具有微孔隙和束缚水来自含绿泥石的黏土

图 4.45 挪威 Ormen Lange 油田发现井的测井与压力分析图

(修改自 Cade 等人,1999。经 EAGE 许可使用)

束缚水造成的。这些束缚水在测井曲线上表现为高含水饱和度和低孔隙度。还要注意的是，在高含水饱和度互层的致密岩石中发育有饱和条带，气梯度可达 2790m。这是致密岩石中高束缚水在过渡带类型饱和中的一个典型例子。根据栖水的解释结果和未达到自由水位的结论，在下倾方向钻了第二口井，结果发现了更多的气体，所有这些都与上倾方向的发现井在压力方面处于连通状态。

随着钻井数量增加和收集的数据增多，对栖水模型进行了重新评价，并在 2012 年提出了水动力倾斜模型（Ferrero 等，2012）。模型差异如图 4.46 所示。水动力模型表现出较强的稳定性，更简单地解释了圈闭和水的发现。该模型还预测，随着倾斜程度增大，天然气会随着时间的推移而被冲刷，在圈闭顶部留下残余气层。还注意到含水层随时间下降的差异。

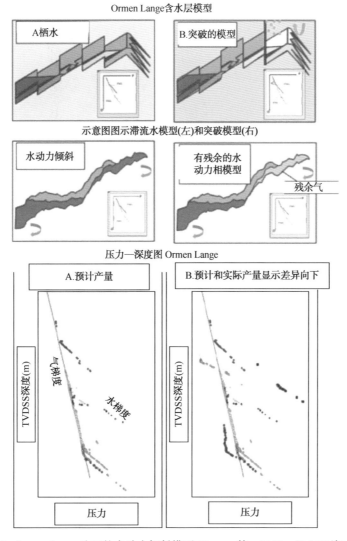

图 4.46　Ormen Lange 油田的水动力倾斜模型（Ferrero 等，2012。经 SPE 许可转载）

正如稍后将展示的 Temsah 油田案例研究的那样，如果你从油气显示和压力数据中得出的概念，能够在倾斜或更深的油水界面成功预测下倾位置和更大的储量，那么你就不必在第一口井开钻时就建立正确的模型。

凯德等人在20世纪90年代后期对该发现井进行令人信服的分析表明,该井没有气水界面,高含水饱和度只是更致密过渡带的一部分。这些信息足以支持再钻一口井,并发现更大的圈闭。如果没有它,这个圈闭可能被认为非经济的,而被忽略掉。

4.4 高压系统、压力衰减和裂缝封堵突破

超压盆地在世界范围内普遍存在。尽管原因各不相同,但识别超压对安全井设计至关重要,对理解流体流动和油气运移也至关重要。因此,许多公司都有专门团队在钻井前对超压进行测绘和预测,用地震资料和测井数据实时监测井筒压力,然后对结果进行后评价。

也许没有比活火山更能显示超压的了(图4.47)。

当裂缝应力释放时:泥火山的例子,阿塞拜疆

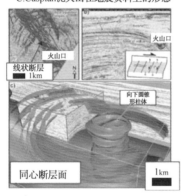

图4.47　阿塞拜疆活跃的泥火山[Caspian盆地的泥火山接近深度可达 2×10^4 ft(6500m)的成熟烃源岩,
并经常产生超过裂缝梯度的压力,油气渗漏在地表无处不在,偶尔还会发生壮观的喷发。
A图由 Greg Riley BP 提供。C图来自 Stewart 和 Davie(2006),
经 AAPG 许可转载,需获 AAPG 许可才能继续使用]

一些关于泥岩底辟和泥火山的极好的参考文献是:Battani 等(2010);Bonini（2008）;Davies 和 Stewart（2005）;Duerto 和 McClay（2002）;Henry 等(2010);Jackson 等(2002);Sautkin 等(2003);Stewart 和 Davies(2006);Yusifov（2004）。这些特征虽然造成了严重的钻井和浅层灾害问题,但同时也被证明是油气垂向运移的通道。

4.4.1 超压图

主要考虑到在高压盆地由于存在钻井安全问题，石油公司的地球科学家经常绘制地质压力图。图 4.48 给出了一个例子（Burke 等，2012）。这些图件不仅可以被钻井人员用来确定井筒设计，而且还可以转换成等势面图，以便运用前文概述的原理进行油气运移和圈闭研究。

区域压力图顶部0.8psi/ft梯度（墨西哥湾）

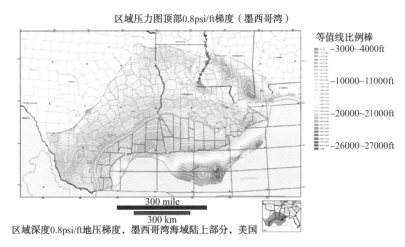

区域深度0.8psi/ft地压梯度，墨西哥湾海域陆上部分，美国

图 4.48　顶部超压的公共访问数据库（Burke 等，2012）。整个数据库也可以从 AAPG 在线获得

钻井液密度是估算井筒深层压力最简单的数据来源之一，因为大多数钻井报告都包含钻井液密度信息，并将其作为常规报告和显示的一部分。图 4.49 显示了来自墨西哥湾的一个例子。这些图可以很容易地通过简单的变换，转换成 psi/ft 或其他单位的压力。当转换到海上压力时，所使用的海底深度应该相对于泥线（海底）深度，因为水柱不会增加有效应力。另一种说法是海上的压力梯度（psi/ft）等于井下压力（psi）减去海水压力再除以泥线下的深度。

区域钻井液密度趋势图

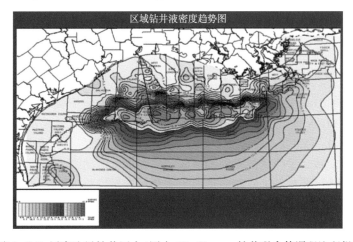

图 4.49　墨西哥湾 2.6MA 层序边界钻井压力（图由 BP-Chevron 钻井联合体课程注释提供，经许可使用）

一个例子如图 4.49 所示（Heppard 等，2000）。这张区域钻井液密度图是根据钻达中新世地层的井资料绘制的。只需简单地将钻井液密度图乘以方程（4.15），就可以转换为 psi/ft：

$$压力梯度=\left(\frac{\text{psi}}{\text{ft}}\right)=钻井液密度(\text{lb/gal})\times0.051948 \tag{4.15}$$

所得图(图4.50B)是以 psi/ft 为单位的压力梯度近似值。如果已知地层相对于泥线构造面，则可以将其进一步转换为地层压力，并将其进一步从相对于流体静力学的超压转换为水力势(等势面)图。

看待这幅图的另一种方式是从勘探的角度来考虑。由于图中显示超压，水流将远离盆地的超压部分向较低的超压方向流动。这是构建水动力倾斜图的关键所在。在本章后面将使用大型油田 Temsah 的历史案例来更详细地介绍。

4.4.2　深部超压及测井、地震预测方法

到目前为止，形成超压最常见的方式是快速埋藏和泥岩压实排出水。这种压实不平衡产生超压的过程在三角洲沉积盆地中非常普遍。Heppard 等2000年的另一幅示意图如图4.50所示。

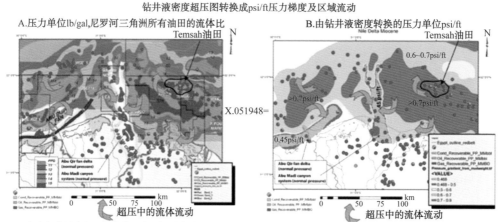

图4.50　尼罗河三角洲的钻井液密度图转换为以 psi/ft 为单位的压力梯度图

尼罗河三角洲形成超压的主要原因是压实不平衡，这种压实不平衡是由三角洲中心快速埋藏的上新世-更新世沉积物造成的。在图4.51中需要注意的是超压区域是横切地层的，由于压力是由埋藏驱动的，而不一定是由单个地层的层序或构造背景驱动的。最高的压力(橙色)位于尼罗河三角洲的主要沉积中心。该区域超压会迫使油气降低超压区域，如图4.51中黑色箭头所示，这就造成了强裂的垂向和横向运移和水流运动。多层系油气藏是复杂运移的结果，并辅之以跨断层并置的油气藏，垂向上运移距离超过数千米，进入到多个层系的圈闭中。这种现象是大多数超压盆地的典型现象，正如前文里海盆地的案例所述。

然而，通过钻井液密度和 RFT、DST 或 MDT 等工具直接测量地层压力并不是绘制压力状态图的唯一方法。还可以使用电缆测井和地震测井等技术。Eaton (1975) 利用测井曲线进行压力预测是具有里程碑意义的论文之一。Bowers (2001) 对这些技术和其他相关技术进行了简要的总结。

用于孔隙压力预测的最常用的测井方法是电阻率和声波测井(图4.52)。

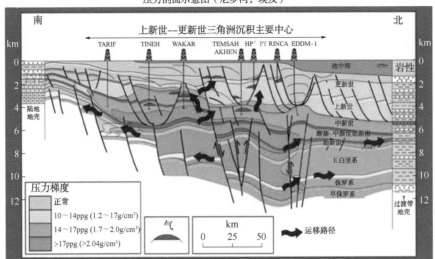

关键点:
1.最大压力限制于最厚地层为上新世—更新世三角洲沉积(快速埋藏在深度上造成压实不均衡的超压)
2.压力交叉在地层边界
3.运移路径由过断层并置的超压和流动及区域的储集层趋势所决定

图 4.51 尼罗河三角洲压力与运移示意图

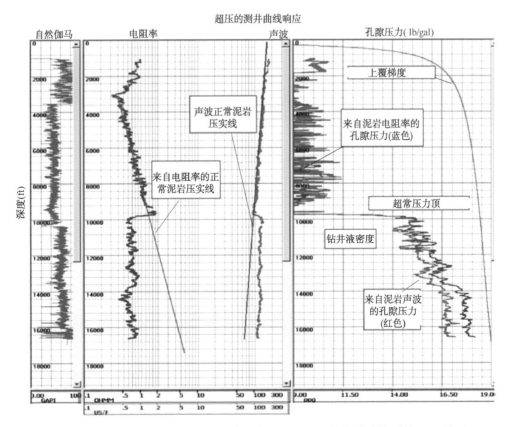

图 4.52 在超压环境下测井曲线剖面(修改自 BP-Chevron 钻井财团课程笔记,经许可)

声波测井和电阻率测井是校准压力的理想方法。这是因为泥岩随埋藏而压实,有效应力减小,而其变化呈现出正常压实线的趋势。当正常压实线偏离区域趋势线时,通常是由于压力状态变化所致。如图4.52所示,在超压顶部电阻率剖面减小,声波时差增大。这两种现象都是由于正常受压段的孔隙度和有效应力随深度的增加而降低而引起的,如图4.7和4.8所示。在超压窗口,有效应力降低,孔隙度增大,引起测井曲线检测到变化。软件包允许从伽马曲线(GR)或其他测井数据中交互式地挑选泥岩,并对区域趋势进行平滑和滤波,从而预测孔隙压力。校准MDT、钻井密度或其他压力数据对于验证模型至关重要,但是使用测井数据可以提供更好的区域图件。

图4.53是声波对孔隙压力响应的另一个例子(Henry等,2010)。在这个例子中,在特立尼达岛钻了一口井——Haberno-1井来测试一个构造的封闭性,结果发现它与泥岩底辟作用和泥火山有关。Haberno-1井在浅层遭遇了非常高的压力,钻井液流入井筒,钻井难度非常大。远离钻井液分布区的邻井测井曲线显示了Haberno-1井声波测井和孔隙度测井与区域孔隙度变化趋势和声波时差偏离程度。

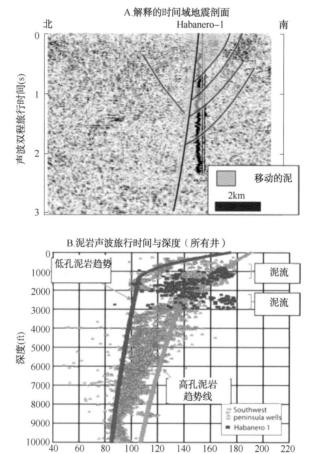

图4.53　与泥火山相关的高压和声波测井响应[修改自Henry等人(2010)。经AAPG批准,需要AAPG批准才能进一步使用]

另一个同样重要的工具是地震压力预测。关于如何做到这一点的详细讨论超出了本书的范围，但可以补充说明一下，作为地震测量旅行时间，它可以作为声波测井推导孔隙压力的一个替代工具。目前，大多数超压深井都将地震孔隙压力预测作为井眼规划的关键一部分，其中大部分是在三维地震条件下进行的。图 4.54 所示为一个例子，在墨西哥湾的一个盐构造上方和下方都遇到了高压。

地震孔隙压力预测有其局限性，因为它的分辨率远低于测井或直接测量的分辨率。但在许多情况下，尤其是在前沿探井中，这可能是预测压力的唯一可靠的方法。对图 4.54 中的 BN-2 井的校准示例如图 4.55 所示。

在井深 8000ft 处，电阻率急剧下降，而该点显然是主要压力斜坡顶部。对该井的泄漏和地层完整性测试证实了预测的裂缝梯度。值得注意的是，在井底所记录的实际压力比仅根据地震速度所预测的压力高得多，但已探测到普遍的超压总趋势。

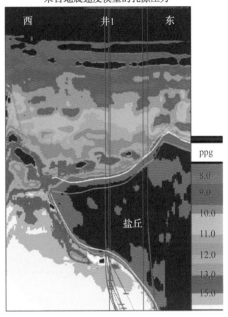

图 4.54　墨西哥湾地震孔隙压力预测（BP/Chevron 钻井协会课程笔记修改，经允许使用）

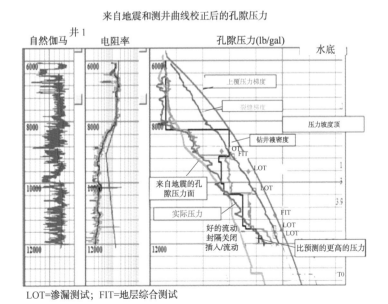

LOT=渗漏测试；FIT=地层综合测试

图 4.55　井中测井和地震测量的校准（修改自 BP-Chevron 钻井联盟课程笔记，经许可使用）

4.4.3 压力衰减和裂缝梯度——套管设计、聚集空间和增强封堵能力

压力衰减是超压勘探中最重要的概念之一。压力衰减(图4.56)发生在储层的几何形状为储层压力大大低于周围泥岩压力提供有利条件的区域。厚的、横向连续的储集带以及断层或不整合面与低压地层对接的超压储层是造成该现象的原因之一。

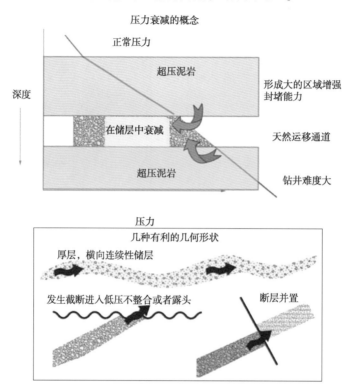

图 4.56 衰减的压力(横向连续的储层或地质条件,如断层或不整合面的压力变化,
可能导致储层相对于边界泥岩的压力降低。这些环境条件既能加强压力封堵,
又能成为油气运移的天然通道)

压力衰减过程中由于泥岩相对于砂岩存在超压,流体动力流动形成了理想的油气运移通道。此外,包入的封堵提供压力增强的封堵能力。

从钻井设计和勘探的角度来看,压力衰减的重要性如图4.56所示。当超过裂缝梯度时,不仅不可能聚集烃柱,还可能发生灾难性的井喷。需要注意的是,图4.57所示的浅层天然气藏和深层超压储层实际上都没有烃类聚集,短柱的油气很容易达到裂缝梯度。然而,在经历压力衰减后的深部储层中有足够的空间容纳较高的烃柱,也有足够的空间容纳任何落在区域流体静力梯度上的圈闭。

储层的几何形状和规模决定了一切。然而,如果正在钻探的储层很薄,而且透镜状程度很高,它们通常无法释放压力而是承受周围泥岩的压力,从而造成严重的钻井风险。图4.58展示了一个阿塞拜疆的例子。

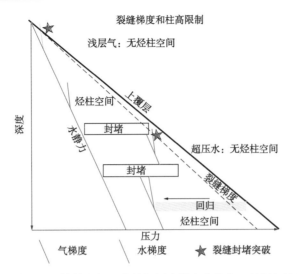

图 4.57　在高压环境下减少了烃柱的空间。水的超压水梯度非常高，任何气柱都可以通过浮力增加额外的压力，从而达到裂缝梯度。当这种情况发生时，封堵被破坏，圈闭发生泄漏。在盆地最浅的区域，裂缝梯度和覆岩也接近常压水梯度。与深部情况一样，在达到裂缝梯度之前，气柱的形成空间很小。这就是为什么需要避免浅层气体危害以防止灾难性的井喷

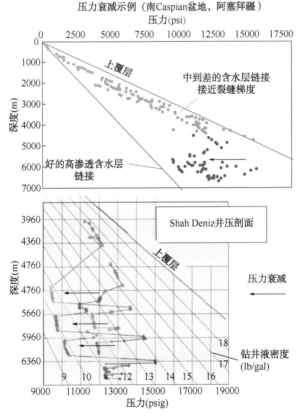

图 4.58　超压盆地透镜状与区域连通储集层(上图)，在压力衰减过程中，由厚砂岩分隔的高压页岩造成的"弹跳"钻井剖面(下图)[这就造成了非常困难的钻井条件。改编自 Riley(2009)。图经批准使用]

Caspian 盆地非常浅的层段存在着极端的超压(大于 0.8psi/ft 或 15lb/gal 钻井液密度)(Riley,2009),钻井条件也非常困难,由于浅层具有高度透镜状的孤立储层承受着围岩泥岩的压力(图 4.58,上图)。然而,从深度上看,一些发育良好、横向广泛发育的储层与露头相连,压力衰减到正常的压力梯度,如 Shah Deniz 巨型油田的压力图所示(图 4.58 下图)。

Shah Deniz 油田也有浅层气藏,这些气藏非常接近裂缝梯度,实际上不可能钻到构造顶部。因此,就形成了一个"无钻井窗"(图 4.59),为了避免浅层瓦斯的危害,必须将井向四周倾斜。此外,套管设计也比较复杂,如果在正常压力下用 16lb/gal 的钻井液钻到深层地层中,会造成较大的钻井液损失,而在低压储层中也会出现卡钻现象。

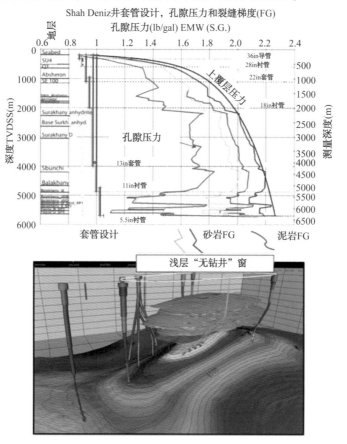

图 4.59　Shah Deniz 油田套管设计[浅层气柱的孔隙压力接近裂缝梯度,因此要在浅层气顶附近钻井以开采更深层的油气藏。图来自 Afgan Huseynov(2012)和 Greg Riley,BP,经许可使用]

在超压环境下,套管设计受储层和泥岩的几何形状的影响,可以有很大的变化(图 4.60)。

最后,需要解释团队使用尽可能多的工具,不仅从钻井角度,而且从远景评价的角度来理解和预测孔隙压力。

4.4.4　压力和质心在裂缝封堵破裂和勘探失败中的作用不一定越大越好

在对超压盆地干井进行后评价并预测新储层时,重要的是要寻找最有可能进行压力衰减的储层,从而使油气藏能够在不达到裂缝梯度的情况下得以开发。许多干井都钻在了泥岩孔隙压力高地层且压力衰减不足的情况下无法形成有效的圈闭。

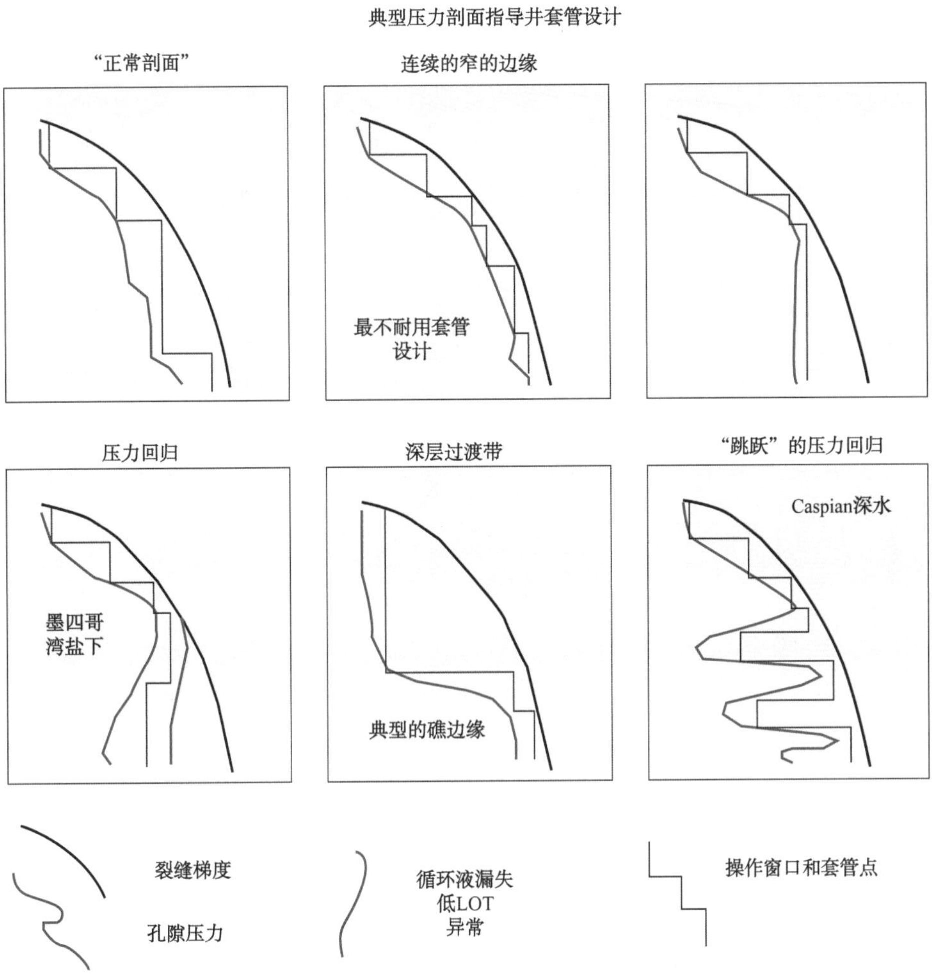

典型压力剖面指导井套管设计

"正常剖面"　　　　　　　连续的窄的边缘

最不耐用套管
设计

压力回归　　　　　　　深层过渡带　　　　　　"跳跃"的压力回归

Caspian深水

墨四哥
湾盐下

典型的礁边缘

裂缝梯度

孔隙压力

循环液漏失
低LOT
异常

操作窗口和套管点

图4.60　套管设计随孔隙压力的变化而改变(修改后的 BP-Chevron 钻井联盟课程笔记。使用许可)

尼罗河三角洲的 bougaz1 井就是一个很好的例子(图4.61)。这口井是在1982年钻探的，目的是测试渐新世和白垩纪层上一个大型构造的封堵性。

钻穿一个主要的压力封堵不整合面后，在1280m 处，遇到了一个超高压斜坡。从该点到井底，钻井距离裂缝梯度只有几 psi，在井筒设计允许进一步钻进之前，必须打三口侧钻井。将简单的钻井液密度与深度图转换为压力图(图4.61C，D)显示了所遇到的苛刻、棘手的钻井条件。该井的孔隙压力与该地区其他井在相同深度下的孔隙压力相比存在显著异常(图4.61B)。如果深部储层没有压力衰减，就不可能形成油气聚集，因为任何烃柱都会达到裂缝梯度，导致封堵失效。

在白垩纪测试的 1bbl/d 的油来自未进行压力衰减的高压砂岩。石油和储层的存在证实了深部油气系统的存在，这是一个重要的观测结果，以后将有助于开发深层的渐新世超压油藏(下一节将讨论 Habbar-1 干井)。

与此相反，在尼罗河三角洲的深部中新世发育油藏是可能的，因为许多区域性广泛的海底斜坡河道系统相对于周围的泥岩处于压力衰减段中。Akhen-1 井孔隙压力分析实例(图4.62)显示了一个明显的压力衰减区域，该区域存在高达 400m 高的天然气柱。图4.62还显

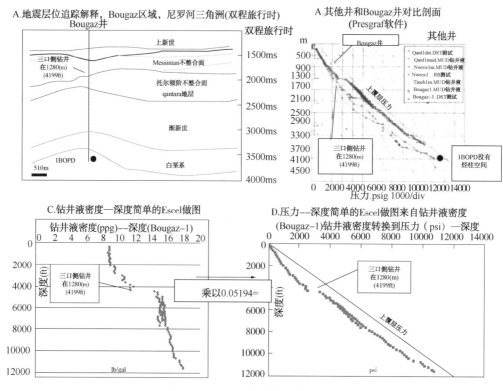

图 4.61 Bougaz 干井没有聚集空间

示了地震孔隙压力与油井实测数据的对比。地震剖面上的轻微偏移被用于以后的井位规划，以试图估计哪里可能存在其他的厚油层。其中的一些工作促成了之后 2003 年的 Raven 发现（Dolson 等，2002a，b；Dolson 等，2005；Saxon，2011；Whaley，2008）。

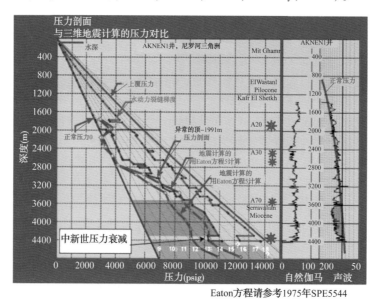

图 4.62 尼罗河三角洲中新世油藏–Akhen 油田压力衰减(摘自 Heppard 等人，2000)

如果不提到质心概念，任何关于高压系统的讨论都是不完整的(图 4.62 和图 4.63)。

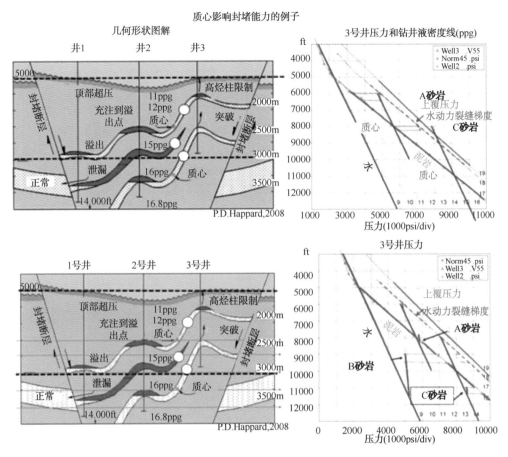

图 4.63　质心的概念(Phil Heppard 提供的图修改而成)

质心概念是由 Traugott 在 1997 年引入的，Shaker(2005)提供了一个简短总结。它有时被称为"侧压传递"。在极端超压环境下，泥岩孔隙压力可呈现非常高的压力梯度。储层的构造圈闭或地层圈闭在这些泥岩中可能具有引起质心效应的几何特征。从本质上讲，构造低压区的孔隙压力是流体压力从泥岩向储层传递，并向圈闭顶部传递的过程。"质心"一词来源于油藏压力与泥岩自身压力相等的那个点。在该点以下，泥岩将压力传递到储层，在该点以上，油藏压力超过了周围泥岩的压力。如果圈闭足够大，圈闭顶部达到裂缝梯度，就会形成突破的封堵层。

如图 4.64 所示。在这个例子中，我们展示了 3 个不同几何形状的油藏(A，B，C)，几乎无一例外，任何一家勘探公司看到像 3 号井那样大的构造圈闭，都会把这一前景作为其钻探的首选。然而，从 3 号井压力(右上)可以看出，由于深层向斜的侧向压力传递，目标储层具有中心平移压力，使圈闭顶部处于或接近裂缝梯度。因此，3 号井在 A 层只有有限的储层柱(只有少量的储层空间)，而 C 层则什么也没有，因为 C 层裂缝梯度和顶封已经被突破。

相比之下，2 号井有许多有效的圈闭。储层 A 有足够的可容纳烃柱空间，并充注到溢出点。B 油藏处于断层下倾的压力通道中，并"垂直"进入了正常压力系统，它有一个增强的压力封堵层和一个超长的柱空间。

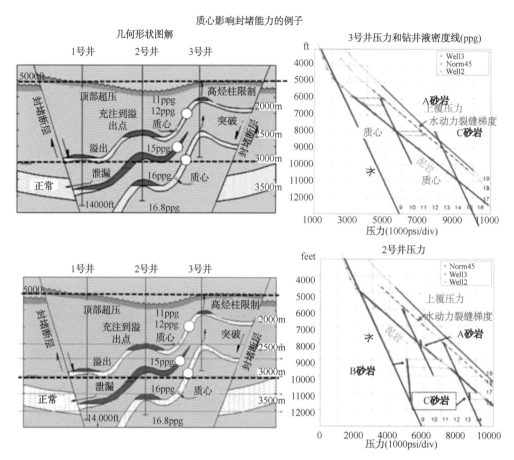

图 4.64　在高压环境下，质心如何在封堵突破中发挥作用的几何形状的例子
（急剧倾斜的红线是气体梯度。蓝线表示水的梯度。Phil Heppard 提供）

最后，"越大并不总是越好"。

4.4.5　小结

压力分析是油气显示和封堵评价的基础部分。超压可以增强封堵、控制油气运移路径，并决定商业性烃柱是否可以聚集，且在不达到顶部封堵(盖层)的裂缝梯度的情况下而聚集。虽然压力分析通常被视为井位设计的主要工具，但它也是任何勘探计划或井位钻后评价的关键一环。

测井、地震和区域地质思维需要整合成一个清晰的描述。在实践中，这通常是由专家团队共同完成的，但目的是相同的，即钻一口安全且经济有效的井，并在钻前对油气运移和封堵进行合理的评估。

4.5　案　　例

来自尼罗河三角洲的两个案例，让我们得以窥探在勘探中创造性地思考压力和油气显示信息是多么的不容易。第一个案例是 Temsah 油田复合体案例，它花费了我们 25 年的时间，才认识到其整体规模和存在水动力倾斜界面。第二个案例详细描述了从干井 Habbar-1 井孔分析后发现的深部渐新统超压油气藏（位置见图 4.65）。在这两个案例中，压力衰减在勘探成功的过程中都发挥了重要作用，特别是 Habbar-1 案例。

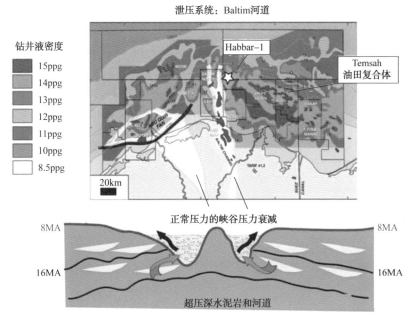

图 4.65 尼罗河三角洲区域压力衰减[Ma=百万年。在 8~5Ma 之前的区域封堵面下降和构造抬升过程中形成了一个主要的峡谷切口（Abu Madi valley）。马西尼亚 Abu Madi 峡谷通常处于正常压力之下，但在 16Ma 的 Serravallian 时代地层中切割入了超压的中新世泥岩。这为 Abu Madi 峡谷超压 Serravallian 油藏的流体运移提供了"减压"和天然通道。来自 Heppard 等人 2000 年的钻井液密度图]

尼罗河三角洲的一个独特地质背景是 550m 深的 Abu Madi 峡谷系统。它是在区域海平面下降过程中形成的，从大约 8 Ma 开始，结束于上新世海侵对峡谷系统的埋藏，大约 3.3 Ma（Dalla 等，1997；Dolson 等，2002c，2014；McClelland 等，1996；Nashaat 等，1996；Palmieri 等，1996）。该体系在许多地方深切入到超压的中新统泥岩中，提供了一个临界压力释放，建立了一些有利于油气运移和圈闭的深层压力衰减。关于尼罗河三角洲的许多背景数据来自 Moussa 和 Matbouly（1994）。

4.5.1 Temsah 油田：25 年后才识别出倾斜的气水界面

Temsah 油田最初是由美孚石油公司在 1977 年钻探。他们的钻探目标是希望能在中新统一个巨型构造圈闭中找到石油。当时唯一可用的地震数据是二维地震资料，地震资料品质非常差，只绘制出一个构造一般的形态。

可惜，这口发现井的表现令人大失所望。它仅含有一些凝析油，而且它的烃柱比预期的要短得多，并在储层下部测试出了水。但流量令人鼓舞，DST2 原油产量 310bbl/d，气 4.9×10^6ft³/d，水为 2100bbl/d；DST1 原油产量 62.4bbl/d，气 6.4×10^6ft³/d，水为 2730bbl/d。含水段为明显的超压。

我时常想知道是谁建议了这口井,在他得到这个结果后的感觉如何。毕竟,目标是一个巨大的圈闭,我相信最初的钻后解释是围绕可能的充注或封堵有限的构造进行的,因为水是在顶部发现的。

然而,1982 年钻探的 Temsah-2 井,发现了更多的天然气,构造位置与初始井基本相当,但气柱更长。当时美孚石油公司没有天然气开采权,在 1982 年放弃了这片开采权,直到 1992 年该区块开采权才被 IEOC 和 Amoco 收购。20 世纪 90 年代末进行的三维地震勘探显示,该油藏比想象的要复杂得多,它由在构造线上褶皱的高度可变的斜坡河道组成(图 4.66)。

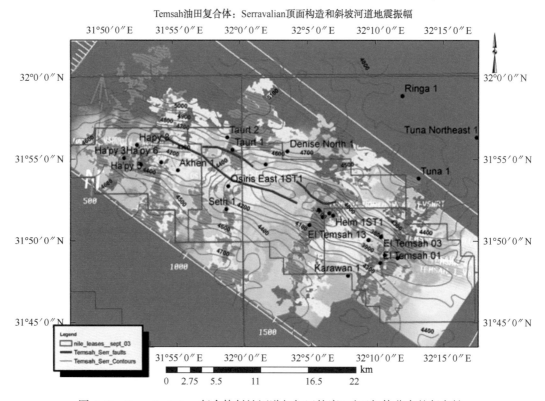

图 4.66 Temsah-Akhen 复合体斜坡河道与气田轮廓(对于气体分布的复杂性,人们提出了多种解释,从栖水到密堵能力和倾斜)

部署在构造北部的下降盘一侧的评价井发现了越来越多的天然气,但同时也发现了许多令人费解的超压气水界面。然而,压力—深度图显示,大多数气层在一个简单的圈闭上处于连续的压力状态(图 4.67)。由于存在多个气—水界面,因此将含水层解释为栖水,伴有复杂夹层的孤立河道被圈定在一个巨大的气柱中。然而,这个模型并不能很好地解释向北逐渐加深的天然气界面。

一些高压水点如图 4.67 所示。这个油田在当时被认为是高度分离和难以开发的(许多人仍然持有这样的信念)。在地震剖面中无法标示或在测井曲线上看得很清楚的小规模的次级断层和地层圈闭被用来解释这种分区。最初的储量比较悲观,从 $50 \times 10^8 \mathrm{ft}^3$ 增长到 100×10^8 ft^3,然后是 $500 \times 10^8 \mathrm{ft}^3$,随着产量增加,天然气产量已超过 $1 \times 10^{12} \mathrm{ft}^3$。尽管如此,气相的连续性还是得到了确认,并据此推测出更大的石油储量。

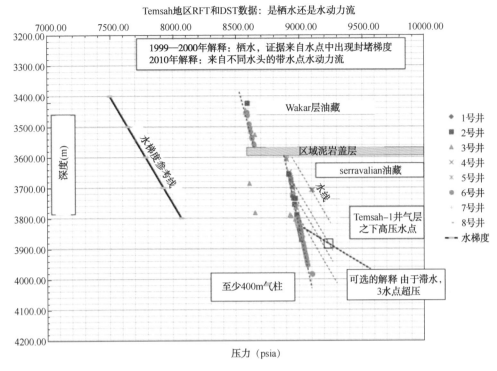

图 4.67　Temsah 油区压力—深度图

大约在 2007 年左右，由于考虑存在水动力倾斜的可能性，栖水的概念受到了挑战，作为栖水模型的支持者，当我听说关于水动力倾斜的新 BP 模型时，答案似乎简单而优雅。测试该模型的一种方法是简单地运行一个带水动力流动的运移模型(图 4.68)。

将原始的区域钻井液密度图(图 4.65)转换为压力梯度图，然后将图 4.68 所示的构造图转换为压力，可能提供了一个答案。由于油田南部超压高，北部超压低，从深层盆地流出的水流自西南向东北方向流向尼罗河三角洲较深的水域，在那里埋藏率较低，超压(额外超压)低。如果该构造被充注到溢出点，顶部封堵足够容纳 400~500m 气体，但盆地是流体静力的，其聚集应该像图 4.68C 所示。在这种情况下，在 Temsah-1 井或其他任何构造顶部井中都不应该发现水。

然而，利用区域压力图中的等势面图及水动力流动的运移和圈闭预测了如图 4.68D 所示的倾斜界面。预测的天然气分布与油井中发现非常接近。初始含水率很高的 Temsah-1 实际上位于圈闭顶部。

因此，从 1977 年到 2007 年，才得到正确的倾斜界面。在 1977 年到 2002 年左右的时间里，探明了该地区天然气储量，并在压力图上识别出了连续的天然气柱。这种对盆内流体动力流动的滞后认识并不是唯一的，在其他盆地也得到了证明。在一个商业数据库中记录的储量是保守的 $1.5 \times 10^{12} \text{ft}^3$，这是一个真正的巨大发现。沿着构造上的其他聚集，复合体本身可能含有更多 TCF 天然气。

4.5.2　深尼罗河三角洲成藏组合的开启者：识别成藏组合的压力和显示

在尼罗河三角洲和地中海 Levant 盆地(在以色列和叙利亚以东)，最重要的深层勘探开

Temsah油田，尼罗河三角洲：超压环境下的水动力倾斜

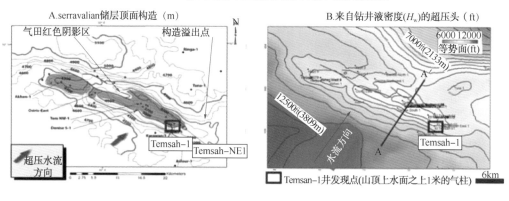

A.serravalian储层顶面构造（m）

B.来自钻井液密度(H_w)的超压头（ft）

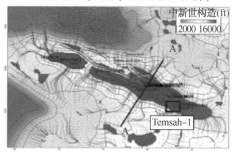

C.水静力情况下(无流动)预测的截留—构造(ft)

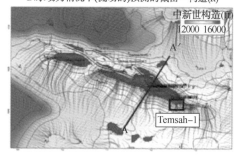

D.水动力情况下(流动的)预测的截留—构造(ft)

E.横剖面A-A′：水静力

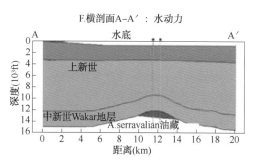

F.横剖面A-A′：水动力

图4.68 将区域钻井液密度图转换为等势面图

（建立 Temsah 的水动力倾斜模型。Temsah-1 井用黑色方框显示）

发无疑是渐新世成藏组合。在过去的 10 年中，将开采范围扩展到 Levant 盆地是一个巨大的成功（Belopolsky 等，2012；Gardosh 等，2007，2009a，b；Lie 等，2011；Peace，2011；Roberts 和 Peace，2007；Schenk 等，2012；Stieglitz 等，2011）。

对渐新世成藏组合的推测（Dolson 和 Boucher，2002；Dolson 等，2002a，b，2004）遇到了很多阻力。人们主要担心的是，尽管成千上万口陆上钻井已完全钻遇了渐新世地层，但它所依赖的是更深层的渐新世烃源岩，这是在埃及其他任何地方都没被证实的。图 4.69 显示了埃及渐新世的整体地层背景，以及用于推测更深层成藏组合的关键井。

普遍的看法还认为，如果超压过高，就没有机会形成油气聚集，由于储层深度大，储层孔隙度和渗透率低，因此不能对储层进行钻井作业。

我在尼罗河三角洲工作的团队对数据分析略有不同，因为那里有一些关键的干井，这些

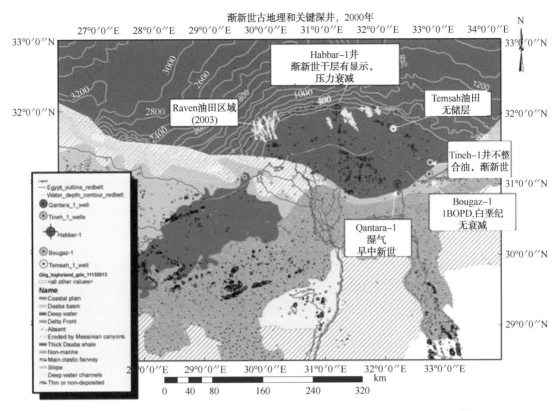

图 4.69　海平面抬升后期的渐新世古地理和 2000 年 Raven 发现之前的可提供的
关键井的深部潜力评价。Dolson 等人(2014)修改

干井暗示着深层成藏组合实际上是起作用的。许多人也曾将这些干井作为指责成藏组合不起作用的"证据"。最明显的"无效"(肮脏、丑陋的小事实)是 1981 年在近海钻探的未开发且非经济的 Tineh 油田。Tineh-1 井从高质量的渐新世砂岩中每天流出 1600bbl 油(API 重度为29.3°API)和水。在同一水平位置上的两口邻井是干井。该层段为高压层。纯产层也远低于"已探明"的中新世 Qantara 组烃源岩。

第二个"NULF"是之前讨论过的 bougaz1 井。钻后评价结果表明，在白垩纪深部有一个活跃的含油气系统，超压超过裂缝梯度。第三，Temsah 油田钻了一口渐新统地层的干井，遇到了非常高的压力，没有储层，因此可被认为是没被证实的成藏组合的概念。

第四，中新世下 Qantara 统深层超高压带也进行了天然气和凝析油测试(Qantara-1)。该储层也位于被认为是主要烃源岩层的下面。最后，在 1999 年，IEOC 和 Amoco 钻探了Habbar-1 井，测试了渐新世一个大型断层圈闭。又是一口干井，再次强化了渐新世成藏组合毫无希望的观点。

然而，对 Habbar-1 井压力数据的后评价表明，存在一个主要的压力衰减段。该井钻遇了一个常压的 Messinian 段，穿过了图 4.69 所示的主要不整合面，并将泥浆比重提升至17ppg。然而，在两个厚度较大的渐新统储层中，压力恢复到 12ppg，表明 Messinian 不整合面处存在封堵突破(图 4.70)。

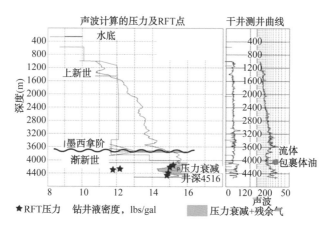

图 4.70 Habbar-1 井压力数据

对岩屑和测井曲线的再次研究提供了其他方面的支持。测井分析表明,在渐新世储层中存在残余气体,证明地质历史时期油气曾在该储层中运移过。样品被送出用于查找流体包裹体(第 7 章),测试结果是包裹体中含有 29~43°API 的原油,证明了运移的流体中不仅含有气体,还含有石油和凝析油。储层品质也很高,从而消除了人们对深层孔隙度不足的担忧。这种高品质的储层在很大程度上是由于超压环境下的低有效应力造成的。

图 4.71 显示了这些信息是如何让人们重新审视这套成藏组合的。首先,有直接的证据表明有油气运移的存在,尽管没有任何证据表明有潜力烃源岩存在。其次,Messinian Abu Madi 峡谷的压力衰减概念已是众所周知。但从地震资料上可以明显地看出,Habbar-1 井下倾方向深部存在许多四围闭合及断层圈闭,在不整合面上没有被突破。然而,这些未钻穿的构造被圈定在 Habbar-1 井所遇到的低压系统中,使其成为压力衰减和增强压力封堵的理想目标。

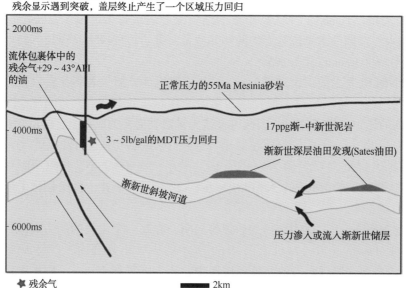

图 4.71 深部渐新世构造 Habbar-1 井圈闭示意图及成藏组合概念

[来自 Dolson 等人(2014)。经 AAPG 许可转载,需要获得 AAPG 的进一步许可才能继续使用]

掌握了这一解释后，英国石油公司于 2002 年开始进行谈判，争取获得"伸入"Habbar-1 井的盖层突破的所有未经测试的更深的构造的面积。2008 年，英国石油公司在 Satis 油田发现了深层巨型凝析气藏，并完成了压力衰减和良好的凝析气生产量。从那时起，又发现了许多其他的圈闭，到撰写本书时，成藏组合仍在追踪研究中，并发现了多个 TCF。

有趣的是，随着 Satis-1 井发现，另一个规则（范式）又被打破了。渐新统烃源岩是尼罗河三角洲东部和中部 Satis 层和许多浅层油气藏的油气来源，其中部分剖面以前从未提供过，也未用之前的钻井资料进行揭示过（Dolson 等，2014）。老话说得好"证据的缺乏并不代表没有证据"。

4.6　总　　结

压力分析对于任何勘探和开发项目都至关重要。压力分割单元、封堵、倾斜界面、自由水位和浮力定量化是解释显示资料的关键部分。如果没有良好的钻前压力分析和钻后压力分析，就不能进行安全钻井。而钻后压力分析对于了解已经发现了什么和可能还会发现什么是至关重要的。

在超压发育的地方，往往形成高孔隙度，并保持有效应力下降，这使得探井能够在深层成功地找到具可开采价值的储层。在异常超压环境下的压力衰减是产生有效封堵和增强运移路径的关键。超压环境下的深盆水流动是真实、常见，而且流体界面是倾斜、分隔的。

本章所展示的历史案例只是众多案例中的两个，这些例子说明了压力和显示数据如何在适当背景下打破常规，找到新储量。作为勘探工作者，我们常常对盆地和成藏组合的研究方式有着根深蒂固的观念和固定的工作模式，以至于我们不再考虑其他的替代方案，甚至更糟的是，我们没有尝试从现有的钻井中获取信息来挑战旧的想法。已探明的烃源岩并不总是盆地中唯一的供烃源。有时候，显示信息会告诉你还有一些你不知道，但应该考虑的事情。

参　考　文　献

Allan US（1989）Model for hydrocarbon migration and entrapment within faulted structures. Am Assoc Pet Geol Bull 72:803-811

Ayan C，Douglas A，Kuchuk F（1996）A revolution in reservoir characterization. Middle East Well Eval Re 16: 24-55

Battani A，Prinzhofer A，Deville E，Ballentine CJ（2010）Trinidad mud volcanoes: the origin of the gas. In: Wood L（ed）Shale tectonics. Tulsa, Oklahoma, American Association of Petroleum Geologist, pp 225-238

Berg R（1976）Trapping mechanisms for oil in Lower Cretaceous Muddy Sandstone at Recluse Field, Wyoming, Guidebook, 29th Annual Field Conference: Wyoming Geological Society, p. 261-272

Beaumont EA，Fiedler F（1999）Formation fluid pressure and its application. In: Beaumont EA, Foster NH（eds）Exploring for oil and gas traps: treatise of petroleum geology, handbook of petroleum geology, vol 1. American Association of Petroleum Geologists, Tulsa, Oklahoma, p 64

Belopolsky A，Tari G，Craig J，Illife J（eds）（2012）New and emerging plays in the eastern Mediterranean: an introduction, vol 18. Petroleum Geoscience, The Geological Society of London, London, p 372

Bengtson CA（1981）Statistical curvature analysis techniques for structural interpretation of dipmeter data. Am Assoc Pet Geol Bull 65:312-332

Biddle K, Wielchowsky CC (1994) Hydrocarbon traps. In: Dow WG, Magoon LB (eds) The petroleum system—from source to trap. The American Association of Petroleum Geologists, Tulsa, Oklahoma, pp 221-235

Bjorlykke K, Hoeg K, Faleide JI, Jahren J (2005) When do faults in sedimentary basins leak? Stress and deformation in sedimentary basins: examples from the North Sea and Haltenbaqnken, offshore Norway. Am Assoc Pet Geol Bull 89:1019-1031

Bonini M (2008) Elliptical mud volcano caldera as stress indicator in an active compressional setting (Nirano, Pede-Apennine margin, northern Italy). Geology 36:131-134CrossRef

Borah I (1992) Drill stem te4sting. In: Morton-Thompson D, Woods AM (eds) Development geology reference manual. Tulsa, Oklahoma, American Association of Petroleum Geologists, pp 131-139

Boult P, Kaldi J (eds) (2005) Evaluating fault and Cap rock seals: AAPG Hedberg series, No. 2. American Association of Petroleum Geologists, Tulsa, Oklahoma, p 268

Bowers GL (2001) Determinnig an appropriate pore-pressure estimation. Offshore Technology Conference, Offshore Technology Conference

Bradley JS, Powley DE (1994) Pressure compartments in sedimentary basins: a review. In: Ortoleva PJ (ed) M61: basin compartments and seals. American Association of Petroleum Geologists, Tulsa, Oklahoma, pp 3-26

Bretan PG, Yielding G, Jones H (2003) Using calibrated shale gouge ratio to estimate hydrocarbon column heights. Am Assoc Pet Geol Bull 87:397-413

Burke LA, Kinney SA, Dubiel RF, Pitman JK (2012) Distribution of regional pressure in the onshore and offshore Gulf of Mexico Basin, USA, Spatial Library GIS Open Filehttp://www. datapages. com/Partners/AAPGGISPublicationsCommittee/GISOpenFiles/DepthofRegionalGeopressureGradientsintheOnshoreandOffshoreGulfof MexicoBasinUSA. aspx, Denver, Colorado, United States Geological Survey, p. 24

Cade CA, Grant SM, Witt CJ (1999) Integrated petrographic and petrophysical analysis for risk reduction, Ormen Lange area, Norway: European Association of Geologists and Engineers 61st Conference and Technical Exhibition, p. 4

Cartwright J, Huuse M, Aplin A (2007) Seal bypass systems. Am Assoc Pet Geol Bull 91:1141-1166

Cloke I (2009) The Albert Rift, Uganda: A history of successful exploration, IRC-Egyptian Petroleum Exploration Society (EPEX), Cairo, Egypt, AAPG Search and Discovery Article #10192

Cross NE, Cuningham A, Cook RJ, Taha A, Esmaie E, Swidan NE (2009) Three-dimensional seismic geomorphology of a deep-water slope-channel system. The Sequoia field, offshore west Nile Delta, Egypt. Am Assoc Pet Geol Bull 93:1063-1086

Dahlberg EC (1982) Applied hydrodynamics in petroleum exploration. Springer Verlag, New York, p 161CrossRef

Dahlberg EC (1995) Applied hydrodynamics in petroleum exploration, 2nd edn. Springer Verlag, New York, p 295CrossRef

Dalla S, Harby H, Serazzi M (1997) Hydrocarbon exploration in a complex incised valley fill: an example from the late Messinian Abu Madi Formation (Nile Delta basin, Egypt). Lead Edge 16:1819-1824CrossRef

Davies RJ, Stewart SA (2005) Emplacement of giant mud volcanoes in the South Caspian Basin: 3D seismic reflection imaging of their root zones. J Geol Soc 162:1-4CrossRef

Davies RK, Handschy JW (2003) Introduction to AAPG Bulletin thematic issue on fault seals. Am Assoc Pet Geol Bull 87:377-380

Dennis H, Bergmo P, Holt T (2005) Tilted oil-water contacts: modelling the effects of aquifer heterogeneity: Petroleum Geology conference series 2005, p. 145-158

Dolson JC, Atta M, Blanchard D, Sehim A, Villinski J, Loutit T, Romine K (2014) Egypt's future petroleum resources: A revised look in the 21st Century. In: Marlow L, Kendall C, Yose L (eds) Petroleum Systems of the

Tethyan Region, v. Memoir 106: Tulsa, Oklahoma, American Association of Petroleum Geologists, p. 143-178

Dolson JC, Boucher PJ (2002) The petroleum potential of the emerging Mediterranean offshore gas plays. Egypt: Annual Meeting, AAPG

Dolson JC, Boucher PJ, Dodd T, Ismail J (2002a) The petroleum potential of the emerging Mediterranean offshore gas plays, Egypt. Oil Gas J 32-37

Dolson JC, Boucher PJ, Ismail J, Dodd T (2002b) Pre-Pliocene potential in the Nile Delta/Mediterranean, offshore Egypt: an emerging giant gas and condensate play? (abs.): International Petroleum Conference and Exhibition, p. A25

Dolson JC, Boucher PJ, Siok J, Heppard PD (2004) Key challenges to realizing full potential in an emerging giant gas province: Nile Delta/Mediterranean offshore, deep water, Egypt: Petroleum Geology: North-West Europe and Global Perspectives—Proceedings of the 6th Petroleum Geology Conference, p. 607-624

Dolson JC, Boucher PJ, Siok J, Heppard PD (2005) Key challenges to realizing full potential in an emerging giant gas province: Nile Delta/Mediterranean offshore, deep water, Egypt: 6th Petroleum Geology Conference, p. 607-624

Dolson JC, Martinsen RS, Sisi ZE (2002c) Messinian incised-valley systems in the Mediterranean along the Egyptian coastline: paleogeography and internal fill: evidence from cores and seismic (abs.): AAPG International Petroleum Conference and Exhibition, p. A25

Doughty PT (2003) Clay smear seals and fault sealing potential of an exhumed growth fault, Rio Grande rift, New Mexico. Am Assoc Pet Geol Bull 87:427-444

Downey MW (1984) Evaluating seals for hydrocarbon accumulations. Am Assoc Pet Geol Bull 68:1752-1753

Duerto L, McClay K (2002) 3D geometry and evolution of shale diapirs in the Eastern Venezuelan Basin (3 posters), AAPG Annual Convention, Houston, Texas, Search and Discovery Article #10026 (2002), p. 3 posters

Eaton BA (1975) The equation for Geopessure prediction from well logs. SPE 50th Annual Fall Meeting, Society of Petroleum Engineers

Engelder T, Lash GG, Uzcategui RS (2009) Joint sets that enhance production from Middle and Upper Devonian gas shale of the Appalachian Basin. Am Assoc Pet Geol Bull 93:857-889

England WA (1994) Secondary migration and accumulation of hydrocarbons. In: Dow WG, Magoon LB (eds) The petroleum system—from source to trap. The American Association of Petroleum Geologists, Tulsa, Oklahoma, pp 211-217

England WA, Mackenzie AW, Mann DM, Quigley TM (1987) The movement and entrapment of petroleum fluids in the subsurface. J Geol Soc Lond 144:327-347CrossRef

England WA, Mann AL, Mann DM (1991) Migration from source to trap. In: Merrill RK (ed) AAPG treatise of petroleum geology, handbook of petroleum geology. Tulsa, Oklahoma, The American Association of Petroleum Geologists, pp 23-46

Faerseth RB, Johnsen E, Sperrevik S (2007) Methodology for risking fault seal capacity: Implications of fault zone architecture. Am Assoc Pet Geol Bull 91:1231-1246

Ferrero MB, Price S, Hognestad J (2012) Predicting water in the crest of a giant gas field: Ormen Lange hydrodynamic aquifer model: Society of Petroleum Engineers. v. SPE 153507, p. 1-13

Gardosh M, Druckman Y, Buchbinder B, Calvo R (2007) The Oligo-Mocene deepwater system of the Levant Basin. Geophysical Institute of Israel. p 73

Gardosh M, Druckman Y, Buchbiner B (2009a) The Late Tertiary deep-water siliciclastic system of the Levant margin—An emerging play offshore Israel, AAPG Search and Discovery Article #10211

Gardosh MA, Druckman H, Buchbinder B (2009b) The late Tertiary deep-water siliciclastic system of the Levant

Margin: an emerging play in Israel, American Association of Petroleum Geologists Annual Convention, Denver, Colorado, AAPG Search and Discovery Article #10211, p. 1–19

Gawthorpe RL, Moustafa AR Pivnik D, Sharp I (2002) Syntectonic sedimentation in rifts: Examples from the Sinai margin and subsurface of the Gulf of Suez, Egypt: A field guidebook, AAPG International Conference and Exhibition, Cairo, Egypt, American Association of Petroleum Geologists, p. 116

Gearhart–Owens–Industries (1972) GO Log InterpretationReference Data Handbook, Gearhart–Owens Industries, Inc., 226 p

Gibson RG (1994) Fault–zone seals in siliciclastic strata of the Columbus Basin, offshore Trinidad. Am Assoc Pet Geol Bull 78:1372–1385

Gibson RG, Bentham PA (2003) Use of fault–seal analysis in understanding petroleum migration in a complexly faulted anticlinal trap, Am Assoc Pet Geol Bull 87:465–478

Hanson WB, Vega V, Cox D (eds) (2004) Structural geology, seismic imaging, and genesis of the giant Jonah Gas field, Wyoming, U.S.A.: Jonah field: case study of a giant tight–gas fluvial reservoir: AAPG studies in geology 52 and rocky mountain association of geologists 2004 guidebook. American Association of Petroleum Geologists, Tulsa, Oklahoma, pp 61–92

Hartmann DJ, Beaumont EA (1999) Predicting reservoir system quality and performance. In: Beaumont EA, Foster NH (eds) Exploring for oil and gas traps: treatise of petroleum geology, handbook of petroleum geology, v. 1: Tulsa, Oklahoma, American Association of Petroleum Geologists, p. 9.3–9.154.

He Z, Berkman T (1999) Interactive charge modeling of the Qatar arch petroleum systems, AAPG Hedberg conference on multi–dimensional basin modeling, Colorado springs. American Association of Petroleum Geologists, Colorado

Henry M, Pentilla M, Hoyer D (2010) Observations from exploration drilling in an active mud volcano in the southern basin of Trinidad, West Indies. In: Wood L (ed) Shale tectonics. Tulsa, Oklahoma, American Association of Petroleum Geologist, pp 63–78

Heppard PD, Dolson JC, Allegar NC, Scholtz SM (2000) Overpressure evaluation and hydrocarbon systems of offshore Nile Delta, Egypt: Mediterranean Offshore Conference, p. CD

Horner DR (1951) Pressuer build–up in wells. Proceedings of the Thrid World Petroleum Congress, The Hague, Netherlands, p. 503–521

Hubbert MK (1953) Entrapment of petroleum under hydrodynamic conditions. Am Assoc Pet Geol Bull 37: 1954–2026

Huseynov A (2012) Pore pressure principles course–training materials (in–house course), Baku, Azerbaijan, BP

Jackson J, Priestley K, Allen M, Berberian M (2002) Active tectonics of the south Caspian basin. Geophys J Int 148:214–245

James WR, Fairchild LH, Nakayama GP, Hippler SJ, Vrolijk PJ (2004) Fault–seal analysis using a stochastic multifault approach. Am Assoc Pet Geol Bull 88:885–904

Jones RM, Hillis RR (2003) An integrated, quantitative approach to assessing fault–seal risk. Am Assoc Pet Geol Bull 87:507–524

Kendrick JW (1998) Turbidite reservoir architecture in the Gulf of Mexico—insights from field development, EAGE/AAPG 3rd Research Symposium—Developing and Managing Turbidite Reservoirs p. 287–289

Lee Y, Deming D (2002) Overpressures in the Anadarko Basin, southwestern Oklahoma: static or dynamic? Am Assoc Pet Geol Bull 86:145–160

Lie O, Skiple C, Lowrey C (2011) New insights into the Levantine Basin, GeoExPro. Geopublishing Ltd., London, pp 24–27

Lupa J, Flemings P, Tennant S (2002) Pressure and trap integrity in the deepwater Gulf of Mexico. Lead Edge 21: 142-183CrossRef

Marcou JA, Samsu D, Kasim A, Meizarwin, Davis N (2004) Tangguh LNG's gas resource: discovery, appraisal and certification, IPA-AAPG Deepwater and Frontier Exploration in Asia and Australiasia Symposium, Indonesian Petroleum Association

McClelland E, Finegan B, Butler RWHA (1996) A magnetostratigraphic study of the onset of the Mediterranean Messinian salinity crisis: Calanisetta Basin, Sicily. In: Morris A, Tarling DH (eds) Paleomagnetism and Tectonics of the Mediterranean Region, v. Publication No. 105: London, The Geological Society, p. 205-218

Montgomery SL, Robinson JW (1997) Jonah field, Sublette county, Wyoming: Gas production from overpressured upper cretaceous lance sandstones of the green river basin. Am Assoc Pet Geol Bull 81:1049-1062

Moussa DS, Matbouly DS (eds) (1994) Nile delta and north Sinai: fields, discoveries and hydrocarbon potentials (a comprehensive overview). The Egyptian General Petroleum Corporation, Cairo, Egypt, 387 p

Muggeridge A, Mahmode H (2012) Hydrodynamic acquifer or reservoir compartmentalization? Am Assoc Pet Geol Bull 96:315-336

Nashaat M, Carlin S, BagnoliG, Moussa A (1996) The pre-Messinian overpressure study in the Nile Delta area: a supporting methodology for understanding hydrocarbon accumulation. In: Youssef M (ed) 13th Petroleum Conference, v. 1: Cairo, Egypt, The Egyptian General Petroleum Corporation, p. 193-202

O'Connor SA, Swarbrick RE (2008) Pressusre regression, fluid drainage and hydrodynamically controlled fluid contact in the north Sea, lower cretaceous, Britannia sandstone formation. Pet Geosci 14:115-126CrossRef

Palmieri G, Harby H, Marini JA, Hashem F, Dalla S, Shash M (1996) Baltim fields complex: an outstanding example of hydrocarbon accumulations in a fluvial Messinian incised valley. In: Youssef M (ed) Proceedings of the 13th Petroleum Conference, v. 1: Cairo, Egypt, The Egyptian General Petroleum Corporation, p. 256-269

Peace D (2011) Eastern Mediterranean: the Hot New exploration region, GeoExPro. Geopublishing Ltd. , London, pp 36-41

Riley G (2009) Supergiant fields in an overpressured lacustrine petroleum system: the south Caspian basin, AAPG 2009 distinguished lecture series. American Association of Petroleum Geologists, Tulsa, Oklahoma, p 32

Roberts G, Peace D (2007) Hydrocarbon plays and prospectively of the Levantine Basin, offshore Lebanon and Syria from modern seismic data. Geo Arabia 12:99-124

Robertson J, Goulty NR, Swarbrick RE (2013) Overpressure distributions in Palaeogene reservoirs of the UK Central North Sea and implications for lateral and vertical fluid flow. Pet Geosci 19:223-236CrossRef

Sales JK (1997) Seal strength vs. trap closure-A fundamental control on the distribution of oil and gas. In Surdam RC (ed) Seals, traps and the petroleum system, v. Memoir 67: Tulsa, Oklahoma, American Association of Petroleum Geologists p. 57-83

Samuel A, Kneller B, Raslan S, Sharp A, Parsons C (2003) Prolific deep-marine slope channels of the Nile Delta, Egypt. Am Assoc Pet Geol Bull 87:541-560

Sautkin A, Talukder AR, Comas MC, Soto JI, Alekseev A (2003) Mud volcanoes in the Alboran Sea: evidence from micropaleontological and geophysical data. Mar Geol 195:237-261CrossRef

Saxon J (2011) 'Water Way' to gas identification in Raven, New and Emerging Plays in the Eastern Mediterranean. The Geological Society of London, London, p 59

Schenk CJ, Kirschbaum MA, Charpentier RR, Klett TR, Brownfield ME, Pitman JK, Cook TA, Tennyson ME (2012) Assessment of undiscovered oil and gas resources of the Levant Basin Province, Eastern Mediterranean, Reston, Virginia, World Petroleum Resources Project United States Geological Survey

Shaker SS (2002) Geopressure progression-regression: an effective risk assessment tool in Gulf of Mexico Deep Water. Gulf Coast Assoc Geol Soc Trans 52:893-898

Shaker SS (2005) Geopressure centroid: perception and pitfalls, 2005 SEG Annual Meeting. Houston, Texas, Society of Exploration Geophysicists, p 4

Shanley KW (2004) Fluvial reservoir description for a giant low-permeability gas field: Jonah Field, Green River Basin, Wyoming, USA. In: Robinson JW, Shanley KW (eds) Jonah Field: Case Study of a Tight-gas Fluvial Reservoir, v. 52, American Association of Petroleum Geologists Studies in Geology, p. 159-182

Sharp I, Gawthorpe RL, Underhill J, Gupta S (2000) Fault-propagation folding in extensional settings: Examples of structural style and synrift sedimentary response from the Suez rift, Sinai, Egypt. Geol Soc Am Bull 112: 1877-1899CrossRef

Skerlec GM (1999) Evaluating top and fault seal. In: Beaumont ANHFEA (ed) Exploring for Oil and Gas Traps: Treatise of Petroleum Geology, Handbook of Petroleum Geology, v. 1: Tulsa, Oklahoma, American Association of Petroleum Geologists, p. 10-3-10-94

Smith B, Rose J (2002) Uganda's Albert graben due first serious exploration test. Oil Gas J

Stewart SA, Davies RJ (2006) Structure and emplacement of mud volcano systems in the South Caspian Basin. Am Assoc Pet Geol Bull 90:771-786

Stieglitz T, Spoors R, Peace D, Johnson M (2011) An integrated approach to imaging the Levantine Basin and Eastern Mediterranean: New and emerging plays in the Eastern Mediterranean, p 15-19

Surdam RC, Robinson J, Jiao ZS, Nicholas KB II (2001) Delineation of Jonah Field using seismic and sonic velocity interpretations. In Anderson D (ed) Gas in the Rockies, Rocky Mountain Association of Geologists, p. 189-209

Swarbrick R, O'Connor S (2010) Low pressure to high pressures—how regional overpressure mapping helps find trapped hydrocarbons, Finding Petroleum, Immarsat Conference Center, London, United Kingdom, Finding Petroleum

Traugott M (1997) Pore pressure and fracture pressure determinations in deepwater: World Oil, v. Deepwater Technology supplement to World Oil p. 68-70

Vavra CL, Kaldi JG, Sneider RM (1992) Geological applications of capillary pressure: a review. Am Assoc Pet Geol Bull 76:840-850

Whaley J (2008) The Raven field: planning for success, GEOEXPRO. United Kingdom, GEOEXPRO, p. 36-40

Yielding G (2002) Shale gouge ratio-calibration by geohistory. Norwegian Petroleum Soc Special Publications 11: 1-15CrossRef

Yielding GB, Freeman B, Needham DT (1997) Quantitative fault seal prediction. Am Assoc Pet Geol Bull 81: 897-917

Young MJ, Gawthorpe RL, Sharp IR (2002) Architecture and evolution of the syn-rift clastic depositional systems towards the tip of a major fault segment, Suez Rift, Egypt. Basin Res 14:1-23CrossRef

Yusifov M (2004) Seismic interpretation and classification of mud volcanoes on the South Caspian Basin, offshore Azerbaijan. Texas A&M University, College Station, Texas, p 104

5 定量封堵与饱和
——毛细管压力和拟毛细管压力的定量评价

摘　　要

毛细管压力对油气藏的封堵能力和油气渗流起着基础性的控制作用。孔隙喉道半径是影响封堵能力的关键因素，对于最小的孔隙喉道需要最大的油柱浮压才能使油气能够置换孔隙系统中的水。界面张力和润湿性起着附加的作用。当将毛细管压力数据转换为自由水位以上高度时，在已知含水饱和度的情况下，毛细管压力数据可以近似地逼近自由水位处压力。

在地层中获取毛细管压力数据是一件困难的事情，耗时且昂贵。然而，通过 Winland 来分析研究岩石中的流动单元，进而可以用孔隙度和渗透率来估计孔隙喉道半径。一旦做到了这一点，就可以根据渗透率和孔隙度数据，绘制拟毛细管压力图，从而很好地得出近似自由水以上高度的毛细管压力数据。这些数据可以用来评价毛细管封堵能力和储层表现。

可以使用软件包或简单的网格操作来对油气运移通道上的封闭性和油气圈闭进行模拟。通过定量评价识别封堵性，并对古地理图进行修正以匹配油气显示，或帮助确定断层上的封堵能力。一旦完成了这一步，就可以沿油气运移通道运用毛细管封堵性结果进行油气运移模拟，从而提供一套比单独寻找四围闭合圈闭更可靠的远景区分布结果。

此外，附录 B 展示了如何构建一个 Excel 电子表格来可视化潜在的孔喉大小。附录 C 说明了如何构建 Excel 电子表格来分析压汞毛细管压力数据，附录 D 以孔隙度和渗透率作为输入参数，给出了类似的模拟拟毛细管压力的解决方案。附录 E 提供了一些关于如何使用 ARCGIS 格式文件和特征分类创建封堵网格来分析圈闭的技巧。

本章的主要目的是让读者了解，无论从何种来源获得的孔隙度和渗透率的资料，都可以用来对毛细管封堵能力或储层质量进行定量评估。为了实现这一目的，您将学习如何从使用回归方程来构建拟毛细管压力曲线，该回归方程可以根据孔隙度和渗透率数据估算孔隙喉道大小。

能够根据自由水面以上高度的含水饱和度来评价毛细管封堵能力及其在圈闭中的位置是理解圈闭和油气显示的关键。

5.1　毛细管压力基础知识

5.1.1　理解毛细管压力的重要性

在进一步研究毛细管压力之前，首先了解孔隙喉道的相对大小非常重要，此外通过毛细管压力可以反映孔喉网络中流体驱替的难易程度。从某种意义上说，岩石中的孔喉就像人体中的动脉和毛细血管一样，由大到小排列成复杂的网状结构。$1\mu m = 10^{-3} mm$，一块 $70\mu m$ 的岩石的孔隙网络与人类头发丝的大小一样，属于大孔隙。中孔隙的岩石的孔隙大小为 0.5~2μm，其孔隙网络的大小与一些细菌大小差不多。泥岩的孔隙网络的尺寸小于肥皂膜尺寸。幸运的是，石油和天然气分子更小，可以非常容易地进入这些小的空间。

毛细管压力提供了封闭油气的封堵力。在圈闭充满油气时圈闭中所达到的油气饱和度将受到最弱的毛细管力和克服毛细管力所需油柱浮压的限制。第 2 章介绍了各种岩石类型的自由水位、饱和度与油气柱高的概念，以及与封堵相关的基本圈闭几何形状。

理解毛细管压力是如何计算的，这是另一个关键，然后才能把油气显示真正定量化在圈闭内的特定位置。例如，确定一个 65% 的含水饱和度（S_w）是位于圈闭顶部还是位于废弃带，或位于过渡带油气柱的底部，需要知道如何从毛细管压力的角度来观察储层。如果通过毛细管压力可以很好地了解岩石的性质，那么在生产过程中如何进行油井试井也就更容易理解和定量化了。

此外，第 4 章还介绍了流体动力条件下压力分析和流体流动的基础知识，但没有介绍由封堵产生的其他组合圈闭的部分内容。在本章中，我们将介绍利用毛细管压力数据、直接观察油气显示数据和（或）使用孔隙度和渗透率数据的拟毛细管分析表格来估算封堵能力的方法。

5.1.2 采用毛细管压力（封堵）绘制流体势（圈闭）图

要想理解如何既利用水动力条件又利用封堵能力来生成的圈闭图件，就需要理解 Hubbert's 关于圈闭的完整方程（第 4 章和 Hubbert，1953）。式（5.1）给出了流体圈闭（势）的完整方程。

$$\Phi_P = gZ + \frac{p}{\rho} + \frac{p_c}{\rho} \tag{5.1}$$

式中：Φ_P 为（流体势）；Z 为构造海拔（TVDSS）；p 为在海拔处的压力；ρ 为流体（水、油、气）的密度；p_c 为毛细管压力；g 为重力分量。

由于重力分量是常数，为了实际工作中绘图方便（Dahlberg，1995），可以将其消除掉，方程简化为：

$$\Phi_P = Z + \frac{p}{\rho} + \frac{p_c}{\rho} \tag{5.2}$$

这可以用压力梯度重新表示为：

$$\Phi_P = Z + \frac{p}{P_{grad}} + \frac{p_c}{P_{grad}} \tag{5.3}$$

其中 P_{grad} 为石油或气体密度，psi/ft（例如，原油密度为 0.35psi/ft）。

在处理密度时，记住 1g/cm³ = 0.433psi/ft 是很有用的，因此用式（5.4）将密度单位由 g/cm³ 转换为 psi/ft，即：

$$P_{grad}(psi/ft) = 密度(g/cm^3) \times 0.433 \tag{5.4}$$

然而，在第 4 章中讨论的利用 U-V-Z 方法生成水动力倾斜图的数学方法并没有使用完整的 Hubbert 方程，而仅仅使用了 $Z + \dfrac{p}{\rho}$ 分量。附加的分量 $\dfrac{p_c}{\rho}$ 是岩石由于其毛细管压力特性而具有的封堵能力。因此，对圈闭进行定量建模不仅需要了解水的流态，还需要对沿运移路径流体的相态或断层的毛细管封堵能力的了解。这种影响可能是巨大的，因为断层和相态的变化会给正在经历水动力倾斜和冲刷的圈闭增加数百米的封堵能力。显然，最复杂的圈闭包括水运动和毛细管封闭，这些都应该通过建模来理解圈闭的几何形状。

如果盆地内在水头没有横向梯度，则流体势方程为：

$$\Phi_P = Z + \frac{p_c}{\rho} \tag{5.5}$$

因为动水压头在面积上是恒定的。

本章将介绍如何计算封堵分量 $\dfrac{p_c}{\rho}$，作为任意流体—水组合的封堵能力的油气柱高的值（英尺或米）。有了这个数字，可以使用 U-V-Z 方法运行油气运移图，该方法由于断层或相封闭而增加了额外的圈闭。

如果盆地具有水动力流动，则必须将水力头的 V_o 或 V_g 图添加到封堵能力图中，然后尝试使用 U-V-Z 方法。当执行了这样的操作时，生成的图件就有更好的机会来预测新油田并解释现有的油气聚集。

5.1.3　毛细管压力分析

如图 5.1 所示，毛细管压力是使一组浸没在半充水、半充油的管子中使水上升的力。管子越细，水相的上升就越高，这就是所说的水会"湿润"管壁。水或"润湿相"在管中上升的高度是由毛细管压力所控制，而毛细管压力又与管的半径以及润湿相和非润湿相的性质有关。在这种情况下，非湿润相是油。为了用油置换管子里的水，需要施加额外的压力迫使水从管内流出。在油气圈闭中，这种驱替力是由油柱浮压提供的，油柱浮压是油水密度差和控制油气柱高度的圈闭几何形状的函数。在较高的圈闭处，更多的流体可以从更小的管道中流出，但必须克服管道中的毛细管压力。

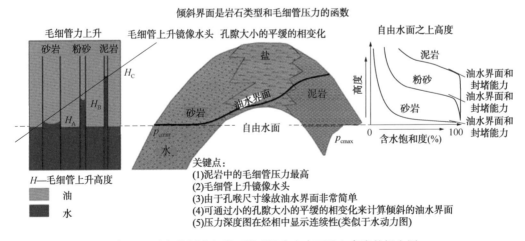

图 5.1　毛细管压力与岩石类型及自由水面以上高度的概念图

[泥岩或任何封闭体相对于多孔储层具有较高的毛细管压力。因此，由于毛细作用，
圈闭中的上倾方向孔隙喉道尺寸变小，就会产生倾斜的油水界面。据 Dahlberg，1995，有修改]

有关毛细管压力知识方面的优秀的论文包括 Abdallah 等（2007），Hartmann 和 Beaumont（1999），Jennings（1987），Vavra 等（1992），其他经典文献有 Berg（1975），Schowalter

(1979),Swanson(1981)以及 Thomeer(1960)。

毛细管压力的定义是毛细管弯月(液)面上的压力差,但可能更容易理解为促使非润湿相(在本例中是油)取代润湿相(在本例中是水)所需的附加压力。毛细管压力是由水油界面的内聚力和液体与毛细管壁之间的黏结力共同作用而产生的。这些力在最小的毛细管中最高。作用在流体界面上的力称为"界面张力",而那些沿毛细管壁的力则为"润湿性"做贡献。

在图5.1中,三种常见的岩石类型在背斜上逐渐改变。在最小的孔喉处毛细管压力最高,在最大的孔喉处最低。因此,泥岩含水高,砂岩含水低,储层可以认为是一个接近无限分布的毛细管。因此,在这种情况下,如果毛细管在上倾方向半径逐渐减小,那么油水界面实际上有一定的斜坡或者是倾斜。如第2章所述,饱和度可以看作是饱和度—高度函数(图5.1右侧)。油气在毛细管作用中突破或取代水的位置不仅决定了该岩石类型的油水界面,而且也决定了其封堵能力。

图5.1还显示了水头与管内水位上升高度的相似性。从流体流动的角度来看,泥岩相对于其他储层具有较高的势能。

定量表达毛细管作用的基本方程(Vavra 等,1992)由式(5.6)和式(5.7)得出,如图5.2所示。

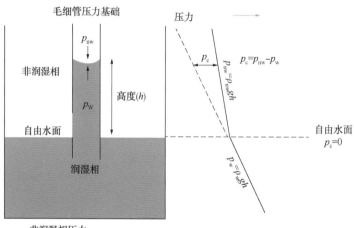

p_{nw}—非润湿相压力;
p_w—润湿相压力;
p_c—毛细管压力(等于浮压);
ρ_w—润湿相密度;
ρ_{nw}—非润湿相密度;
g—重力常数;
h—毛细管内的高度。

毛细管中非润湿相上升直到达到黏滞力和重力达到平衡,自由水面是毛细管压力等于零的地方

图5.2 毛细管压力的基本定义(p_c 的方程可以用压力—深度图来表示,

p_b(浮压)相当于 p_c。自由水位 $p_c = 0$。据 Vavra 等,1992,经 AAPG 批准重印,

再次使用需经 AAPG 的进一步批准)

$$p_c = gh(\rho_w - \rho_{nw}) \tag{5.6}$$

式中:ρ_w 为润湿相密度;ρ_{nw} 为非湿润相密度;g 为重力常数;h 为自由水面之上高度。

这个方程可以改写为:

$$p_c = \frac{2\gamma \cos\theta}{R} \tag{5.7}$$

式中：γ 为界面张力，dyn/cm；θ 为润湿角；R 为孔喉半径，cm。

则 p_c 单位为 dyn/cm^2（$69035dyn/cm^2 = 1psi$）。

由式(5.8)或式(5.9)转换为 psi：

$$p_c（以 psi 为单位）= \frac{2\gamma\cos\theta}{R} \times 145 \times 10^{-5} \tag{5.8}$$

如果 R 以 μm 为单位输入，则换算成 psi 为：

$$p_c = \frac{2\gamma\cos\theta}{R} \times 0.145 \tag{5.9}$$

油相和水相的密度差驱动浮压。因此，在图5.2的压力—深度图中，毛细管压力很容易理解，毛细管压力与浮压一样，是润湿相与非润湿相之间的差值（在大多数情况下，是水密度与烃类密度之间的差值）。自由水位处 $p_c = 0$。

那么，界面张力和润湿性的附加量是多少？克服毛细管压力还意味着克服界面张力（IFT）和润湿性的阻力。润湿性与界面张力共同作用。液体对液体界面的作用力称为黏性，是由液体界面的分子变化引起的。润湿性是润湿相与毛细管壁之间起作用的一种黏滞力（附着力）。从概念上讲，当水没有从挡风玻璃上流下时，这是因为重力小于黏合力（润湿性）。

通常，岩石中被认为有水作为润湿相，因此被称为水湿。如果润湿相是油，它就是油湿。图5.3所示是水润湿相的一个例子，其中界面接触角小于90°。相反，如果表面是油湿的，则水珠向上聚拢，如图5.3B所示。界面张力可以看作是作用在流体界面上的力，如图5.3C中的水蜘蛛所示。

A.润湿性接触角

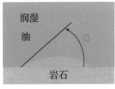

B.非润湿性面：打蜡的洗车玻璃

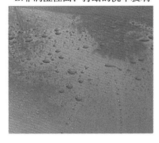

C.界面张力

E.润湿性和界面张力共同作用

D.薄片显示部分油湿和水湿喉道

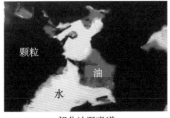

部分油湿喉道

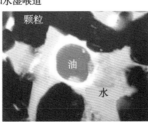

水湿喉道

图5.3　润湿性和界面张力的概念模型

油湿岩石相对来说比较少见，可以达到非常低的水饱和度(O'sullivan 等，2008)。更常见的情况是，孔隙可能有轻微的油湿，如图 5.3D 所示。界面张力和润湿性共同作用的例子如图 5.3E 所示。润湿性与界面张力之间存在密切联系。例如，如果界面张力降低，原来不湿润的液体可以变得湿润。

这可能正是某些油湿储层所发生的情况。初始条件可能是水湿的，但是与某些类型的富沥青油或富铁胶结物的化学反应可能会随着时间的推移而使润湿性有所改变。在任何情况下，在毛细管压力分析中改变界面张力或界面接触角都会对饱和度–高度函数产生显著影响。一个涉及改变润湿性和界面张力值的实际应用是，当开采后的油藏的毛细管性质发生变化时，通过向油藏中注入化学物质来改变其润湿性和界面张力值，能够使残余油再次被开采出来(RPSEA，2009)。

毛细管压力的定量分析方法很多，其中最常见的是汞毛细管注入压力(MCIP)。离心分离法和多孔板的方法也被使用，但在本书的其余部分，将主要研究压汞数据。这个过程包括切割岩心塞样品，加热和干燥岩心塞样品以除去所有的液体，包括水和烃类，只留下孔隙空间。接下来，将排空的岩心塞样品放入一个装置中，逐渐升高压力注入水银，直到孔隙系统被充满到极限状态。MCIP 注入压力通常为 2000psi，但在真正致密的地层或泥岩中测试时可以达到 60000psi 或更高。

在该试验中，孔隙中的空气为润湿相，汞为非润湿相。汞的驱替模拟了油气充注圈闭的运移过程。当注入汞时，汞含量随压力变化的曲线称为"排出"曲线方向(图 5.4)。从这些图中，可以得到一些重要的信息：

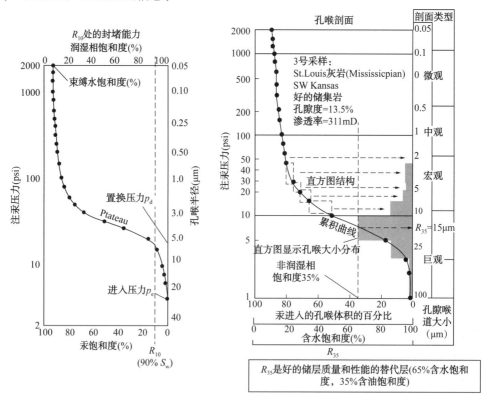

图 5.4 压汞孔喉分布[来自 Jennings(1987)及 Hartmann 和 Beaumont(1999)。
经 AAPG 许可转载，需要获得 AAPG 的许可才能继续使用]

（1）如果已知烃—水系统的密度以及烃类相的界面张力和润湿性，该曲线可以转换为自由水面之上高度。

（2）当已知空气—汞的界面张力和汞的润湿性时，可以直接利用曲线计算出孔喉尺寸分布。因此，孔喉尺寸（R）方程为：

$$R = \frac{2\gamma\cos\theta}{p_c} \tag{5.10}$$

如汞—空气的界面张力 $\gamma = 485\text{dyn/cm}$，和 $\theta = 140°$。

注意：在汞—空气的 $\theta = 140°$ 这个例子和其他例子中，为了使 $\cos\theta$ 返回值为正值，应该使用 $40°$，因为原始的汞—空气孔喉大小的 Washburn（1921）方程选取 $\cos(140°)$ 绝对值。

（3）这个方程可以进一步改写为式（5.10）（Pittman，1992）的形式：

$$R(\mu m) = \frac{107}{p_c[\text{psia}]} \tag{5.11}$$

拟毛细管压力分析包括用简单的孔隙度和渗透率算法来计算孔隙喉道半径。如果能够估算出孔喉半径、界面张力和润湿性，则可以得到其他孔喉半径处的封堵能力或饱和度。这方面内容将在下一节中介绍。

从油气服务公司返回的毛细管压力图通常包括计算并显示的每个样本的孔喉分布。实际上，由于孔隙分布非常复杂，其计算值实际上代表了喉道的有效尺寸，而不是实际尺寸（Vavra 等，1992）。然而，这些曲线的形状很好地说明了孔隙喉道系统的类型和岩石类型。

要记住的关键点是：

（1）在 10% 汞饱和线上的拐点称为驱替压力。与曲线相切的直线（图 5.4 左），给出了岩石的封堵能力，如果转换成碳氢水系统的话，还给出了理论油水界面。

（2）统计表明，在 35 百分位汞（65%含水饱和度）处的孔喉大小与储层的性能有很强的相关性（Pittman，1992；Winland，1972，1976）。

（3）压力增加，曲线走向垂直且不可能进一步饱和的点被标记为束缚水饱和度（S_{wi}）。当转换成碳——水体系中自由水位以上的高度时，能够得到最低的含水饱和度（S_w）。有些束缚水残留在孔隙中，永久附着在较小的孔喉壁上，但不可替代。

要使这些测量值对您和管理人员有用，需要将这些值转换为自由水位之上高度的图件。

图 5.5 总结了转换步骤。第一步是计算毛细管压力（p_{chw}）。第二步是转换 p_{chw} 到自由水位之上高度（单位：ft）。方程如图 5.5 所示。

显然，最好用构建电子表格的方法快速进行此类计算，并对输入不同的参数的敏感性进行测试。附录 C 给出了一个简单的电子表格结构，用于生成自由水位之上高度的图件。不过，要获得正确的图件，比较困难的是计算接触角和 IFT 值，这两个参数很少可用，除非有工程师或测井分析人员对样本进行测试来获得这些值。此外，密度值必须与地下环境条件相匹配，最好是结合所在地区的 PVT 工作，或者根据地下温度和压力知识进行修正。在气压和温度对密度有较大影响的气层中，这些参数特别敏感。

表 5.1 总结了用于各种流体的一些常用数值，提供了一些通常用于"快速查找"的范围，但没有提供详细的信息。电子表格通过直观地比较所使用的每个变量或组合所发生的更改量，从而获得测试敏感性的其他方面的有益补充。

步骤1：计算等量毛细管压力，烃—水系统(p_{chw})。

$$p_{chw} = \frac{\gamma_{hw} \cos\theta_{hw}}{\gamma_{汞-空气} \cos\theta_{汞-空气}} p_{c汞-空气}$$

式中：

γ_{hw}—烃—水系统界面张力必须测量或估算；

$\gamma_{汞-空气}$—汞—空气系统界面张力为480dyn/cm；

θ_{hw}—烃—水接触角（如果水润湿度=0，那么$\cos\theta_{hw}=1$）

$\theta_{汞-空气}$—汞—空气接触角（=140°），那么$\cos\theta_{汞-空气}=0.766$

注意：$\theta_{汞-空气}$输入40°时返回一个负值，原始Washbum方程对于汞—空气是：

$$p_{c汞-空气} = \frac{-2\gamma_{汞-空气} \cos\theta_{汞-空气}}{R}$$

步骤2：转换p_{chw}到自由水面之上高度(ft)。

$$H(ft) = \frac{p_{chw}}{(\rho_w - \rho_{碳氢化合物}) \times 0.433}$$

式中：$\rho_w - \rho_{烃}$=(水密度–烃密度)，g/cm^3。

或者，作为一个方程

$$H(ft) = \frac{\gamma_{hw} \cos\theta_{hw}}{(\gamma_{汞-空气} \cos\theta_{汞-空气}) \times 0.433(\rho_w - \rho_{碳氢化合物})} p_{c汞-空气}$$

图 5.5　转换方程(必须通过特殊的岩心和流体分析来估计或了解界面张力和润湿性数值)

表 5.1　用于自由水位之上高度计算的典型取值范围(据 Vavra 等，1992，有修改)

系统	接触角(θ)(°)	界面张力(dyn/cm)	评论
空气/汞	140(在等式中为40 以保持数值为正)	480	这些是标准的数字，固定在方程中使用
油/水< 30api[①]	0	30	部分油湿储层接触角为30°
油/水(30~40api)	0	21	部分油湿储层接触角为30°
油/水> 40api	0	15	部分油湿储层接触角为30°
甲烷/水	0	50~72	这些数字易受高温高压变化的影响。界面张力为30dyn/cm 的建议用于高压气体(Zhiyong He，个人交流)
油湿储层	50~80		

①原油密度单位。

　　在设置高温高压井的界面张力时也需要注意一些事项。例如，许多显示界面张力与温度之间关系的文献(如 1979 年的 Schowalter)已被证明在较高的温度和压力的设置是错误的(O'connor，2000；Pepper，2007)。不幸的是，很少有出版物以一种除了实际测量样本之外还能提供有意义的预测的方式来处理这个问题。因此，处理不确定范围的最好的方法是使用可变输入参数的方法来评估变化影响。在可能的情况下，一些在储层条件下可以测量界面张力的现代技术可以提供最好的答案。

例如，图 5.6 显示了俄罗斯地区某井测试中改变润湿性对毛细管压力数据的影响。虽然油湿储层异常，但改变接触角对其影响更大。图 5.6 左图为部分油湿储层，右图为强油湿储层。在实际应用中，这些样品均为水湿储层。如果变成油湿，那么对饱和度—高度函数的变化意义深远。注意，在这两张图的侧边都标有封堵能力的样品。在部分油湿的情况下，一些潮滩微孔储层的实际封堵能力可达 80~150m。由于我们通常认为砂岩不具封堵性，在这种情况下，这些潮坪沉积相可形成有效的封堵。还需注意的是，最好的储层在进入圈闭后 300m 左右达到了不可降低的饱和度，而该处的含水饱和度只有 20%。

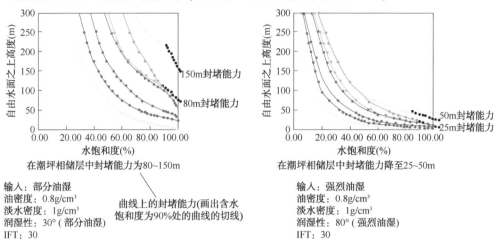

图 5.6　俄罗斯地区某井测试中不同润湿性的影响。通常情况下，假定封堵为水湿，接触角为 0°

相比之下，油湿样品的束缚水饱和度可低至 7% 以下，潮坪相的封堵能力降低到 25~50m，如果达到大于 50m 高的油柱，则可使其成为潜在的产层。

然而，对这些曲线影响最大的因素通常是流体之间的密度界面(图 5.7)。

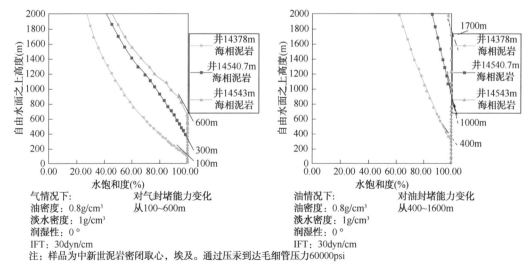

图 5.7　改变泥岩封堵样品的密度和界面张力

图 5.7 中的样品来自埃及中新世泥岩，该泥岩为 Temsah 油田提供了盖层，这方面的分析在第 4 章中已经论述过。进汞压力可达到 60000psi。在气体的情况下(图 5.7 左图)，封堵

能力从 100m 到 600m 不等。在油的情况下（图 5.7 右图），封堵能力跃升到 400～1700m，主要是由密度差异驱动引起的。还需要注意的是，岩心中样品取样的距离非常接近（只有几英寸），但是每块岩心的封堵能力差异很大。我总是对一些工作人员在泥岩上进行这样的设计并宣称这就是区域封堵能力的作图方式感到震惊。天然气的界面张力值可能比石油的要高得多，因而可能导致低估了某些泥岩的封堵能力（Tim Schowalter，个人交流）。

实际上，由于在纵向与横向上孔隙几何形状变化很快，因此最好是建立一个具有数值范围的数据库，并将数值输入圈闭和油气运移图中进行分析。此外，校准封堵能力的最佳方法是实际查看已证实被充注到溢出点的四围闭合圈闭的油气柱高度。这样，至少可以提供一组最小值。

5.1.4 用毛细管压力数据估算自由水面之上高度

毛细管压力数据最大的应用之一就是能够回算出任何样品在圈闭中相对于自由水面的大致位置。

图 5.8 所示为俄罗斯某区域低幅度构造背景上的一块侏罗系河口坝相岩心，该区的油气显示及测试结果与构造不符（Dolson 等，2014），表明是一个潜在的地层圈闭。这口井试油测试产油 5bbl/d，无水，压力数据显示整个层段为低孔隙度、低渗透率。构造图显示该井处于一个 15m 高的圈闭的边缘，接近溢出点。这种低幅度的微构造有问题，因为即使是地震速度微小的变化，也会引起封堵在深处消失。除此之外，毛细管压力数据显示，在自由水面之上 15m 处，该井不含油，除了在高孔岩石（饱和度—高度图中绿色部分）中可能有较少的油斑。

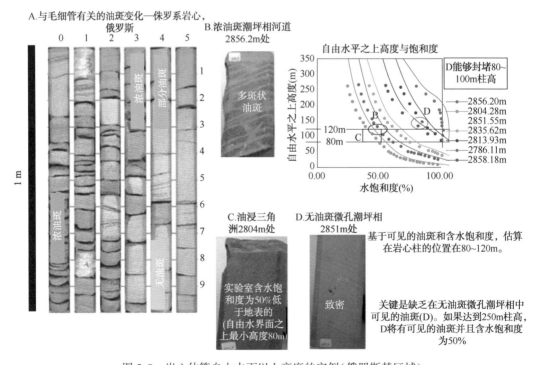

图 5.8　岩心估算自由水面以上高度的实例（俄罗斯某区域）

通过进一步的岩心观察发现，岩心含油性变化较快，许多岩相未见油斑显示，表现出微孔喉特征。用于毛细管压力分析的岩心塞样采取不同岩相和饱和度等级，从最好的饱和度到最差的饱和度(无油斑岩石)。试验用岩心是没有保持原始含水饱和度(例如使用自然状态的岩心处理)的岩心，试验报告中的岩心饱和度最多就是残余饱和度，不像在地下条件时那么低。例如，样本 B 的岩心含油饱和度为 50%，根据上面的图，该岩心处的烃柱高度为 80m。如果地下条件下的饱和度低至 40%，柱高将可达到 120m。因此，可以合理地假定该块岩心在圈闭中的位置在 80~120m 处。

采用合适的岩心和分析方法，对样品进行准确、无侵入的测试试验，这种方法更加准确。不过，在这种情况下，仅对比可见的油斑和饱和度，就表明未见油斑的样品(D)不能有超过 120m 的自由水面之上高度，否则它们应该能够显示出些许的含油饱和度。根据对所有数据进行的分析证实，该井的最小柱高可能在 80m 左右，也有可能上升到 120m。这些信息证明，该井并非处于构造圈闭中，而是一个更大的地层圈闭中的一部分，这个圈闭的面积超过 800km^2。重新调整的古地理图解释了区域封堵层，该封堵层与最深部油层的下倾极限相匹配，并提供了该井中的烃柱高度为 80~120m，加上储集相的三维地震解释，显示了巨大的油气聚集潜力(Dolson 等，2014)。

5.1.5 相对渗透率、含水率和油水界面

在解释测试资料时，理解岩石类型、饱和度、烃柱内位置与含水率之间的关系非常重要。这就需要更多其他方面的信息(图 5.9)。

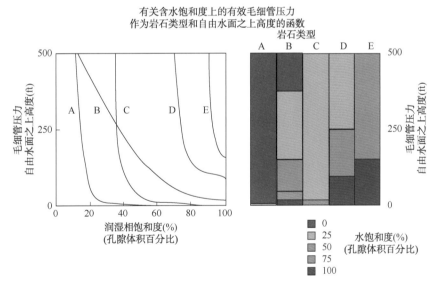

图 5.9　饱和度随岩石类型而变化[改编自 Vavra 等(1992)。值得注意的是，
在同一个圈闭内，仅由于毛细管作用，油水界面就会发生很大变化。
经 AAPG 许可转载，需获得 AAPG 的进一步许可才能继续使用]

例如，Vavra 等 1992 年对各种岩石类型和饱和度—高度图所示的例子。如前所述，油水界面的封堵能力和位置随沉积相和孔喉分布的变化而变化。例如，图 5.9 中的 A 和 C 是分布非常广泛的储层，油水界面位于或接近自由水位。然而，在这个例子中，D 和 E 将起到封

堵的作用,甚至可能是致密灰岩或砂岩,通常被认为不是常规的封堵。但是他们会测试出什么呢?在 B 和 D 中显示的 50% 的含水饱和度分布区间内是会流动的油或水,还是两者都流动?

要搞清楚这一点,需要深刻理解相对渗透率的含义。

图 5.10 是典型的优质储层相对渗透率曲线(Schowalter 和 Hess,1982)。在水—烃类两相孔隙网络中,渗透率不恒定,而是随着饱和度变化而变化,因此也会随圈闭内岩石类型和位置的变化而变化。图中显示的是临界含水饱和度(S_w)的截止值。在 20% 的含水饱和度(S_w),岩石将流动 100% 的石油,在 80% 的含水饱和度(S_w),岩石将流动 100% 的水。在 20%~80% 的含水饱和度(S_w)范围内,将测试出油和水,含水饱和度也会随着含水量的增加而增大。如果一口井恰好钻进了这种类型的相对渗透率特征且含水饱和度(S_w)可达到 80% 的圈闭,那么对这个圈闭的评价就会变得特别困难。解释人员可能会把这称为油水界面,当测试这个区带时,它可能会有以非常高的速度流动的油而没有水,从而"证明"在一些人的心目中,这个圈闭已经失败了。事实上,80% 的含水饱和度(S_w)意味着在圈闭中还有 20% 的油,可能需要在其他地方钻井。

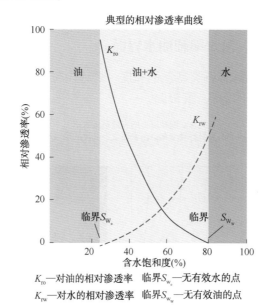

图 5.10　相对渗透率曲线(S_{w_o} 临界值为 25%,表示水和油饱和度低于此值。在含水饱和度为 80% 时,

达到临界 S_{w_w} 值,此时将只测试出水。注意,80% 的含水饱和度,仍有 20% 的储层被油饱和,

但没有一个会被测试。这是很难判定过渡带是残余相还是连续相聚集的原因之一。复杂的是

同一圈闭中不同类型岩石具不同的相对渗透率曲线。据 Schowalter 和 Hess,1982,有修改)

正如第 2 章和第 3 章所述,开始测试出水的井点位置被称为过渡带的顶部。过渡带一直向下延伸到自由水位,但实际上在圈闭底部附近测试的可能会全部是水。过渡带的饱和度也因岩石类型而异,富含黏土的储层的含水饱和度(S_w)值要高于高渗透岩石的含水饱和度(S_w)。

相对渗透率测试结果对饱和度的影响如图 5.11 所示(Hartmann 和 Beaumont,1999)。给出了两种类型的相对渗透率曲线:(1)排出方向;(2)吸入方向。这将在下一节中讨论,但是在本例中，临界 S_{w_o} 为 50%，临界 S_{w_w} 为 90%。这些临界饱和度标志着水开始与油一起流动的位置(S_{w_o})，以及地层中不再有任何油能够流动的位置(S_{w_w})。

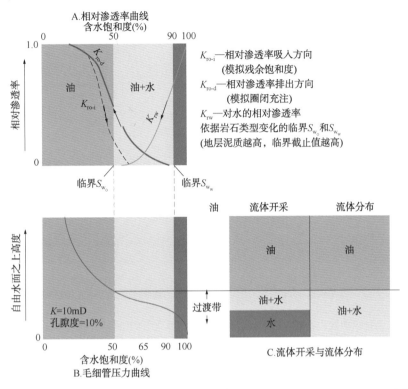

图 5.11　相对渗透率及产油量与油气藏的关系(据 Hartmann 和 Beaumont，1999，有修改。
经 AAPG 许可，需要获得 AAPG 的进一步许可才能使用)

在大多数情况下，90%的含水饱和度(S_w)线或任何含水高且无油的点可能被误认为是自由水位或油水界面，而事实并非如此。高产水率、低油流往往意味着油井位于过渡带下部的圈闭深处。相反，如果在非常致密的储层中，低含水率的油可能表明存在一个巨大的油柱高度，而该井可能处于废弃区。

Hartmann 和 Beaumont(1999)深入研究并解释了不同岩石类型的临界值因岩石类型而异，并将其总结为处理不同岩石类型时的潜在"经验法则"(表 5.2)。遗憾的是，就像界面张力和润湿性数据一样，不同岩相的相对渗透率可能还不清楚，因此临界饱和度只能通过其他探边或对子井来估算或观测。

表 5.2　不同孔隙类型的临界 S_{w_o} 值(**Hartmann 和 Beaumont，1999，有修改**)

孔隙类型	微观	中观	宏观
临界 S_{w_o}(%)	60~80	20~60	<20
过渡带长度(m)	>30	2~30	0~2

例如，在印度的 Barmer 盆地(Dolson 等，2015)，储集相具有很大的差异性，包括有泥岩、非海相粉砂质河道、低渗透碎屑流和河流相超高渗透砂岩。在这些相中，河流相储层中含游离水的油的临界含水饱和度最低为 20%，而粉砂质河道的含水饱和度最高可达 70%。

5.1.6 吸入曲线和残余饱和度

当汞注入岩心样品并充满时,其所遵循的曲线称为排水方向(图 5.12)。当样品达到不可还原的饱和状态后,压力被释放,汞被排出。这个方向称为吸入方向。对相对渗透率曲线也做了同样的分析。

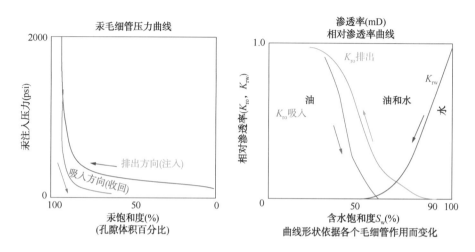

图 5.12 吸入与排出曲线、相对渗透率及模拟圈闭充注及之后的溢出[修改自 Hartmann 和 Beaumont (1999)以及 Vavra 等(1992)。排水方向模拟了运移过程中的圈闭充注。吸收曲线模拟了通过封堵漏失的再运移、隆起和倾斜或随时间变化的产量来重新模拟烃类的漏失。如果残余饱和度很低于 S_w,那么它们就很难与连续相饱和度区分开]

理解吸入曲线在勘探中非常有用,因为最终饱和度是残余饱和度。由于孔隙中的油丝不再相互连接,高于残余饱和度的饱和度就不能产生。在油田开发过程中了解这一点至关重要,同时通过模拟自吸曲线,了解饱和度随产量变化情况。

在油气勘探阶段或在对于干井的后评价中,残余油常常被忽视或误解(O'sullivan 等,2010)。以图 5.12 为例,图示中的残余饱和度低至 40%。在自然界中出现残余饱和常见的一个原因是,由于老的烃源岩圈闭的几何结构随着构造运动、应力类型或抬升和剥蚀的区域性变化而改变。在许多情况下,对残余饱和度为 40%~50% 的储层进行钻探,然后进行测试,测试结果全部是水,这样的测试结果让解释人员感到困惑,他们最初可能倾向于将这些饱和度定义为一个新的发现。

图 5.13 说明了 Shanley (2007)和 Byrnes 等(2009)提出的问题。在大量样品上对致密气砂岩进行高压注汞,得到如图所示的典型模式图,其残余含水饱和度(S_w)低至 38%。这个例子来自落基山脉的绿河盆地,该地区在盆地形成过程中经历了长达数公里的抬升和油气聚集后的剥蚀。Shanley 和 Cluff(2015)对该盆地的埋藏史、排烃和再运移进行了深入研究,研究表明该盆地普遍存在残余饱和现象。该盆地和其他盆地中的许多致密气井的含水饱和度较低,但流动的水中没有油气的迹象。这种毛细管压力测量有力地证明,致密岩石中的残余饱和度可能很难与圈闭的、连续相气聚集带区分开来。

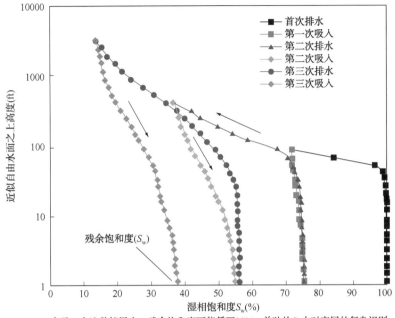

图 5.13 致密气砂中的残余饱和度[修改自 Byrnes 等(2009)。
注意,残余饱和度可能非常低,这使得解释可移动油气和产层非常困难]

5.1.7 总结

毛细管压力数据提供了关于孔隙几何形状的丰富信息、井的潜在产能、岩石类型和圈闭位置的关系,在没有压力数据的情况下,可用于估算自由水面之上的高度。对相对渗透率的理解对于了解为什么要对一个区带油、气或水,或两者的混合进行的测试至关重要。在一个看起来"湿"的圈闭低部位上的高含水饱和度实际上可能处在自由水位之上。因此,单独的测试量不应该是确定自由水位或圈闭大小的唯一标准。

5.2 流动单元、Winland 图、拟毛细管压力曲线和封堵图

勘探的现实表明,您永远不可能拥有所需的全部数据。可能由于受成本的约束,或者无法获取岩心或岩屑,许多勘探人员不愿花心思去认真考虑毛细管压力数据。不过,在没有岩心或岩屑的情况下,利用孔隙度和渗透率来估算自由水位和岩石质量的方法有很多。需要注意的是,本章所介绍的技术适用于具有或多或少"正常"孔喉分布的粒间和晶间孔隙系统的岩石。而对于复杂的双重孔隙体系,如碳酸盐岩中不连通的孔隙,其孔隙喉道分布会有很大的不同,因此必须单独处理。此外,孔隙度和渗透率越低,本章所论述的技术就变得越来越不可靠。

在本书中,我们介绍了三种估算自由水位的方法(图 5.14)。

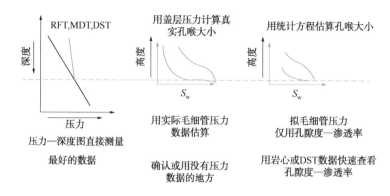

图 5.14　本书中讨论的估算自由水位的方法[压力—深度图是目前最好的方法，
但也可以使用毛细管压力和拟毛细管压力数据]

唯一真正可靠的方法是使用高质量的压力图，它可直接测量。如果能从最好的岩心数据中得到界面张力、润湿性、密度和含水饱和度，则毛细管压力数据可以给出另一个很好的结果。如图 5.14 所示，在输入变量不确定的情况下使用毛细管压力数据时，会引入误差，但可以提供一个很好的近似。第三种技术称为拟毛细管压力，它利用常规孔隙度和渗透率数据对孔喉半径进行数学估计，从而得出毛细管压力曲线。

拟毛细管压力曲线在勘探开发中非常有用，因为它可以推动对饱和度和油气显示的含义进行有意义的讨论。例如，通常可以使用 DST 或 MDT 压力数据计算渗透率数值，并通过测井解释得出孔隙度。如果 MDT 数据没有定义自由水位(当测试柱高度偏高或重点关注的层位无水时经常发生)，那么利用测井孔隙度和测试渗透率可以推导出一条拟毛细管压力曲线。

在处理拟毛细管压力数据之前，了解控制油藏动态的流动单元和相控储层非常有用。

5.2.1　流动单元和 Winland 绘图

如图 5.15 解释了流动单元的概念。流动单元的概念在 Ebanks 等(1992) 和 Gunter 等(1997)的著作中有更详细的介绍。在进行储层动态和封堵性预测时，这些参数非常重要。

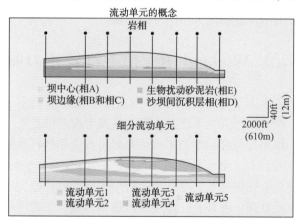

图 5.15　流动单元与沉积相[据 Ebanks 等，1992，有修改。虽然流动单元通常遵循相边界，
但它们可能会依据岩石类型和毛细作用的变化而跨越边界。经 AAPG 许可转载，
需要获得 AAPG 的进一步许可才能继续使用]

沉积相对孔隙喉道分布可能起着最基本的控制作用。然而，与埋藏有关的成岩作用变化会显著改变孔隙度和渗透率。这些变化使储层系统产生非均质性。这种非均质性反过来又对动态施加了强大的控制。流动单元被定义为类似孔隙类型的可绘图单元。然而，如图5.15所示，它们会交叉切割原始沉积相。图5.16中有4个原始沉积相，但定义了5个流动单元。Ebanks等(1992)总结了流动单元的一些特征：

（1）流动单元是特定的、可反映储层体积的单元，是具有储层和非储层特征的岩石单元。

（2）井与井之间的流动单元是相互关联和可用图表示的。

（3）流动单元可以通过测井识别。

（4）流动单元之间可以相互沟通。

A.以对数格式的方程	B.以输入到电子表格形式的方程
Winland $\lg R_{35}=0.732+0.588\lg K-0.864\lg\phi$	Winland $\lg R_{35}=100.732+0.588\lg K-0.864\lg\phi$
Pittman $\lg R_{10}=0.459+0.500\lg K-0.864\lg\phi$	Pittman $\lg R_{10}=100.459+0.500\lg K-0.385\lg\phi$
Pittman $\lg R_{15}=0.333+0.509\lg K-0.344\lg\phi$	Pittman $\lg R_{15}=100.333+0.509\lg K-0.344\lg\phi$
Pittman $\lg R_{20}=0.218+0.519\lg K-0.303\lg\phi$	Pittman $\lg R_{20}=100.218+0.519\lg K-0.303\lg\phi$
Pittman $\lg R_{25}=0.204+0.531\lg K-0.350\lg\phi$	Pittman $\lg R_{25}=100.204+0.531\lg K-0.350\lg\phi$
Pittman $\lg R_{30}=0.215+0.547\lg K-0.420\lg\phi$	Pittman $\lg R_{30}=100.215+0.547\lg K-0.420\lg\phi$
Pittman $\lg R_{35}=0.255+0.565\lg K-0.523\lg\phi$	Pittman $\lg R_{35}=100.255+0.565\lg K-0.523\lg\phi$
Pittman $\lg R_{40}=0.360+0.582\lg K-0.680\lg\phi$	Pittman $\lg R_{40}=100.360+0.582\lg K-0.680\lg\phi$
Pittman $\lg R_{45}=0.609+0.608\lg K-0.794\lg\phi$	Pittman $\lg R_{45}=100.609+0.608\lg K-0.974\lg\phi$
Pittman $\lg R_{50}=0.778+0.626\lg K-1.205\lg\phi$	Pittman $\lg R_{50}=100.778+0.626\lg K-1.205\lg\phi$
Pittman $\lg R_{55}=0.948+0.632\lg K-1.426\lg\phi$	Pittman $\lg R_{55}=100.948+0.632\lg K-1.426\lg\phi$
Pittman $\lg R_{60}=1.096+0.648\lg K-1.666\lg\phi$	Pittman $\lg R_{60}=101.096+0.648\lg K-1.666\lg\phi$
Pittman $\lg R_{65}=1.372+0.643\lg K-1.979\lg\phi$	Pittman $\lg R_{65}=101.372+0.643\lg K-1.979\lg\phi$
Pittman $\lg R_{70}=1.664+0.627\lg K-2.314\lg\phi$	Pittman $\lg R_{70}=101.664+0.627\lg K-2.314\lg\phi$
Pittman $\lg R_{75}=1.880+0.609\lg K-2.626\lg\phi$	Pittman $\lg R_{75}=101.880+0.609\lg K-2.626\lg\phi$

注意：孔隙度必须以百分比的格式输入(如20%，25%等)渗透率以mD为单位

临界值：
R_{35}—给定的储层质量和流动的测量值
R_{10}—给定的驱替压力和封堵能力的近似

图5.16　Winland(1972)和Pittman(1992)孔隙喉道方程

虽然有很多种方法定义流动单元，但最好的筛选工具之一是利用孔隙度、渗透率交会图，并与Winland(1972)和Pittman(1992)公式推导的理论孔隙喉道孔径进行比较(图5.16)。Winland(1972)的研究表明，井的产能与第35百分位孔喉半径(R_{35})有较好的经验关系。附录B和附录D以Excel格式显示了公式。

在这些方程中，测得的孔喉半径由标准压汞毛细管压力曲线计算得出。因此，当转换为自由水面之上高度图时，它们是含水饱和度(S_w)的倒数。例如，R_{10}位于90%的含水饱和度(S_w)线上，代表了近似的驱替压力或封堵能力。相比之下，R_{35}位于65%的含水饱和度(S_w)，经验表明，它与油藏动态和流体单元一致。图5.17给出了这些图件在定义流动单元方面的应用实例。下面的讨论来自1993年与Amoco生产公司完成的一项未发表的工作，该项目涉及数千英尺的岩心、数百条测井曲线数据和区域地震数据。

图5.17重叠部分是采用Winland方程计算得到的等R_{35}孔喉尺寸曲线(图5.16上部)。值低于0.5μm为微孔，0.5~2μm的为中孔，超过2μm的为巨型孔。图上显示了三个主要

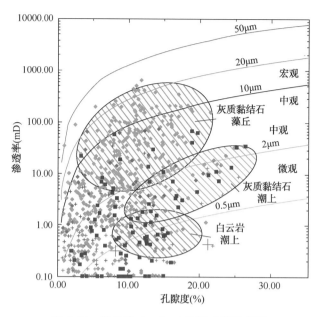

图 5.17　广义的 Windland 孔隙喉道孔径图

（宾夕法尼亚碳酸盐岩，四角，区域，USA，按照相划分）

的相簇：

（1）形成生物礁建造的藻类黏结岩

（2）潮上环境中的灰泥岩

（3）形成于潮上环境的白云质灰岩。

图 5.17 中有许多重要的观察结果，它们增强了孔隙喉道与孔隙度和渗透率之间的差异。

（1）孔隙度最高的岩石为灰质泥岩，孔隙度达到 27%，但渗透率很少超过 10md。是一套中孔储层。

（2）白云岩的孔隙率为 15%，主要为微孔，起封堵作用。

（3）藻类粘结岩(关键储层)孔隙度为 15%，渗透率可达 800mD，孔隙度为 6% 的储层为有效储层，属于大孔隙型储层。

这里存在一个很明显的问题。在测井曲线上，如果不了解孔隙喉道分布，勘探人员可能将 25% 的灰质泥岩视为最佳目标。更糟糕的是，可能采用 10% 孔隙度作为有效孔隙度下限，这将使大量的藻类黏结岩无法作为勘探或开发的有效目标。此外，15% 孔隙度的白云岩可能被当做有吸引力的目标，可它们实际上是封堵层。

孔隙度、渗透率和 R_{35} 孔喉半径的测井剖面是识别和关联流体单元的第一步(图 5.18)。

从图 5.18 可以清楚地看出，微孔带虽然孔隙率高，但没有输导能力，起到封堵和挡流作用。

图 5.19 给出了另一种从流动单元角度来观察 Winland 图的方法。

从本质上讲，藻类黏结岩可以根据孔隙大小分成两个主要的流动单元，一种具巨型孔，另一种具大型孔。灰质泥岩通常为中孔。同样，在大多数情况下，白云岩表现为微孔封堵。这是观察 Winland 图和查看流动单元分布的典型方法。在这种情况下，有三个主要的沉积相和四类流动单元。

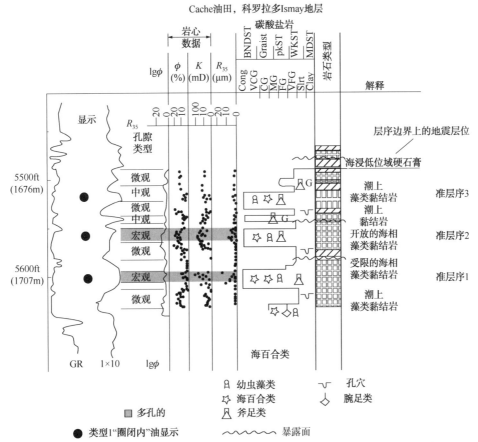

图 5.18　标记在测井曲线上的流量单元[孔隙度并不能很好地反映这些碳酸盐岩中的渗透率和孔喉类型。
微孔白云岩孔隙度最好，但无有效渗透率，起封闭作用。据 Dolson 等(1999)。
经 AAPG 许可转载，需要获得 AAPG 的进一步许可才能继续使用]

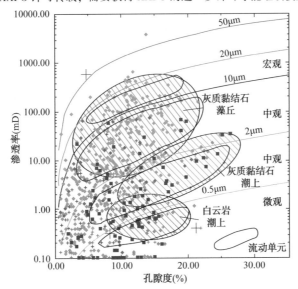

图 5.19　Winland 图件上的流动单元

(广义的 Windland 孔隙喉道孔径图，宾夕法尼亚碳酸盐岩，四角，区域，USA，按照相划分)

由 DST 或试采图可以很容易地指出孔隙类型的变化。图 5.20 中的图件来自于 1991 年 Desert Creek 地层测试采收率的数据库。符号中的颜色给出了石油、天然气和钻井液采出程度的相对百分比。最致密的井只能采出钻井液,而且只有很小的符号。最大的采出程度几乎完全来自藻类黏结岩大孔喉储层。采出程度较小的是中孔灰岩,最小的是潮上白云岩和其他致密岩相。如稍后的勘探实例所示,这些信息可以与沉积相图一起用于油气勘探。良好的沉积相图和流动单元图与油气采出程度具有良好的相关性。

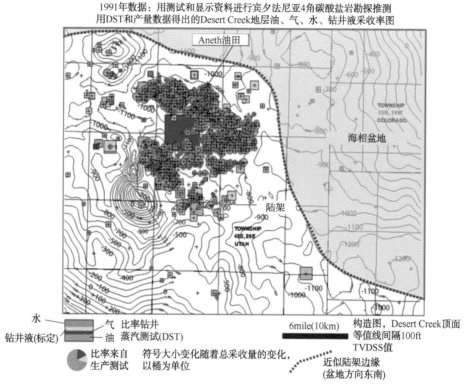

图 5.20 试验数据显示了孔喉半径的变化(符号大小随测试中的总流量而变化。流体比率百分比以油、水和钻井液的采收率表示。大的符号表示宏观多孔,小符号表示中孔。最小的标志是微孔封堵,这些标志都只显示了钻井液的测试结果。仅凭这些资料就可以进行初步勘探筛选,而不需要对沉积相作大量的了解。通过对岩心、测井、地震和沉积相的详细研究,可以将远景细化到可钻位置)

5.2.2 拟毛细管压力曲线

然而,从显示评价角度分析这些数据更有效的方法是理解每种岩相的饱和度与高度之间的函数关系。回想一下,毛细管压力的基本方程[式(5.2)]需要知道孔喉尺寸(R)、界面张力和润湿性。如前所述,界面张力和润湿性可以估计,而根据 Pittman(1992)发表的公式,毛细现象也可以通过孔隙度和渗透率计算出等效孔喉尺寸来估计。在分析毛细管压力曲线时,最好使用电子表格。附录 D 展示了如何使用 Pittman 方程构建一个拟盖层压力电子表格的示例。

如图 5.21 所示,使用了图 5.17 和图 5.19 中的典型孔隙度和渗透率值。

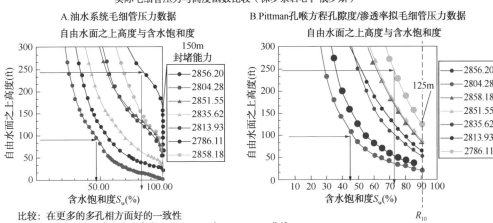

图 5.21　利用 Pittman 方程比较盖层压力[根据实际毛细管压力数据(a)计算出的封堵潜力和自由水之上高度值与使用 Pittman(1992)公式预测的孔喉半径计算出的值相比较为有利]

出于对 Pittman 方程精确度的好奇，将其与图 5.8 中同一块岩心的压汞数据进行了对比。对比结果非常相似，在致密岩石中的差异较大。仅利用 Pittman 方程，不计算自由水之上高度曲线的顶点，取 R_{10} 值作为封堵的排驱压力。如前所述，在毛细管压力图上，y 轴上的切线处能得到准确的可被突破的封堵压力值(Jennings，1987)。虽然精度不高，结果还是可用。Pittman 方程在最致密岩石上的封堵能力为 125m，实际毛细管压力下为 150m。特别是在勘探阶段，这足以开始构建图件，测试油气运移和封堵模型。

Hawkins 等（1993年)发表了一组不同的方程，但得到了几乎相同的结果，并纳入了一个不同的拟毛细管电子表格(由 Keith Shanley 提供)。Hawkins 方法的优点是给出了不可动的饱和度和顶点曲线(图 5.22)。

该分析针对的是油—水系统，IFT 设置为 30，润湿性为 0。重要的是毛细管作用的显著差异，而不是现在所能看到的油藏动态和封闭性的差异。这个情节允许讨论小闭合幅度的前景区。一个 100 米(328 英尺)的闭合幅度(对该区域的大部分来说都是很大的)，藻丘相油藏是可投产开采的，但是在潮上灰岩圈闭顶部可能到达 45% 的含水饱和度(S_w)。R_{35} 孔径将潮上灰岩识别为中孔储层的过渡带类型，含水可能非常高，流速较低。潮上白云岩相可作为一种实质性的封闭性，封堵能力最高可达 533ft(140m)。因此，如果将多孔白云岩绘制成图并与之前显示的测试数据进行对比，就可以将其视为一种封闭性岩相，这是解释人员可能完全没有注意到的。如果相带有问题，较小幅度的构造单元将是困难的目标。该地区的许多圈闭的闭合幅度都在 25m(95ft)以下。在这种情况下，中孔灰岩起封堵和圈闭的作用，基本上没有含油饱和度。

我在担任俄罗斯 TNK-BP 公司首席地质学家的四年任期中，有机会阅览了俄罗斯南部里海盆地奥伦堡地区的碳酸盐岩的一些远景区。所显示的远景区是一个闭合高度只有 10m

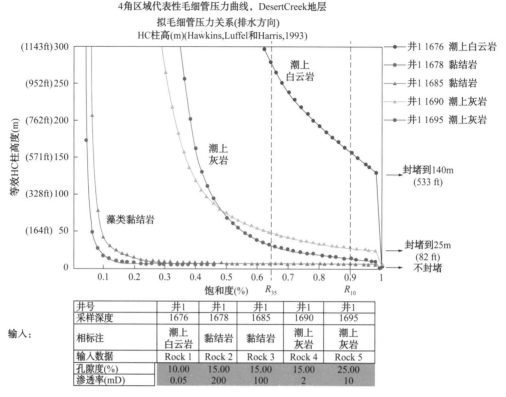

图 5.22 从图 5.17 和图 5.19 所示的一般孔隙—渗透率关系中提取的典型拟毛细管压力曲线

(30ft)的幅度非常小的构造圈闭。我询问展示这些远景区的团队是否有储层沉积相分布和流动单元图。他们的回答是"没有",他们给出的一条结论是:"如果它有孔隙,并且处在一个圈闭上,它就会生产,没有风险"。我对这种假设提出了质疑,我的一位同事从所有具低幅度构造的油田收集了生产数据,发现这些油田的含水率高达 90% 或更高,但产油量很少。无一例外,孔隙大小均为中孔或微孔,因此低幅度构造在经济上大多会失败。

5.2.3 在没有拟毛细管压力电子表格的情况下,进行封堵能力估算

利用孔隙度和渗透率判断封堵能力的关键问题仍然是估算突破驱替压力的方法。Winland 或 Pittman 方程可以使用 R_{10} 值提供近似结果。

第一步是计算 R_{10},例如,使用 Pittman 1992 年的方程(输入孔隙度为整数百分比,即 15,而不是 0.15)使用式(5.12):

$$R_{10} = 10 \times 0.459 + 0.5 \lg K - 0.385 \lg \phi \tag{5.12}$$

例如,孔隙率为 15%,渗透率为 0.1mD 的白云岩其 R_{10} 值为 0.32078μm。

第二步是转换到自由水面以上的高度,以获得封堵能力。Hartmann 和 Beaumont(1999)给出了一个简单的方程,单位是 ft,使用式(5.13):

$$H(\mathrm{ft}) = (0.670 \gamma \cos\theta) / R(\rho_\mathrm{w} - \rho_\mathrm{h}) \tag{5.13}$$

式中:γ 为油气水系统中的界面张力,dyn/cm;θ 为润湿性;ρ_w 为水的密度,g/cm³;ρ_h 为油气的密度,g/cm³;R 为 R_{10} 以上的孔喉半径。

如果油的润湿性为 0(水湿)，界面张力为 27，$D_w = 1.01$(微咸水)和 $D_h = 0.85$(油)，然后 $R_{10} = 0.32078\mu m$，$H = 352ft$。

同样的方程，通过替换 Pittman(1992)的其他 R 值，可以得到一条拟毛细管压力曲线(电子表格结构和其他方程见附录 D)。

另一个微孔封堵的例子是加拿大的 Weyburn 油田，这是 Dale Winland 在 1972 年首次研究的油田之一(图 5.23)。

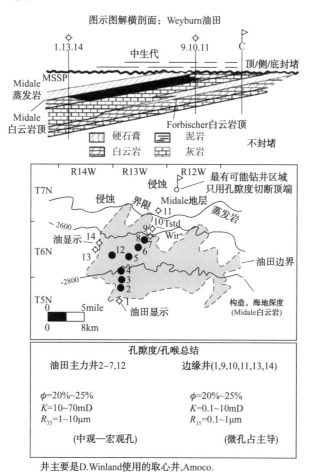

图 5.23　Weyburn 油田孔隙喉道圈闭[深度以 ft 为单位。来自 Dolson 等(1999)，
原始数据来自 Dolson(1999- RMAG 岩心库)和 Dale Winland 未发表的工作，Amoco(1972)。
经 AAPG 许可转载，需要获得 AAPG 的进一步许可才能继续使用]

Weyburn 油田是一个巨型碳酸盐岩地层圈闭。初步勘探以中生代盖层之下角度不整合的密西西比中生代上倾尖灭 Midale 多孔性碳酸盐岩地层为目标。硬石膏盖层形成 Midale 地层顶部封堵，致密石灰岩位于白云质多孔隙层之下，形成底部封堵。在 9 号、10 号和 11 号井位置钻探的井在 Midale 层都很致密，而且部分位于废弃带。真正重要的是这些致密井的下倾方向。由于这些井钻遇地层孔隙度一般为 20%~25%，与下倾方向上的生产井相似，因此很难确定这些井是否致密。废弃带的井测试了少量的油和水，但测试率很低。最终还是在下倾方向的大型和中型孔储层中发现了主力油田。利用图 5.23 所示孔隙度和渗透率的简单范围，拟毛细管压力表示微孔相的封堵能力(图5.24)。

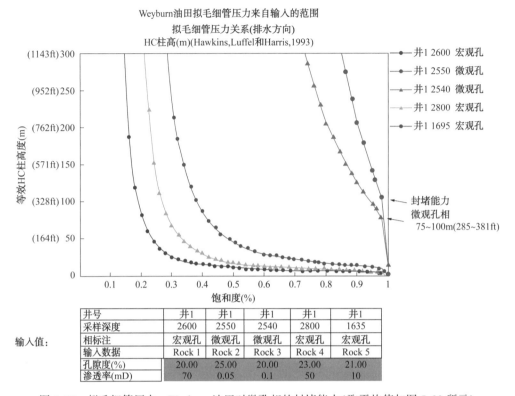

图5.24 拟毛细管压力、Weyburn油田对微孔相的封堵能力(取平均值如图5.23所示)

Hartmann 和 Beaumont(1999)详细描述了该油田的岩石物理性质，并使用R_{10}孔隙直径推导出封堵能力为283ft(86m)的柱高。拟毛细管作用下的快速观察达到了(75~100m)类似值范围。使用拟毛细管电子表格的优点是解释速度快，能够测试不同的预案。有时，所能得到的只是已发表的文献或非常零散的岩心或测试数据。虽然本分析中所使用的值与 Hartmann 和 Beaumont(1999)提供的数据在细节上有所不同，但是它们得出了一个相似的结果。Dahlberg(1995)也认为下倾水动力是形成部分圈闭的原因。但从该分析中推测出的柱高与图5.23中250~300ft 处的柱高基本一致。

5.2.4 封堵性运移: 以犹他州—科罗拉多州 Aneth 油田为例

评估趋势和预测大量前景区的最快方法是绘制出封堵图，然后使用封堵来测试油气运移模型从而预测圈闭。在科罗拉多州和犹他州的四角地区的密西西比时代的碳酸盐岩是一个很好的测试案例。我个人在这方面的经历可以追溯到1991—1992年，在一次针对 Amoco 公司的综合勘探研究中，我们完成了大约10000ft 的岩心和岩屑采样以及多套沉积相图(公司未保存)。在所有这些数据中，我的存储库中只剩下一张旧的 DST 图和主要地层(Desert Creek地层)的测试数据以及前文讨论过的 Winland 图件。

然而，要评估这一趋势，这些资料已经足够。关于沉积相、高分辨率层序地层学和区域趋势的更多细节可以在一些文献中找到(Coalson 和 DuChene, 2009; Eby 等, 2003; Grammer 等, 1996; McClure 等, 2003; Peterson, 1992; Chidsey 和 Eby, 2009; Trudgill 和

Arbuckle，2009；Wold，1978)，其中很多都被用来推导图 5.25 中所示的大陆架边缘线。在我职业生涯的早期，我可能会犹豫是否拿一张 DST 数据图，然后安顿下来立即从它开始开展勘探研究。我会找出所有的岩心、测井曲线、地震资料，然后分析整理出一份综合报告，这份报告至少要花上三个月，甚至可能一年的时间。

图 5.25　基于测试数据的封堵(Cache 油田，犹他州—科罗拉多州。这些圈闭是基于测试结果推测出来的。已绘制了封堵几何形状来模拟可能的最大圈闭尺寸。需要进一步的工作来重新定义远景区)

　　然而，利用这些概念预测远景区可能非常简单。我们的任务是在早期能有大量的想法，然后用更多的数据来反证它们。关于勘探，我最喜欢的表达之一是"像一个狡诈的政客一样探索，恳求选民经常和尽早地投票"。这通常意味着运用任何可用的油气显示和测试数据，然后深入研究更多的细节，从而能证实或否定远景预测。认识到第 1 章中提倡的一种哲学，即"图件是错的，它通常是错的，问题是它到底错到什么程度？"，我们面临的挑战是继续前进，并制作一张很好的但细节可能有错误的图件，但这将为以后的测试提供更多依据。

　　以图 5.25 为例。除了知道 Desert Creek 地层中的碳酸盐岩通常位于大陆架边缘线的西南方向(蓝色虚线)外，对沉积相等其他内容一无所知，但是有足够多的试井可以显示出形成封堵所必需的大致位置。这张图显示了从钻井液、水、石油和天然气的采出情况。符号大小随采出量的变化而变化，因此大型符号代表较高的流量。棕色的小方块实际上是钻井液的低回收率，说明封堵性很好。油、水或钻井液混合的量较小，大多来自中孔岩石，大的符号多为大孔岩石。

　　根据试验数据，封堵至少有两种趋势。推测的封堵边缘已经绘制在构造图上，以显示潜在的方向和溢出点，或者可以解释测试中油气显示的封堵情况。请注意，在可能的情况下，应画出与测试数据相吻合的预测区域底部的构造溢出点，并推测可能存在的最大圈闭。像这样的图可以快速生成，而不需要推测所有必要的细节来确认前景区。

　　例如，图 5.25 中的构造区域 A 测试了一口井，油水同出，产液量高。高采出程度表明，在油水界面或自由水位附近的储层为低渗透宏观多孔岩石。封堵边缘可能画得不太一样，但根据推测，圈闭的溢出点穿过了高含水和高含油的油井。该圈闭的大小取决于使用岩心、测井、地震和压力数据对封堵层和储层的几何形状所进行的精确绘图(以后再做)。但就目前而言，这些信息足以对一个重要前景区进行评估。至少有一个封堵出现在 Aneth 大型油田的上倾方向，根据 DST 数据显示，油田上倾方向的储层可能是中孔储层，从图 5.22 所示的拟毛细管压力数据可以计算得出该油田可封堵 85~100ft 高的烃柱，但同时也需要较大的圈闭幅度。第二道封堵线已经存在于 B 和 C 构造区域以西，在其下倾方向上的一些构造侧翼已建立了产能。在这条封闭线以西的井测试数据中，泥浆的回收率非常低。很可能是一种微孔封堵。远景 D 是一个简单的未钻井的具潜在宏观孔岩石趋势的四围(如果构造图是正确的)构造圈闭。

这里的成藏组合概念可以很容易地在 Trinity 软件中使用油气运移和封堵图进行测试，不过识别和绘制圈闭几何形状就需要一些创造力。值得注意的是，B 区的东南方向有一个大型断背斜，但该背斜已钻探出微孔相，且未发现可产层段。这并不意味着它不是一个圈闭！这个构造所缺少的，很可能只是一套好的储层。

第一步是对旧图进行扫描和地理标注，然后对构造图进行数字化和网格化工作(图5.26)。图以 TVDSS 值(ft)表示，网格化是在 ARCGIS(一个地理信息软件绘图包)中完成。许多油气系统软件包使用 TVDSS 正值(转换网格-1)，这有效地改变了 Hubbert 的 $U-V-Z$ 技术中使用的方程，只需在 TVDSS 正构造中添加一个封堵能力图，就可以得到寻找圈闭所需的 U_o 或 U_g 图。如果使用负的海拔网格(在许多工作站中是一种更标准的方法)，那么 $U-V-Z$ 运移模型需要使用封堵图来减去 TVDSS 图(稍后将在摘要中详细介绍)。请注意，构造倾角通常非常低，这对于地层圈闭非常有利，因为微小封堵可以在面积上形成大的圈闭。

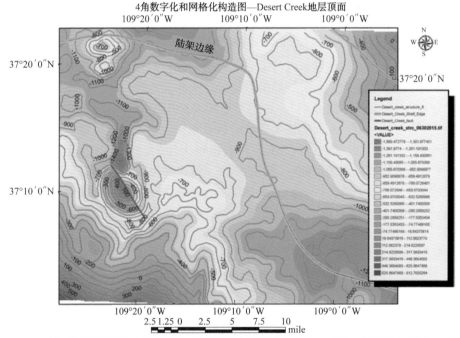

图 5.26 用 ARCGIS(一种地理信息系统软件包)数字化生成的图 5.25 所示的构造轮廓网格

第二步是利用孔隙度和渗透率作为驱替压力和封堵能力的指标，如图 5.24 所示。对于这一步，我决定使用与图 5.24 所示相同的值，但是对于具有相同界面张力值和润湿性的油水系统，使用 Pittman R_{10} 近似作为封堵能力。结果（图 5.27）与图 5.24 基本一致。以 m 或 ft 为单位的封堵能力现在可以放到图件视图中，并通过油气运移进行测试。

第三步是创建一个封堵图件。需要利用地震相、岩心、测井和压力等数据，这可能需要几个月的时间才能得到准确的结果，但尽早地进行预测也无妨。

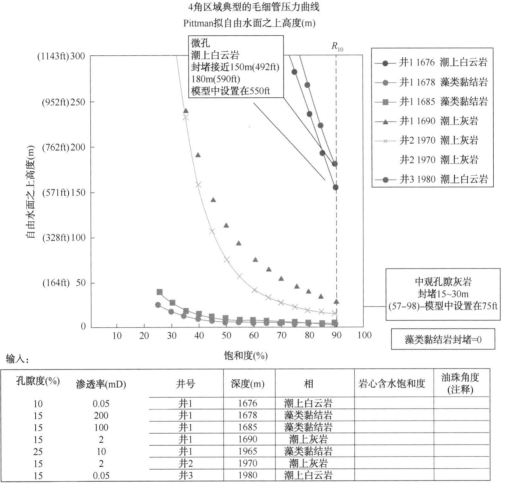

图 5.27　利用 Pittman 方程由孔隙度、渗透率计算孔隙喉道半径和利用拟毛细管压力电子表格对油水系统相封闭能力进行估算（结果与图 5.24 所示方法和公式计算结果基本一致）

利用图 5.25 和图 5.27 的概念及封堵值，对图中所示的每种孔隙类型进行封堵能力估算。使用象 Trinity 这样的油气系统软件的一个巨大的优势是，内置工具可以快速调整和修改网格，从而用真实数据测试替代模型。在本例中，在 ARCGIS 软件中创建了一个由多边形组成的封堵图，并在一个形状文件（多边形）表中输入从伪毛细管压力运行到封堵能力可能范围的值（有关使用 ARCGIS 完成此操作的技巧，请参阅附录 E）。分析结果如图 5.28 所示。在陆棚边缘以东的盆地相中，建立的 Trinity 运移模型具有较低的封隔能力，使得该软件能够方便地将油气从盆地的烃源岩中运移到陆棚边缘以西的输导层中。

图 5.28 试验采收率的相对大小和图 5.27 中拟毛细管压力分析得出的
封堵图以及图 5.25 中推测的封堵几何形状

使用封堵图进行油气运移模拟可以使用纯网格操作来完成,而不需要使用任何内置的软件算法,这些算法是由石油软件工具(如 Trinity、Petromod 和其他软件包的 BasinMod)一起提供的。图 5.29 总结了如何做到这一点的工作流程。用封堵图进行油气运移模拟是预测运移路径上的断层或地层圈闭的唯一方法。否则,软件包只显示流体流动来展示构造形状和闭合幅度。这也可以简单地通过查看叠放有构造上的封堵几何形状图和寻找封堵进行手工完成。这种方法快速,是绘制断层和沉积相封闭远景图最常用的方法。不过,使用数字方法要快得多,而且往往能找到更多的圈闭线索。

图 5.29 所示的步骤模拟了 *U–V–Z* 方法,该方法是从封堵图中减去 TVDSS 图,然后在包含了封堵能力的拟构造图上进行油气运移模拟。由此产生的闭合区域(图 5.29d)是潜在的圈闭。注意,本例中输入的构造网格以 TVDSS 格式,因此该区域的值为负值。如第 5 章所示的水动力圈闭的情况一样,大多数油气系统软件包将 TVDSS 图设为正值。在这些情况下,将封堵图添加到构造图中。结果相同,但是需注意输入的海拔类型。

然而,在 Trinity 和其他油气系统建模包中运行这些类型的图时,除了速度和简单性之外,还有一个独特的优势,即顶部封堵(盖层)也可以设置在输导层上。*U–V–Z* 方法不能模拟顶部封堵,因此失去了或者低估了对封堵的一些控制。

那么,这些图件是什么样的呢? 自 1991 年以来所有完成的钻探工作是证实了还是否定了这些模型呢? 图 5.30 给出了使用 Trinity 软件所完成的油气运移的结果,在油水系统中,顶部封堵设置在 700ft(213m)处。结果非常相似,未来大部分油气都是用这种简单的方法发现的。

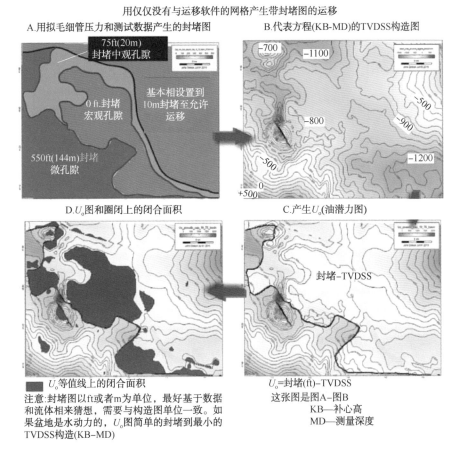

用仅仅没有与运移软件的网格产生带封堵图的运移

A.用拟毛细管压力和测试数据产生的封堵图

B.代表方程(KB-MD)的TVDSS构造图

D.U_o图和圈闭上的闭合面积

C.产生U_o(油潜力图)

U_o等值线上的闭合面积

注意:封堵图以ft或者m为单位,最好基于数据和流体相来猜想,需要与构造图单位一致。如果盆地是水动力的,U_o图简单的封堵到最小的TVDSS构造(KB-MD)

U_o=封堵(ft)-TVDSS
这张图是图A-图B
KB—补心高
MD—测量深度

图5.29　只使用标准的网格操作进行油气运移模拟的工作流程(这种方法需要根据解释油气显示所需的几何图形和来自封堵能力的拟毛细管压力分析输入,绘制以 ft 或 m 为单位的封堵图。任何能够处理网格操作的软件都可以做到这一点。结果与使用更昂贵的油气系统工具得到的结果非常相似。油气系统软件可以加速各种模型的迭代,更好地模拟盆地演化过程中产生、捕获和损失的运移路径和体积)

利用这种快速的观察方法,从圈闭图上已发现了超过 80% 的已探明油田。遗憾的是,犹他州地质调查局并没有现成的信息来说明这些井产自哪个层位(Ismay、Desert Creek 或其他层),但总的来说,在已出版的图件上,大陆架边缘以西的趋势区主要是 Desert Creek 有利区(Eby 等,2003;McClure 等,2003;Chidsey 和 Eby,2009)。具体来说,事情要复杂得多,因为在某些预测的圈闭内还存在大量的干井,这表明圈闭是分隔开的,而且存在多重封堵性。例如,勘探区 A 并没有预测的那么大,但在关键的干井处有一个小油田,用来绘制封堵图,西部其他油田存在同样的情况。最后,在其他油井尚未开钻之前,购买这张图件上的矿权,可能会赚到一大笔钱。Trinity 模型同样使用了顶部封堵 700ft 的原油的限制,所以Aneth 油田以西的大背斜没有被充满至溢出点。

在未使用 Trinity 软件的情况下,仅仅使用网格操作来构建 U-V-Z 图的结果是什么情况?结果几乎相同(图5.31),唯一的差异是 Aneth 油田西南方向的大型构造有一个比 Trinity 模型所建立的模型具有较高的油柱显示。造成这种差异的原因不仅在于 Trinity 处理顶部封堵的方式,还在于它是如何模拟自由水位的。Trinity 在输导层的顶部设置了一个自由水位,

用75ft(19.6m)中观孔隙封堵和700ft(213m)顶封预测的4角区域圈闭—Trinty模型

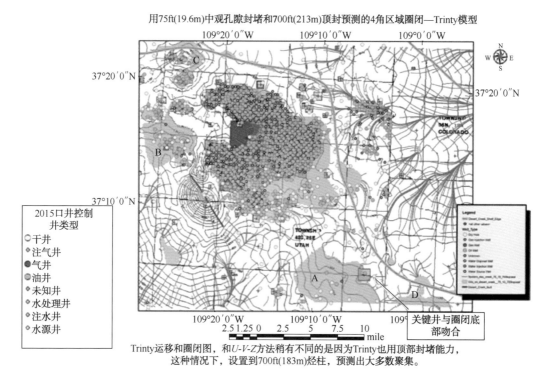

Trinty运移和圈闭图，和*U-V-Z*方法稍有不同的是因为Trinty也用顶部封堵能力，这种情况下，设置到700ft(183m)烃柱，预测出大多数聚集。

图5.30 预测的圈闭图上叠放的 2015 口控制井(Desert Creek 组)

而"*U-V-Z*"方法(由于封堵能力网格的物理添加而使用更深的构造图)则根据封堵厚度造成的构造差异，将界面略微降低，如图所示，差异很小。

用75ft(19.6m)中观孔封堵预测的4角区域圈闭

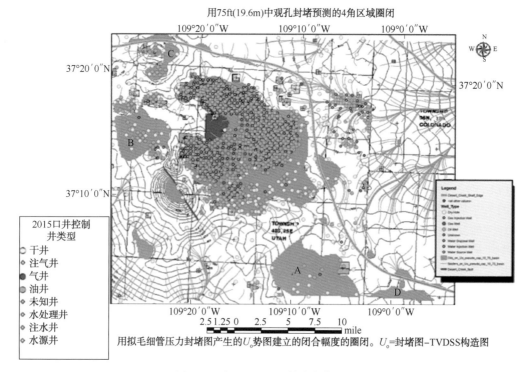

用拟毛细管压力封堵图产生的U_o势图建立的闭合幅度的圈闭。U_o=封堵图-TVDSS构造图

图5.31 仅用 *U-V-Z* 技术制作的图

对于无法获取油气运移绘图包的读者，可以使用 GIS 软件包，其中也有很多工具，如ARCGIS 可以将 U_o 或 U_g 势图视为水文流，从而镜像来自其他软件包的运移模式。

那么，这张图在细节上是否有误呢？当然有。这张图在细节上会是正确的吗？不太可能。对岩心、岩相和地震方面的进一步研究能使解释更准确吗？当然可以。我能用有限的数据和合理的地质思维找到油气的线索和思路吗？绝对的！

这个例子实际上是作为对概念的"盲测"而完成的，是有效的。我已经在全球使用这些技术很多年，给了我很多指导和想法，但你必须从石油或天然气分子的角度来思考，并自始至终跟踪其走向。

5.2.5 断层封闭性和水动力运移——temsah 油田(埃及)

在水动力环境中，将断层或沉积相封堵与水动力流结合是全面引导开发的最佳方法。图 5.32 提供了来自 Temsah 油田的示例(在第 4 章前面讨论过)。

运移对比，Temsah油田，尼罗河

A.用断层封堵到600ft的圈闭，水动力条件

B.只用水动力的圈闭

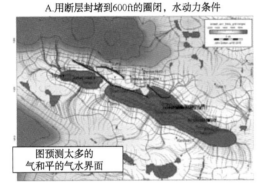
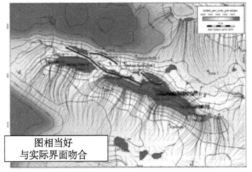

C.用水动力+断层封堵到600ft(182m)的圈闭

D.Trinity软件选项

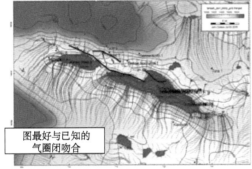

图 5.32 利用断层和水动力封堵的各种组合进行圈闭对比(Temsah 油田，埃及)

Temsah 构造上发育两条大的断层，在前文第 4 章讨论的水动力条件时，没有将其考虑进来并运用于油气运移和圈闭预测的方案中。图 5.32A 中，将断层封堵能力任意设定在600ft(182m)，以湿气为主，圈闭图中没有水动力。该圈闭很大，气—水界面是平的，与已知的储层认识不匹配。

图 5.32B 使用等势面图，更适合已知的油气藏。它还建立了一个倾斜的气—水界面并

与井的数据相吻合。不过,其中最好的图件可能是图 5.32C,该图同时使用了断层和水动力封堵参数。虽然与其他图件相比差异很小,但在细节上却很重要。Trinity 软件和其他油气系统软件一样,允许在油气运移模拟过程中同时使用断层图和等势面图。还增加了设置顶部封堵能力的功能,而简单的 U-V-Z 方法无法实现这种功能。由于该软件设置的输入参数可以快速更改并重新运行,因此有可能对风险和回报形成更好的认识。

将 V_g 或 V_o 水动力图添加到断层或相封堵图(两者均以 ft 或 m 为单位)中,然后减去 TVDSS 构造图(同样以 ft 或 m 为单位),就可以在不使用油气系统软件包的情况下运行这样的组合图。请记住,这些 TVDSS 图在示例中计算的是负数,因为这些图是通过从地表钻井补心或地面海拔高减去测量深度得到的。如果使用的是正的 TVDSS 数字,只需添加 V_o(或 V_g)+封堵+构造,然后寻找闭合线。

推导 U-V-Z 方法的物理方法和详细理解非常复杂,就像毛细管压力分析背后的数学一样。但是,一旦你习惯了这本书中提供的实际例子中描述的方法,并且手头有很好的数据表格可以快速进行计算,你对石油和天然气可能赋存的地方的认识就会大大增强。

5.2.6 小结

孔隙度和渗透率数据通常可以从压力分析(如 RFT、MDT 或 DST 数据)或岩心报告中获得。毛细管压力数据的获取需要时间和足够的项目经费,而且可能无法用于对一个地区远景区的早期评估。然而,拟毛细管压力分析可以利用孔隙度和渗透率计算出类似的孔喉半径。反过来,这些信息可以与 Pittman(1992)方程一起使用,从而建立自由水位之上高度图,这些高度图不仅可以描述井的产能,而且可以估算封堵能力。

封堵性图是勘探筛选过程中的关键部分。可以通过对该地区的沉积相、断层、油气显示的认识及拟毛细管压力图预测的封堵能力来绘制封堵图。一旦完成封堵能力图,单位可以是 ft 或 m(取决于采用的构造图),就可以制作一套流体势图来模拟和预测沿运移路径上的圈闭(截留)。如果原始构造图为正 TVD 数,则将封堵图添加到构造图中,并绘制出相应的等值线图。闭合幅度定义圈闭。如果构造图是 TVDSS 数(KB −MD),则要从封堵图上数值减去构造图的数值。

两种情况下,可能会忽略油气显示数据,从而影响对圈闭更全面的研究。完整的圈闭潜力预测最好是将等势面和封堵图组合起来完成。通过软件提供快速和简单的网格操作以测试替代模型,从而对数据改善并对任意区域的远景区预测提供很大的帮助。

最后,无论绘制什么样的图件,都应该用油气显示数据来验证模型的准确性,为新远景区的风险勘探提供良好的评估。

5.3 油气显示类型和定量评估

如前所述,油气显示数据库有各种各样的来源,如试油报告、测井解释饱和度、钻井液录井信息、完井报告、流体包裹体(第 7 章)或地球化学数据。地震数据,如果频率合适,也可以使用,但在本书中,集中在井的油气显示数据上。在某些情况下,特别是在国际勘探中,可能只有一张旧图或井数据清单,往往缺少细节资料。无论如何,重要的是要获取到这些资料信息,并尝试利用前面所描述的原理,从自由水面之上高度、相对渗透率、水动力和圈闭来理解这些井资料信息。

回顾第 2 章, 将油气显示分为 4 种主要类型(表 5.3)(Schowalter 和 Hess, 1982)。

表 5.3 油气显示分类(改编自 Showalter 和 Hess, 1982)

显示类型	特征	注释
连续相显示	连续的油相连接大孔隙网络	任何自由水位之上的油气
		可以用来确定在圈闭中的位置
		如果一口井测试获得油气产量, 那么它就处于圈闭中, 而且是连续相
		如果含水饱和度(S_w)很高则很难识别(无论是在圈闭低部位还是在废弃带), 相对渗透率导致井只能测试出水
残余显示	在孔隙系统中以孤立形式出现	在枯竭油藏中很常见
		在运移路径上常见
		通常发生在后抬升和再运移的地方
		常见于水侵后的水动力倾斜的圈闭
		测试常出水, 并在压力图上有水梯度
烃源岩显示	原位烃类吸附在有机物表面	通常在钻井过程中由于钻头摩擦而释放出来, 在钻井液录井曲线上表现为页岩或泥灰岩中天油气显示的增加
		可用于识别潜在烃源岩
		评价这些油气显示和生产涉及不同的规则——这些是初次运移显示, 而不是二次运移显示
		需要天然裂缝或水力压裂生产(如果可能的话)
		这些油气显示和烃源岩可能是许多国家(如果不是全球的话) 未来新增储量的主要来源
溶解的烃类	分子尺度的背景气体和烃类	没有真正的勘探意义
		普遍存在于大多数地层中, 作为钻井液录井时气测显示

地球科学家的任务是利用这些油气显示信息尝试解释油气显示类型及其意义。这些油气显示指示的是一条油气运移通道还是圈闭? 如果含水饱和度(S_w)是 80% 并且测试出水, 在没有油气显示记录或产量的情况下, 是在过渡带中的圈闭的低部位还是在圈闭废弃带的高部位? 图 5.33 至图 5.35(由 Meckel, 1995, 有修改) 总结了识别油气显示类型的方法(表 5.4)。

A.显示数据库的例子—可绘*X*/*Y*位置，抓取的详细名字

井号　*X Y*位置 总深度状态 FMT 顶深底深　　值　　显示类型　　　　数据源　　　详细描述

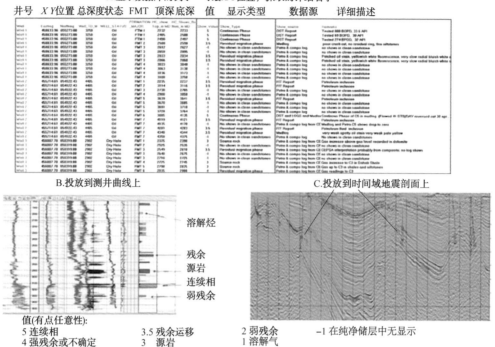

B.投放到测井曲线上

C.投放到时间域地震剖面上

溶解烃

残余
源岩
连续相
弱残余

值(有点任意性):
5 连续相　　　　　　3.5 残余运移　　　　2 弱残余　　　−1 在纯净储层中无显示
4 强残余或不确定　　3 源岩　　　　　　　1 溶解气

图 5.33　一个显示数据库编译和显示的例子(Barmer 盆地，印度)

A.来自服务商的显示数据表，阿根廷

井号　　　　*X Y*位置　总深度 显示长度 荧光 孔隙度

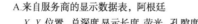

数字随着显示解释的强度而变

B.在Trinity软件中显示的钻井液录井显示数据库
三维带多井显示

黑绿色：显示长度3或更高
浅绿色：显示强度2
白色：显示强度1

C.Trinity二维横剖面放置运营商的油气显示数据

区域泥岩封堵层

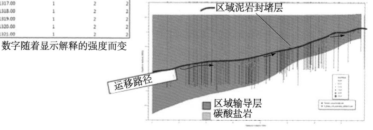

运移路径

区域输导层
碳酸盐岩

图 5.34　从钻井液录井供应商和 Trinity 可视化显示的地层数据库数字显示
(这些显示清楚地定义了在厚的烃源岩和碳酸盐岩下的一个区域性油气运移路径)

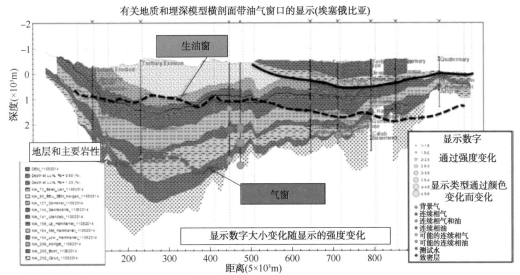

用"热点"电子表格程序可视化数据的Trinity埋藏模型
圆圈大小变化随显示的长度变化而变化，颜色随着类型变化

图 5. 35　显示在油气系统中油气窗口模型(埃塞俄比亚)

表 5. 4　连续相显示的一些可能指标(自 Meckel，1995，有修改)

连续相显示：数据类型	指标
来自地层测试或钻井	游离油或气
	含水油、泥浆油、含气油
	含油泥浆，修理站上的油
	含油水垫层、含油地层水
	气侵泥浆，无地层水
	含气滤液，无地层水
	地面气，无地层水
	可测量的地面气
	样品室无水时的气体
	RFT 压力指示烃梯度
来自测井评价	Pickett 图显示的连续相烃
	砂岩中 65% 或更低的含水饱和度
	石灰岩或白云岩 45% 或更低的含水饱和度
	计算的可动烃>0
	含水饱和度非常数
	在高孔岩石中，电阻率和含水饱和度(S_w)呈现出从 100% 到 65% 或更低的急剧变化
来自岩石样本	样品中可见油，估计的含水饱和度(S_w)在 60% 或以下
	气泡显示
	润湿性起泡试验与含水饱和度评定相结合，指示含水饱和度(S_w)较低

Pickett 图在第 6 章中将有更详细的介绍，但是 Hartmann 和 Beaumont（1999）有很好的

参考,他们给出了构建 Pickett 图的分步指导。例如,润湿性水珠测试就是检测一颗岩心表面的水滴大小。在许多残留的饱和状态下,水不会形成水珠,而是变得扁平。强烈的水珠表明表面有油覆盖。图 5.33 中所示的含水饱和度界限应该谨慎对待,因为如前所示,一些致密岩石的残余饱和度可能低至 35%。

残余显示很常见,并有一些识别标准(表 5.5)。O'sullivan 等(2010)给出了一个关于如何识别残余油的很好的总结。

表 5.5 残余油气显示的可能指标(自 Meckel,2005,有修改)

残余相显示数据类型	可能的指标
样品	在孔隙空间中存在天然沥青,如黑沥青
	孔隙中不流动的焦油,岩屑中未见气体
压力测试	地层的 RFT 或 DST 无烃类采收率
	压力数据产生水的梯度
测井曲线分析	在一个厚的渗透性储层上的"惰性含水饱和度(S_w)剖面",没有明显的油气—水界面
	砂岩含水饱和度 S_w>65%,石灰岩或白云岩为 S_w>45%
钻井液录井或钻井液等管线	钻井液录井曲线图上平衡比(Bh 曲线)远小于润湿性比(Wh 曲线)的位置
区域显示位置	封堵层之下同一地层平面的多口井的显示,指示运移通道

残余显示最重要的证据是来自 DST 或 RFT 数据中的水梯度,因为残余显示总是低于自由水面(FWL)。在厚的渗透性储层中缺乏清晰的油气—水界面也是很明显的。第 3 章介绍了利用润湿性比率曲线处理钻井液录井图的另一种技术,在这种技术中,残余带上的平衡比气体曲线比润湿性比率曲线要小得多。

然而,很多时候,主要由于相对渗透率问题和致密岩石中存在高含水饱和度带,很难区分残余相和连续相,见表 5.6。

表 5.6 很难确定油气显示类型的情况(自 Meckel,2005,有修改)

难以确定显示数据类型的情况	指标
来自地层测试	含气泥浆有水(可能是溶解气)
	含气滤液有水(可能是溶解气)
	气体到表面很少量无法测量(TSTM)(可能是溶解气)
	地层水含有少量的油迹
	样品室中有水的气体(可能是溶解气)
	地层水中烃类的痕迹(可能来自另一地层)
来自测井分析	没有计算出的可移动烃类
	在砂岩中含水饱和度(S_w)为 60%~75%,在石灰岩中含水饱和度(S_w)为 45%~60%
随钻	水流,油迹
	水流、含气(可能为溶解气)
	含气泥浆(可以来自烃源岩或残余)
	钻井液录井显示(可能来自烃源岩或残余)

续表

难以确定显示 数据类型的情况	指标
来自采样	渗出气赋存于低渗透地层中(可能为致密储层残余显示)
	低渗透地层中渗出的气(可能是从溶液中逸出的气体)
	烃类的气味
	样品荧光
	岩屑中含溶剂
	如果在源岩中,可能是钻井过程中钻头摩擦释放的油气

这些情况需要更加仔细地观察,实际上可能无法解决。任何风险评估包含的一部分内容都是承认答案是不确定的。在这种情况下,你只需判断这些油气显示的数据对井位的部署有什么指导的意义就可以了。

5.3.1 建立并可视化油气显示数据库

30多年来,我在全球范围内为许多公司提供咨询服务。然而,令我惊讶的是有许多公司没有维护或拥有一个全面的油气显示数据库。对任何地质学家来说,进入一个盆地的研究时首先要做的事情之一就是建立一个可以不断更新和改进的显示数据库。它还应该是可适时绘图的,并能够将数据移动到工作站上,以便在测井曲线和地震剖面上可视化相关数据。

一些供应商,特别是像 IHS Energy 之类的大公司,或者像 Nehring 和 Associates 之类的小公司,随时都在出售根据其地层或油田划分的油气采收率或测试数据库。所有这些数据为快速启动可视化的油气田研究成果提供了可能。

只要你有一套分类方案,并能考虑它的涵义,然后利用它进行勘探,那么它到底是什么并不重要。凯恩印度公司(Cairn India)为 Barmer 盆地建立了我所使用过的最全面、最完整的油气显示数据库之一,其中一些研究成果最近已经发表(Dolson 等,2015;Farrimond 等,2015;Naidu 等,2016)。图 5.33 显示了所使用的格式示例。该数据库包括所有的探井和一些重要的开发井。它已多次成功地用于开发一些新的成藏组合和远景区。

图 5.33 中使用的分类相当严格,每一个显示都必须进行分类,并以曲线的形式给出一个数字加载到工作站上。作为解释工作流程中相当常规的一部分,这些数据在测井曲线和地震数据上都能够可视化显示。尽可能多地在内容(注释)部分获得细节,并且井文件组织得相当好,因此如果需要重新检查并进行更改,追踪原始数据源并不困难。

相比之下,图 5.34 提供了一个来自供应商的简单得多的分类示例,它提供了钻井液录井显示数据。

这个数据库非常简单,使用一个数字标记,深度从 0 到 3 或更多的数字,并提供一套油气显示等级(无显示、弱显示、强显示等)。不能对显示类型进行解释,但可以放在曲线上,并在测井或地震剖面上进行显示,也可在油气系统软件包中进行可视化显示。Trinity 软件能够在三维视图(图 5.34B)或剖面图(图 5.34C)中快速可视化这样的数据信息。本例中,区域风成砂岩(Tordillo 组,橙色,图 5.34C)被一套最大洪水事件源岩——泥岩(Vaca Muerta 组)覆盖。泥岩又被陆棚碳酸盐岩储层覆盖(图中蓝色部分为 Quintuco 地层)。数字显示数据库很容易显示泥岩下的区域性运移路径，正如风成砂岩上部的无处不在的显示所示的那样。

油气显示数据是标定圈闭模型的唯一方法，同时也有助于理解油气的成熟度和沿运移路径上的流体相。此外，不同的烃源岩产生不同类型的烃类，这些烃类可以通过地球化学特征或油气显示的相（石油、天然气或混合）来识别，从而有助于更好地了解油气系统。

例如，在图 5.35 中，油气显示情况展示在埃塞俄比亚的一个区域构造剖面上，该区域构造剖面来自于一个多层的 Trinity 油气系统模型。

不同的软件包有不同的方法来可视化油气显示数据，但 Trinity 有一个特别有用的工具——电子表格可视化工具"热点"。热点读取 Excel 电子表格或其他包含 x/y 位置数据和深度的 ASCII 文件，并允许在 3D 和 2D 视图中快速交互发布数据。在图中，颜色表示流体的类型（油、气、凝析油、水），符号的大小表示相对强度。最大的圈是经过测试或测井证实的任何已证实的连续相流体。图 5.35 清楚地显示了气窗（红色虚线）上方的一些气体（红色），这表明了有大量的气体在垂向和横向上发生了运移。理解这些运移路径，并能够使用本书中讨论的工具来预测它们，这将大大降低为任何远景区或成藏组合生成所带来新风险的级别。

但是，不需要软件来完成这项工作。只需要找到一种方法，把显示张贴在一个横剖面上。手工做也一样好，有时会让你在这个过程中绞尽脑汁。由于今天的大多数工作都是在某种工作站上完成的，因此，最好安装上能够显示数据库的软件包，并在剖面上对它们进行可视化。

最后，在进入任何一个新盆地时，最好是简单地选取关键井，总结已有井或现有油田的油气显示情况，以便更好地了解该盆地和相关的油气成藏组合。

例如，图 5.36 中的数据是由埃及的一家公司完成，它将识别出的 6 号层作为一个潜在的区域封堵层，但实际上在很大范围内没有任何油气显示记录。该表不仅包含了井的信息，而且还包含来自邻近区块的已发表文献中的有关油田的通用数据。

如何获取油气显示信息实际上并不重要，只要你在考虑有保存条件的情况下、在圈闭的位置上、在运移路径上或在烃源岩中考虑显示信息就可以了。

5.3.2　小结

从勘探角度来看，最重要的油气显示类型是连续相、残余油和烃源岩显示。当在一口井中测试石油和天然气时，连续相显示是清晰的。即便是少量的低产油量也表明存在一个圈闭。连续相显示需要仔细检查以寻找潜力，无论是在更好的储层的岩石中还是在圈闭较高的位置。有时，对饱和度和自由水之上高度分析等资料的评价可以表明，一个圈闭虽然处于一个构造闭合幅度内，但实际上可能处于一个更大的地层圈闭中。

残余显示指示为运移通道或古烃柱。无论哪种情况，向上倾方向寻找终端圈闭都是正确的选择。烃源岩的显示可能预示着非常规油气藏的巨大潜力，这一点将在第 8 章中详细讨论。

建立一个定量油气显示的数据库需要花费时间，但值得付出努力。分析应该从区域范围开始，使用来自油田的信息和可用的井数据，然后随时间推移逐步完善、细化。从数据库或电子表格中获取的信息越多，得到的最终结果就越好。如果在勘探过程中没有系统地看待油气显示，通常意味着将来会犯很多错误，可能会忽视某些区域的油气潜力。

来自油田和井的区域尺度的分析—埃及

地层	1号井	2号井	3号井	4号井	5号井	6号井	7号井	8号井	2号油田	3号油田
海拔	88.39	100	74.07	187.7	114.3	165.81	51.7	47.3	13.7	134
地层1					● 重油油迹					
地层2		● 油显示	荧光无油显示	●微油显示	● 重油油迹					
地层3		●死油油迹			● 重油油迹					
地层4								●来自流体包裹体		
地层5		●死油油迹	棕色、白色荧光			● 重油油迹		●来自流体包裹体	● 荧光无油迹	
地层6	区域封堵?							●来自流体包裹体		
地层7			●棕色、白色荧光			● 部分残余油斑		●来自流体包裹体		
地层8				● 油斑	局部油迹	非渗透层含油迹		●来自流体包裹体	●300桶/天	
地层9		岩屑有油迹	荧光显示无油迹		局部油迹	油迹和气显示		●来自流体包裹体		● 在产层
地层10	● 无描述			● 油显示	局部油迹			●来自流体包裹体		
地层11	● 无描述			凝析油显示	残余油油迹			●来自流体包裹体	油迹伴荧光和岩屑	
地层12			荧光无油迹				●死油油迹	●来自流体包裹体		● 产层
地层13	● 油斑		荧光无油迹					●来自流体包裹体		
地层14	● 油、气显示	荧光和油显示岩屑	荧光无油迹				●死油油迹	●来自流体包裹体		●浅棕色油迹、荧光
地层15		☼ 气显示							●油迹、黄色荧光	浅棕色油迹、荧光
地层16		☼ 气显示								

例子内容：气显示，荧光，无油迹，油显示，来自流体包裹体，油生产层段，轻质油油迹，死油等

图 5.36　显示的区域规模评估（垂向中断可以指示不同地层的区域封堵性）

5.4　案例分析

　　下面的案例分析强化了前文所涉及的一些概念。有成功的案例也有失败的案例。其他案例分析包括在后续的章节中。前 4 个案例来自埃及大型 October 油田。最后三个案例分别来自北海、Hugoton 油田（美国）和西西伯利亚盆地（俄罗斯）。

　　1994 年，我作为 GUPCO 高级技术顾问来到埃及，来此的主要原因之一就是因为这里有大量的新的钻井。大型 October 油田（大约 20×10^8 bbl 石油地质储量）在 1977 年由 Amoco 公司发现，它是一个由与裂缝相关的大型倾斜断块组成的复合体（图 5.40）。主油田有 4 个主要平台，在多个开发位置钻探了斜井。1994 年，该油田处于相当成熟的开发阶段，但在接下来的 5 年里，仍然成功地发现了超过 2×10^8 bbl 的新油藏，其中大部分是通过对所有干井的详细分析以及由经验丰富的地球科学家组成的团队发现的。

储量主要来源于拥有 $20×10^8$bbl 油气聚集量的下白垩纪 Nubian 砂岩($15×10^8$bbl 石油地质储量），是一个渗透率为几个达西、广泛分布的河流-风成储层。Nubian 砂岩被 Nezzazat 群覆盖，Nezzazat 群是低孔中、微孔致密灰岩和砂岩的复杂层状地层($5×10^8$bbl 石油地质储量）（图 5.37）。

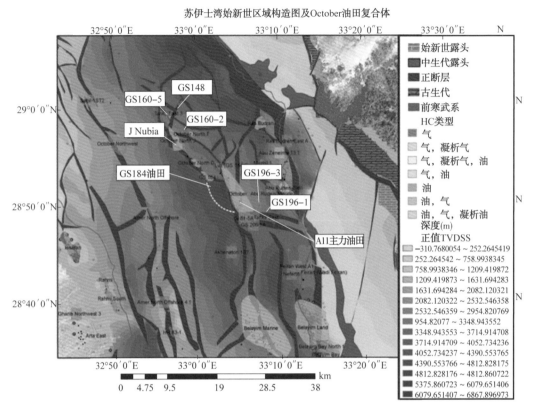

图 5.37　在案例研究中的 October 油田复合体和关键井

中新统油气藏中发育大量小断块和一些下降盘三向断块圈闭。中新世成藏组合发育较深的水下浊积和部分三角洲相，仅存在于断层的下降盘一侧，在沉积过程中断层活动较活跃，构造高部位储层完全缺失。

众所周知，苏伊士湾的地震资料品质很差，因为在较浅部位的许多盐层之下有多次被衰减。与其他许多盆地不同，该区断层很难成像。因此，经常会发生钻遇到事先无法预测的断层，很难甚至不可能从地震资料中分辨出储层的几何形状。因此，地下的解释可能更多地需要依赖现有井数据来了解圈闭。

5.4.1　案例 1：低估油田规模——未能获得正确的自由水位（GS184 油田，埃及 October 油田复合体）

案例 1 研究的是在富集的 Asl 地层中发现的一个下降盘中新世圈闭，即 GS184-1 油田。20 世纪 70 年代末和 80 年代初，尽管进行了大量的勘探，发现了构造隆起 Nubia 圈闭，但钻井成功率却一直在下降，在 October D 平台进行 Nubia 油藏顶部钻探时，一口井穿过断层，在下降盘一侧意外地发现了一套厚的中新世钙屑灰岩，这种沉积相在盆地的该地区以前从未见过。该套储层孔隙度低，录井人员将其描述为低渗透灰岩，而实际上是方解石胶结砂岩的混合相，虽然孔隙度低，但渗透性好（大孔隙）。在几乎将这口井作为干井决定放弃时，有人说服了管理部门对井眼进行射孔和测试。结果原油日产量为 $2×10^4$ bbl，这种做法为寻找其他类似的圈闭开启了有益的尝试。

随后在北部靠近"J"Nubia 油藏（1989 年发现）附近进行了勘探，1991 年在 OctoberJ-5 井下降盘 Asl 地层中发现了一个三向闭合圈闭，同样具有可观的储量。1994 年，以测试 C—D 平台之间的一个构造转换带下降盘中另一个更大的三向闭合圈闭，开始了 GS184-1 井的钻探。围绕这一发现，人们有理由感到兴奋，该井从钻井平台垂直钻入，从优质的中新世储层中每天产出 $1×10^4$ bbl 原油。潜在的圈闭覆盖面积相当大，初步估算石油地质储量（OOIP）约为 $1.25×10^8$ bbl，可采储量超过 $5000×10^4$ bbl。

图 5.38 展示了常见的构造特征。

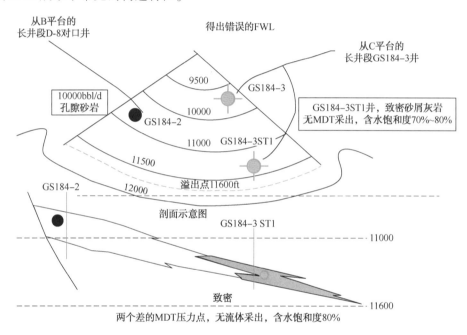

图 5.38　常见的构造环境和关键井（该圈闭是位于主田转换带的下降盘的三向闭合圈闭）

1994 年 8 月，在埃及 Maadi 的 Amoco 公司大楼顶层举行了勘探发现发布会，这是一种传统，人们对发布会期望很高，为了确定圈闭的大小，正在钻一口探边井——GS184-3。几周后，兴奋的感觉被冲淡了。GS184-3 是一口从主油田 C 平台延伸出来的长井段斜井，测量深度达到 13500ft，钻遇到非常致密的仅有边际饱和度的灰岩，发现井中有效的储层并不存在。目前尚不清楚主要储层是否已被断层断掉，或经历了储层厚度的快速变薄和沉积相的变化。人们怀疑是发生了相变，但像图 5.38 中所示的一种可以解释的几何形状的相的变化在该盆地中以前从未见过。不过，在裂谷环境中，快速的相变化很常见，是由于沉积过程中活跃的断层运动造成的，这是预探井失败的主要原因。由于必须再次钻遇储层，并找到油水界面，对 GS184-3 进行侧钻（GS184-3ST1），但不幸的是在钻到 14962ft（MD）时又遇到了同样差的沉积相，同时也出现了少量显示和高含水饱和度（S_w）。

从 1994 年 7 月勘探发布会的欢欣鼓舞到 1994 年 11 月的极度沮丧。这个发现似乎是勘探工作出现转机的开始，因为在过去的三年里，已经钻探 32 口干井，都没有成功，压力在于"把它做好"和控制成本。随后，我们有两周的时间来判定这个圈闭里究竟有多少油气，以及这些油气是否足以证明有再建立一个新平台的必要。新平台的另一种选择是利用现有平台上再部署几口井来进行开采。然而，与老平台钻井相比，长进尺钻井难度更大，成本也高得多。因此，建立一个新平台的决定将取决于油田规模和经济效益。

GS184-2 井压力数据表明，该井具有轻质油的较低的油梯度特征(图 5.39)。对 GS184-3ST1 井两个较差的压力点的 TVD 校正深度进行对比，含水饱和度为 70%~80%，为弱油气显示。这些梯度并没有校准到共同的梯度上，所以没有直接的证据证明具有长而连续的油柱。GS184-3ST1 尽管有油气显示，由于其含水饱和度高达 70%~80%，被视为"湿"。在压力点设置水的梯度，使自由水位(FWL)约为-11040ft，大大高于-11600ft 的溢出点(图 5.39)。

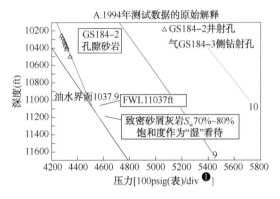

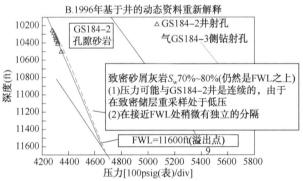

图 5.39　用来预测自由水位的压力—深度图(最初的解释不正确，因为它把一个饱和带视为"湿"，

并处于或接近自由水位。下倾方向井的测试也没有用 GS184-2 的油柱进行校准，应该解释出来，

其中至少一种可能的情况是自由水位(FWL)以上是分开的，或在致密碳酸盐岩中测试没有达到全压力。

如果再增加压力，那么下倾方向井就会与上倾油柱相连，这意味着在自由水界面上方有一个更大的圈闭)

这对储量计算影响很大。由于油水界面较浅，加之东部储层缺失，计算的储量大幅下降。

这一评估使该油田石油地质储量变为 5000×10^{4}bbl，可采储量少得多。两个昂贵的探边井失败后，为了降低成本，通过激烈争论后做出了不再建新钻井平台的决定。也许在这方面最大的错误就是确定采用这个最小圈闭的方案(图 5.40)。在当时的 GUPCO，还没有对不同

---

❶　100psi/div 表示每个分格 100psi 压力差。

规模的油藏进行风险评估的做法。图件绘制完成作为"成果",而部署钻井则基于这些图进行。对这一发现更恰当的处理应该包括制作一张"最大"的图,并将此图作为最可能的最低储量方案处理。然而,这并没有实现,1995 年在 D 平台上钻了一口长距离井 D-8,并与 GS 184-2 井成对。

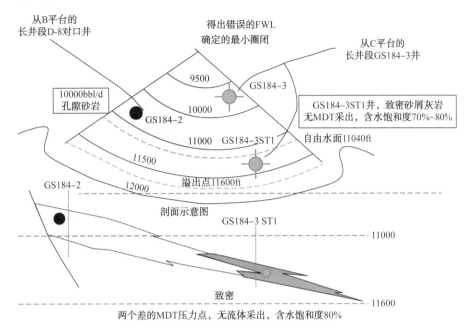

图 5.40　通过将 GS184-3St1 井中 80%的 S_w 作为湿法处理使圈闭的规模最小

(这种悲观的评估导致了不建立新平台的决定,这个决定在生产后的一年内将被证明是错误的)

　　D-8 井是另一个惊喜,因为其产层甚至比 GS 184-2 井还要多,且在原井最深部地层下还开发出了第二个饱含油的钙质砂体。D-8 井以 15000bbl/d 的速度采出原油,在一年多的时间里持续产出没有压降。这是 Amoco GOS 投资组合中所有井中产量最高的一口。

　　1996 年初,非常明显,该油田规模比最小方案估计的油田要大得多。D-8 井的开采量足够大,且没有压降,这表明当初设计的最小方案显然是错误的。到目前为止,已经有了足够的产量和压力信息来确定圈闭中到底有多少石油,这个数字又回到了最初估计的 1.25×10^8bbl 石油地质储量附近。我参与了重新评估,不得不认真审视 1994 年早些时候的研究工作出了什么问题。面对确凿的数据并承认你先前的分析是错误的,这总是一件困难的事情。在过去的一年里,我们通过野外露头工作和模拟裂谷盆地,研究在活跃构造环境下的储层响应,建立了更好的相模型。现在很清楚地看到,相的变化真实存在,但我们只是不知道相变发生在所发现油藏东部的确切位置。同时也清楚地看到,致密钙屑灰岩中 70%～80%的含水饱和度(S_w)值也很明显,而 GS184-3ST1 井不应该被视为湿的,而应该认为是自由水位之上的低饱和度,且位于较长过渡带内。

　　为什么两者之间的压力梯度没有落在同一条分隔线上,目前仍然是个问题。一种可能的解释是致密储层的 MDT 数据没有达到其极限压力,因此过低(图 5.39B)。只要再增加少许压力(几个 psi),就能使致密灰岩与砂岩保持压力连续性。另一种可能的解释是压力舱确实存在,而 GS184-3ST1 井测试结果与砂岩体略有不同,但自由水位比主砂岩体更深。

　　无论哪种方法，最终能够解释井中采出的储量的唯一方法是绘制一张储量的物质平衡与压力递减关系图(图5.41)。

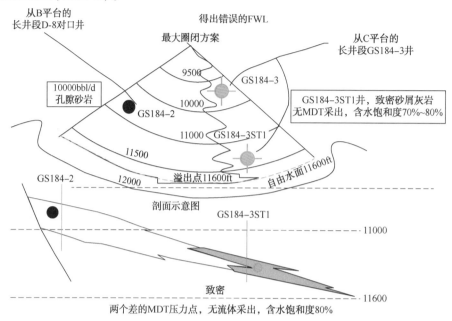

图5.41　1996年绘制的最大压力数据和产量图[该例子得到的教训是：(1)不愿将任何饱和度(含水饱和度不是100%)视为自由水位(FWL)；(2)风险权重可能的结果是获得最有可能的储量。如果在从最大到最小方案所计算的储量之间进行风险测试，就会建立一个开发该油田的新平台。未来相当大的开支将会节省下来]

　　最大圈闭图要求自由水位(FWL)和溢出点为-11600ft，绘出的几何溢出点来自地震资料。同时还要求相边界向两口干井方向进一步向东延伸。到目前为止，已经花费了足够的资金，使得平台推荐变得不经济，所以在D平台又钻了一口探边井(D-9)。

　　问题还没有结束，在1997年，D-9井(图中没有显示，位于GS184-2井的东北方向)钻遇到一条大断层，导致又钻了两口侧钻井从而成功钻遇到储层。然而，就像GS183-1井那样，录井人员错误地将砂屑灰岩认定为石灰岩，并大胆地宣称我们"错过了产层"。这一消息进一步引起了管理层的不安，而且是在进行测井之前宣布。更多的坏消息传遍了整个公司，看起来两年的分析和花费都是徒劳的。然而，我们中的许多人面对钻井部门，希望他们在作出判断之前"等到测井介入"，并指出我们所做的储层样品的描述与GS183-1井的完全相同，从压力数据看，所要求的储层在本区块肯定会出现。

　　当测井资料送达时，发现该井的储层与D-8井下倾方向的相同，处于完全饱和状态，从相同的低孔隙度、高渗透性宏观多孔钙质砂岩中产油超过15000bbl/d。这让大家松了一口气，但同时也让人们极度沮丧的是，随着这些长井段井的开采，开发该油田的难度和成本大大增加。由于勘探经理过早地宣布D-9为干井，钻井液录井员被重新指派了其他工作任务。

　　到目前为止，不构建该平台的决定显然被视为是一个错误。在对该过程进行事后评估时，问题在于没有使用最大和最小风险图来描绘出风险加权概率。如果我们重新考虑干井下倾方向井的70%~80%的含水饱和度值，认为它可能是过低的压力或者是过渡带中较厚的隔层，我们就可以绘制出相关图件。最终的加权风险石油地质储量不会接近1.25×10^{8}bbl，但会超过用以判定平台位置的 $5×10^8$ bbl。开发井可以在平台上钻得更快、成本更低，后期也可以用作注水井。

1995 年，在生产和勘探两方面开展了全公司同行评审和定量统计风险评估。其结果是可预测性大幅提高，与预测的偏差不超过 10%，勘探成功率攀升至 76%（Dolson 等，1997）。

5.4.2 案例 2：埃及 October 油田顶压分析导致油水界面更深

在 GUPCO，团队评估油井的一个主要变化是将工程师、地球物理学家和地质学家集中到同一个物理工作区域，这样他们就可以在不同学科的基础上进行日常的交流。虽然这似乎是当今许多公司的标准做法，但在 1996 年的勘探工作范围内，这是一种根本性的变化。当时，October 油田的油藏动态研究是由一些小团队和一些埃及工作人员从休斯敦远程进行的。然而，与 GUPCO 自己油田开发小组内同地协作管理的许多油田相比，该油田的产量递减速度要快得多。他们决定为 October 油田组建一个"资产小组"，关闭休斯敦油田研究团队，并将所有人集中在同一栋大楼内。这一举措带来了许多好处，其中最重要的是在未来的 5 年里，通过对油藏工程创新及构造地质的重新评估，抑制了油田产量的下降。

其中一项重新评估涉及该油藏 Nezzazat 组地层。近 20 年来，由工程师和地球科学家组成的多个团队一直在努力研究这个巨型 October 油田进行生产的最佳方法。该油田拥有超过 $10×10^8$ bbl 石油当量的资源，是 Amoco 公司内部最大、最重要的经济资产之一。许多基础假设条件自 1979 年油田发现以来，基本上没有受到挑战，但团队成员的共同协作很快就对这些假设产生了重大影响。例如，有一种模式认为白垩系的断层是南北走向，与主裂谷边界断层平行。然而，对一些关键井的地层倾角分析（Sercombe 等，2012）显示，许多断层实际上是东西走向展布（图 5.42）。需要工程师们再做大量的工作才能将新的构造解释成果重新纳入新的油藏动态模型中，而这样做的结果是，首次将油井动态历史与生产实际进行了真正的匹配。

长期以来认为 Nezzazat 组的油水界面位于 -11000ft（3353m）TVDSS，基于生产数据，这一观点受到了挑战（Dolson 等，1998）。

Nezzazat 组油水界面的深度问题是在检查 Wata 河道局部大孔储层中发现存在异常高的原油采收率时提出的。Wata 河道是一个切割的山谷填充潮汐河道沉积，一般不超过 50ft（15m）厚，其分辨率远远超出地震分辨率。最远处的下倾方向的生产井（OCT-A10）从 Wata 河道开采的原油比所有模型预测的都要多。因此，我们与一位工程师合作开始尝试不同的储层几何形状和厚度，试图提出可能解释额外开采石油的方案。但是，如果产层的下倾方向限制为 -11000ft，我们无法做到这一点。

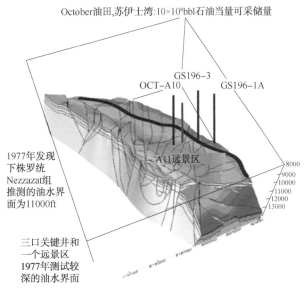

图 5.42　Nezzazat 构造（主油田）

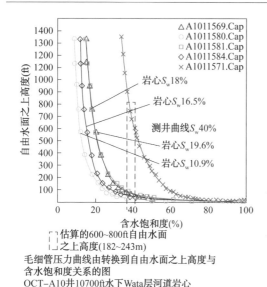

估算的600~800ft自由水面
之上高度(182~243m)

毛细管压力曲线由转换到自由水面之上高度与
含水饱和度关系的图
OCT-A10井10700ft水下Wata层河道岩心
估算的最深自由水面11250~11300ft

图 5.43 毛细管压力曲线(数据来自
OCF-A10 井的岩心、Wata 河道)

对油田主要构造变化的重新解释已经极大地扰乱了我们的工程管理,现在我们开始挑战公认的已有 20 年历史的 Nezzazat 组油水界面的位置的老观点(图 5.43)。

幸运的是,OCT-A10 井获取了一套 Wata 河道的岩心资料,通过对岩心取样获得了压汞毛细管压力数据(图 5.43)。其中一块样品(A1011571. Cap)位于致密岩石中,用测井资料估算的地下饱和度为 40% 或更低。这些数据表明自由水位可能比 -11000ft 要深得多,这也为公认的事实。其他信息也支持更深的自由水界面这一认识。我们估算的新的自由水界面在 -11300~-11250ft(-3444~-3428m)。

GS196-3 井和另一口下倾方向井(GS196-1)分别于 1991 年和 1978 年完钻。这两口井钻井时它们的油水界面设定在 -11000ft 处。鉴于怀疑有更深的自由水面,必须对这些井进行重新评价。主要通过测井分析和岩屑复核来完成(图 5.44)。

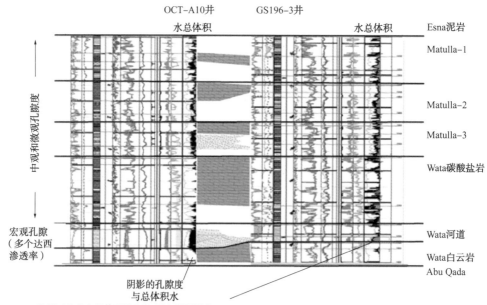

地层对比和水总体积的比较(黑色阴影部分)
代表充满油的孔隙空间的百分比。下倾方向的井GS196-3井在所有地层放置了全油田范围的油水界面11000ft(3352m),不过,强烈的油显示和Pickett饱和度图表明该井实际在自由水面之上并且在致密岩层的一个长的过渡带内。在GS196-3井测井曲线上Wata河道薄但是多孔且润湿。

图 5.44 OCT-A10 井与下倾方向井 GS196-3 井对比

尽管下倾方向 GS196-3 井所钻遇的整个 Nezzazat 组存在边际油饱和度,但仍被视为下倾"湿"井,解释的油水界面较浅。然而,大多数 Nezzazat 组岩石类型,尤其是 Matulla-2 组和 Matulla-3 组的地层与 Wata 河道显著不同。Matulla-2 和 Matulla-3 地层为低孔隙度、低渗透率、中孔砂岩和碳酸盐岩。GS196-3 井在该层的含水饱和度也不是 100%，而是 60%~80%。值得注意的是，在 GS196-3 中，一套薄而多孔的砂岩位于 Wata 河道中，且含水饱和度是 100%，这就给定了自由水面的下限。

对于 GS 196-3 井，采用了 Pickett 作图，该技术在第 6 章中将有详细的讨论，Hartmann 和 Beaumont（1999）以及 Asquith 和 Krygowski（2004）对其进行了很好的描述（图 5.45）。

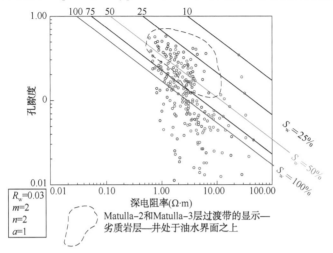

图 5.45　GS196-3 井 Pickett 图（饱和度表明该井在 FWL 以上，大部分饱和度位于劣质岩层的较长过渡带。因此，这口井不能用于在其上方建立油田范围内的油水界面）

Pickett 图就是深电阻率与孔隙度之间的关系图。根据水电阻率、胶结物系数和含水饱和度"阿尔奇"公式其他分量的输入，在图上绘制了含水饱和度的斜线（第 6 章）。在 Pickett 图中，当区带图高于 50% 线时，这是自由水面之上连续相的强烈信号。

Pickett 图证实了 GS196-3 井并非"湿"井，而是位于远高于自由水位之上的一个较长的过渡带，储层品质较差。GS196-1 井含水饱和度更高而构造位置较低，通过对该井的样品检测发现，在-11250ft 的高含水饱和度油层中，岩屑中有很强的含油气显示。由于 GS196-1 井未钻遇 Wata 通道，钻取的岩屑属于中孔隙的 Matulla 地层，因此证实了在更深的地层中仍然有油气存在。

结果如图 5.46 所示。

图 5.46 的关键点是，在 GS196-3 井的 Pickett 图上发现的 Matulla-2 和 Matulla-3 过渡带饱和度低于老油田范围的-11000ft 的油水界面。同时对低含水的主要产油区较好的下限深度为-11000ft 界面并不是 100% 的含水饱和度（S_w）的下限。Matulla 储层和 Wata 河道之间饱和度的差异是由于毛细管作用造成的，中孔结构的 Matulla 储层比达西级渗透率的 Wata 河道更为致密。根据毛细管压力和油气显示数据，提出了 Wata 河道的自由水面（FWL）和油水界面（OWC）至少在-11250ft，甚至可以达到-11300ft。

这不是一个"容易受欢迎的结论"。虽然"无效范式"是我们工作的一部分，但它从来没有被那些已经接受旧范式的人很好地接受。1997 年，我们建议在 OCT-A10 井下倾方向的新建新井（OCT-A11）检验这一概念。OCT-A11 井将是 Nezzazat 组有史以来在下倾方向钻得最深的开发井。人们对在低洼处发现更多石油的怀疑度很高。

钻井在最初由于卡钻而失败后，新的侧钻（OCT-A11St1）井最终钻到了老油水界面的

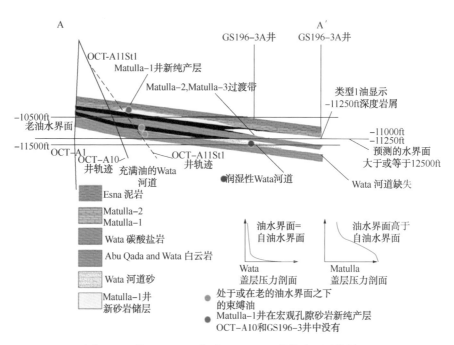

图 5.46 从 OCT-A10 井到 GS196-1A 井构造地层横剖面

47ft 以内(图 5.47)。该井自-11000ft 至井底没有水。而测井解释 Wata 河道直到-10.953ft 解释有束缚水饱和度,即在假定的-11000ft 油水界面上方 47ft(14.3m)。致密储层的饱和度低于该井段这个位置到总深度上,证实了有较深的自由水位。

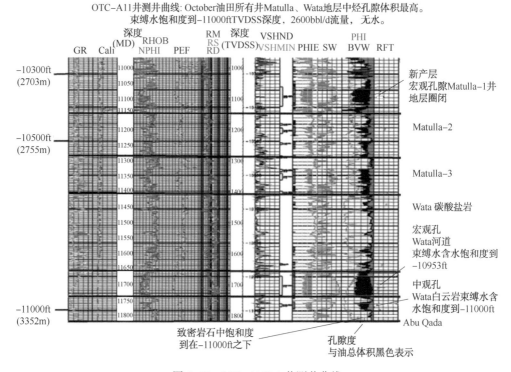

图 5.47 OCT-A11St1 井测井曲线

在钻后测试结果出来后，油井测试结果平息了大多数批评，同时也在 Matulla-1 油田发现了一个新的尚未开发的储层。该储层(图 5.46 和图 5.47)处于原始压力状态，因为其上倾方向未沉积，下倾方向井有缺失。它很可能是一套海相透镜状砂岩，与其他 Matulla 储层不同，该层具有极好的孔隙度和渗透性。OCT-A11St1 井总烃孔隙体积(HPV)在油田所有井中为最高，但处于构造的最低部位。OCT-A11St1 井流量为 2600bbl/d 油，无水。

这项工作不是孤立完成的。如果没有岩石物理学家、测井分析人员、油藏工程师，当然还有测试这一新概念的钻井工程师的大量投入，这口井根本不可能得到推荐。团队融合的价值得到了证实。

5.4.3 案例3：在有过路产层的干井中毛细管压力和采样显示导致上倾方向发现油藏(埃及 October 油田)

案例 3 涉及的是 GS148-1 和 GS160-5 井。GS148-1 井于 1981 年钻探，作为 GUPCO 积极勘探的一部分，目的是为大型 October 油田复合体寻找更多的卫星油田。其钻探目标是富含油的 Nubia 组储层。该井在总深度段 12877ft 发现了低渗透 Nezzazat 组油气显示，这在当时是苏伊士湾北部最深层的突破。但对于主要目标 Nubia 组砂岩，含水饱和度为 100%，该井未经测试就被封井废弃(图 5.48)。

在 GUPCO 工作，我最喜欢的一件事是多年来有大量有才华的地球科学家在这个组织中进出。不止一位地球科学家注意到，在 GS148-1 井曲线上似乎有油气层的存在，而且它可能真的钻遇了一个圈闭。经过 18 年对这一观察结果的苦苦思索，对这个在我们的目录名单中保留了十多年的远景区，我们决定对该区块进行更积极的评价。

该地区的主要问题之一是上倾方向的 J 油田 Nezzazat 组为 20° API 稠油油藏，经济上不具吸引力。对许多管理人员来说，从稠油中向下倾方向钻井，并期待有更轻、更好的石油发现没有多大意义。这场争论已经激烈地进行了好多

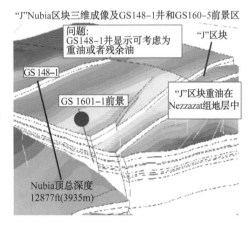

图 5.48 GS148-1 井问题

年。出于好奇，我们决定做一些新奇的事情——看看这些岩石本身！岩石地球物理部门从上倾方向的稠油油田和 GS 148-1 井中分别提取了岩屑。这些岩屑有显著的差异。

在 GS 148-1 井中，岩屑样品在贮存 18 年后仍有轻度油渍、黄色荧光，甚至有气泡存在。根据测井曲线解释的饱和度，这些显示标志着有一个连续相的存在，并且可能是过路油聚集。与此形成对比的是，上倾区块的大量的 Nezzazat 层则是黑色焦油。

有人可能会认为这样就结束了讨论，但事实并非如此。需要进一步的证据，所以我们将岩屑送出去进行流体包裹体分析(第 7 章)。流体包裹体(Hall，2008)可以将石油封闭在储层胶结物中的气泡中，并对 API 重度、保存温度、油品类型和第 7 章中所讨论的许多其他因素进行更为详细的分析。结果证实了轻质油的解释结论(图 5.49)，其 API 重度高达 32° API。

此外，我们还对岩屑进行了压汞毛细管压力测试，大致了解了该井的自由水位(FWL)及其在圈闭中的高度(图 5.50)。

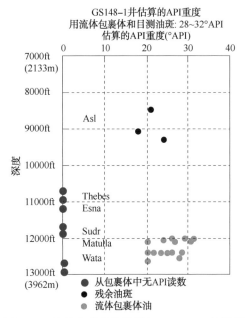

图 5.49　流体包裹体的结果(20~32°API 的轻质油重度支持岩屑中轻质油的目测,表明稠油聚集 "J" 区块的下倾方向具有较好的油品)

有趣的是,开罗的岩心实验室并不认为仅对岩屑施加毛细管压力是有效的,直到我们指出,几十年前对毛细管压力的许多原始研究都是在岩屑上完成的,而不仅仅是使用岩心。在任何情况下,如图 5.50 所示,在岩心中观察到的 50% ~ 60% 的饱和现象表明自由水界面(FWL)深达 12850ft。仔细观察岩屑,在 -12846ft 只有少量的显示和高含水饱和度(S_w)。基于不确定性,在自由水界面(FWL)上选取了一个可能的取值范围(图 5.51)。此外,毛细管压力图也证实了储层的中孔性质,为了获得更好的饱和度,需要更高构造部位的老井。

有趣的是,由于苏伊士海湾常见的糟糕地震特征,我们永远无法确定这个圈闭西部的封闭性,但我们知道一个上倾方向断层可能来自地震。最初的上倾方向井(GS160-5 井)钻井过程中越过了断层,所以不得不在下倾方向进行侧钻。该井钻遇 400ft(121m)厚的 Nezzazat 地层一直延伸到 GS148-1 井。我们在没有完全了解圈闭的情况下就钻了这口井,但根据现在相当可靠的观察,油田已经钻过了老井,而且沿稠油的下倾方向发现了轻质油。

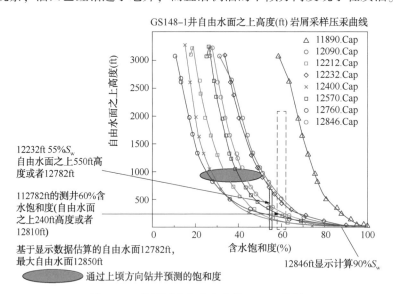

图 5.50　盖层压力和自由水位(FWL)分析

GS160-5ST-1 井(图 5.52)无水产量为 8500bbl/d,API 重度为 32°API,证实了预钻所做的解释。由于岩石的中孔性质,当遇到最大的孔隙时,初始递减速率很高,但随着细粒孔隙系统开始发挥作用,递减速率随后稳定在 700bbl/d 左右。该井是 20 年来在油田东部"老区块"发现的第一口新的油田构造圈闭。

P&A，无测试，1981

GS148-1井 水总体积曲线(黑色阴影是孔隙中的油饱和度百分比)

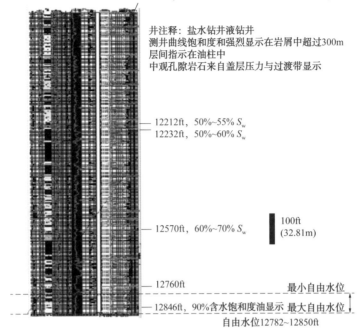

井注释：盐水钻井液钻井
测井曲线饱和度和强烈显示在岩屑中超过300m
层间指示在油柱中
中观孔隙岩石来自盖层压力与过渡带显示

12212ft，50%~55% S_w
12232ft，50%~60% S_w

12570ft，60%~70% S_w

100ft
(32.81m)

12760ft 最小自由水位

12846ft，90%含水饱和度油显示 最大自由水位

自由水位12782~12850ft

图 5.51 GS148-1 测井曲线及自由水位最大值和最小值

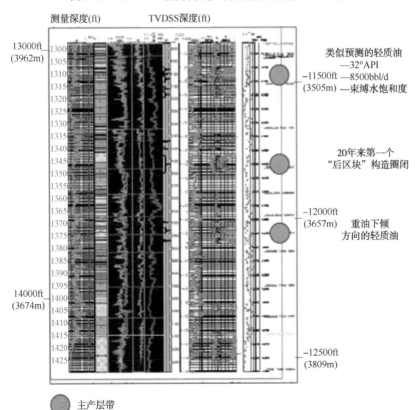

测量深度(ft) TVDSS深度(ft)

13000ft
(3962m)

14000ft
(3674m)

类似预测的轻质油
——32°API
—11500ft —8500bbl/d
(3505m) ——束缚水饱和度

20年来第一个
"后区块"构造圈闭

—12000ft
(3657m) 重油下倾
方向的轻质油

—12500ft
(3809m)

主产层带

图 5.52 GS160-5ST-1 井的发现

5.4.4　案例4："J"平台石油发现——剩余油上倾方向钻井(埃及 October 油田)

从 October 油田的最后一个案例来看，沿油气运移通道向上倾方向的剩余油，形成连续相聚集。最早的北部勘探试验之一是 1978 年和 1979 年分别钻探的 GS160-1 井和 GS160-2 井。两口井均有油气显示，但 GS160-2 的油气显示经短暂的表现之后就销声匿迹了。不幸的是，它们都应该是残余油(图 5.53)。

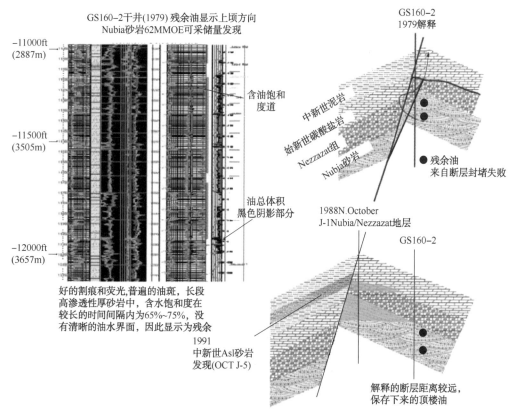

图 5.53　剩余油及其再解释

在整个 Nubia 地层中数百英尺的采样和岩心油斑表明该地区曾经存在过油田。测井分析表明，油气显示的残余特性非常明显，这种残余性质在几乎没有泥岩裂缝或致密层的大孔隙渗透率几达西储层段中表现为"惰性"含水饱和度。如果这些油气显示处于连续相的圈闭中，那么就会有与自由水位相对应的非常明显的油水界面，且过渡带很短甚至没有。

按当时的解释，特别是考虑到地震资料品质差的影响，是断层封堵失效，老圈闭垂向泄漏或漏油。在接下来的 10 年里，该地区由于没有有效的封堵而被忽略了。当时普遍的看法是，需要有膏岩层来封住 Nubia 地层。尽管存在 October 巨型油田被中新世泥岩和一些地区的下降盘 Nezzazat 组地层所封堵这一事实，但膏岩封堵概念的争论在苏伊士海湾的许多人那里仍然持续了很多年。

1988 年，一些附加使用的地层倾角测井地质工作表明，大断层可能位于 GS160-2 井西部，那里可能仍有石油。J-1 井于 1988 年开钻，在残余显示的上倾方向的 Nubia 圈闭中发现

6200×10⁴bbl 可采储量的原油。在地质历史上的某个时刻，古圈闭一定非常巨大，尽管有明显的断层封堵泄漏，但仍有足够多的石油留存在上倾方向，具备进行商业开发。

1991 年，对圈闭的下降盘一侧进行了测试，又发现了石油地质储量为 $1×10^8$bbl 油气当量的中新世 Asl 地层。如果没有 Nubia 中邻近断块的石油发现的激励，1991 年不太可能找到这一额外的资源。此外，在 J 平台上还可以钻探中新世储层，使经济回报最大化。

这四个案例让我们得以一窥，利用岩心、测井、岩屑开展综合研究工作，我们可以用合理的地质思维做些工作。它还表明，多种选择的模型始终是勘探人员的目标，寻找新数据信息来检验想法是评价过程的重要部分。最后，坚持只有一种方案是正确的。定量的风险评估，使用你对最小、最有可能和最大结果的最佳猜测，是成为一个有效的勘探家的关键。

5.4.5 案例 5：错过一个重要石油显示(英国 Buzzard 油田)

在过去的 15 年里，全球最大的发现之一是北海的 Buzzard 油田(Carstens，2005；Ray 等，2010；Robbins 和 Dore，2005)。Amoco 公司与英国天然气公司(British Gas)合作，于 1995 年底收购了这块具有前瞻性的区块。承诺钻一口井并开展三维地震采集工作(图 5.54)。

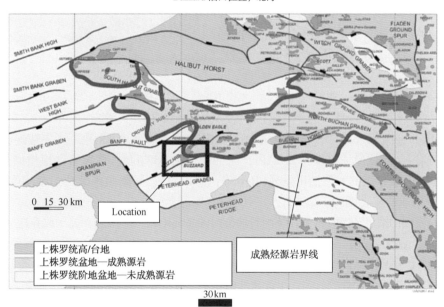

图 5.54 Buzzard 油田位置与成熟烃源岩灶边界(这一发现需要从成熟烃源岩到工作地 15~20km 的长距离运移。尼克森石油英国有限公司版权所有)

1999 年，Amoco 公司被英国石油公司(BP)收购，在随后的重组中，两家公司都流失了超过 70%的勘探人员，并且随之损失了很多相关的成果认识，该区块作为没有前瞻性而被丢弃。作为交易的一部分，泛加拿大石油公司与 BP-Amoco 公司在世界其他地区交换了部分油田，随后接管了该区块的运营权。当时给出的放弃这一区块的理由是它离成熟烃源岩太远，而且没有证据表明存在圈闭。

然而，对于员工来说获得这一油田面积，并且对细节的关注得到了回报。在这个区域的任何地方都存在很小的闭合构造，1986 年对一个很小的构造圈闭进行了钻探，在构造顶部的侏罗纪浊积岩地层中发现 3.5m 厚的高孔隙度、高渗透储层(图 5.55，20/6-2 井)。干井中存在石油消息有效地打消了人们对于该区块中由于缺乏油气运移而产生的不可能存在油气的想法。

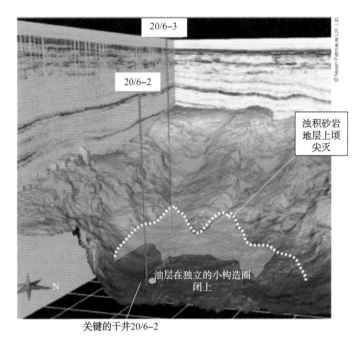

图 5.55 Buzzard 地层圈闭的三维视图[该圈闭是南侧断层和上倾尖灭的浊积扇组合而成。由 Carstens(2005)修改而来。版权归尼克森石油英国有限公司所有]

2001 年，钻探 20/6-3 井用于测试一个非常大的上倾地层圈闭，该井钻遇到了 300ft(121m)的油层，测试原油重度为 32°API，原油日产量 6547bbl。估算石油地质储量为 1.4×10^8bbl，为一个世界级的大型油田发现(Ray 等，2010)。该圈闭是南北两边断层闭合与西侧地层闭合所组成的复合圈闭。

当这一发现的消息公布时，我在英国石油公司的总部伦敦。不用说，关于放弃这一区块的决定"出了什么问题"，有相当多的议论。顺便说一句，油气系统建模是勘探项目的重要组成部分，但必须始终考虑从烃源灶向外横向运移发生变化的可能性。BP 公司运行的模型没有问题，它准确地勾勒出了成熟烃源岩灶的分布。出让该油田是由于没有仔细观察和研究干井资料造成的。

除了使用软件内置的算法之外，有效校准油气运移模型的唯一方法是查看干井中的显示。在这种情况下，仔细研究过这些干井的地质学家发现，在一个非常小的圈闭上发现了一套很薄的油层，证实了该区块确实发生了侧向运移。其他对该地区不太熟悉的人粗略地看了一下没有闭合线的构造图以及被标记为干井的一些井，并认为该地区前景不乐观而给放弃了。

关于如何建立 2D 和 3D 运移模型的话题将在第 9 章进行讨论，并提供一些其他方面的例子，但是对模型验证的着重点将会继续在对干井的分析中做一些工作。

5.4.6 案例6：Hugoton 油田：巨大的沿残余运移路径再运移

以下两个案例研究了盆地抬升和水动力重组过程中的再运移、气顶膨胀和水侵。第一个是 Hugoton-Panhandle 巨型气田，该气田是美国最大的连续气藏之一，也是美国最大的氦源产地。许多人对 Hugoton 油田的历史和地质特征进行了很好的总结（Frye 和 Leonard，1952；Pippin，1970；Rascoe，1988；Skelton，2014；Sorenson，2003，2005）。Sorenson 对抬升和充注历史的分析尤其引人注目，在此加以总结。

这个案例的历史可以很好地反映油气重新运移和残余显示的发展进程。残余显示具有重要意义，因为它们可以标记来自其他圈闭的重新运移的石油或天然气的主要运移路径。沿运移通道向上倾方向可能会提供新的勘探机会。此外，在远离产气烃源岩灶的油田区域也经常见到异常的气顶。在多数情况下，这些气顶是由于该地区的抬升和上覆盖层压力的降低而从油柱中析出的溶解气体形成的。全球范围内的陆相第三纪盆地大多具有广泛的隆升和剥蚀作用，残余显示和气顶膨胀不仅常见，而且可以预见。

除了巨大的圈闭规模（横跨得克萨斯州、俄克拉何马州和堪萨斯州的部分地区）外，该油田的地层压力非常低（435psi，图 5.56）。这是由于第三纪的抬升和侵蚀与东部 175mile（280km）的露头相连通。1918 年，在 Amarillo 以北 21mile 的得克萨斯州地表背斜闭合线上钻了第一口井，之后，人们花了数年时间才搞清楚该油田的规模。直到 1922 年才发现堪萨斯州的延伸区，最初的井并不认为有那么重要，因此未受重视。然而 1939 年，在堪萨斯州

区域环境，Hugoton油田，低于正常压力梯度

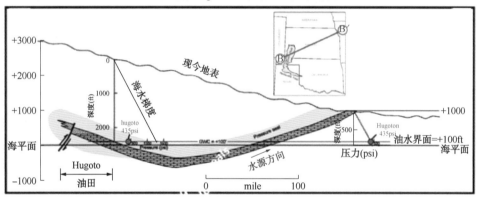

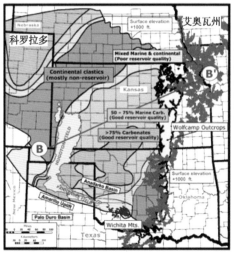

Panhandle-Hugoton压力
(1)低于常压(0.17~0.147psi/ft)
在2500~3000ft时435psi
(2)在Laramide隆起和侵蚀(65Ma)之前是正常压力
(3)从露头175mile(280km)开始有275mail(440km)长的聚集
(4)相对于东部Kansas储层露头在正常压力范围

图 5.56　Hugoton 油田压力环境、位置及相［相对于深层，油田的压力不足；
相对于东部露头含水层的压力正常。图由 Sorenson(2003)修正，经允许］

寂静的小镇 Hugoton 村的西南方向偶然发现了一口井,这才开启了持续数十年的钻探热潮。

20 世纪 50 年代,Amoco 公司的一些后来的首席执行官和总裁,作为年轻的地球科学家,参与了油田的进一步的油藏描述工作。该区块圈闭是通过钻探 Hugoton 湾地区每平方英里(部分)的中心钻井来描述的,由于没有很好地定义圈闭,只是简单地看看哪里没有天然气显示或者含水率增加,就在那里停止。运用这个简单的技术锁定了一大片已经生产了几十年的区块。

该圈闭本身也存在争议,因为众所周知,倾斜的油气水界面向东倾斜(Pippin,1970),这支持了水动力构成的观点。然而,同样重要的是沉积相的变化,从区域性的多孔碳酸盐岩向东部的致密红色泥岩和陆相砂岩转变。由于毛细管作用,从宏观和中观多孔碳酸盐岩转变为致密泥岩和砂体也会产生倾斜界面。无论如何,油田的位置是确定的。

在晚二叠世晚期,从成熟的烃源灶到 Panhandle 气田北部的初始充注阶段,形成一个非常大的构造圈闭,首次充注了运移来的油气(图 5.56)。在油气运移过程中,该构造可能被充满到溢出点,并形成正常的压力系统(图 5.57)。

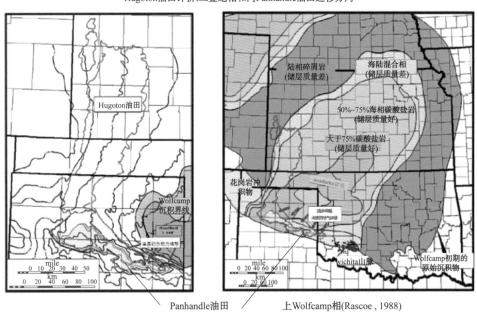

Hugoton油田评价:二叠纪相和向Panhandle油田运移方向

图 5.57　Panhandle1 油田二叠系向巨型构造圈闭运移[图修改自 Sorenson(2003),获准许]

然而,到了白垩纪,区域应力场发生了转换,盆地发生了重新改造并向西倾斜,白垩纪凹陷盆地开始重新对较早的油气储层进行改造。在第三纪早期,随着 Laramide 造山运动的开始,这种倾斜的方向发生了逆转,形成了落基山脉。在 Laramide 造山运动中,由于西部内陆海道抬升并干枯了 65Ma,Panhandle 油田的烃类发生了大量流失。向西北方向的倾斜和从 Panhandle 油田溢出的油气便形成第一次到堪萨斯州西部区域地层圈闭的边缘的大规模油气再运移。随着倾斜和运移速度的加快,压力下降,油气逸出,大量剩余油残留在侧翼和 Panhandle 油田周围,该油田目前正开始通过流体膨胀形成一个巨大的气顶。

到了第三纪晚期,大量的油气沿陆相红层的区域封堵带边缘向西和向北重新运移,形成了一个大型的地层圈闭。与持续隆升同时发生的是堪萨斯州东部的主要储层的剥蚀。将

Hugoton 油田含水层向东输送到地表，导致区域压力进一步降低，气体进一步膨胀，当气体从溶液中析出时，会有更多的液体被排出。

如果 Sorenson 模型正确，那么在最后一个更新世冰期，当冰川进一步重塑堪萨斯州东北部的主要储集相时，最终的气顶扩张过程已经完成（图 5.58）。随着东部含水层的突破，形成了由西向东的区域水动力流动，这可能是造成油、气、水界面倾斜的原因，但并非巧合的是，在水动力条件下，油、气、水界面向东方向加深。

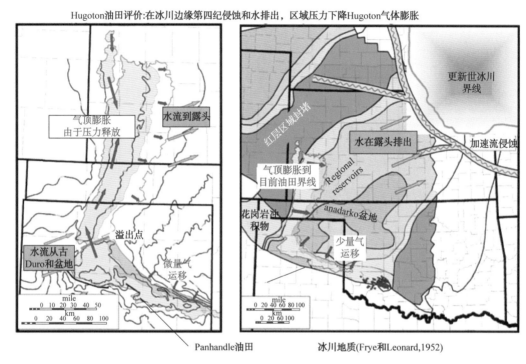

Hugoton油田评价:在冰川边缘第四纪侵蚀和水排出，区域压力下降Hugoton气体膨胀

图 5.58　更新世冰川作用和压力释放［图由 Sorenson（2003）修正，经准许］

虽然目前对理解这一油气运移过程的勘探意义不大，但它为抬升和再运移提供了一个很好的例子。在许多陆相地盆地中，都发生过盆地抬升和油气再运移，留下了大量的残余油气显示，这大大增加了勘探的难度，但也为那些足够精明的人提供了机会，让他们能够查明所有较老的圈闭油气的最终位置。

5.4.7　案例7：俄罗斯西西伯利亚盆地——可能是世界上最大的剩余油运移通道

从 2004 年到 2008 年，我有机会与 TNK-BP 一起在西伯利亚西部盆地从事了 4 年的勘探工作。我敢肯定地说，我在世界上任何地方，无论是在烃源岩、油气产量还是物理规模方面，都没有开采过比这更富含油气的盆地。Igoshkin 等（2008）对气体和再运移模型进行了更为定量的研究，并将这些讨论收录在 Igoshkin 等的文章中（1999）。

该盆地拥有一些世界上最大的油气聚集区，白垩系储层向上侵入并与侏罗纪巴泽诺夫组（Jurassic Bazhenov）下伏的丰富烃源岩（世界上最厚、最丰富的烃源岩之一）相接触。这个盆地面积足够大，可以容纳从加拿大边境到墨西哥湾的整个美国中部地区，以及从俄亥俄州到科罗拉多州丹佛市的宽度(图5.59)。

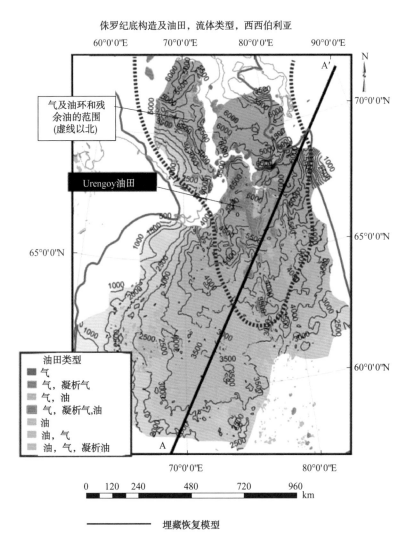

图5.59 西西伯利亚盆地构造图(侏罗纪基底,油田轮廓线)

Bazhenov组并不是唯一的烃源岩,该地层上下都有其他烃源岩(Dolson等,2014;(Hafizov等,2014)存在,该盆地大部分地区成熟度较高(图5.60)。

各主要气田均与Bazhenov油田的成熟程度和流体类型吻合较好,大型气田和凝析气田位于烃源岩层附近的北部。不过,这种配位并不完美,因为有许多气田以及短油柱高度、厚气顶的气田位于Bazhenov层主要产油区。

大型天然气田的位置,特别是报告有油环和残余显示的油田分布在图5.60所示的虚线以北。大型Urengoy油田是一个大型构造圈闭,位于气藏中心,但在侧翼也有明显的油环。它拥有高达$369×10^{12}ft^3$的天然气储量,令全球除中东North Dome油田以外的所有油田相形见绌。尤其异常的是Urengoy地区有大量的干气聚集。另外还有5个巨型天然气圈闭,每个圈闭都超过$90×10^{12}ft^3$,共同形成了世界上最大的巨型常规天然气圈闭。

也许有人认为天然气特征的一些变化主要归结于烃源岩类型的可变性和Bazhenov源岩

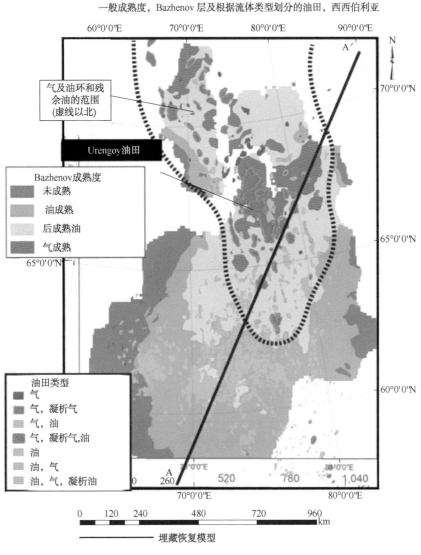

一般成熟度，Bazhenov 层及根据流体类型划分的油田，西西伯利亚

图 5.60　Bazhenov 地层成熟度（对成熟窗口同化效率进行了一般概括）

动力学特性。Littke 等（1999）推出了一套非常有说服力的方案：在始新世早期盆地的北部抬升和剥蚀时期，大部分干气发生气体膨胀和油冲洗。我们在 TNK-BP 完成的工作也支持 Littke 的模型方案。

　　根据俄罗斯 TNK-BP 的 Geoseis 公司生成的相关图件，建立了基于 Trinity 的剥蚀恢复和抬升剖面（图 5.61）（Igoshkin 等，2008）。这些图件利用地震资料和测井声波速度绘制，试图估算第三系抬升的规模（图 5.62）。

　　大部分大型气顶出现在 200m 剥蚀线以北，盆地侧翼部分出现超过 1500m 的抬升。从横剖面 A—A′（图 5.63）可以看出，在始新统和渐新统抬升之前，任何被圈闭的石油都将向盆地北部和边缘溢出。有趣的是，盆地南部并没有遭受明显的剥蚀，几乎没有气田或气顶。

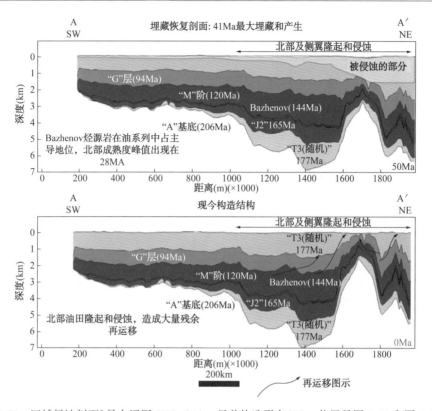

图 5.61　区域侵蚀剖面[最大埋深 50Ma（A），目前构造形态（B），位置见图 5.59 和图 5.60]

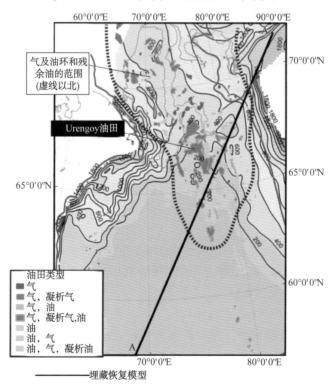

图 5.62　第三系剥蚀图

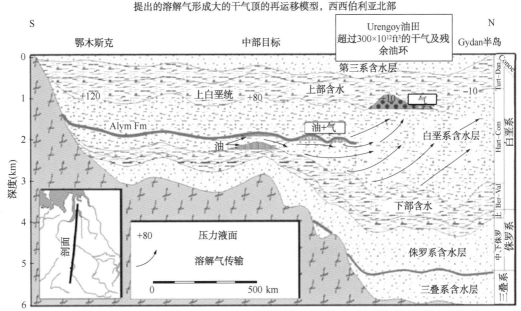

提出的溶解气形成大的干气顶的再运移模型，西西伯利亚北部

流体初始在始新世隆起流动到北部。在存在的构造中溶解的干气向下挤压油环并冲刷许多流体聚集，位于西西伯利亚盆地北部估算占世界1/3的含气储层是由区域排气和隆起引起的。

图 5.63　三次再运移和气体膨胀的影响［据 Littke 等（1999），有修改。经 AAPG 批准重印，需要获得 AAPG 的进一步许可才能继续使用］

影响因素是什么？如果 Littke 等（1999）提出的模型正确，那么盆地北部发现的大部分气量不能用简单的成熟度模型和烃源岩生成的气体来解释。不过，它们可以更好地解释为溶解和再运移过程的一部分，气顶膨胀并将较重的烃类物冲刷到油田两侧。

Hugoton 油田是一个大型的油气再运移的例子。在西伯利亚西部，这种油气运移的规模和扩展范围甚至要大一个数量级。勘探的问题很可能是"那些石油到底去哪里了？"

5.5　总　　结

理解毛细管现象是地球科学家工作中必不可少的一部分。利用 Winland 图分析法进行岩石类型筛选是一种快速评价孔隙类型和流体潜在的相控流动的方法。拟毛细管压力是评价封堵和油气藏的一种特别有效和快速的方法。电子表格的统计（附录 B—D）可以继续快速测试封堵能力和油藏产能。由地质和地震约束所绘制的相和断层图越详细，发现新油田的机会就越大。

任何能够处理网格数学的软件包都可以用来绘制水动力和封堵圈闭图。然而，手工绘制一个封堵圈闭图也可以很容易地通过检查叠置在一个好的构造图上的油气显示和测试数据来完成，并用形成封堵边界形状来解释测试和油气显示数据。因此选择使用哪种工具并不重要。

识别水动力必须通过观察压力数据或进行那些不能简单地用毛细管现象来解释倾斜界面的识别方法来实现。建立断层或相图需要对岩心、已知油柱、压力或测试数据进行合理的判断和校准。如果不能绘制出这类图件，就意味着不能避免更大的风险，即会出现错误的圈闭认识，或未能认识到某一地区的全部潜力。

本章和其他章节演示所用的工具可以帮助您像书中所介绍的那样来操作。我个人认为，每位勘探工作着都应该尽可能熟悉和掌握油气运移模拟技术，也需要花时间和费用来获得适当的书籍资料来快速检验自己的想法。油气系统模拟工具的一个巨大优势是能够改变顶部封堵认识，并在三维空间可视化和开展油气运移建模（第9章）。此外，还可以考虑油气生成时间、运移量损失，生成、抬升和剥蚀量、再运移等因素，及伴随着时间变化的封堵和压力的变化。这些额外的操作，可以帮助我们大大降低勘探风险。

本章通过实例介绍了油气显示定量和封闭性评价的多种方法，可以用来了解油藏的远景和开发规模。要成功地勘探和开采油气，必须了解圈闭、运移路径或成熟的富含有机质的烃源岩位置之间的关系，这至关重要。

参 考 文 献

Abdallah W, Buckley JS, Carnegie A, Edwards J, Fordham E, Graue A, Habashy T, Seleznev N, Signer C, Hussain H, Montaron B, Ziauddin M (2007) Fundamentals of wettability. Oilfield Review, Schlumberger, pp 44-61

Asquith G, Krygowski D (eds) (2004) Basic well log analysis, 2nd edn, AAPG methods in exploration series. American Association of Petroleum Geologists, Tulsa, OK, 244 p

Berg R (1975) Capillary pressures in stratigraphic traps. Am Assoc Pet Geol Bull 59:939-956

Byrnes AP, Cluff RM, Webb JC (2009) Analysis of critical permeability, capillary and electrical properties for mesaverde tight gas sandstones from western U.S. Basins. U.S. Department of Energy final technical report for project #DE-FC26-05NT42660, U. S. Department of Energy, p 355. doi:10. 2172/971248

Carstens H (2005) Buzzard- a discovery based on sound geological thinking. GEO ExPro, p 34-38

Chidsey CT Jr, Eby DE (2009) Regional lithofacies trends in the Upper Ismay and Lower Desert Creek zones in the Blanding sub-basin of the Paradox Basin, Utah, the Paradox Basin revisited-new developments in petroleum systems and basin analysis, v. RMAG 2009 Special Publication. Rocky Mountain Association of Geologists, Denver, CO, pp 436-470

Coalson EB, DuChene HR (2009) Deposition of Upper Ismay carbonate mounds, Blanding Sub-basin of the Paradox Basin, Utah. The Paradox Basin revisited-new developments in petroleum systems and basin analysis, RMAG Special Publication. Rocky Mountain Association of Geologists, Denver, CO, pp 471-495

Dahlberg EC (1995) Applied hydrodynamics in petroleum exploration, 2nd edn. Springer Verlag, New York, 295

Dolson JC, Steer B, Garing J, Osborne G, Gad A, Amr H (1997) 3D seismic and workstation technology brings technical revolution to the Gulf of Suez Petroleum Company. Lead Edge 16:1809-1817

Dolson JC, Sisi ZE, Ader J, Leggett B, Sercombe B, Smith D (1998) Use of cuttings, capillary pressure, oil shows and production data to successfully predict a deeper oil water contact, Wata and Matulla Formations, October Field, Gulf of Suez. In: Eloui M (ed) Proceedings of the 14th petroleum conference, vol 1. The Egyptian General Petroleum Corporation, Cairo, Egypt, pp 298-307

Dolson JC, Bahorich MS, Tobin RC, Beaumont EA, Terlikoski LJ, Hendricks ML (1999) Exploring for stratigraphic traps. In Beaumont EA, Foster NH (eds) Exploring for oil and gas traps: treatise of petroleum geology. Handbook of petroleum geology. American Association of Petroleum Geologists, Tulsa, Oklahoma pp 21. 2-21. 68

Dolson JC, Pemberton SG, Hafizov S, Bratkova V, Volfovich E, Averyanova I (2014) Giant incised vally fill and shoreface ravinement traps, Urna, Ust-Teguss and Tyamkinskoe Field areas, southern West Sibertian Basin, Russia, American Association of Petroleum Geologists Annual Convention, Houston, Texas, Search and Discovery Article #1838534, p 33

Dolson J, Burley SD, Sunder VR, Kothari V, Naidu B, Whiteley NP, Farrimond P, Taylor A, Direen N, Ananthakrishnan B (2015) The discovery of the Barmer Basin, Rajasthan, India, and its petroleum geology. Am Assoc Pet Geol Bull 99:433-465

Ebanks J, Scheihing NH, Atkinson CD (1992) Flow units for reservoir characterization. In: Morton-Thompson D, Woods AM (eds) Development geology reference manual, vol 10, AAPG methods in exploration series. American Association of Petroleum Geologists, Tulsa, OK, pp 282-285

Eby DE, Thomas J, Chidsey C, McClure K, Morgan CD (2003) Heterogeneous shallow-shelf carbonate buildups in the Paradox Basin, Utah and Colorado: targets for increased oil production and reserves using horizontal drilling techniques. Utah Geological Survey, Salt Lake City, UT, p 23

Farrimond P, Naidu BS, Burley SD, Dolson J, Whiteley N, Kothari V (2015) Geochemical characterization of oils and their source rocks in the Barmer Basin, Rajasthan, India. Pet Geosci 21:301-321

Frye JC, Leonard AB (1952) Pleistocene geology of Kansas (Bulletin 99). State Geological Survey of Kansas, Lawrence, Kansas, 230 p

Grammer GM, Eberli GP, Buchem FSPV, Stevenson GM, Homewood P (1996) Application of high-resolution sequence stratigraphy to evaluate lateral variability in outcrop and subsurface—Desert Creek and Ismay intervals, Paradox Basin. In: Longman MW, Sonnenfeld MD (eds) Paleozoic systems of the Rocky Mountain Regiona. Rocky Mountain Section, SEPM (Society for Sedimentary Geology), Denver, CO, pp 235-266

Gunter GW, Finneran JM, Hartmann DJ, Miller JD (1997) Early determination of reservoir flow units using an integrated petrophysical method. Society of Petroleum Engineers, v. SPE 38679, pp 1-8

Hafizov S, Dolson JC, Pemberton G, Didenko I, Burova L, Nizyaeva I, Medvedev A (2014) Seismic and core based reservoir characterization of the Giant Priobskoye Field, West Siberia, Russia, American Association of Petroleum Geologists, annual convention, Houston, TX, Search and Discovery Article #1838540, p 31

Hall D (2008) Fluid inclusions in petroleum systems. In: Hall D (ed) AAPG getting started Series No. 15. American Association of Petroleum Geologists, Tulsa, OK

Hartmann DJ, Beaumont EA (1999) Predicting reservoir system quality and performance. In: Beaumont EA, Foster NH (eds) Exploring for oil and gas traps: treatise of petroleum geology, handbook of petroleum geology, vol 1. American Association of Petroleum Geologists, Tulsa, OK, pp 3-154

Hawkins JM, Luffel DL, Harris TG (1993) Capillary pressure model predicts distance to gas/water, oil/water contact. Oil Gas J: 39-43

Hubbert MK (1953) Entrapment of petroleum under hydrodynamic conditions. Am Assoc Pet Geol Bull 37: 1954-2026.

Igoshkin VJ, Dolson JC, Sidorov D, Bakuev O, Herbert R (2008) New Interpretations of the Evolution of the West Siberian Basin, Russia. Implications for exploration, American Association of Petroleum Geologists. Annual conference and exhibition, San Antonio, TX, AAPG Search and Discovery Article #1016, p 1-35

Jennings JB (1987) Capillary pressure techniques: application to exploration and development geology. Am Assoc Pet Geol Bull 71:1196-1209

Littke R, Cramer B, Gerling P, Lopatin NV, Poelchau HS, Schaefer RG, Welte DH (1999) Gas generation and accumulation in the West Siberian Basin. Am Assoc Pet Geol Bull 83:1642-1665

McClure K, Thomas J, Chidsey C, Mitchum RM, Morgan CD, Eby DE (2003) Heterogeneous shallow-shelf carbonate buildups in the Paradox Basin, Utah and Colorado: targets for increased oil production and reserves using horizontal drilling techniques: deliverable 1. 1. 1. Utah Geological Survey, Salt Lake City, UT, p 44

Meckel LD (1995) Chapter 5: Shows. In: Dolson J, Gibson R, Traugott MO (eds) Shows and seals workshop notes (unpublished). Gulf of Suez Petroleum Company (GUPCO) – a subsidiary of Amoco Production Company, Cairo, Egypt

Naidu BS, Burley SD, Dolson J, Farrimond P, Sunder VR, Kothari V, Mohapatra P, Whiteley N (2016) Hydrocarbon generation and migration modelling in the Barmer Basin of western Rajasthan, India: lessons for exploration in rift basins with late stage inversion, uplit and tilting. Petroleum system case studies, v. Memoir 112. American Association of Petroleum Geologists, Tulsa, OK

O'Sullivan T, Zittel RJ, Beliveveau D, Wheaton S, Warner HR, Woodhouse R, Ananthkirshnan B (2008) Very low water saturations within the sandstones of the Northern Barmer Basin, India, SPE, v. 113162, pp 1–14

O'Sullivan T, Praveer K, Shanley K, Dolson JC, Woodhouse R (2010) Residual hydrocarbons—a trap for the unwary, SPE v. 128013, pp 1–14

O'Connor SJ (2000) Hydrocarbon–water interfacial tension values at reservoir conditions. Inconsistencies in the technical literature and the impact on maximum oil and gas column height calculations. Am Assoc Pet Geol Bull 84: 1537–1541

Pepper A (2007) Fluid properties: density and interfacial tension (IFT)—quantitative impact on petroleum column capacity evaluation in exploration and production (abs.), AAPG Hedberg Conference: basin modeling perspectives: innovative developments and novel applications. American Association of Petroleum Geologists, The Hague, The Netherlands

Peterson JA (1992) Aneth Field—USA. Paradox Basin, Utah. In: Foster NH, Beaumont EA (eds) Stratigraphic traps III. American Association of Petroleum Geologists, Tulsa, OK, pp 41–82

Pippin L (1970) Panhandle–Hugoton Field, Texas–Oklahoma–Kansas–The first fifty years. In: Halbouty MT (ed) Geology of giant petroleum fields, Memoir 14. American Association of Petroleum Geologists, Tulsa, OK, pp 204–222

Pittman E (1992) Relationship of porosity and permeability to various parameters derived from mercury injection–capillary pressure curves for sandstone. Am Assoc Pet Geol Bull 76:191–198

Rascoe B (1988) Permian system in western Midcontinent. In Morgan WA, Babcock JA (eds) Permian rocks of the midcontinent: Special Publication 1, Midcontinent SEPM, pp 3–12

Ray FM, Pinnock SJ, Katamish H, Turnbull JB (2010) The Buzzard field: anatomy of the reservoir from appraisal to production: petroleum geology conference series 2010, pp 369–386

Robbins J, Dore G (2005) The Buzzard Field, Outer Moray Firth, Central North Sea, AAPG annual conference and exhibition, Calgary, AB, American Association of Petroleum Geologists, Search and Discovery #110016, p 19

RPSEA (2009) First ever ROZ (Residual Oil Zone) symposium, Midland, TX, Research Partnership to Secure Energy for America (RPSEA), p 59

Schowalter TT (1979) Mechanics of secondary hydrocarbon migration and entrapment. Am Assoc Pet Geol Bull 63: 723–760

Schowalter TT, Hess PD (1982) Interpretation of subsurface hydrocarbon shows. Am Assoc Pet Geol Bull 66: 1302–1327

Sercombe WJ, Thurmon L, Morse J (2012) Advance reservoir modeling in poor seismic: October Field, northern Gulf of Suez, Egypt. AAPG international conference and exhibition, Milan, Italy, American Association of Petroleum Geologists Search and Discovery Article #40872

Shanley KW (2007) Pore–scale to basin–scale impact on gas production from low–permeability sandstones. TNK-BP, Moscow, Turris, p 52

Shanley KW, Cluff RM (2015) The evolution of pore – scale fluid – saturation in low – permeability sandstone reservoirs. Am Assoc Pet Geol Bull 99:1957–1990

Skelton LH (2014) Hugoton's rich history, AAPG explorer. American Association of Petroleum Geologists, Tulsa, OK, pp 40-44

Sorenson RP (2003) A dynamic model for the Permian Panhandle and Hugoton Fields, Western Anadarko Basin. 2003 AAPG mid-continent section meeting, Tulsa, OK, AAPG Search and Discovery Article #20015, p 11

Sorenson RP (2005) A dynamic model for the Permian Panhandle and Hugoton fields, western Anadarko Basin. Am Assoc Pet Geol Bull 89:921-938

Swanson VF (1981) A simple correlation between permeabilities and mercury capillary pressures. J Pet Technol 33: 2488-2504

Thomeer JHM (1960) Introduction of a pore geometrical factor defined by capillary pressure curve. J Pet Technol 12:73-77

Trudgill BD, Arbuckle WC (2009) Reservoir characterization of clastic cycle sequences in the Paradox Formation of the Hermosa Group, Paradox Basin, Utah. In: U. G. Survey. Utah Geological Survey, Salt Lake City, UT

Vavra CL, Kaldi JG, Sneider RM (1992) Geological applications of capillary pressure: a review. Am Assoc Pet Geol Bull 76:840-850

Washburn EW (1921) Note on a method of determining the distribution of pore sizes in a porous material. Proc Natl Acad Sci 7:115-116

Winland HD (1972) Oil accumulation in response to pore size changes, Wyburn Field, Saskatchewan. Amoco Production Company report F72-G-25 (unpublished), Tulsa, OK, p 20

Winland HD (1976) Evaluation of gas slippage and pore aperture size in carbonate and sandstone reservoirs. Amoco Production Company report F76-G-5 (unpublished), Tulsa, OK, p 25

Wold JT (1978) Cache field I-II. Four Corners Geological Society, Durango, CO, pp 108-110

6 基本的测井分析、快速查看技术、误区与储量计算

摘　　要

对于任何地球科学家来说，了解基本的测井分析方法必不可少。然而，在某些类型的岩石和流体组合中，这个过程可能非常困难。导电矿物可以抑制电阻率的特征响应，使实际上是产层的地层看起来是水层。同样，淡水也很难与油气区分开来。由于自然伽马(GR)和电阻率测井可能无法准确解释薄储层，薄层状产层也可能不确定。高束缚水的高黏土矿物也会导致低电阻率读数过低及可能将实际可动油气的产层被解释为高含水饱和度。

测井并不能直接测量孔隙度，而是测量岩石的性质，如旅行时或密度，然后必须使用进一步的计算来估计孔隙度。孔隙度和岩性一旦确定，就可以计算地层水的电阻率 R_w，并将其用于含水饱和度方程计算中。所有这些计算步骤在最终分析中都会引入一些潜在的误差，这些误差仅与输入参数有关。

致密岩石中的残余饱和度，如残余含水饱和度(S_w)可低至35%，很难与可动烃区分开来。最后，一些黏土和完井技术可能会对地层造成伤害，从而导致良好的产层被认为是不具前瞻性而被遗漏。

6.1　概　　述

能够进行基本的测井分析和孔隙度及含水饱和度的计算是每个地质学家所必须需掌握的基本技能。在对可能的产油区进行"快速观察"和估计潜在储量时尤其如此。对这个问题的全面论述超出了本书的范围，基本术语和概念在前面的第3章中已经概述过。因此，本章节只强调基本的流程，并提供一些有用的图示案例，来寻找连续相显示以及这些显示是否处于过渡带或废弃带位置。测井分析不仅仅是生成数值以获得用于容积和储量评估的含水饱和度(S_w)。计算结果总是需要放回到"我在圈闭的什么地方"的内容中，前面的章节详细讨论了这个主题，但是本章还介绍了其他一些非常有用的测井技术。

对于认真的学习者来说，最好的教科书是 Asquith 和 Krygowski(2004)的文献，它还附带了 .las 格式文件，其中包含了可以在任何工作站上使用的实际井资料。此外，它还附带了 Excel 电子表格，如果读者无法使用地质解释软件，它可以帮助提供解决方案。其他好的参考文献有 Asquith(1985，2006)，Doveton(1994)，Hartmann 和 Beaumont(1999)，Krygowski(2003)，Krygowski 和 Cluff(2012)，Lovell 和 Parkinson(2002)以及 Passey 等(2006)。

此外，测井分析还存在一些误导因素，如地层分辨率、导电矿物、复杂孔隙网络甚至地层伤害等影响因素。我曾经不止一次计算过井的产层数据，但在测试后却失败了，后来才发现是由于完井液、黏土过度膨胀或在孔隙中运移、酸处理与基质胶结物反应或其他不良原因

等，导致地层受到了无法修复的伤害。幸运的是，这些事件并不常见，但它们确实会发生。在评价你自己的成果或对干井进行后评价时，要牢记地层伤害因素或完井技术，这有时可以解释为什么一口井没有试井，但却通过计算找到了产层。

另一个影响因素是残余油和气体，它们的含水饱和度(S_w)可能较低，尤其是在致密岩石中，它们甚至看起来像是产层，但实际上除了水之外什么也不流动。

本节将介绍这些内容，除此之外还有如何计算孔隙度和含水饱和度(S_w)的基础知识。本章只打算对这些主题作一个概括性叙述，特别针对年轻的地球科学工作者，他们几乎没有测井分析方面的背景知识。

6.2　阿尔奇(Archie)公式及求解 R_w

大多数基本的测井分析最终都要回归到 Gus Archie(Archie，1942)使用电阻率测井所确定的基本原理。指导这一分析的基本原则是假设如果已知地层水的电阻率，那么当遇到更高电阻地层时，可能会存在油气，因为它们的导电性不如水。

阿尔奇公式如图 6.1 所示。

阿尔奇公式

$$S_w = \left(\frac{aR_w}{\phi^m R_t}\right)^{\frac{1}{n}}$$

S_w——含水饱和度，%；
a——曲折因子（通常假设为1）；
n——饱和度指数（正常为2但是可在1.8~4.0之间变化）；
R_w——地层温度下的地层水电阻率，$\Omega \cdot m$；
ϕ——孔隙度，%；
m——胶结指数（正常为2但是可在1.7~3之间变化）；
R_t——地层真电阻率，$\Omega \cdot m$；
　　*通常为最深的电阻率曲线（像ILD），但需要进行浸入、裸眼井、束缚水和其他因素校正

示例
a=1；n=2；m=1.9
R_t= 252 $\Omega \cdot m$　　$S_w = \left(\dfrac{0.14}{0.097^{1.9} \times 252}\right)^{\frac{1}{2}}$
R_w= 0.14
ϕ= 0.097
S_w=0.2147(21.5%)

图 6.1　含水饱和度(S_w)的基本阿尔奇公式

然而，阿尔奇公式也有其局限性，它最适合于晶间和粒间孔隙度。对于第 5 章中讨论的拟毛细管压力分析也是如此，如果岩石具有复杂的孔隙喉道网络(如某些鲕状灰岩中的孔洞、不连通孔隙)，无论是拟毛细管压力还是阿尔奇公式都不能起很好的作用。

6.2.1　泥质含量对阿尔奇公式的限制

随着泥质含量增加，进一步的复杂情况也会出现。很多书都致力于单独处理这个主题(Passey 等，2006b，c，d；Sneider，2003；Sneider 和 Kulha，1995)。理解泥质含量非常重要，因为在许多环境中相对不含黏土的储层是例外。图 6.2(Chai 等，2008)提供了一个来自马来西亚浅海滩涂和潜穴滨面之下砂岩的例子。在这种情况下，测井曲线本身分辨率可能会

受到限制，甚至在测井曲线上无法识别可产的层状砂岩(更多信息请参阅后面部分)。

单独采用阿尔奇公式很难估算薄层状泥质砂岩的含水饱和度(S_w)的例子

A.岩心照片

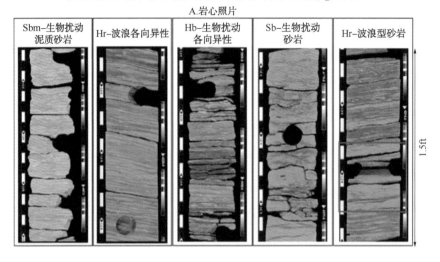

B.岩心显示的泥质薄层的薄片

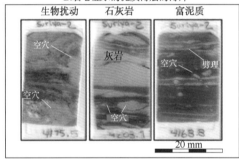

图 6.2　单独使用阿尔奇公式可能对泥质储层不起作用

[摘自 Chai 等(2008)，经印度尼西亚石油学会批准使用]

　　该井的测井曲线表示(图 6.3)在显示薄层状泥质产层问题时特别有用。该气田的岩层中高达 40% 的天然气产层在测井曲线上看起来像泥岩。像这样的岩性使用传统的测井分析方法比较困难，岩心标定是定量化产层的关键。通常情况下，这些层位被钻遇而未被识别为油层，从而遗漏下大量资源。

6.2.2　阿尔奇公式计算步骤

　　当岩性不那么复杂时，阿尔奇公式就足够了。Hartmann 和 Beaumont(1999)为测井分析的步骤和处理岩石时使用阿尔奇公式的数值提供了有用的建议(表 6.1)。

表 6.1　用于计算含水饱和度(S_w)的步骤和参数使用的建议

步骤	解	使 用 数 值	假 设 条 件	使 用 结 果
1	n	2.0 适用于阿尔奇孔隙度； 1.8 或更低，适用于黏土基质或裂缝； 4.0 适用于油湿性强的岩石	岩石类型不确定	使用 2

续表

步骤	解	使 用 数 值	假 设 条 件	使 用 结 果
2	a	1.0 适用于纯净的颗粒状地层和碳酸盐岩； 1.65 适用于泥岩砂岩； 0.62 适用于未固结砂岩	岩石类型不确定	使用 1
3	R_w	从 SP 测井计算； 根据 Arp 方程计算； 根据邻井井况报告或本地目录进行估算； 根据试验水样估算，校正地下温度和盐度； 从 Pickett 图估算		
4	孔隙度	从岩心、密度、密度—中子、声波或核磁共振测井计算	若密度-中子测井基质 与地层基质不匹配	密度—中子测井 交会图法
5	m	2.0 适用于阿尔奇孔隙度； 1.7~2.0 适用于泥质砂岩； 2.5~3.0 适用于带连通孔的空穴孔隙度； 2.5~3.0 适用于非连通岩溶柱； 1.0 适用于裂缝性岩石	如果不确定	使用 2
6	R_t	深电阻率测井（ILD、LLD、RD、RILD 等）。如有必要，对图表进行修正	广泛侵入、薄层或 钻孔冲蚀	使用图表簿更正

注：由 Hartmann 和 Beaumont(1999) 以及 Asquith 和 Krygowski(2004) 修改。经 AAPG 批准重印，需经 AAPG 的许可才能继续使用。

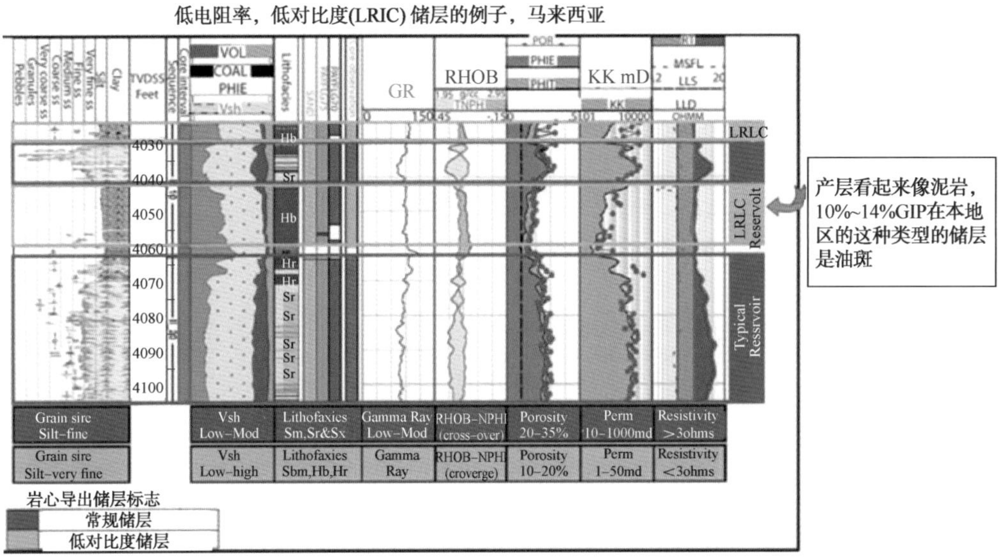

图 6.3 在图 6.2 所示的岩石的测井表示[从 GR 测井图中可以看到一个类似泥岩的区域，但实际上是一套薄层状气层。Chai 等(2008)在印度尼西亚石油学会的允许下修改]

6.2.3 求解 R_w

对地层水电阻率 R_w 进行很好的估算需要用阿尔奇公式进行，因为需要将纯水层地层水的电阻率与烃层地层水的电阻率进行比较。良好的孔隙度曲线测量也是关键，许多公司保存下来某一地区的来自不同地层和深度的地层水电阻率数据列表，但所有实际流体电阻率的测量都是从样品中得到的，就像 API 重度测量和其他测量一样，都是在实验室或钻井平台的地表条件下完成的。因此，这些电阻率值需要根据地层本身的温度进行修正。

最古老的方法之一是使用自然电位(SP)测井，它对钻井液电阻率和地层电阻率之间的差异非常敏感(第 3 章)。这些差异反映在自然电位测井的响应程度上。如果钻井液电阻率和地层水的电阻率相同，那么在纯净地层中就没有自然电位响应。自然电位响应的大小取决于钻井液和地层电阻率的不同。遗憾的是，许多井，尤其是近年来所钻的井，没有测自然电位曲线。关于如何计算含水饱和度的技术在 Hartmann 和 Beaumont(1999)以及 Asquith 和 Krygowski(2004)的文献中有很详细的说明，本章不作讨论。还有其他一些技术，如含水层的视电阻率，但这里没有涉及。

另一种计算地层水电阻率的方法是使用 Arp 方程(Asquith 和 Krygowski，2004)。

图 6.4 显示了计算步骤和示例。在任何情况下，必须计算地层温度，如步骤 1 和步骤 2 所示。在使用 Arp 方程时，单位应该保持一致(公制或英制)。也有一些油气服务公司发布图表，可以对实验室中测量到的地下温度进行校正，但 Arp 方程提供了与这些图表非常接近的结果。

从直接测量流体计算 R_{w}

1. 计算感兴趣地层的温度
　估算地温梯度(T_{grad})：
$$T_{\mathrm{grad}} = \frac{\text{井底温度} - \text{井口温度}}{\text{地层深度}}$$
　例如地表温度=24℃，3150m 的井底温度(BHT)=137℃，则：
$$\boxed{T_{\mathrm{grad}} = 0.0359\text{℃/m}}$$

2. 计算地层的温度(T_{f})
$$T_{\mathrm{f}} = T_{\mathrm{grad}} \times \text{地层深度} + \text{井口温度}$$
　例如如果地层深度是 2800m，则：
$$\boxed{T_{\mathrm{f}} = 0.0359 \times 2800 + 24 = 104\text{℃}}$$

3. 用 Arp 公式近似 R_{w} (米制输入)
$$R_{\mathrm{tf}} = \frac{R_{\mathrm{temp}}(T_{\mathrm{emp}} + 21.0)}{T_{\mathrm{f}} + 21.0}$$
式中　T_{emp}——测量电阻率处的温度；
　　　R_{tf}——地层温度处的电阻率；
　　　R_{temp}——其他地层温度处的电阻率。
　例如一个样品电阻率为 0.04Ω·m；在 24℃测量，有：
$$R_{\mathrm{tf}} = \frac{0.04(24 + 21.0)}{104 + 21.0}$$
$$\boxed{R_{\mathrm{tf}} = 0.0128\,\Omega\cdot m，\text{为阿尔奇公式的} R_{\mathrm{w}}}$$

如果以英制为单位，Arp 公式：
$$R_{\mathrm{tf}} = \frac{R_{\mathrm{temp}}(T_{\mathrm{emp}} + 6.77)}{T_{\mathrm{f}} + 6.77}$$
温度以°F 为单位，深度以 ft 为单位。

图 6.4　利用 Arp 方程计算地层水电阻率(R_{w})

6.3 孔隙度曲线和计算

利用测井曲线推导孔隙度有多种方法。在可能的情况下，计算值应与实测岩心孔隙度进行比较。重要的是要记住，没有一种方法可以直接测量孔隙度。相反，孔隙度值是由其他属性直接测井派生出来的。一般来说，使用孔隙度的测井组合是声波测井、中子或密度测井。在一些井的计算中，使用核磁共振测井（CMR，MRIL）作为获得孔隙度的首选方法。读者可以参考 Asquith 和 Krygowski（2004）文献中的第 6 章了解更多细节。在这本书主要讨论的以勘探研究分析中，使用这些更昂贵的新的 MRI 测井与以前钻井可用的常规测井与众不同。

本节只是对孔隙度解释技术进行总结概括。孔隙度评价非常复杂，用测井曲线来估算孔隙度值会受以下因素影响：

（1）岩性；

（2）气或油（相对于水）的存在；

（3）钻井液中的液体及存在于井筒冲洗带的流体；

（4）进行测井作业的公司推导孔隙度所使用的公式；

（5）裸眼井的情况；

（6）估算孔隙度的地层的基质类型。

换言之，类似于对砂岩基质密度进行校准，石灰岩的密度孔隙度也需要进行校正。

6.3.1 声波测井孔隙度

获得孔隙度的最古老方法之一是从声波测井中获得。大多数现代声波测井被称为井眼补偿测井（BHC），其设计目的是将冲洗和井眼尺寸变化的影响降到最低。测量的单位是微秒每英尺（μs/ft）或微秒每米（μs/m）。

方程的输入参数如图 6.5 所示。请注意，输入参数同时具有岩性敏感性和流体敏感性。当测井读数接近冲洗带数值时，设置流体输入参数为淡水钻井液体系或盐水钻井液体系。所使用的钻井液类型将记录在井头信息中，如果没有记录，则需要根据邻井信息或对求解的敏感性做出假设。油基钻井液需要不同的输入，但许多较老的探井使用的是水基钻井液。如果地层中含有油气，则需要进行额外的调整。有时候，如果不确定，这就会进退两难。如图所示，天然气的修正量很大（减少了 30%），对油的修正幅度较小。如果不进行校正，计算的声波孔隙度将会过高。

声波孔隙度（用于压实地层）

步骤1:用Wyllie时间–平均方程

$$\phi_s = \frac{\Delta t_{lg} - \Delta t_{ma}}{\Delta t_{fl} - \Delta t_{ma}}$$

式中：ϕ_s——声波孔隙度；
　　　Δt_{lg}——地层中声波时差；
　　　Δt_{ma}——基质声波时差；
　　　Δt_{fl}——地层流体的声波时差，淡水钻井液体系为189μs/ft(620μs/m)，盐水钻井液体系为185μs/ft(607μs/m)；
　　　Δt_{ma}——地层基质声波时差，砂岩为56μs/ft(184μs/m)，灰岩为49μs/ft(161μs/m)，白云岩为44μs/ft(144μs/m)。

步骤2:作烃类效果校正(因为在烃中声波时差增加)

$$\phi = 0.7\phi_s（气）$$
$$0.9\phi_s（油）$$

图 6.5　声波孔隙度计算［自 Asquith 和 Krygowski（2004），有修改］

<table>
<tr><td colspan="2" align="center">密度测井孔隙度</td></tr>
<tr><td colspan="2">

公式：

$$\phi_D = \frac{\rho_{ma} - \rho_b}{\rho_{ma} - \rho_{fl}}$$

式中　ϕ_D——密度导出孔隙度；
　　　ρ_{ma}——基质密度（岩石骨架密度）；
　　　ρ_b——真地层密度密度；
　　　ρ_{ma}——对数读数（地层块密度）；
　　　ρ_{fl}——流体体积密度。

常见的密度：
骨架密度（ρ_{ma}）　　　　流体密度（ρ_{fl}）
　砂岩　　2.644g/cm³　　　淡水　1.0g/cm³
　石灰岩　2.710g/cm³　　　盐水　1.15g/cm³
　白云岩　2.877g/cm³　　　气　　0.7 g/cm³
　硬石膏　2.960g/cm³
　盐　　　1.150g/cm³
警告，在含气地层中：
最好的答案是在饱含水的岩石中
油饱和对密度孔隙度影响小
其饱和度影响计算结果
如果在气层里，ρ_{fl}用气密度
</td></tr>
</table>

图6.6　密度孔隙度计算

（修改自 Asquith 和 Krygowski，2004）

6.3.2　密度测井孔隙度

密度单位以 g/cm³ 表示，密度本身对地层的响应相对较浅。图 6.6 总结了输入参数和需要输入到方程中的一些值。在含水地层中，流体密度的输入是钻井液（淡水或盐水）中所使用的流体密度。如果有气体存在，就必须像声波测井那样进行校正。

该岩层的体积密度 ρ_b 叫做 RHOB。它可以用来：

（1）识别蒸发岩矿物；

（2）检测含气地层；

（3）检测油气密度；

（4）评价泥质砂岩储层及复杂岩性。

密度测井通常带有修正曲线（DRHO），需要根据钻井的滤饼厚度来确定修正量并加入密度值中。得到的数据输入孔隙度计算公式中，通过计算，最终得到最常用的密度孔隙度曲线名称是 DPHI。另一种可获得密度曲线称为光电效应曲线（Pe）也经被使用。这条曲线对于岩性识别非常有用（Asquith 和 Krygowski，2004）。

密度孔隙度（DPHI）的潜在误差来源有很多，如测井曲线所示：

（1）错误的地层密度。用于计算孔隙度的基质密度为石灰岩的密度，而岩性为砂岩。在这种情况下，计算的孔隙度将高于地层的实际孔隙度。

（2）错误的流体密度。地层实际上是盐水，但使用了淡水流体密度。在这种情况下，计算的孔隙度会偏低。

6.3.3　组合中子密度测井孔隙度

中子测井测量的是地层中的氢含量。在纯的含水地层中，它测量的是充满液体的孔隙度。这些单位可以直接从工具中读取无须转换，通常标识为 PHIN 或 NPHI 曲线。这些曲线因以下情况而异：

（1）检测器类型的差异；

（2）检测源与接收器之间的距离；

（3）岩性。

中子测井有很多种类型，但最常见的是补偿中子测井（CNL）。较老的测井是井壁中子测井（SNL）。需要考虑到不同的工具和处理方式以及岩性的差异，可以利用服务公司提供的图表进行校正。

中子测井的关键用途之一是利用它来探测地层中的气体和泥质含量计算。由于地层中的黏土矿物中含有氢，因此在泥岩层段，中子孔隙度比密度孔隙度数值高。当中子孔隙度和密度孔隙度在充水的沉积物中收敛时，地层基本不含黏土矿物。此外，由于气体的存在，中子

测井孔隙度比密度测井孔隙度低。在这些情况下，产生的效应被称为"交叉效应"，是检测气体存在的一个很好的指标。

FDC-CNL 测井是同时进行中子和密度孔隙度测量的组合测井。由于计算孔隙度和识别油气及泥岩效应比较容易，这些是最常用的测井方法。输入方程如图 6.7 所示。

> 密度—中子曲线孔隙度
> 如果可能则为首选的方法
> FDC-CNL曲线同时记录中子孔隙度和密度孔隙度
> 公式：
> $$\phi = \left(\frac{\phi_N{}^2 - \phi_D{}^2}{2} \right)^{\frac{1}{2}}$$
> 式中　ϕ_N——中子导出孔隙度(此值直接从测井曲线上读出)；
> 　　　ϕ_D——密度导出孔隙度。
> 优点：
> 　　①重建气的效果(交叉)。当出现气的时候中子孔隙度读数比密度孔隙度低。
> 　　②曲线分离能指示含泥值得程度。例如在湿的纯净的地层曲线接近另一条曲线。
> 警告，需要基于基质密度进行校正，用于计算岩性及地层的实际岩性

图 6.7　密度—中子测井计算的孔隙度[这些是用于标准测井套件的最简单的孔隙度计算工具。据 Hartmann 和 Beaumont(1999)，有修改]

如果测井曲线计算所用的密度与地层的密度相同，则图 6.7 中的方程将提供一个很好的解决方案。如果不同，则必须根据所分析地层的岩性密度重新计算密度孔隙度，如图 6.6 所示。使用 FDC-CNL 组合测井曲线可以得到很多图表来计算孔隙度(第 3 章给出了测井曲线对岩性响应的例子)。此外，详细信息请参考 Asquith 和 Krygowski(2004)以及和 Hartmann Beaumont(1999)的技术文章。

6.4　一些快速观察技术：Pickett 图和 Buckles 图

有两种快速而有效识别过渡带中含水饱和度、束缚水饱和度和 100% 含水饱和度的方法。由于过渡带中的任何烃类均处于自由水位以上，因此它们均处于圈闭中且呈连续相状态分布。但是，正如第 5 章所述，含水饱和度可能相当高，特别是在岩石品质较差的圈闭低部位中。

6.4.1　Pickett 图

Pickett 图是查看含水饱和度最简单的方法之一(图 6.8)，它可以从简单的孔隙度和电阻率图中估计 m 和 R_w。许多软件包都内置了计算孔隙度后生成 Pickett 图的功能。Hartmann 和 Beaumont(1999)给出了如何生成 Pickett 图的简单的说明。图 6.8 为简化示意图和主要概念。

Pickett 图的流行源于这样一个事实，如果存在含水层，穿过这些含水层的曲线斜率与 y 轴相交的斜率值将等于阿尔奇公式中的 m，截距等于地层水电阻率(R_w)。图 6.8 所示的含水饱和度线以上的点可以很容易地看作是过渡带、束缚水或极低含水饱和度的废弃带。在第 5 章中展示了一个使用 Pickett 图来识别埃及 Matulla 组过渡带饱和度的例子，之前该过渡带被认定为低于油水界面。

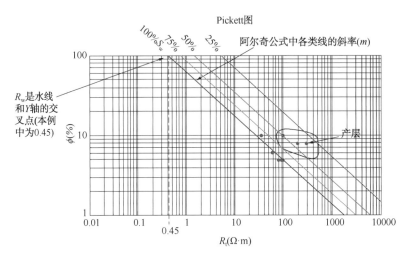

图 6.8 Pickett 图结构[阿尔奇公式的图示说明。根据深电阻率测井 R_t 值绘制孔隙度图。100% 含水饱和度线与 100% 孔隙度线相交于地下地层水电阻率(R_w)值。图上直线的斜率等于阿尔奇公式中的"m"值。湿值落在或接近 100% 含水饱和度(S_w)线上。产层落在逐渐降低的 S_w 线上。当对某一地区知之甚少时，可用以从孔隙度和电阻率交汇图估计 R_w 和 m]

6.4.2 Buckles 图和总含水体积(BVW)

总含水体积(BVW)在识别过渡带和无水带以及产水带方面具有额外的实用价值。这是因为当孔隙系统与其几何形状相同时，BVW 随自由水面高度变化而改变。这是因为，对于任何给定的岩石类型，当孔隙度和孔喉分布相同时，含水饱和度(S_w)是该岩石类型和自由水面之上高度的函数。

方程式是：

$$BVW = \phi S_w$$

在测井图上用阴影表示 BVW 曲线与孔隙度，可以直观地了解烃类填充孔隙系统的程度。

在孔隙度与含水饱和度交会图上，Buckles 曲线覆盖恒定 BVW 曲线的双曲线。如果储层位于束缚水饱和度(S_{wirr})区域，则孔隙度和饱和度将沿 Buckles 线变化。否则，点会偏离 Buckles 线。如果根本没有符合的形态范围，尽管存在一定的孔隙度和含水饱和度，但地层并不接近束缚水饱和度范围，这就将产生大量的水。

在图 6.9 的示例中，当这些点沿着 BVW 的 0.04 线时，这些点处于或接近于束缚水饱和度。在 B 和 C 的情况下，一些点不沿 BVW0.04 线走，因此不在束缚水饱和度范围内。情形 C 中，虽然有一些饱和，但不产生石油。

6.5 产层模式识别

简单地学习用一些测井显示来观察气体效应、泥质含量和含水饱和度变化非常很有用。除了含水饱和度(S_w)的计算，一个有用的筛选标准是使用总含水体积曲线。

以下是针对一些常规储层的建议：

（1）如果测井孔隙度和岩性不变，而电阻率发生变化，则很可能是由于烃类的存在引起的。

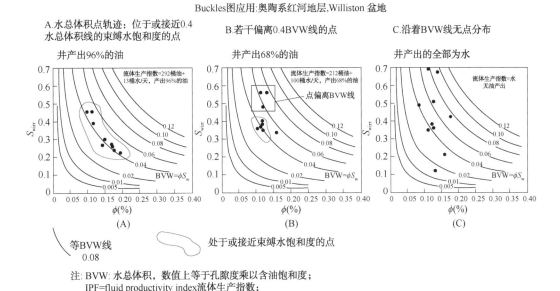

注：BVW：水总体积，数值上等于孔隙度乘以含油饱和度；
IPF=fluid productivity index流体生产指数；
BO：桶油；BWPD：桶水/天

图6.9　一个 Buckles 图的例子[自 Asquith 和 Krygowski(2004)，有修改。
经 AAPG 许可转载要获得 AAPG 的进一步许可才能继续使用]

（2）大孔隙岩石由于过渡带较短，油、气、水界面较明显。

（3）微孔和中孔岩石具有较长的过渡带，即使在自由水位以上，也容易被误认为是含水带。饱和度的变化可以追踪孔隙度的变化。原因可能是孔隙喉道的变化很好地体现在已进入到了一个圈闭内，而不一定是在圈闭的较低位置。

（4）注意具饱和度的低孔隙度层。它们表示存在一个烃柱，或者至少是一个古烃柱。致密岩石中的残余油气至少存在一个可以在 35%~50% 范围内变化的饱和度，并始终产生水。这些区域的压力数据指示存在一个水梯度，证明残余饱和度的性质。

实例1：始新统威尔科克斯砂岩。

这个例子(图6.10)来自 Asquith 和 Krygowski(2004)的 .las 文件和案例研究，加载到 Petra 软件包中进行解释。快速观察自然电位(SP)曲线，其响应和偏差良好，说明储层较纯净，钻井液滤液与储层之间的电阻率差异很大。电阻率 SN 和 IL 曲线分离较好，说明具有较好的侵入性和渗透性。在这个例子中使用声波测井计算孔隙度，未校正的气体的 PHI(蓝色)显示在气体效应校正过的 PHI(红色)旁边。孔隙度是在没有任何泥岩截止值的情况下计算得到的，即为总孔隙度，包括泥岩中的孔隙度。然后根据已知的区域地层水电阻率(R_w)值和阿尔奇公式中的参数计算含水饱和度(S_w)。含水饱和度(S_w)曲线随后在有泥质的地方被截断为一个空值，其中泥质是从泥质含量曲线计算得出的(未显示)。最后，计算出 BVW 曲线，并在孔隙度曲线上用黑色阴影显示，表明从储层顶部到底部都存在一定的饱和度。

而在砂体底部，均出现电阻率和孔隙度曲线迅速下降，说明孔隙度减小，同时孔隙喉道尺寸可能减小，束缚水量可能增加。底部的含水饱和度上升到 70%~80%(图6.11)。

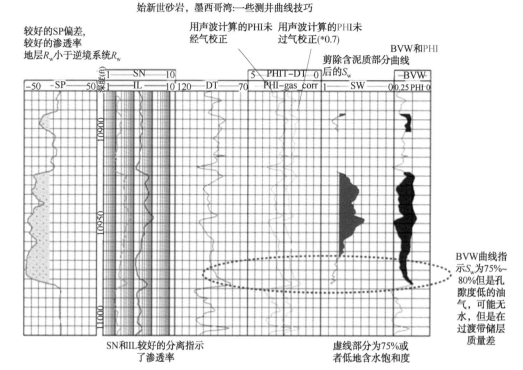

图 6.10　在古近—新近系砂岩上快速观察技术示例

[自 Asquith 和 Krygowski(2004)的原始 .las 文件]

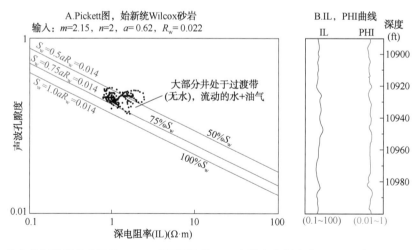

图 6.11　俄克拉何马州的产层的 Pickett 图[原始的 .las 文件和案例来自 Asquith 和 Krygowski(2004)]

在该地区也可以使用一个完善的计算地层水电阻率(R_w)方法，Pickett 图显示，没有点正好落在 100% 的含水饱和度(S_w)线上。然而，它们的饱和度在 75% 到 50% 之间徘徊，所以大部分区域都处在过渡带内，可能位于圈闭的较低位置。有些区域明显高于 50% 的界限，可能会产油气。这是一口产气井，但有大量的水伴随着气采出。

6.6　测井上的残余显示

残余显示可能非常不确定，其油气显示很难与含水饱和度高、且仍位于自由水位之上的过渡带或废弃带的油气显示区分开来。然而，一种比较明确的测井技术是，当遇到多孔地层时，其电阻率没有明显变化，图 6.12 给出了一个很好的例子，Naidu 等（2016）和 Dolson 等（2015）也记录了运移和封堵损失的情况。如图 6.12 所示，印度 Barmer 盆地的这口井是为了测试该盆地的一个断块圈闭而钻探的，该盆地的一部分出现了明显的抬升和剥蚀，使得油气侵位时间延后，可见一些剩余油显示。该井电阻率很低，垂向上没变化，岩心数据显示电阻率超过测井电阻率的 2 倍，岩心也被浓重的油气所侵染。因此，这些原油显示不可能是圈闭下部的过渡带，否则在测井曲线上就会有非常明显的油水界面。在同一构造上倾方向的同一水平位置上有两口井正常生产。说明残余显示层曾经位于较深的油水界面之上，在抬升和再运移过程中已调整到该高程之上。

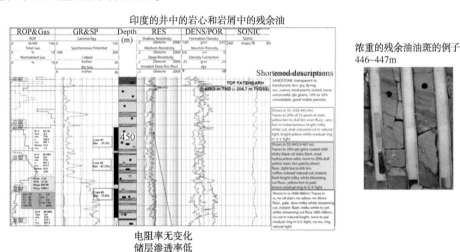

图 6.12　印度低渗透率储层的岩心残余油斑及无电阻率响应特征
[数据由凯恩能源（印度）公司提供，获得许可]

压力数据仍然是识别残余油气的最佳方法，因为通过饱和带的梯度会显示为水的梯度。图 6.13 给出了埃塞俄比亚碳酸盐岩的一个例子，解释了为什么低幅度造圈闭的水动力冲洗只在目标圈闭处留下残余油。在所有的层段内，测井曲线的含水饱和度为 45%~80%，但只测试出了水。Horner 校正后的压力数据显示，所有的点都在同一个水梯度上。用水动力图进一步研究表明，低幅度构造在水动力条件下不可能保存烃类。因此，储层具有明显的残余油赋存特征，与相对渗透率的影响无关。

正如第 5 章所述，致密岩石中的残余显示要更为棘手，因为其残余饱和度可能低至 35%~45%。在这种情况下，指示跨层间水梯度的压力数据可能是表明这些饱和度是残余的唯一确定的方法，重要的是要记住，即使一个区域测试为 100% 的水，水的流动可能是由于相对渗透率问题，而不是残余区域。有时，在没有更多数据的情况下，很难区分出产水的原因。

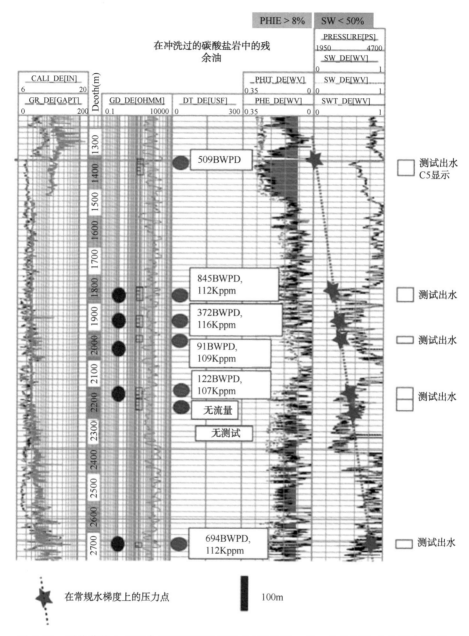

图 6.13　测井曲线上的残余饱和度测试后出水(无显示，有一个共同的咸水压力梯度)

6.7　误区：黏土、泥岩、薄板状产层

在测井数据分析中有很多因素会导致遗漏油气层。黏土矿物、泥岩和薄层状储层是导致测井数据错误解释的主要原因，因为它们是粉砂质或泥质储层，不具渗透性，或处在含有导电矿物和高束缚水饱和度的砂岩中。在钻井和完井过程中，良好产层的井可能会遭受地层伤害，这使得测井解释问题更加复杂。本节简要概述了测井分析的一些误区，以及最近开发的

一些测井工具，它们有助于对评价难度大的井进行评价。

6.7.1 低对比度—低电阻率产层(LCLR)

低电阻率油藏通常被认为是含水层，也会被误认为是泥岩或由于测井仪器的限制而被完全忽视。低电阻率油层通常用来描述电阻率相对较低或用常规测井计算得出结果为"水层"的油层。低阻油层常被认为电阻率范围为 $1.0 \sim 5.0\Omega \cdot m$(深)，但可以找到产层的电阻率在 $0.5\Omega \cdot m$ 的级别。因此，如果按惯例将电阻率测量解释为饱和度曲线，由于它们看起来是"水层"，因此很容易遭受淘汰。

近年来，"低对比度—低电阻率(LCLR)产层"已取代"低电阻率产层"。为了强调产层电阻率与相邻的"水层"或"泥岩"层段差别不大，我们增加了"低对比度"一词。该定义还允许对电阻率不低、但与相邻地层电阻率对比差别较小的精细产层进行分类。低对比度地层表明，在含油砂层和邻近非储层(如泥岩或水层)之间，电阻率往往缺乏对比性。低对比度层主要发生在地层水为淡水或低盐度的时候。因此，电阻率值不一定低，但油水层之间的电阻率差别很小。

产生低电阻率或低对比度测井响应的产层通常是由于异常的岩石或流体性质，并受到与矿物有关的各种因素的影响，特别是黏土含量、水矿化度和微孔隙度，以及地层厚度、倾角和各向异性等。由于黏土矿物固有的导电性，黏土矿物和泥岩是低电阻率产层的主要原因。LRLC 产层形成的原因包括：薄层状纯净砂岩层的高毛细管力和黏土的束缚水部分(如淤泥或黏土)；混杂黏土的砂岩或充填高束缚水体积的分散黏土的砂岩；含导电矿物(如黄铁矿、海绿石、赤铁矿、石墨或岩石碎片，形成连续的电性通道)的砂岩；高束缚水饱和度的细粒砂(粉砂)；微孔率；砂层中地层水含盐度很高，而低盐度的地层水会造成产层的低对比度。通常也是上述因素的综合。

在上述所列的所有因素中，导致低电阻率油层的最常见原因可能是含有高导电性黏土(及其相关的束缚水)的薄层与低于测井仪器的垂直分辨率的薄油层的组合。在这里，电阻率显著降低，视黏土体积增加，而低估了常规测井分析计算的油气体积和渗透率。这一主题在文献中有广泛的论述，几篇重要的论文和书籍提供了基本的背景介绍(Boyd 等，1995；Claverie 等，2010；Passey 等，2006a，b，c，d；Shepherd，2009；Sneider，2003；Sneider 和 Kulha，1995；Worthington，2000)。

在大多数情况下，看起来像页岩层的电阻率会有细微的增加，而自然伽马(GR)和其他测井仍然会显示页岩的特征。在某些情况下，电阻率变化可能在 $1\Omega \cdot m$(在常规页岩)$2\Omega \cdot m$ 或 $3\Omega \cdot m$(在薄板状页岩和砂岩混合体)之间。简单地在老测井曲线中找出这些变化，就可以帮助发现漏报的产层可能在井中所在的位置。

示例如图 6.14 所示，展示了通过薄板状层段的岩心。

测井数据的"食谱"式的岩石物理计算将无法确定这些产层。虽然传统的分析方法可以提供可靠的含水饱和度，但不能将黏土和毛细管束缚水与自由水区分开来。此外，泥质和粉砂质储层往往呈现出复杂的矿物学特征，这使得黏土含量和颗粒密度的估算具有不确定性。标准泥质砂岩模型不适合 LRLC 的评价，为了降低饱和度解释的不确定性，提高产能预测精度，需要专门的适用于目标解释的工作流程。

低电阻率油气层和低对比度油气层沉积体系包括深水扇、堤坝—河道复合体、三角洲前缘和指状沉积、粗粒浊积岩、冲积扇和三角洲河道充填。从墨西哥湾到阿拉斯加,从巴西近海到北海,从西非到马来西亚,在碎屑盆地中均发现了 LRLC 地层。尽管 LRLC 油藏已投产多年,但其储量计算和流动特性的识别仍是一个难题。发掘它们的潜力很重要,因此有充分了解它们的必要性。

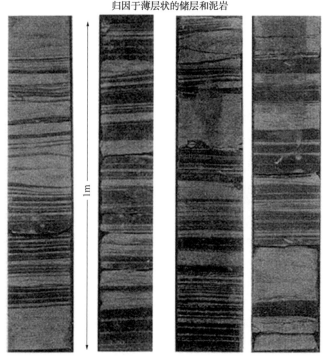

图 6.14　由于电阻率测井仪分辨率不高,常规测井难以对该岩心中的夹泥岩层状砂岩进行评价
[在自然伽马(GR)或电阻率测井曲线上,该层段很可能为页岩或粉砂岩。照片由 Bernd Herold 提供]

6.7.2　微电阻率和核磁共振测井(NMR)在泥岩和不确定产层中的应用

在过去 20 年里,对薄层状产层的识别和量化已变得越来越复杂。微电阻率测井在识别薄层产层和更好地观察潜在的沉积环境方面特别有用。如图 6.15 所示。一套非常薄的岩层中,在一个极薄的高度叠合的薄层状浊积层中测试出了油。在这个例子中,对超过 50m 的其他薄层进行了射孔,在一个自然伽马(GR)稍有响应的层段只有 10m 的小层被打开。尽管在测井曲线上主要表现为粉砂岩状,但流体流速表明其渗透性和含砂量良好。

与其他微电阻率测井一样,OMRI 测井(Halliburton,2015)可以提供垂直分辨率为 1in(2.54cm)的储层的高分辨率电阻率测量。在许多沉积体系中,这些工具对于确定产层至关重要。有关井眼成像测井的更多信息,请参考 Hurley(2004)。

Henderson(2004)和 PetroWiki(2015)对核磁共振测井进行了最好的总结,在复杂的测井分析环境中,核磁共振测井已经成为相当常规的工作。核磁共振技术已经研究了 50 多年(Fukushima 和 Roeder,1981;Kenyon 等,1986;Timur,1968,1969),但只有在最近时期才更广泛地适用于较复杂储层的测量。对本主题的完整论述可参见 Coates 等(1999)和 Cowan(1997)。

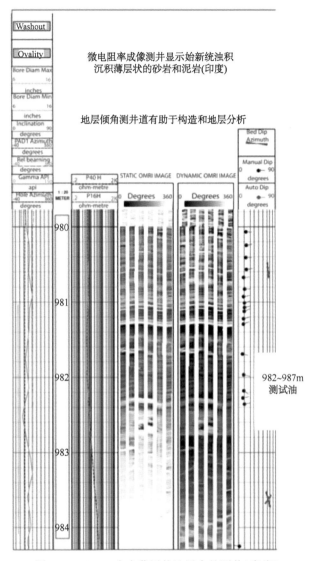

图 6.15　OMRI 在在薄层状油层中的测井(印度)

NRM 测井测量氢原子核对感应磁矩的响应。核磁共振工具利用一个永久磁场和一个振荡场使质子的自旋轴极化，使其偏离平衡方向。当振荡场被移走时，质子开始向后倾斜，或向原来的磁场回缩。这种衰减的速率称为弛豫时间，用来测定流体的性质以及孔系统的几何形状。各种不同的弛豫时间被记录下来，读者可以参考其他论文来了解更多细节(Kleinberg和 Vinegar, 1996；Mardon 等, 1996a；Prammer 等, 1995；Zhang 等, 1998)。质子回到非极化态所需的时间(T_2 轨道)被记录下来，然后进行处理，将这些数据转换为有意义的孔隙度和饱和度。

弛豫时间会受到以下因素影响：

(1) 孔隙中流体(油、气或水)的类型。

(2) 表面松弛强度。

(3) 岩石润湿性。

(4) 流体密度。

(5) 孔隙的大小。

当测量工具对氢质子响应时,它主要测量填充的孔隙带流体。与传统的测井组合不同,传统测井组合受岩性、黏土含量、孔隙度和烃类等因素的影响。因此,该工具被用来定义黏土边界和有效孔隙度。同时还可以对渗透率、孔径分布和油气类型等方面进行估算。与其他工具一样,将工具校准到其他数据(尤其是岩心数据),可以显著提高解释效果。NMR 孔隙度通常是所有测井工具中最准确的孔隙度测量方法,在使用时需满足许多条件(Murphy, 1995),这些条件包括良好的钻孔条件(在测量上,不存在不规则性和地层伤害),地层或井眼流体中没有磁性矿物。核磁共振孔隙度可以进一步细化为自由流体孔隙度(FFI),从而试图在最小孔隙喉道中区分可移动流体和束缚流体(Coates 等, 1997; Timur, 1969)。下面是其在一些复杂油藏中的应用实例。

图 6.16 中的例子来自于一个始新统扇三角洲泥质和浊积复合体,该复合体的测井响应主要为粉砂岩和页岩。然而,良好的核磁共振测井在小层上测试的气体显示出与从传统的测井分析中经泥岩校正后的含水饱和度具有良好的匹配。这是一套薄层状油藏,用核磁共振测井可以更好地确定油藏的产层。

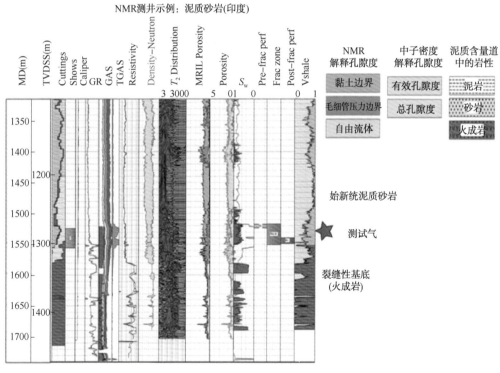

图 6.16　T_2 分布曲线及对气层的响应并与常规测井在相同层段内进行对比分析

另一个例子涉及印度 Barmer 盆地的一个多孔隙型油藏。多孔性储层是高孔隙度、低渗硅质储层,测井资料难以定量描述其含水饱和度和渗透率。图 6.17 显示了使用 Timur—Coates 方程从 NMR 测量得到的渗透率与岩心渗透率的良好一致性(Ahmed 等, 1991; Allen, 1988; Coates 等, 1999)。

NMR组合测井在复杂的白陶土储层的示例

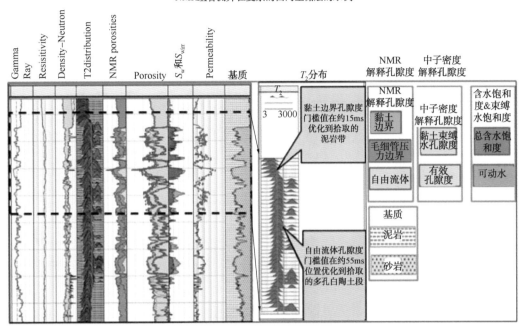

图 6.17　结合常规岩心分析对核磁共振衍生孔隙度和常规测井孔隙度进行校准[使用 Timur-Coates 方程计算的 NMR 渗透率与岩心点(红色)非常吻合。此外,含水饱和度和束缚水饱和度显示了孔隙系统中可动水和束缚水的区别(蓝色和绿色)。也识别了孔隙类型,孔隙度道中黏土束缚孔隙度(灰色)、有效孔隙度(黄色)、黏土束缚核磁共振(NMR)、毛细管结合核磁共振(NMR)、自由流体孔隙度存在变化]

核磁共振工具也可以帮助区分流体类型(Akkurt 等,1996a,b,Kleinberg 和 Vinegar,1996; Mardon 等,1996b;Moore 和 Akkurt,1996;Prammer 等,1995)。例如在一个复杂的火山岩储层中,孔隙度和含水饱和度很难确定。如图 6.18 所示,常规测井无法确定有效孔隙度或气层。

6.7.3　更多误区:黏土、导电矿物和地层伤害

无论是原始碎屑沉积还是后期成岩作用,黏土都普遍存在于大多数储层中。此外,一些次生矿物或胶结物,如海绿石、黄铁矿和菱铁矿等含铁碳酸盐岩类,会对储层识别(通过抑制电阻率)造成重大障碍,甚至在完井时对地层造成伤害。当在井中遇到一个良好的显示,然后测试出水或根本没有任何产出时,必须排除是否存在地层伤害的可能性。普遍存在的低电阻率层段的显示,需要从可能抑制电阻率和遮挡油气的导电矿物的角度来研究。

最常见的黏土情况如图 6.19 所示。

在许多情况下,这些黏土可能对地层造成伤害。关于地层伤害最好的资料来源之一是 King(2009),本文中使用的一些摘要来自 Thomas(2001)。其他一些好的参考资料包括 Bennion 和 Thomas,1994;Bennion 等,1996;Joshi,1991;Kasino 和 Davies,1979;Minh 等,2011;Pittman 和 King,1986。

纤维状伊利石(图 6.19E)的一个常见问题是,它就像一张蜘蛛网。在完井过程中,高岭石等层状黏土在油井生产时可以随着石油、天然气和水一起流动,但随后被纤维状伊利石吸附,其结果可能是产量损失或采收率显著下降。

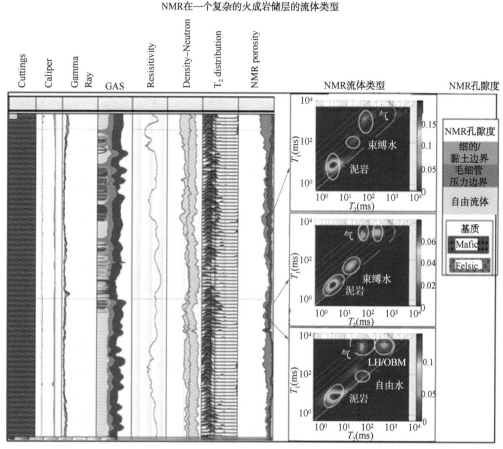

图 6.18 复杂火山岩中含气层与 NRM 测井的分异[该井最初用随钻测井(LWD)组合的油基钻井液进行测井，但传统测井技术无法识别该井的含气层。有关如何使用 NMR 测井进行流体差异化的参考资料，请参阅参考部分文本]

蒙皂石就像蒙脱石组中的其他黏土一样，遇水时会膨胀，因此，使用水基钻井液体系进行钻井，当钻遇到富含蒙脱石的黏土地层时，就可能会对地层造成伤害。酸处理过程中的酸液也可以与储层中的胶结物和黏土发生反应。蒙脱石化的黏土有非常大的表面积，可以容纳大量的束缚水，提高了测井曲线上的含水饱和度。鲕绿泥石是一种富含铁的绿泥石，其导电性足以抑制产层的电阻率，使产层看起来有较高的含水饱和度。储层中硫铁矿含量超过 7%的现象也很常见。

图 6.20 给出了一个抑制电阻率的很好的例子(Dolly 和 Mullarkey，1996)。在这种情况下，电阻率不超过 $2 \sim 3\Omega \cdot m$ 而在测井曲线上看起来完全润湿的。罪魁祸首是一系列导电胶结物和泥质黏土抑制了电阻率。

美国密西西比州的 Trimble 油田(Cook 等，1990)是一个关于富海绿石砂岩的过路井发现并成功开采的有趣案例，该油田发现了一个 $1000 \times 10^8 ft^3$ 的天然气藏，该过路层段在测井曲线上看起来含水饱和度高。美国环境保护署(EPA)已经批准了该区域，最终采出 $200 \times 10^4 ft^3$ 气体后作为水处理井。在 1963 年和 1984 年首次测试以来，该构造圈闭已经钻探过两次，尽管有良好的钻井液录井显示最终还是被废弃了。用传统的测井评价的产层，在过去的几十年里一直被忽视了。直到 1987 年人们试图完成水处理井时才注意到这一点，当时的水处理井使用的是天然气。

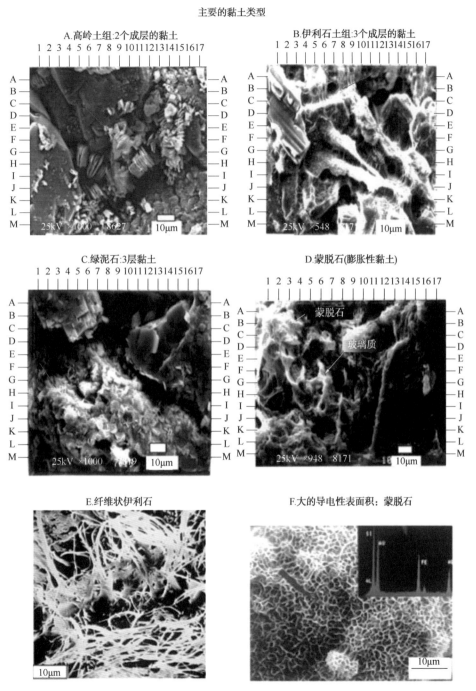

图 6.19 常见的黏土[纤维状伊利石就像蜘蛛网一样，吸附在完井和流动过程中排除掉的其他黏土（如高岭石）。其他黏土对水很敏感（如蒙脱石），会膨胀并堵塞孔喉。其他问题则是高导电性的黏土或是遮挡了电阻率测井曲线上的油气的矿物，以及产生的化学反应刺激，会对地层造成伤害。图（A—D）由 Jack Thomas 提供。图（E）和（F）由 George King 提供]

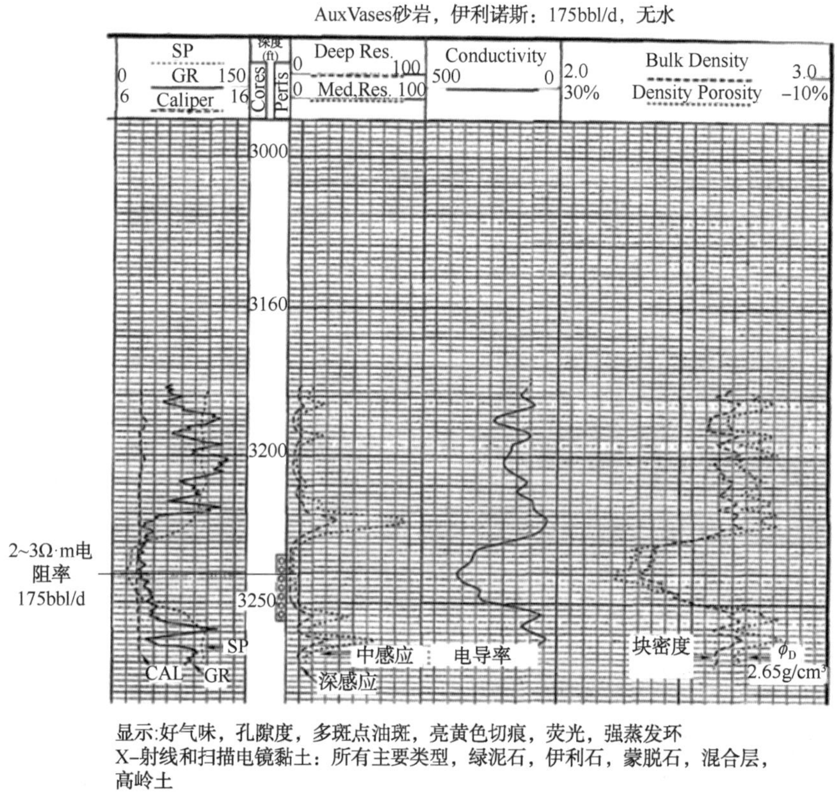

图 6.20　伊利诺斯州的产层被抑制的电阻率[据 Dolly 和 Mullarkey(1996)，有修改。经 RMAG 许可使用]

最近，在莫桑比克的一个大型气田(Trueblood，2013)下发现了一个油柱，当时该气田构造的低部位的油井虽然显示含水饱和度较高，但却出了石油。就像 Trimble 油田一样，Inhassoro 油田是在 1965 年发现的，但直到 2003 年才确定了油柱。这些发现层的测井曲线看起来含水饱和度很高，而且这些层还没有经过测试。

由 Kennedy(2004)，Tabarovsky 和 Georgi(2000)以及 Turner(1997)给出了一些由黄铁矿引起的抑制电阻率的好例子。

表 6.2 总结了固井、测井和完井方面存在的问题。

表 6.2　黏土矿物、胶结物、测井及完井的问题

矿物或胶结物	对测井或完成的影响
高岭石	完井过程中细粒的运移
伊利石	可以捕获运移的细粒。一般对液体无反应
蒙脱石	在水基钻井液中膨胀。高束缚水
亚氯酸盐	抑制电阻率测井，高束缚水；铁凝胶沉淀
富铁白云石(碳酸 Ca-Mg)	用盐酸处理会使氢氧化铁析出
菱铁矿	一些完井液导致铁沉淀
黄铁矿	如果超过 7%会抑制测井
海绿石	如果存在高百分比，则抑制测井

当面对一口看起来应该产油气但实际上并没有油气产出时，最困难的任务之一就是与工程师和其他员工坐在一起，找出原因。除了这里所讨论的地层伤害的行为方式外，还有其他许多情况。通过良好的测井分析、压力数据和岩心信息验证来消除地质因素，对于验证由于矿物或测井限制而导致地层实际已经受到伤害或存在过路油这一观点，很有帮助。

通常有很多人不愿承认某个层段可能已经遭到破坏。在这个问题上往往不容易达成一致意见。有位资深作者曾在埃及有过这样的经历，当时一口产油量为 5000bbl/d 的井产量不断攀升，随后突然降至 0。最后发现主要原因是由一项未经授权的酸化压裂作业引起的，该作业不但没有提高自然流动条件下的产量，反而导致井中的钻井液系统变成了一种黏度类似于花生酱的物质。尽管实验室的测试印证了这一结果，再加上未经授权的酸处理与产量下降的明显巧合，证明了事故的原因，但这口井再也没有重新钻开。没有人愿意承担责任。

但是在优秀的团队和公司中，会对此类油井进行重新测试，并对完井技术进行不断改进，直到取得优异的完井效果。

6.8　关于储量计算的说明

一旦孔隙度和含水饱和度值确定之后，测井分析项目的最后一步都是估算储量。(Sustakoski 和 Morton-Thompson，1992)提供了一个极好的总结。另一个来源是 Hartmann 和 Beaumont(1999)。基本方程如图 6.21 所示。

A.石油地质储量(bbl)

$$OOIP = \frac{7758Ah\phi(1-S_w)}{B_{oi}}$$

7758——单位转换系数；
A——含油面积；
h——油层厚度，ft；
ϕ——孔隙度；
S_w——含水饱和度；
B_{oi}——初始条件下的地层体积因子

B.天然气地质储量(ft³)

$$OGIP = \frac{43650Ah\phi(1-S_w)}{B_{gi}}$$

43650——单位转换系数；
A——含气面积；
h——气层厚度，ft；
ϕ——孔隙度；
S_w——含水饱和度；
B_{gi}——初始条件下的气地层体积因子

C.快速观察——估算B_{oi}或B_{gi}

B_{oi}：死油=1，适度含气的油(典型的)=1.2，高含气油=1.4；

B_{gi}：深度(ft)$\times \dfrac{0.43}{15}$

图 6.21　原始油气储量计算方程[式(C)来自 Hartmann 和 Beaumont(1999)]

重要的是要记住，储量估算是要对经济可采储量进行评价。当应用这些方程进行储量计算时必须将石油和天然气恢复到地下环境条件下进行。当需要精确计算时，用详细的压力、温度和流体特性来获取单储系数 B_{oi} 和 B_{gi} 值。这些数值将地下环境条件下的体积转化为地表条件下的体积，也就是销售和生产的体积。原位体积的转换需要根据采收率因子进行校正。这些数据因储层类型、流体和压力的不同而有所不同，往往难以准确预测。

因此，对储量的估计通常采用概率加权，即最小、最大和最有可能的情况。表6.3 给出了建议的采收率范围(Hartmann 和 Beaumont，1999)。由于许多运营商认为天然气采收率接近 90%~100%。表6.3 中列出的天然气采收率可能更接近于下限。

表6.3　建议采收率范围(改编自 Hartmann 和 Beaumont，1999)

驱动机理	气最终采收率(%)	油最终采收率(%)	注释
强水	30~40	45~60	例子：埃及努比亚砂岩
部分水	40~50	30~45	
气体膨胀	50~70	15~60	
溶解气	—	10~25	
岩石	60~80	60	相对少见
重力泄油	—	50~70	相对少见

6.9　总　　结

在大多数情况下，利用测井曲线识别油气相当简单。然而，当导电矿物或黏土含量高时，无论是在孔隙中还是薄储层中，油气产层都难以识别。在这些情况下，使用 FMI、NMR和其他为处理这些情况而设计的工具非常必要。地球科学家应该充分了解测井分析的基础知识，至少能够向专业测井分析人员提出正确的问题，以帮助进行有效的评估。

此外，在钻井或完井过程中，地层有时会受到伤害，因此必须小心，不能仅仅因为投产失败就轻易放弃可能具有生产潜力的储层。通过与团队成员讨论，使用所有可用的岩石和岩石物理数据，通常有助于识别地层伤害并采取适当的补救措施。然而，有时人身攻击可能会妨碍我们做正确的事情。当这种情况发生时，待开发油田内的油井偶尔会被废弃。

对于正在进行仔细评估油气显示、测井和完井的有创造性的解释人员来说，这些都是潜在的有利的勘探机会。

参　考　文　献

Ahmed U，Crary SF，Coates GR(1991) Permeability estimation：the various sources and their interrelationships.J Pet Geol 43：578−587

Akkurt R，Guillory AJ，Tutunjian PN，Vinegar HJ(1996a) NMR logging of naturation gas reservoirs.Log Anal 37：10

Akkurt R，Prammer MG，Moore MA(1996) Selection of optimal acquisition parameters for Mril logs.SPWLA 37th annual logging symposium，Society of Petrophysicists and Well−Log Analysts，New Orleans，Louisiana，p 13

Allen D(1988) Probing for permeability：an introduction to measurements.Tech Rev 36：6−20

Archie GE(1942) The electrical resistivity log as an aid in determining some reservoir characteristics.J Pet Technol 5：54−62

Asquith G,Krygowski D(eds)(2004) Basic well log analysis,2nd edn,AAPG methods in exploration series.American Association of Petroleum Geologists,Tulsa,OK,244 p

Asquith GB (ed) (1985) Handbook of log evaluation techniques for carbonate reservoirs, AAPG methods in exploration series No.5.American Association of Petroleum Geologists,Tulsa,OK,47 p

Asquith GB(2006) Quick guide to carbonate well log analysis with flow chart,case studies and problems,Midwest PTTC workshop.PTTC Technology Connections,Grayville,IL,p 280

Bennion DB,Thomas FB(1994) Underbalanced drilling of horizontal wells:does it really eliminate formation damage. Society of Petroleum Engineers,SPE 27352,pp 153−162

Bennion DB,Thomas FB,Bietz RF(1996) Formation damage and horizontal wells−−a productivity killer? Society of Petroleum Engineers,pp 1−12

Boyd A,Darling H,Tabanou J(1995) The lowdown on low−resistivity pay.Oil Field Review,Schlumberger,p 15

Chai SN,Carney S,Leal L,Boardman D,Shepstone K(2008) Low resistivity low contrast pay in complex Miocene reservoirs of the Malaysia Thailand Joint Development Area(MTJDA).Thirty−Second annual convention & exhibition, Indonesia Petroleum Association,May 2008,p18

Claverie M,Allen DF,Heaton NJ,Bordakov GA(2010) A new look at low resistivity and low−contrast(LRLC) pay in clastic reservoirs.Annual technical conference and exhibition,Society of Petroleum Engineers,Florence,Italy,p 12

Coates GR,Xiao L,Prammer MG(1999) NMR logging principles and applications.Halliburton Energy Services,Houston,TX,p 232

Coates GR,Marschall D,Mardon D,Galford J(1997) A new characterization of bulk−volume irreducible using magnetic resonance. SPWLA 38th annual logging symposium, Society of Petrophysicists and Well−Log Analysts, Houston,TX

Cook PL,Schneeflock RD,Bush JD,Marble JC(1990) Trimble field,Smith county,MS:100 BCF of by−passed pay at −7000'.Gulf Coast Assoc Geol Soc XL:135−145

Cowan B(1997) Nuclear magnetic resonance and relaxation.Cambridge University Press,Cambridge,434 p

Dolly ED,Mullarkey JC(1996) French #2−Goldengate North Field,Aux Vases Sandstone,Wayne County,Illinois.In: Dolly ED,Mullarkey JC(eds) Producing low contrast,low resistivity reservoirs,Guidebook.Rocky Mountain Association of Geologists,Denver,CO,pp 122−123

Dolson J, Burley SD, Sunder VR, Kothari V, Naidu B, Whiteley NP, Farrimond P, Taylor A, Direen N, Ananthakrishnan B(2015) The discovery of the Barmer Basin,Rajasthan,India,and its petroleum Geology.Am Assoc Pet Geol Bull 99:433−465

Doveton JH(1994) Geologic log analysis using computer methods,vol 2,AAPG computer applications in geology,No. 2.American Association of Petroleum Geologists,Tulsa,OK,169 p

Fukushima E,Roeder SBW(1981) Experimental pulse NMR:a nuts and bolts approach.Addison−Wesley,London, 539 p

Halliburton(2015) Oil based mud imaging(OMRI) log service.Halliburton.http://www.halliburton.com/en−US/ps/ wireline−perforating/wireline−and−perforating/open−hole−logging/borehole−imaging/oil−based−mud−imaging− omri−log−service.page

Hartmann DJ,Beaumont EA(1999) Predicting reservoir system quality and performance.In:Beaumont EA,Foster NH (eds) Exploring for oil and gas traps:treatise of petroleum geology,handbook of petroleum geology,vol 1.American Association of Petroleum Geologists,Tulsa,OK,pp 9.3−9.154

Henderson S(2004) Nuclear magnetic resonance logging,AAPG methods in exploration series.American Association of Petroleum Geologists,Tulsa,OK,pp 103−113

Hurley N(2004) Borehole images,basic well log analysis,AAPG methods in exploration series,v.Methods in exploration series No.16.American Association of Petroleum Geologists,Tulsa,OK,pp 151-163

Joshi SD(1991) Formation damage.Pennwell Publishing Company,Tulsa,OK,p 8

Kasino RE,Davies DK(1979) Environments and diagensis,Morrow Sands,Cimarron country(Oklahoma),and significance to regional exploration,production and well completion practices,Pennsylvanian Sandstones of the Mid-Continent.Tulsa Geological Society,Tulsa,OK,pp 169-194

Kennedy MC(2004) Gold fool's:detecting,quantifying and accounting for the effects of pyrite on modern logs.45th Annual logging symposium,Society of Professional Well Log Analysts,p 12

Kenyon WE,Day PI,Straley C,Willemsen JF(1986) Compact and consistent representation of rock NMR data for permeability estimation.SPE annual technical conference and exhibition,Society of Petroleum Engineers,New Orleans,Louisiana,USA,p 22

King GE(2009) Formation damage--effects and overview(online powerpoint).In Engineering GEK(ed).George E. King,p 61Engineeringhttp://gekengineering.com/Downloads/FreeDownloads/FormationDamage.pdf

Kleinberg RL,Vinegar HJ(1996) NMR properties of reservoir fluids.Log Anal 37:20-32

Krygowski DA(2003) Guide to petrophysical interpretation,online report.Wyoming University,Austin,TX,Daniel A. Krygowski,p 147

Krygowski DA,Cluff RM(2012) Pattern recognition in a digital age:a gameboard approach to determining petrophysical parameters.AAPG annual convention and exhibition,Long Beach,CA,USA,AAPG Search and Discovery Article #40929,p 6

Lovell M,Parkinson N(eds)(2002) Geological Applications of Well Logs,AAPG methods in exploration series,No. 13.American Association of Petroleum Geologists,Tulsa,OK,292 p

Mardon D,Gardner JS,Coates GR,Vinegar HJ(1996a) Experimental study of diffusion and relaxation of oil water mixtures in model porous media.SPWLA 37th Annual logging symposium,Society of Petrophysicists and Well-Log Analysts,New Orleans,Louisiana,p 14

Mardon D,Miller D,Howard A,Coates G,Jackson J,Spaeth R,Nankervis J(1996b) Characterization of light hydrocarbon-bearing reservoirs by gradient NMR well logging:a Gulf of Mexico case study.SPE annual technical conference and exhibition,Society of Petroleum Engineers,Denver,Colorado,p 10

Minh CC,Jaffuel F,Poirier Y,Haq SA,Baig MH,Jacob C(2011),Quantitative estimation of formation damage from multi-depth of investigation NMR logs.SPWLA 52nd annual logging symposium,Colorado Springs,Co,USA,p 11

Moore MA,Akkurt R(1996) Nuclear magnetic resonance applied to gas detection in a highly laminated Gulf of Mexico turbidite invaded with synthetic oil filtrate.SPE annual technical conference and exhibition,Society of Petroleum Engineers,Denver,Colorado,p 5

Murphy DP(1995) NMR logging and core analysis-simplified.World Oil 216:65-70

Naidu BS,Burley SD,Dolson J,Farrimond P,Sunder VR,Kothari V,Mohapatra P,Whiteley N(2016) Hydrocarbon generation and migration modelling in the Barmer Basin of western Rajasthan,India:lessons for exploration in rift basins with late stage inversion,uplit and tilting. Petroleum System Case Studies, v. Memoir 112. American Association of Petroleum Geologists,Tulsa,OK

Passey QR,Dahlberg KE,Sullivan KB,Yin H,Brackett RA,Xiao YH,Guzman-Garcia AG(2006a) The clastic thin-bed problem,AAPG archie series No.1.American Association of Petroleum Geologist,Tulsa,OK,p 210

Passey QR,Dahlberg KE,Sullivan KB,Yin H,Brackett RA,Xiao YH,Guzman-Garcia AG(2006b) Digital core imaging in thinly bedded reservoirs,AAPG archie series,No.1.American Association of Petroleum Geologist,Tulsa, OK,pp 91-107

Passey QR,Dahlberg KE,Sullivan KB,Yin H,Brackett RA,Xiao YH,Guzman-Garcia AG(2006c) Petrophysical evaluation of hydrocarbon pore-thickness in thinly bedded clastic reservoirs,AAPG archie series,No.1. American

Association of Petroleum Geologist, Tulsa, OK, 210 p

Passey QR, Dahlberg KE, Sullivan KB, Yin H, Brackett RA, Xiao YH, Guzman-Garcia AG(2006d) A roadmap for e-valuating thin-bedded clastic reservoirs, AAPG archie series, No.1. American Association of Petroleum Geologist, Tulsa, OK, pp 17-25

PetroWiki(2015) Nuclear magnetic resonance(NMR) logging.SPE.http://petrowiki.org/Nuclearmagneticresonance_(NMR)logging

Pittman ED, King GE(1986) Petrology and formation damage control, upper cretaceous sandstone, offshore gabon.Clay Miner 21:781-790

Prammer MG, Mardon D, Coates GR, Miller MN(1995) Lithology-independent gas detection by gradient-NMR log-ging.SPE annual technical conference and exhibition, Society of Petroleum Engineers, Dallas, TX, p 12

Shepherd M(2009) Where hydrocarbons can be left behind.In:Shepherd M(ed) Oil field production geology.Ameri-can Association of Petroleum Geologists, Tulsa, OK, pp 211-215

Sneider RM(2003) Worldwide examples of low resistivity pay.Houston Geological Society, Houston, TX, pp 47-59

Sneider RMB, Kulha JT(1995) Low-resistivity, low-contrast productive sands.AAPG annual convention, p 205

Sustakoski RJ, Morton-Thompson D(1992) Reserves Estimation.In:Morton-Thompson D, Woods AM(eds) Develop-ment geology reference manual.American Association of Petroleum Geologists, Tulsa, OK, pp 513-517

Tabarovsky L, Georgi D(2000) Effect of pyrites on HDIL measurements.41st Annual logging symposium, Society of Professional Well Log Analysts, p 13

Thomas JBJ(2001) The importance of using geologic information to complete wells, Tulsa Geological Society monthly luncheon presentation.Tulsa Geological Society and AAPG Search and Discovery, Tulsa, OK, p 39

Timur A(1968) Effective porosity and permeability of sandstones investigated through Nuclear Magnetic Resonance principles.SPWLA 9th annual logging symposium, Society of Petrophysicists and Well-Log Analysts, New Orleans, Louisiana, p 18

Timur A(1969) Pulsed nuclear magnetic resonance studies of porosity, movable fluid and permeability in sandstones.J Petrol Geol 21 SPE-2045-PA:775-786

Trueblood S(2013) Finding big oil fields in East Africa:Inhassoro:the southernmost oil field in the East African rift system?, SASOL Petroleum International. http://64be6584f535e2968ea8-7b17ad3adbc87099ad3f7b89f2b60a7a.r38.cf2.rackcdn.com/EA%20Oil%20Forum%20-%20Sasol%20Presentation.pdf

Turner JR(1997) Recognition of low resistivity, high permeability reservoir beds in the Travis Peak and Cotton Valley of East Texas.Gulf Coast Assoc Geol Soc XLVII:10

Worthington PF(2000) Recognition and evaluation of low-resistivity pay.Pet Geosci 6:77-92

Zhang Q, Lo SW, Huang C, Hirasaki GJ, Kobayashi R, House WV(1998) Some exceptions to default NMR rock and fluid properties.SPWLA 39th Annual Logging Symposium, Society of Petrophysicists and Well-Log Analysts, Key-stone, Colorado, p 14

7　流体包裹体资料在勘探中的应用

摘　　要

流体包裹体是岩石中微米级空腔，并被流体充填，通常以胶结物的形式存在。它们通常含有水和油气，可以提供有关侵(就)位温度、烃类质量和类型以及水的矿化度等有价值的信息。经典的流体包裹体研究利用了薄的有限间隔的薄片。相比之下，流体包裹体地层学(FIS)通过从采集的样品来分析整个井眼内大量样品的信息来提取一口井中油气分布的大量数据。

根据FIS数据绘制的油气丰度图和类型图可以帮助我们识别油气藏的产层、近距离漏失(接近产层)和运移路径。结合埋藏史建模，流体包裹体微测温数据可用于推断油气的侵位时间。在许多干井中，FIS数据提供了比在测井或井眼报告中更为详细的油气显示信息。

7.1　流体包裹体介绍与概述

在过去几十年里，油气显示分析中最令人兴奋的事情之一就是对流体包裹体中包含的油气地球化学信息的利用技术，特别是可以应用于从小到大的样本中。流体包裹体是岩石物质中晶体内部或晶体之间微米级、充满流体的腔体(图7.1)

常见流体包裹体的例子

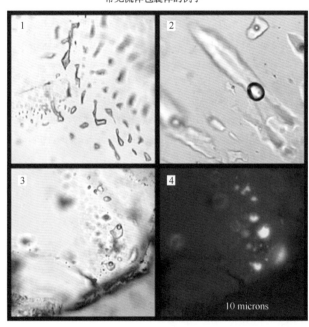

1.气
2.水
3.流体系统(平面光)
流体系统(紫外光)

所有照片来自厚的、剖光的砂岩薄片，包裹体沿着恢复的微裂缝出现

图 7.1　流体包裹体的例子

　　它们是成岩改造过程中，当胶结物被添加到孔隙空间和微裂缝时形成的，各种研究已经证实，除极特殊情况外，包裹体内通常包含有所捕获的孔隙流体的代表性样本（Sterner 和 Bodnar，1984）。它们的出现和组成可以用来追踪水和石油等流体的运移。在富含有机质的非常规油气储层中，干酪根或沥青部分转化为油气，形成了一个海绵状的纳米孔网络，其连通性受到限制，成为流体圈闭的场所。正如我们将会看到的，在这些特定储层中，从这些纳米孔中提取出来的流体，无论是在分布还是组成上通常与当前产量相一致。

　　AAPG 2008 入门系列文章（Hall，2008）对石油勘探中的流体包裹体进行了概要介绍。本文集引用的主要文献为 Alpin 等（1999），Burley 等（1988，2000），Burruss 等（1983），Karlsen 等（1993），McLimans（1987），Munz（2001）；Oxtoby 等（1995，1987），Prezbindowski 和 Larese（1984）以及 Wilkinson 等（1998）。Arouri 等（2010）、Bhullar 等（2003）以及 Brewster 和 Hall（2001）等的研究都有很好的实际应用。

　　多年来，许多勘探者都认为这些信息偏学术研究，价值可疑，获取起来又繁琐又费时。然而，在第 5 章中已经展示了一些很好的历史案例，包括重油（GS160-5，苏伊士海湾）下倾方向的轻质油的发现，以及尼罗河三角洲深层渐新世成藏组合的发现（Habbar-1 流体包裹体信息）。本书作者在勘探中成功地使用流体包裹体资料有着悠久的历史，其他许多作者也是如此。如今，流体包裹体数据的使用已成为许多公司一种相当标准的做法，因为它经常提供"来自新数据的新想法"，这是打破范式、推出新成藏组合所必需的。

　　然而，也许最令人兴奋的进展是通过大量处理岩屑，从存档的、未受限制的样品中获得整个井筒的地球化学特征。这一过程称为流体包裹体地层学（FIS）。它在 1990 年，由 Amoco 生产公司开发并获得专利，随后于 1997 年通过一家附属公司——流体包裹体技术公司（Fluid Inclusion Technologies）发布，该公司仍然是提供这项服务的唯一商业组织。所获得的信息提供了一个相当便宜和可靠的数据集。可以快速完成（在几天或几周内就可以完成）。本章主要讨论 FIS 方法。无论提取的样品所处地层地质年代如何，都可以在任意老干井中进行地球化学信息的提取。

　　提供信息的结果在概念上类似于顶空气体分析（Kolb 和 Ettre，2006），但重要部分有区别。下一章将讨论顶空气体分析，但只能在新井钻井平台现场获取的岩屑上运行。因此，除非你所在公司拥有这些数据，否则其他地质科学家一般无法获得这些数据，而且在老的干井上几乎也无法获得这些数据。如果钻完一口井几十年后仍有可能获得岩屑，而且可通过其他公司或政府的岩心库中获得，能够对这些遗留岩屑进行分析是一个巨大的优势。此外，顶空和钻井液信息只能提供现今岩石颗粒之间的流体信息，而不是提供过去被捕获或运移过的流体信息。此外，FIS 还提供了通常不通过顶空气体分析的种类信息，如芳香烃、有机酸和无机物，如氢、氦和硫等种类。这些化合物可提供有关液体来源和工艺的重要信息。

　　然而，也有一些限制和需要注意的事情。首先，流体圈闭的有效性受岩性、停留时间和成岩作用形成包裹的时机等影响。因此，首先在某些浅层、成岩静止的硅质碎屑体系包含物中，包裹体不能在高于探测面以上形成。其次，钻井液污染会掩盖或改变信号，阻碍对天然流体分布和组成的认识。这基本上局限于油基钻井液钻井，其中钻井液会残留在某些岩性中，如高度松散的"黏性"黏土岩和盐岩。在油基钻井液盐层钻井的愈合裂缝中经常可发现由钻井合成的流体包含物，但其他岩性或矿物中尚未被认识。最后，钻头变形作用可以使岩石物质重组，并将天然孔隙流体、钻井液和由钻头产生的挥发分包裹在封闭孔隙中。最后一个过程将在下文进一步解释。

从整体上看,能够在老井中捕获 FIS 数据,从而能够探测和解释其他人从未见过的东西,这是大有裨益的。此外,使用 FIS 作为地球化学筛选工具,有助于选择样本进行其他信息的地球化学分析,包括传统的流体包裹体显微测温,并提取 GCMS 或 GC-CSIA。下文会有更多的例子。

油气运移的现实(它是复杂的)。任何油气显示数据都不仅有助于理解圈闭中的油藏,而且在地球化学信息和 FIS 情况下,还有助于理解甚至预测从源岩到圈闭的运移。我的许多同事在理解运移时最喜欢用的一个术语是"像分子一样思考"。油气分子会按照物理条件多变化而改变位置。图 7.1 示意图基于墨西哥湾和其他地方的一些案例从概念上说明这个问题,在这些案例中,浅层第三纪的油层被认为源自深层白垩系或侏罗系烃源岩。在这种情况下,烃源岩通常位于圈闭内油气下方数千米甚至更深。第 9 章将介绍建立三维运移模型来模拟垂直运移,但这里给出了概念,并显示在图 7.2 所示的示意图上。

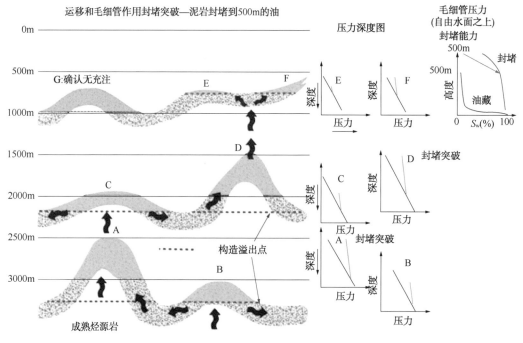

图 7.2　运移的复杂现实情况

深层烃源岩沿输导层运移充注和溢出,除非达到了封堵盖层,否则可垂直运移。这可能是由于毛细渗漏、超流体压力或跨断层对接的储层造成的。结果是完全离开较深构造处源岩形成了复杂的多层系含油,若上覆构造不发育,地层圈闭填补了不容易预测的位置。

因此,需要用诸如像从 FIS 这样的工具来更全面地观察运移,试图了解封堵在油气系统中的位置,以及油气在过去或现在存在于何处。描写干井中的流体包裹体或环空压力数据,甚至可能是钻井液或指示原来封堵的垂向突破显示等情况。这些信息可用于跟踪横侧向和上倾方向的封堵,以发现运移路径上的潜在圈闭(图 7.3)。

此外,拥有他人没有的信息非常好!在图 7.4 胶结砂岩中,只有在胶结物中以包裹体形式有油显示。这些不会出现在钻井液测井或岩屑描述中,但可能是新油藏的关键。在第 5 章所示的 Habbar-1 井实例中，用于深部渐新统成藏分析的钻井液测井数据表明干井中可能存在残余气体。流体包裹体数据表明，流体包裹体具有良好的含油性能、良好的重度、甚至有原油侵位时的温度信息。这些信息被用来帮助预测更深层的油气开采不仅有效、而且还会有凝析油和天然气的成藏组合。其他人没有这样的数据，所以他们不能以同样的方式来想象这样的成藏组合。

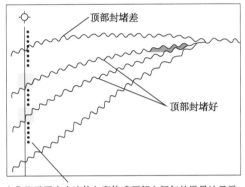

图 7.3　流体包裹体封堵的识别

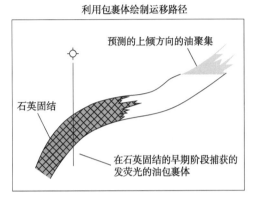

图 7.4　早期胶结物中含有流体包裹体提示相上倾方向的运移路径[自 Dolson 等(1999)，有修改。经 AAPG 许可转载，需要获得 AAPG 的进一步许可才能继续使用]

7.2　常规流体包裹体分析

尽管流体包裹体体积很小(图 7.5)，但它们包含了大量有用的信息。流体包裹体分析的诸多优点之一是截留的挥发物成分与初始流体成分非常相似。因此，可以从这些数据中获得大量信息，包括 API 重度、组成、来源、油侵温度、油侵时水的盐度等。所有这些信息都可以输入到油气系统运移模型中，并可随时间推移进行运移模拟。

流体包裹体研究的经典方法是基于薄片评价，如图 7.1 和图 7.5 所示。流体包裹体的光学部分的工作是在透射的平面偏光和高强度紫外线照射下，利用厚的、抛光的岩石薄片进行的。后者可通过荧光识别油和凝析油包裹体。包裹体种群及相关变量用诸如荧光颜色、分布和丰度等变量来确定。常规储层中由光学测定包裹体的丰度与储层质量、含油饱和度和停留时间的组合有关。因此，通常可以根据液态石油包裹体的视觉丰度，将运移路径与古油藏区分开来(图 7.6)。通常不发荧光的气体包裹体，更难以识别和定量化，必须通过如 FIS 等技术来判断其相对丰度。

利用微测温数据识别烃类和盐度。一旦划分出合适的包裹体，就可以通过流体包裹体显微测温方法收集定量数据(图 7.7)。这是一个特殊设计的可控温度室，放置在岩石显微镜的 XY 台上。将含有感兴趣的包裹体的样品放置在腔内，操作员通过腔内的玻璃窗从显微镜下观察样品并手工记录下单个流体包裹体内流体相态的变化。将相变与合适的化学系统进行比较，以获得所需的数据，如温度、盐度和 API 重度。流体包裹体微测温的理论和细节超出了本书讨论的范围，读者可以参考 Roedder(1984)以及 Goldstein 和 Reynolds(1994)等经典著作以获得更多信息。下面简要讨论经典流体包裹体数据的主要用途，并举例说明。

流体包裹体像什么及如何对它们进行分析

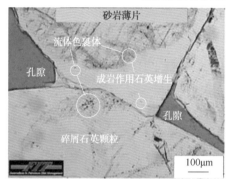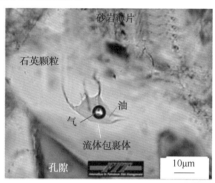

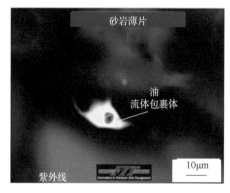

特征:
*小(1μm=0.001mm
　　70μm=人类头发丝粗细
用常规地球化学分析进行差异分析
——焦点是岩石本身的流体
而不是残余或吸附的及产生的烃
*能分析不活跃的气、油和水
*样品代表就位的储层条件,
带到地面无粉瘤和无脱挥发作用
*可以在岩屑大量处理或者基于薄片的分
析来进行分析

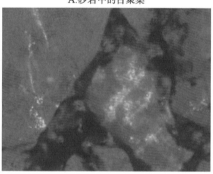

图 7.5　流体包裹体信息(容易获得)

用视觉丰度:运移与古聚集或局部产生

A.砂岩中的古聚集　　　　　　　　　　B.砂岩中的运移

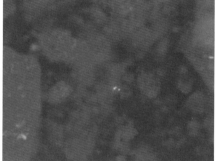

理想情况下, 高视觉丰度指示理想的高时间饱和, 低视觉丰度预示着低时间综合饱和

图 7.6　利用视觉丰度识别古聚集和运移路径

　　流体包裹体微温法提供的最常见的定量信息是温度。在碳酸盐岩和硅质胶结岩石中通常都有特定数量的盐水包裹体种群, 它们可以追踪最高埋藏温度。其中所涉及的机制和推理是有争议的, 且没有得到充分理解。然而, 这是一个经验性观察, 在有足够测温数据的情况下, 一个给定样品的最大热温估算通常在5℃左右(图7.8)。

流体包裹体显微温度仪

图 7.7 显微温度学设备

高阶均化温度与深度

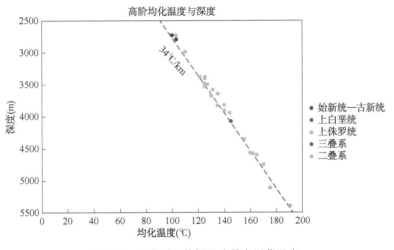

图 7.8 用微测温数据跟踪最大埋藏温度

其他类型包裹体更有可能记录实际的胶结温度，而专门微测温仪可区分不同的群体和他们所属的数据类型。各种研究也表明，最大显微温度(T_h)与镜质组反射率(R_o)之间存在关系(如 Barker 和 Pawlewicz，1986)。可以发现，当使用显微温度(T_h)通过包裹体解释最大埋藏温度时，盆地沉降速率为1℃/Ma，简化公式与 R_o 测量值具有合理相关性(Burnham 和 Sweeney，1989)。通常在各自确定的反射系数时，R_o 计算值为 0.1~0.2。

需要指出的是，成岩作用研究虽然可用到流体包裹体，但通常取决于胶结物中是否存在感兴趣的原生包裹体，且这些原生包裹体并没有经过诸如拉伸或渗漏等圈闭后过程的改造。虽然它们可能存在，但往往很难找到，而且无论如何，一般都只能获得一段零碎的成岩史。

石油包裹体的均一温度更多是流体饱和状态的函数(例如，接近气泡点或露点)，而不是实际地层温度。因此，在没有证据表明存在接近气饱和的条件下，将液态石油包裹体温度作为地层温度是不准确的。同时存在含水和油气包裹体的混合温度可以用来评价石油相的俘获温度(含水包裹体的 T_h)和接近油相的气泡点或露点温度(共存含水和油气包裹体的 T_h 差异)。

盐度测定方法是先用液氮冷冻包裹体，然后将冷冻包裹体加热至最后固相熔化。所谓的冰点降低是总溶解组分(通常是盐类，如 NaCl 和 CaCl)的函数，盐度可以参考适当的相图来估算。矿化度通常可以用来指示储层中所含水的来源，这有助于确定通道系统和流体运移路径。此外，与石油包裹体共同包裹的盐水包裹体可能含有接近油藏内束缚水的孔隙流体，在缺乏可靠水饱和度数据的情况下，可以帮助我们进行含水饱和度计算(图 7.9)。

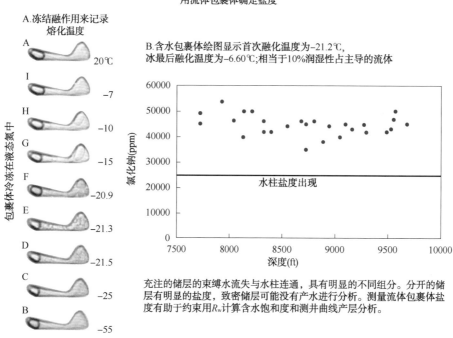

图 7.9 流体包裹体的盐度分析技术[自 Goldstein 和 Reynolds(1994)，有修改]

应用定量荧光技术可以估算 API 重度。许多研究人员已经独立地建立了相关方案，这些方案基于这样一个事实，即较低重度的包裹体趋向于向红色波长发出荧光，而较高重度的包裹体趋向于向蓝色波长发出荧光(图 7.10)。这种关系可准确地进行定量化分析，尽管某些油会发出不寻常荧光。

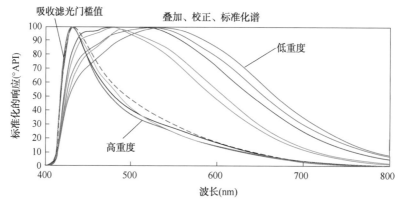

低重度油荧光趋向可见光的红色端，高重度油和凝析油荧光趋向可见光的蓝色端

图 7.10 通过定量微光谱荧光测定石油包裹体 API 重度

在更广泛意义上，石油包裹体数据(以及成对的盐水包裹体和石油包裹体)可以用来约束包括油气排出、运移和圈闭形成等方面的模型(图7.11和图7.12)。从配对的盐水和石油包裹体中获得的温度，以及估计或测量的API重度，可以考虑烃源岩的潜在或已知分布和烃源岩成熟度随时间的变化。油气运移或充注事件的年龄可根据圈闭形成时期来进行评价。即使通过岩石学或FIS，来确定是否存在或不存在油气运移指示，也可以为运移向量提供校准，以及关于某一时刻是否存在一个活跃的油气系统的基本答案。

来自一个已知的凝析气层的油包裹体数据摘要(6407/4-1; 3889m)

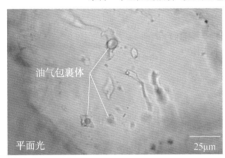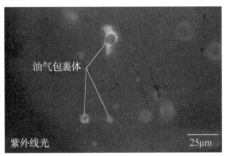

油气包裹体重度为44~88°API，共存富气和富流体包裹体记录，指示气和流体共同存在孔隙系统中(例如储层可能包含气柱和凝析气柱)。富气和富流体包裹体显微温度学数据为130~150℃和在2000~40000ppm盐水共存含水包裹体在150~1550℃。高视觉油气包裹体丰度指始终和烃柱出现日相一致。

图7.11 凝析油的例子

利用埋藏模型对图11中的流体包裹体数据进行解释

A.埋藏模型

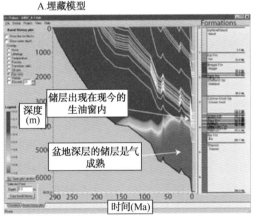

储层出现在现今的生油窗内

盆地深层的储层是气成熟

储层出现在现今的生油窗内。在储层深度没有预测流体系统的热破坏，但可能出现在较深的储层中。产层下面的深层、倾向于气的烃源岩是成熟的

B.温度与时间(Ma)

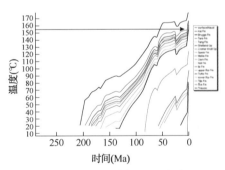

现今200年模拟的储层的温度是153℃。报告的BHC温度是157℃。与气和凝析油含水包裹体显微温度是150~155℃。这表明包裹体是在最近的1个百万年被捕获的并且能够代表当今的储层条件。

图7.12 盆地模拟解释了图7.11所示的微温测量(T_h)

利用图7.11的T_h数据，结合盆地模型(图7.12)可以得出合理的结论，包裹体样品是在过去100Ma侵位的，可能代表了储层中目前的实际流体，而不是先前的运移事件。

如果存在足够的丰度，烃包裹体的液体和气体可以通过GC/SMS进行提取和分析(Karlsen等，1993)及复合特定同位素分析(Wavrek等，2004)，在这种情况下，提取物在本质上相当于对未分馏的全油和DST气体可以相应地对其进行处理，以评估其来源、成熟度和工艺。显然，在存在多套烃源岩的情况下，将FIS或岩石学确定的运移路径或古聚集与特

定的源岩联系起来是非常有用的(图 7.13)。

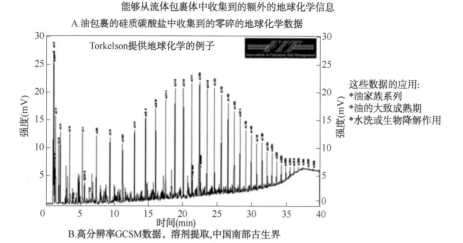

能够从流体包裹体中收集到的额外的地球化学信息

A.油包裹的硅质碳酸盐中收集到的零碎的地球化学数据

这些数据的应用:
*油家族系列
*油的大致成熟期
*水洗或生物降解作用

B.高分辨率GCSM数据,溶剂提取,中国南部古生界

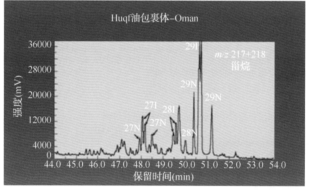

这些数据的应用:
*运移研究中油到源岩的联系
*这种类型的信息返回到运移模型中

图 7.13 从流体包裹体中提取地球化学特征

在生物地层分析中,有时也会发现从较老的地层中回收的包裹体。在这种情况下,有关正在调查的储层物源的地质知识很有帮助。仅仅从碎屑岩的碎屑部分排除所有的石油流体包裹体是不够的(尽管这对于含水包裹体是个好主意)。物理压实和微压裂在盆地历史的大部分时期都有发生,甚至在化学压实区内也是如此。这就导致了在碎屑颗粒中含有很高比例的油包裹体,但这些油包裹体不能被回收利用。我们的观察结果是,由于在这方面,再沉积通常是耗散和簸扬过程,而不是浓缩过程,因此,改造后的油包裹体一般只以低丰度的形式出现。因此,当包裹体丰度高于某一特定水平时,几乎都是油气运移的标志。穿越地层或物源边界的 FIS 信号也是运移信号而非回收信号的证据。我们很少观察到 FIS 信号是由于包裹体再沉积引起的,部分原因是这种包裹体的丰度通常低于检测值,对 FIS 数据的影响仅仅是在没有明显的化学成分区划的情况下使基线略有增加。

7.3 FIS 流体包裹体分析

在任何勘探项目中,在深入研究细节之前应该先了解所研究区域的区域地质背景,FIS方法提供了更广泛和更快速的视角。薄片法可以用来获得很多非常有用的信息,但也有局限性：

（1）这种分析假定已经挑选了相关性好的样本（可能不是这样）。

（2）石油成分（API 重度除外）通常受到自然状况的限制或由当地产量推断。

（3）由于缺乏荧光性而且一般很难识别这些包裹体，因此难以应用于干气研究。

（4）如果需要进行区域性的工作，则需要耗费大量时间和成本。

FIS 的方法不同，尽管有其自身的局限性，但它是一个更好的开端，可以将捕获在包裹体中的油气进行可视化。过程如图 7.14 所示。将大约 0.5g 的岩石材料表面污染清除干净，放置在真空系统中进行粉碎以释放被捕获的挥发物。利用多重残余气体分析仪，通过直接四极质谱仪同时分析分子种类。释放的信号稍纵即逝，必须进行非常快速地分析；因此，整个分析时长不到 1min。仪器是自动化的，允许在 24h 内处理完超过 600 个样品。这种能力使得井筒中的每一个样品都可以在基本相似的条件下，在一次分析作业中进行简单分析。仪器以内部标准进行校准，以便使每天的数据具有可比性。

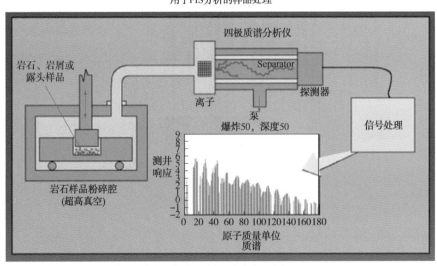

(1)岩心、岩屑或露头样品表面污染物进行清理后放置在高真空腔中。
(2)用气功锤将样品击碎中断颗粒的裂缝并释放出捕获的流体。
(3)挥发部分通过多重质谱分析仪泵出。
　　分子化合物通过质子电荷比进行离子化和分离，用电子倍频器探测。
(4)探测的信号经处理产生每个样品的质谱。
(5)选择的离子绘制在与深度的图上产生化学剖面。

图 7.14　流体包裹体地层学（FIS）样品处理。由流体包裹体技术公司提供

在处理过程中，来自单个样品的质谱可以像气相色谱那样用来对流体类型进行指纹识别。更重要的是，可以用深度来显示与特定的有机化合物或无机物种相关的单个离子，并设置颜色记录各种关联（图 7.15）。

摘要图显示了样品中主要碳氢化合物的种类（图 7.16）。在这两种情况下，可以通过包裹体数量和类型的突然减少来发现封堵。

数据可以绘制在一个统一的比例尺的图中进行相互对比，也可以绘制在一个给定井筒内强调变化的比例尺的图中，通过与全球数据库进行统计比较，将这些数据按照关键指标物种强度和存在与否进行分类，该数据库包含来自世界各地的数百万份分析数据（图 7.17）。

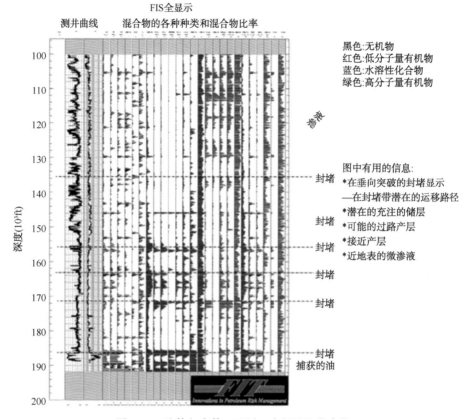

图 7.15　流体包裹体、地层—全径迹和化合物

在任何情况下，都没有理由忽视井内的明显异常，这种异常在全局浓度范围内似乎是次异常，但在井筒内浓度与基线值有明显的正浓度偏差。

从干井 FIS 分析中可以回答的一个基本问题是，是否存在任何运移(或古聚集)的证据。如果是，那么可能的烃类类型是什么，在什么地层的什么层段内(图 7.18)。

另外，重要的是评估异常的几何形状，例如它们在地层剖面内聚集的程度：它们是分散的而没有陡峭的顶部和底部，还是超出深度图的范围。这两个端元之间的差异可以是一个运移或充注量和封堵效率的测量。本质上封堵被定义为低和高 FIS 响应之间的边界，和(或)化学上不同的层段(图 7.19)。

对比邻井，可以帮助识别区域封堵和运移路径。在这些封堵上的构造成图是勘探的第一步，因为现在已经确定了封堵下的运移路径。底部特征的突变可能代表古油—气—水界面(图 7.19)，但只有通过岩相学研究工作指示出高可见石油包裹体丰度，且异常的基底不受孔隙度控制时才有可能。例如，在含孔隙的纯净砂岩中烃类响应出现突然降低的情况表明存在流体界面，而有效孔隙度(如砂—页岩界面)底部的降低则表明古石油—水界面位于构造之外。

烃类(尤其是甲烷)响应随深度增加而逐渐增强，往往表明烃在致密岩石中存在扩散，在某些情况下是从下部开始扩散，而在另一些情况下则是由于夹层干酪根的逐渐成熟，甚至是孔隙压力增大(图 7.20)。

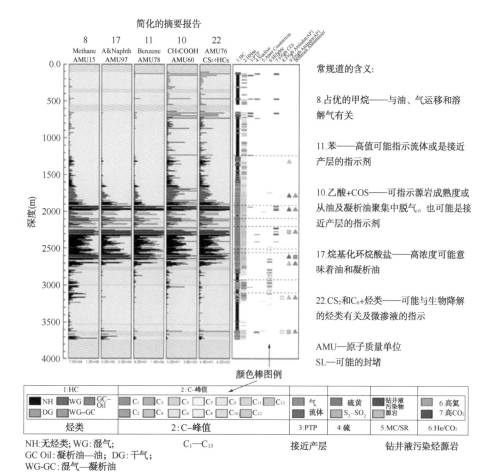

图 7.16　典型的汇总数据和跟踪

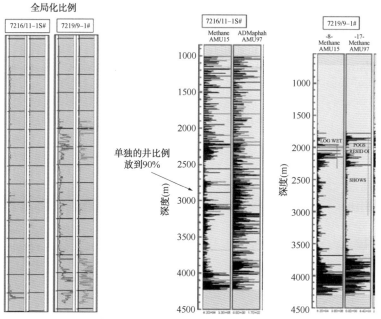

图 7.17　FIS 图是在全局范围内校准的

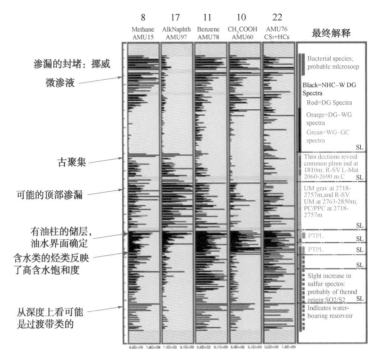

图 7.18　烃的类型和泄漏的封堵解释(挪威)

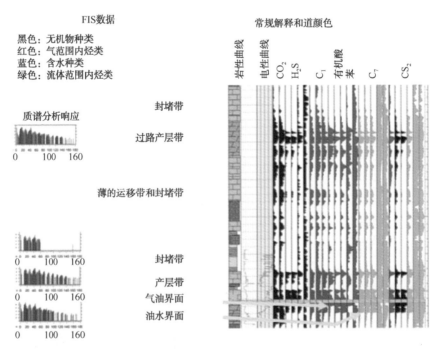

图 7.19　各道的解释

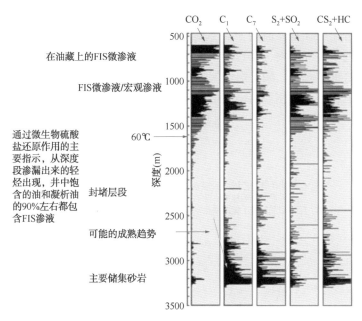

图 7.20　FIS 的微渗液和成熟趋势

浅层干气特征开始于初次回返，并突然下降到低于 65℃ 的当前温度以下，这表明轻质热成因组分烃类从深部主动微渗漏，随后通过嗜热厌氧菌进行改变（图 7.20）。这一过程在 FIS 数据中产生一组特有的挥发性物质，包括生物成因甲烷、CO_2、H_2S、SO_2、COS 和 CS_2 等。宏观渗流可能包括较重的烃类，特别是在已知地表有石油渗漏的地方。虽然出现在 FIS 的"古流体"数据中，但这些微渗流或巨渗流似乎与当今过程有关。显然，在基本上是近代海洋沉积物中存在的现象暗示了一种近代的过程，但除此之外，还与 FIS 微渗漏所发现的深层沉积（特别是液态石油沉积）具有良好的统计相关性。例如，对得克萨斯州大陆架上大约 180 口井的 FIS 评价表明，90% 的深井存在 FIS 微渗漏。75% 的深层干井没有这种特征，而我们目前的理解是，剩下的 25% 可能绕过了产层，或者是差点错过了产层。

7.3.1　邻近产层

水溶性碳氢化合物（主要是芳烃和有机酸）长期以来一直被用于寻找与碳氢化合物或表面渗漏物的邻近性（Burtell 和 Jones，1996；Matusevich 和 Shvets，1973）。这一原理与地下水污染羽流或与矿床有关的元素地球化学异常相同（Grimes 等，1986）。可移动的物种往往会被运输或扩散到远离异常的地方（在水柱内或穿过边界断层，例如图 7.21 和图 7.22），从而形成比异常本身更大的目标。

通过识别这些异常，人们可以推断出在给定范围内感兴趣的聚集。在 FIS 数据中，苯和乙酸是两个关键的指示剂。例如，图 7.22 中，可以清楚地看到下倾方向聚集的油柱和乙酸异常。

绝对浓度通常不如这些化合物与一种难溶物质的比率那么重要，尤其对苯来说，它在油层中的绝对丰度几乎总大于与它有接触的水层。对于给定的碳数，芳烃在水中溶解度最大，烷烃的溶解度最小，环烷烃具有中等溶解度。因此，经常使用苯与正己烷或环己烷、乙酸与正丁烷的比值。与浅层微渗漏一样，来自数千口井的经验数据表明，FIS 临近产层（PTP）异常是现今特征，至少在一定程度上是由钻井过程促进了该异常的形成。同时，FIS 的 PTP 异常表明，PTP 异常在距油水界面约 8km 远处也能被探测到。最后，只存在苯而不存在乙酸的情况表明其接近于湿气聚集，而乙酸异常(是否存在苯)表明其接近于石油或凝析油的聚集。这是因为在这种情况下乙酸是由储层内液相的烷烃蚀变产生的。俄罗斯研究人员在分析盆地卤水的基础上也得到了相似的研究结果。

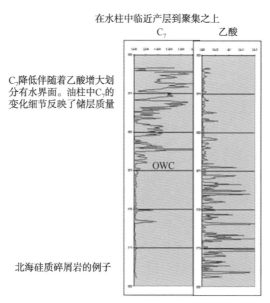

图 7.21　FIS 识别临近产层和油水界面

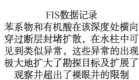

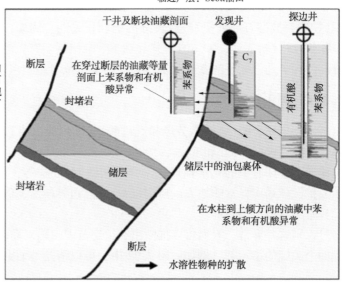

图 7.22　冰醋酸和苯(BTEX)异常表明接近产层(Scott 油田，北海)

由于有许多地质过程会影响 PTP 信号的强度(封隔效果、石油成分、孔隙流体的矿化度、流体动力学)，因此通常用存在性而不是用浓度来解释异常。同样，没有异常并不一定表明附近没有充注。这些异常现象只能用在积极意义上。与其他 FIS 解释一样，逻辑和环境也很重要。如果在井筒位置湿润但含有可见液体石油包裹体的潜在储层区域内出现异常，则说明该区域具有横向勘探潜力。如果它发生在附近没有合理潜力的不相关区域，那么它可能是不重要的，或者是由其他过程(有机物的细菌蚀变、有机物的热成熟等)产生的。

7.3.2 细菌和热蚀变

最后，在 FIS 数据中通过 CO_2 和硫的存在表明细菌或热变化现象。这些挥发物与微渗漏之间的关系已经讨论过，在细菌改变的石油聚集物中也发现了类似的化学成分。通常情况下，区分生物降解的低重度流体包裹体(例如，光学鉴别)和低成熟度包裹体通常很重要。一般地生物降解油具 FIS 反应，其中含有硫黄类、二氧化碳和其他生物降解的化学指标(例如正构烷烃到环烷烃的低比值)。在此，一些其他的观察结果也有帮助，包括石油包裹体中的 T_h 和萃取的生物标志物分析(图 7.23)。

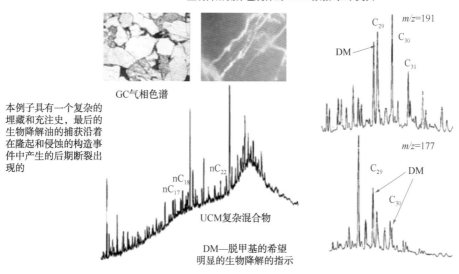

图 7.23 从 FIS 中生识别物降解液

热蚀变往往通过热化学硫酸盐还原作用产生类似的物种。这通常发生在 140℃(Worden 等，1995)以上温度环境中。细菌硫酸盐还原(BSR)和热化学硫酸盐还原(TSR)的区别通常在刻线上是明显证据，包括埋藏历史、硬化矿岩、矿物胶结物的粒度，流体包裹体 T_h、焦油沥青存在与否和甲烷同位素数据提取挥发物(图 7.24)。

7.3.3 钻头变形(DBM)注意事项

虽然多年来得到承认(Graves，1986；Taylor，1983；Wegner 等，2009)，钻头变形(DBM)的突出的实例是一个相对较新的现象，其出现的原因是由于在具有挑战性的钻井环境中，为了提高钻速、减少钻头更换和促进定向操纵而改变的钻井作业。它会在钻井液气测数据中产生大量的人为痕迹，并不可避免地影响了通过地球化学、岩石物理或岩石学方法对岩屑的评价。DBM 最常见情况是将聚晶金刚石致密钻头(PDC)或金刚石浸渍钻头与井下钻井液马达(或涡轮钻具)一起使用，以取代传统的牙轮钻头和顶驱结构。气体化学性质的变化几乎普遍局限于油基钻井液(OBM)的情况。对钻头记录的检查(图7.25)通常会显示硬钻进和多钻头变化的确认,这些变化可能与异常FIS特征有关。

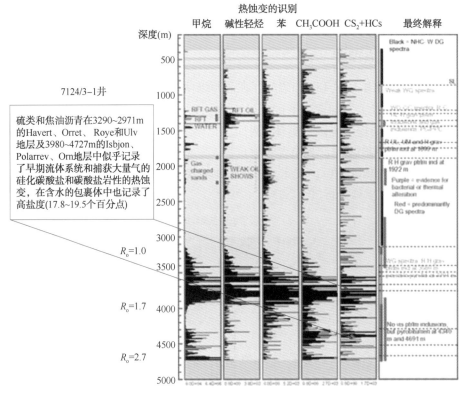

图7.24　硫酸盐还原热蚀变识别

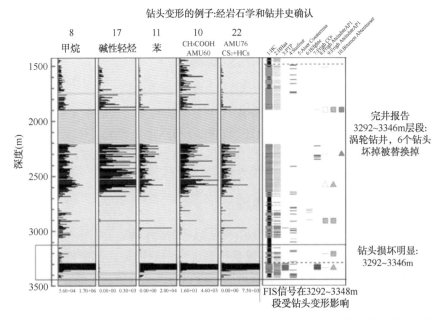

图7.25　与钻头变形作用(DBM)有关的FIS异常特征的例子(一种快速检查的方法是查看显示钻速有问题的钻头记录。本例中有6个钻头在短时间内磨损)

钻头高温会使钻井液降解，产生一些在自然系统中没有发现的独特物种，以及一些通常与热化学硫酸盐还原和(或)在自然系统中石油天然气裂解有关的物种。前者包括烯烃和一氧化碳。自然界物种包括氢、二氧化碳、苯、COS 和 CS_2。钻头产生的气体碳同位素特征也很明显(通常会向更高、更成熟的值移动)。DBM 气体可以作为"钻井诱导"的流体包裹体自动封存在重新改造的岩石材料中，从而影响 FIS 数据。

这个过程对 FIS 数据有什么影响？20 世纪 90 年代初，在研究北海地区产层的近采关系时首次发现了这一效应(图 7.26)，并将 PTP 的现代性质与近期孔隙流体的钻井增强封堵之间联系起来。因此，从本质上讲，PTP 应用程序的一些实用功能至少在一定程度上要归功于在极端情况下才会出现问题的流程，就像浅层微渗漏应用程序一样。

正常泥岩和钻头变形改造的泥岩的岩相对比

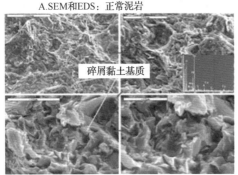
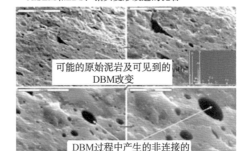

图 7.26　DBM 流体包裹体异常的岩相识别

第一个也是最重要的事实是，DBM 在全球岩屑数据库目录中不是特别常见。例如，在我们通过 FIS 分析的挪威和巴伦支海的 300 多口井中，只有不到 10% 的井显示有可能的 DBM 证据，而只有不到 2%(例如 300 口井中有 6 口)的井被认为有 DBM 效果(即阻止从主要储层段获得任何有用数据的方法)。

第二，DBM 在近代钻井中更常见，在 1990 年以前的钻井中基本不存在(例如，1990 年以前的钻井总钻进尺中只有不到 5% 使用金刚石钻头，DBM 在金刚石钻头中最显著)。

第三，DBM 产生的特征和明确的 FIS 反应，虽然在过去可能没有得到充分的认识和鉴别，但目前还没有被曲解。这些层段的岩相评价提供了明确的视觉确认(图 7.26)。

通过气相色谱和同位素技术对这些"钻井诱导"的流体包裹体进行分析，为该过程提供了进一步证据(图 7.27)。最后，DBM 只有发生在储层段内时才具有实际的解释意义。然而，即使在这里，数据也不应该被自动忽略，因为自然物种和 DBM 气体(例如氢气)一起被封装在一起，可以在这些层段中未被改变的岩屑中完成岩石学研究。

7.4　FIS 解释示例

近年来，人们对 FIS 在非常规油气藏中的应用进行了研究。由于这些源岩成藏组合大都是自源的(或近源的)和自封闭的，从流体包裹体(包括纳米孔)中提取的流体通常在成分和体积上与最终生产的碳氢化合物相似。这为在该地区利用常规钻井中存档的岩屑建立生产通

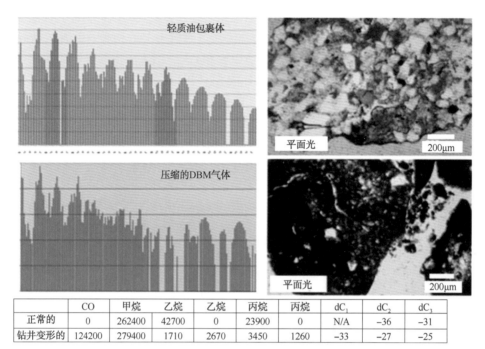

	CO	甲烷	乙烷	乙烷	丙烷	丙烷	dC_1	dC_2	dC_3
正常的	0	262400	42700	0	23900	0	N/A	−36	−31
钻井变形的	124200	279400	1710	2670	3450	1260	−33	−27	−25

自然光下油的FIS谱和砂岩岩屑(上)与DBM谱和砂岩/泥岩岩屑(下)对比。
从正常的和DBM岩屑中选择的气相色谱和同位素数据后者有烯烃和CO。

图 7.27   DBM 的其他岩石学证据

道提供了巨大的潜力,从而在无需再钻其他新井的情况下建立重要的流体数据库。这在开发的早期阶段特别有用,因为还没有完全确定面积位置,而且土地租赁费用可能较低。在这些非常规应用中,最实用的终极目的是预测致密岩石内的流体类型、成分和体积,以及识别水平井可变性,从而实现更有效的完井效果。

本文通过一系列实例说明了 FIS 在常规和非常规油藏勘探中的基本应用。

7.4.1   澳大利亚西北海岸

第一个经典例子来自澳大利亚西北大陆架(图 7.28),它说明了使用 FIS 来降低基于相邻干井响应的远景区钻探风险。

这口被称为 Madeleine 的干井是在发现 Wanaea 油田 20 年之前钻探的。尽管该区域的钻井距离油水界面非常近,而且该区域易产气,但并没有常见的油气显示,因此,对当时的作业者来说,该地区并不具吸引力。Madeleine 井的 FIS 和岩相分析提供了上倾方向烃类聚集的证据。深度图上以红色表示 FIS 甲烷响应,绿色表示 C_7 响应(油类指标)。首先,干井的浅层存在 FIS 细菌微渗漏特征,表明该地区存在较深的油藏或凝析油藏。其次,油藏剖面的 FIS 响应表明了该区具有经济性的液相烃类运移。第三,储层薄片岩石学和微温度研究,发现了砂岩中未饱和轻质油包裹体,API 重度测量的接近 46°API(与 Wanaea 生产的 47°API 的油相一致)。最后,Madeleine 井湿储层内存在异常的苯和乙酸,表明附近存在油或凝析油聚集。总的来说,这些数据显示钻探上倾构造的风险较低。

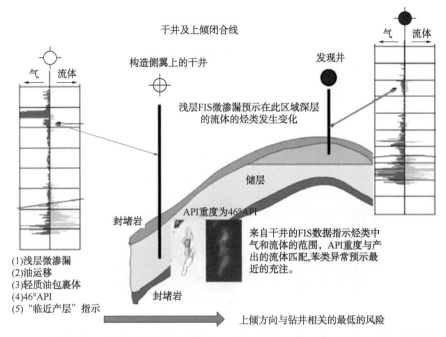

图 7.28　以澳大利亚西北海岸为例说明使用 FIS 降低基本相邻干井响应的远景区的钻控风险

7.4.2　目标排序

第二个例子说明了 FIS 在前景区排序中应用(图 7.29)。三口干井显示在三个受地理限制区断层分隔块中。只有中间井记录了运移证据，在这种情况下，凝析油分布在一个非常有效的区域封堵层之下。FIS 强烈反应表明该区域可能钻到了一个古油藏。岩石学记录了高 API 重度的凝析油包裹体。从逻辑上讲，勘探应该集中在承接运移的断层块内。

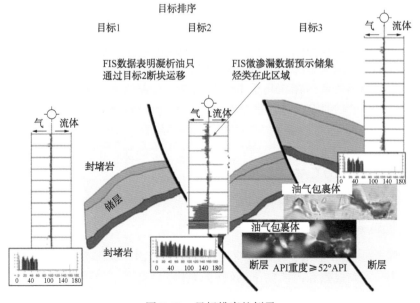

图 7.29　目标排序的例子

7.4.3 巴伦支海

图 7.30 显示了 2011 年至 2014 年间在巴伦支海的 Polheim 亚平台和 Loppa High 西部发现的几处油气/凝析油的例子。在钻穿油田之前，对附近有显示的干井(7219/9-1 井)进行了 FIS 分析，在侏罗系发现了厚达 300m 的古油柱，可能来自于上覆的 Hekkingen 地层。

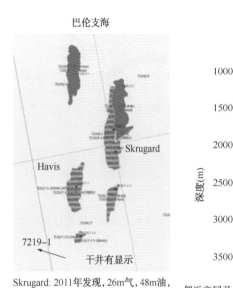

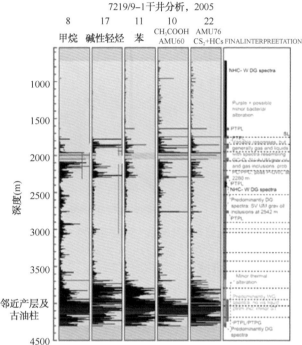

图 7.30 巴伦支海干井的例子

测量到的重度很小，为 40~42°API，根据微测温度数据，流体被解释为在储层深度约 500m 时就位和溢出。另外识别出来一个单独气相，解释该气相可能是位于深部。邻近产层指示表明，液态石油仍然是储存在几千米的范围内。有趣的是，根据 FIS 的 PTP 解释异常预示的界限是 8km，最初的发现是在最东端，距离太远无法解释井中发现的异常。最近发现的 Havis(重新命名为 Johan Castberg 复合体的一部分)或浮冰都与此有关。值得注意的是，干井也表明在三叠系(Snadd 地层)中存在一个以湿气为主的独立的油气系统(BHT 为 145℃，最高埋藏温度可能接近 160℃左右)。可能与一套独立的烃源岩(可能是三叠纪或更早的)有关，这些气体可能是侵入侏罗系储层中的流体。

7.4.4 Sogn 地堑

最后一个例子是 Sogn 地堑，该地区有许多油田和气田，大部分是侏罗纪时期的。复杂的充注和溢出史与逐渐成熟和向西向下倾斜(向东隆起)有关，导致较轻的流体取代较重的流体，并普遍向东移动。天然气和凝析气田 Gjoa 如图 7.31 所示。

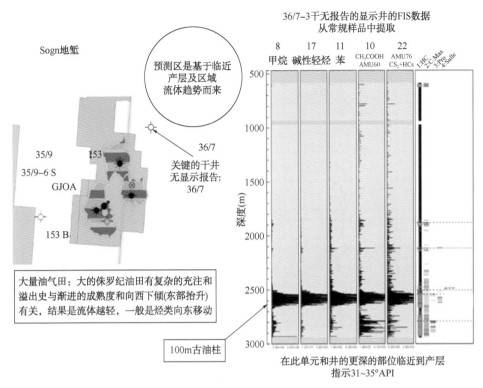

图 7.31 Sogn 地堑

干井 36/7-3 未发现明显的油气显示，但 FIS 和岩石学数据表明白垩系存在一个 100m 长的古油柱，含 31~35°API 未降解原油。在此段和更深地层中，发现了临近油/凝析油异常，这表明它们可能接近油气充注。浅层还含有发育良好的硫类异常（主要是硫酸盐），通常表明含水饱和度高，也预示着酸性气体成分（细菌或热）来源。所测得的原油重度并没有显示出明显的生物降解迹象，因此，这可能表明有成熟的天然气从深部流入。

显微温度学数据表明，石油被捕获时的温度为 75~85℃，石油似乎已经接近气饱和，因此可能是从一个饱含气顶的储层中溢出，或者古油柱可能是向上倾斜的气顶。有趣的是，Gjoa 油田 35/9-1 井似乎在气顶以下泄漏了中等重度的石油，并可能为古油柱提供了饱和天然气的油。由于该深度的最高埋藏温度似乎接近 100~105℃，石油很可能是在抬升过程中侵位的，而且可能比东部油田的发现时间更晚。这个失去的油柱最终下沉是未知的。对于该区域大多数井来说，顶部封堵似乎是相对有效的（图 7.31）。因此，倾斜过程中的侧向渗漏或再运移是解释古油藏的有利假设。图 7.30 所示为 36/7-3 井重新运移的中重度原油的可能勘探目标，视区域构造位置而定，还需考虑接近油层指示物的可能距离，以及充注和溢油区域性方向。

7.4.5 犹他州曼科斯页岩非常规井业绩

图 7.32 给出了在非常规油藏中使用 FIS 数据定性预测在生产过程中油井相对表现的一个简单实用的应用案例。

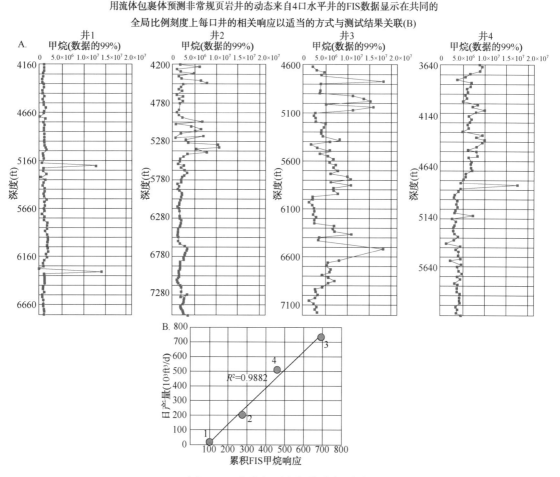

图 7.32 非常规页岩气井动态预测

图 7.32 所示为区域地理上受限制 4 口水平井的甲烷响应(图 7.32A)。这些曲线被绘制成与纵轴上的测量深度相同的响应尺度。很明显，这 4 口井在响应强度和横向响应一致性方面都存在较大差异。经验告诉我们，这种变化通常与生产能力有关(可能与裂缝或粒间孔隙度有关)。左边井的产量最差，右边两个最好。如果对曲线下的面积求和，并做一些标准化处理以解释尺度上的差异，就会得到惊人的与产量强相关性(图 7.32B)。在这里，我们可以很容易地区别好井和差井。由于这些 FIS 响应是钻前岩石的固有特性，因此不受钻井参数或完井影响，因此它们可以帮助区分来自完井问题和岩层段导致的不良生产。这些数据可以用来帮助制订完井计划，包括决定水力压裂的层段边界。通过孔隙度或裂缝密度边界进行压裂通常会导致压裂效率低下，因此应该避免这种情况发生。

第二个非常规例子来自 Mancos 地层，这是美国西部一个厚度较大的非均质的非常规油气目标层(图 7.33)。

在较大的深度范围内对 6 块岩心进行了分析(Birgenheier 等，2011；Ressetar，2012)。与成熟的成藏组合的情况一样，成熟度窗口和流动类型的边界还没有完全理解。此外，还存在运移的烃和本地生成的烃的相互作用，Mancos 的一些地层剖面是砂质或粉砂质，缺乏有机质。

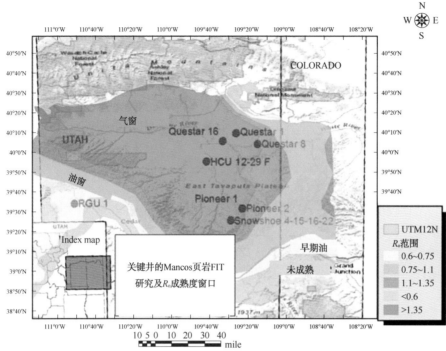

图 7.33 Mancos 页岩岩心研究底图和镜质组反射率图[镜质组油气窗来自 Ressetar(2012)]

解释 FIS 烃剖面如图 7.34 所示。浅层 RGU 岩心未成熟,但存在气测异常,并含有运移的油(经光学验证为中、中上重度油包裹体)。在先导试验的岩心中发现了一个含油甜点,

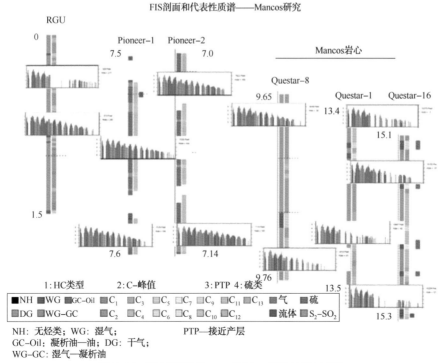

图 7.34 FIS 响应(Mancos 地区。位置见图 7.33)

光学数据表明为含有丰富的轻质油包裹体。最后，较深的 Questar 层岩心表明，在 Questar 16（薄片中的 FIS 硫种和焦性沥青）中，烃类逐渐变干，并有油气二次裂解的迹象。通过对该区井史的分析，可以更好地了解流体化学和体积的纵向和横向分布。

7.4.6 利用钻井液录漏失发现油显示的例子：Barmer 盆地，印度

印度 Barmer 盆地是最近发现的第三纪裂谷（Dolson 等，2015；Farrimond 等，2015；Naidu 等，出版中）。由 Cairn Energy India 公司员工建立的显示数据库收集了超过 150 口井的数据，并将其集成到盆地演化的成熟度和模型中。地球化学数据库内容广泛，为 FIS 进行了大量的关键干井分析提供了基础资料。

如图 7.35 所示。

其中一个比较重要的探井（图 7.35 中的井 A）测试了一个靠近基底的大型下降盘三向断层圈闭，这口井是整个盆地中为数不多的几口在测井曲线或钻井液录井曲线上没有显示的井之一，而整个盆地的成熟烃源岩绵延长达数千米。为了解释完全没有显示这一现象，最初认为断层封闭性是罪魁祸首，因为它与基底地层中潜在的裂缝对接，同时还认为是运移失败造成的。

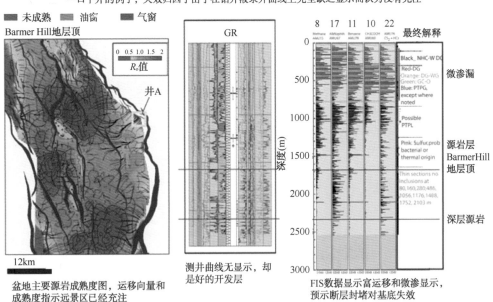

图 7.35　无显示记录的干井被误解释为未接受充注（图和例子由 Cairn India 提供，并得到许可）

然而，FIS 分析数据清楚地表明该地区存在大量的油气运移。不过，多层面的成熟模型以及运移向量表明，一定存在油气运移和充注到这个圈闭中。FIS 数据证实了这一点，显示出强有力证据，它不仅有力地证明了整个剖面存在碳氢化合物，而且还证明了浅层存在微渗漏。由于圈闭的几何形状相对稳定，因此现在的失效归因于断层封闭性失效。

值得注意的是，这是一个很好的例子，说明了在井中没有油气显示并不意味着没有油气运移和充注。即使是靠近大型油田的井，也可能完全没有 FWL 快速下倾的迹象，尤其是在输导层厚度大、多孔性很高的情况下。FIS 数据是检测那些更细微的运移路径的很好方法。

7.5　总　结

一旦完成了 FIS 筛选，就可以从更详细、更传统的样本观察中收集大量的额外信息。包裹体中油的气相色谱和气相色谱-质谱分析有助于确定常规油的类型和源岩到油藏的关系。

这类信息可以使运移模型具有更高的可信度。在第8章中，将介绍石油到源岩的关系和一些地球化学的基本原理。流体和运移异常的识别是在任何盆地产生新思路和发现新油藏的最佳途径之一。在某些情况下，FIS 和地球化学数据显示出可能无法归入任何已知含油气系统的油气显示。这类信息可以帮助我们开发新的成藏组合的机会，即使是在老的、成熟的勘探区域。

对于许多公司来说，流体包裹体地层学已成为勘探项目研究中的一个标准内容部分，有助于收集到用其他方法无法查明的有关运移、圈闭和充注的信息。

参 考 文 献

Alpin AC, Macleod G, Larter SR, Pedersen KS, Sorensen H, Booth T(1999) Combined use of confocal laser scanning microscopy and PVT simulation for estimating the composition and physical properties of pertroleum in fluid inclusions. Mar Pet Geol 16:97–110

Arouri KR, Laer PJV, Prudden MH, Jenden PD, Carrigan WJ, Al-Hajji AA(2010) Controls on hydrocarbon properties in a Paleozoic petroleum system in Saudi Arabia: exploration and development implications. Am Assoc Pet Geol Bull 94:163–188

Barclay SA, Worden RH, Parnell J, Hall DL, Sterner SM(2000) Assessment of fluid contacts and compartmentalization in sandstone reservoirs using fluid inclusions: an example from the Magnus oil field, North Sea. Am Assoc Pet Geol Bull 84:489–504

Barker CE, Pawlewicz MJ(1986) The correlation of vitrinite reflectance with maximum temperature in humic organic matter. In: Stegena L, Buntebarth G(eds) Paleogeothermic. Springer-Verlag, Berlin, pp 79–83

Bhullar AG, Primio RD, Karlsen DA, Gustin D-P(2003) Determination of the timing of petroleum system events using petroleum geochemical, fluid inclusion, and PVT data: an example from the Rind discovery and Troy Field, Norwegian North Sea. In: Duppenbecker S, Marzi R(eds) Multidimensional basin modeling. American Association of Petroleum Geology, Tulsa, Oklahoma, pp 123–135

Birgenheier LP, Johnson C, Kennedy AD, Horton B, McLennan J(2011) Integrated Sedimentary, Geochemical, and Geomechanical Evaluation of the Mancos Shale. Uinta Basin, Utah, AAPG Annual Convention and Exposition, Houston, Texas, American Association of Petroleum Geologists Search and Discovery Article #90124

Brewster C, Hall D(2001) Deep, geopressured gas accumulations and fluid inclusion stratigraphy(FIS) signatures: exploration implications from the lower Miocene trend. Houston Geological Society, Gulf of Mexico, pp 27–33

Burley SD, Mullis J, Matter A(1988) Timing diagenesis in the Tartan Reservoir(UK North Sea): constraints from combined cathodoluminescence microscopy and fluid inclusions studies. Mar Pet Geol 6:98–120

Burnham AK, Sweeney JJ(1989) A chemical kinetic model of vitrinite reflectance maturation. Geochim et Cosmochim Acta 53:2649–2657

Burruss RC, Cercone KR, Harris PM(1983) Fluid inclusion petrography and tectonic-burial history of the Al Ali No. 2 well: evidence for the timing of diagenesis and oil migration, northern Oman foredeep. Geology 11:567–570

Burtell SG, Jones VT(1996) Benzene content of subsurface brines can indicate proximity of oil, gas. Oil Gas J 93:59–64

Dolson JC, Bahorich MS, Tobin RC, Beaumont EA, Terlikoski LJ, Hendricks ML(1999) Exploring for stratigraphic traps. In Beaumont EA, Foster NH(eds) Exploring for oil and gas traps: treatise of petroleum geology. Handbook of petroleum geology, vol 1. American Association of Petroleum Geologists, Tulsa, Oklahoma. pp 21.2−21.68

Dolson J, Burley SD, Sunder VR, Kothari V, Naidu B, Whiteley NP, Farrimond P, Taylor A, Direen N, Ananthakrishnan B(2015) The discovery of the Barmer Basin, Rajasthan, India, and its petroleum Geology. Am Assoc Pet Geol Bull 99:433−465

Farrimond P, Naidu BS, Burley SD, Dolson J, Whiteley N, Kothari V(2015) Geochemical characterization of oils and their source rocks in the Barmer Basin. Petroleum Geoscience, Rajasthan, p 22

Goldstein RH, Reynolds TJ(1994) Systematics of fluid inclusions in diagenetic minerals: SEPM v. Short Course 31, p. 198 pp

Graves W(1986) Bit−generated rock textures and their effect on evaluation of lithology, porosity and shows in drill−cutting samples. Am Assoc Pet Geol Bull 70:1129−1135

Grimes DJ, Ficklin WH, Allen WH, McHugh JB(1986) Anomalous Gold, antimony, arsenic, and tungsten in ground water and alluvium around disseminated gold deposits along the Getchell Trend, Humboldt, County, Nevada. J Geochem Explor 7052:351−371

Hall D(2008) Fluid inclusions in petroleum systems. In Hall D(ed) AAPG getting started series no. 15. American Association of Petroleum Geologists

Karlsen DA, Nedkvitne T, Larter SR, Bjorkykke K(1993) Hydrocarbon composition of authigenic inclusions: application to elucidation of petroleum reservoir filling history. Geochim Cosmochim Acta 57:3641−3659

Kolb B, Ettre LS(2006) Static headspace−Gas chromatography: theory and practice. Wiley−Interscience, Hoboken, NJ, p 335

Matusevich VM, Shvets VM(1973) Significance of organic acids of subsurface waters for oil−gas exploration in West Siberia. Pet Geol 11:459−464

McLimans RK(1987) The application of fluid inclusions to migration of oil and diagenesis in petroleum reservoirs. Appl Geochem 2:585−603

Munz IA(2001) Petroleum inclusions in sedimentary basins: systematic, analytical methods and applications. Lithos 55:195−212

Naidu BS, Burley SD Dolson J Farrimond P, Sunder VR, Kothari V, Mohapatra P, Whiteley N(in press) Hydrocarbon generation and migration modelling in the Barmer Basin of western Rajasthan, India: lessons for exploration in rift basins with late stage inversion, uplit and tilting, Petroleum System Case Studies, v. Memoir 112. Tulsa, Oklahoma: American Association of Petroleum Geologists

Oxtoby NH, Mitchell AW, Gluyas JG(1995) The filling and emptying of the Ula Oilfield: fluid inclusion constraints. In: Cubitt JM, England WA(eds) The geochemistry of reservoirs, v. Special publication No. 86. Geological Society of London, London, pp 141−157

Prezbindowski DR, Larese RE(1987) Experimental stretching of fluid inclusions in calcite−implications for diagenetic studies. Geology 15:333−336

Ressetar R(2012) Mancos Geology and Project Overview, Uinta Basin Oil and Gas Collaborative Group Meeting, Vernal, Utah, Utah Geological Survey; http://geology.utah.gov/resources/energy/oil-gas/shale-gas/cret-shale-gas/, p.26

Roedder E(1984) Fluid inclusions: mineralogical society of America. Rev Minera 12:644

Sterner SM, Bodnar RJ(1984) Synthetic fluid inclusions in natural quarts 1. Compositional types synthesized and applications to experimental geochemistry. Geochim Cosmochim Acta 48:2659−2668

Taylor JCM(1983) Bit metamorphism can change character of cuttings. Oil Gas J 81:107−112

Wavrek DA,Coleman D,Pelphrey S,Hall S,Tobey M,Jarvie DM(2004) Got gas? Innovative technologies for evaluating complex reservoir zones(abstr.).American Association of Petroleum Geologists,Dallas,Texas

Wegner LM,Pottorf RJ,Macleod G,Wood EW,Otten G,Dreyfus S,Justawan H(2009) Drill bit metamorphism:Recognition and impact on show evaluation,SPE Annual Technical Conference and Exhibition,New Orleans,Louisiana,Society of Petroleum Engineers,p.9

Wilkinson JJ,Lonergan L,Fairs T,Herrington RJ(1998) Fluid inclusion constraints on conditions and timing of hydrocarbon migration and quartz cementation in Brent Group reservoir sandstone,Columbia Terrace,northern North Sea.In:Parnell J(ed) Dating and duration of fluid flow and fluid-rock interaction,v.Special Publications,vol 144. Geological Society of London,London

Worden RH,Smalley PC,Oxtoby NH(1995) Gas souring by thermochemical sulfate reduction at 140℃.Am Assoc Pet Geol Bull 79:854-863

8 油气显示与地球化学：源于烃源岩与烃类中提取更多信息

摘　　要

地球化学研究已成为分析油气显示与封堵性的重要组成部分。随着非常规源岩成藏组合的出现，油气远景区/目标的选择和有利区带筛选要求对岩石的热解、烃源岩特征、成熟度、运移和岩石力学等方面的内容有全面的了解。钻井液等深管和顶空气体分析等多种分析工具，补充了传统的录井分析，并提供了丰富的解释信息。

油气分析的地球化学特征可以用来了解油—源的相关性，并绘制出从烃源岩灶垂向和横向运移的路径。评价油气系统成熟度和运移模型的稳定性需要充分理解模型的局限性，并通过与高质量的显示数据库进行比较来校准结果。在可能的情况下，应对油田或显示流体进行分析，以确定流体的来源，从而确定向圈闭运移的可能路径。

8.1　介　　绍

油气显示和地球化学是一个非常大的主题，在这里浓缩成简短的总结。重点在于理解地球化学的基本语言，因为它与烃源岩成熟和运移密切相关。重点仍然是显示评价技术，以助于发现常规和非常规圈闭。因此，重点放在验证运移模型和评估非常规油气藏的潜在成熟烃源岩有利区的常用和实用方法上。

近 10 年来，烃源岩评价的研究取得了实质性的进展，并继续快速发展。这主要是受非常规页岩油气产量的增加和钻井活动的推动，在这些领域，地球化学知识对于理解成藏组合至关重要。本书只能涵盖这个主题的非常基本的部分。同样地，将原油与原始烃源岩相匹配本身就是一个复杂的问题，但基本原理和常用技术是必须了解的。

最终，识别新油田的一些最佳工具可能来自于对石油地球化学的敏锐观察，这些观察来自于显示、测试或流体包裹体。例如，异常的油可能表明一个完全未开发的新油气系统。随着深度的增加，钻井液等深管或顶空气体的湿气含量可能会增加，这表明存在更深层的流体聚集或运移途径。通常情况下，在浅层废弃井，而在深部含油气系统中的浅层没有油气，井就会被废弃。很多时候，一个新的成藏组合仅仅是通过决定在这一区域进行更深层的勘探，而把浅层成藏组合看作是来自更深层的烃源岩的"渗漏"。这方面的例子已经在第 5 章的尼罗河三角洲的案例中展示过，并且是墨西哥湾深海盐下勘探的主要驱动力。

石油地球化学的简要概述刊载于 AAPG 1999 年出版的《石油地质学专著》(Beaumont 和 Foster, 1999)。一些关于烃源岩和石油分析基础的重要论文是 Law 发表于 1999 年的烃源岩评价；Waples 和 Curiale 1999 年发表的油—油和油源对比。另一本优秀的著作是 Magoon 和 Dow 在 1994 年编写的《含油气系统：从源岩到圈闭》。

页岩油气开发的技术背景和全球资源潜力可以通过(EIA 2007，2010，2011)得到最好的了解。一些关于页岩气评价方法的优秀参考文献在 EIA 2009 的最新出版物中有详细说明，如 Engelder 等（2009），Wrightstone（2009，2010），Harper 和 Kostelnik（2013a，b，c）以及 DCNR（2014）。Barnett 页岩是另一个经过深入研究的页岩气区块，其内容可参见 Jarvie（2003），Montgomery 等（2005），Hill 等（2007），Jarvie 等（2007），Pollastro（2007），赵 等（2007），EIA 2008，Kinley 等（2008）以及 Loucks 等（2009）。

8.2　烃源岩品质与成熟度

8.2.1　烃源岩的语言

几十年来，人们认为烃源岩内的油气显示很有意义，但没有商业价值。尽管几个世纪以来，人们已经发现并开发了裂缝性页岩，但关注点还是集中在二次运移和常规圈闭上。烃源岩本身被认为是重要的，但更多的是来自运移和成熟度分析。然而，随着水平井和多级水力压裂技术的出现，油气生产发生了革命性的变化，许多盆地的大部分钻井活动主要集中在成熟烃源岩内的有利区带上。

烃源岩可分为 4 类(Law，1999)：

（1）潜在烃源岩。如果在其他地方热成熟，有足够的有机物产生和排出油气。

（2）有效烃源岩。含有目前产生和(或)排出商业量的油气的有机物。

（3）残余有效烃源岩。有效烃源岩，在耗尽其有机质之前已停止产生和排出油气。

（4）废弃烃源岩。烃源岩通常在达到过熟状态或初始碳含量较低后，不再能够排出碳氢化合物的烃源岩。

有趣的是，世界上到处都是利用残余有效烃源岩的油气系统。如前几章所述，许多盆地都经历了多期构造运动史，包括埋藏、反复抬升，也许还有重新埋藏。这类盆地可能具有多期生烃与排烃作用。大多数陆相第三纪盆地都经历了一定程度的抬升和剥蚀(厚度达数千米)，烃源岩早在数百万年前就达到了生油气窗，但这些盆地仍然蕴藏着丰富的油气资源。造成这种情况的原因包括盖层质量、圈闭形成时的几何形状以及油气从老油藏溢出并充注到新圈闭时的抗抬升和旋转能力，如第 5 章的 Hugoton 和西西伯利亚案例研究所示。

然而，从勘探的角度来看，重要的是要识别出正在面对的是哪一种烃源岩系统，然后建立合适的成熟度模型和生烃模型。许多露头研究主要涉及热未成熟的烃源岩，因此在已发现的地方可将其归类为潜在烃源岩。在盆地内部，这些烃源岩可能在现今或过去产生了大量的烃类。在含废弃烃源岩盆地进行勘探是一项相当困难的工作，除非在运移路径上仍然存在一些圈闭，而且大多数或所有圈闭都将充满干气。

8.2.2　岩石热解

烃源岩的品质随原始沉积环境以及随后的埋藏和成熟过程不同而不同。指示烃源岩的品质的参数可在实验室通过岩石热解进行直接测量(图 8.1)。当今任何一个严谨的勘探家要想发挥其作用，都必须对岩石的测量方法有全面的了解，并知道如何利用这些方法来寻找非常规资源，或评估盆地中剩余的勘探潜力，或对任何盆地的新区带进行评估。关于岩石的热解,需要记住的关键一点是,它测量的是目前烃源岩中残余的有机碳含量,而不是其初始状态的含量。许多富含油气的盆地中,存在利用当前岩石热解测量结果将其潜在的烃源岩归类为差油气源岩,这仅仅是因为所有已经充注的已知圈闭的那些烃源岩本身已经达到足够成熟的程度,能够将最原始的干酪根转化成自由碳氢化合物(沥青)。

岩石热解测量可以在岩心或岩屑上进行,但需要根据仪器的型号将样品加热到550~650℃,并分离出烃类。在测试过程中,烃类和二氧化碳从岩石中分离出来,形成了三个主要的峰值。其中测量值中最重要的为S_1,S_2,T_{max}和S_3,如图8.1所示。HI和OI单位为mg/g(TOC),用于烃源岩分类。在某些情况下HI可以指示成熟度,是含油气系统模模拟中生烃和排烃的体积的一个关键参数。

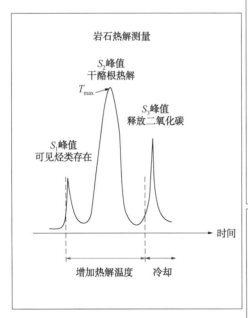

直接测量:

S_1:可溶烃含量[mg(烃)/g(岩石)]
·能从钻井液中运移烃类或污染物
·好源岩的干岩石最小值为1mg(HC)/g
·能提供储量的早期评价

S_2:热解烃含量[mg(烃)/g(岩石)]
·指示更深埋藏深度能够释放额外的烃类
·好源岩的干岩石值大于5mg(HC)/g

S_3:冷却过程中CO_2含量

T_{max}:S_2峰值最高位的温度
·好的成熟度的指示

导出值:

HI:氢指数= $(S_2×100)/TOC$,单位为g
·指示丰度,单位为mg/g(TOC)
·如果初始值一致则指示成熟度

OI:氧指数= $(S_3×100)/TOC$,单位为g
·测量氧的丰度:单位为mg/g(TOC)
·用于Van Krevelan直方图来估算源岩类型(油、油—气、气)
·高值0.5mg/g通常是未成熟

HC:烃指数= $(S_2×100)/TOC$,单位为g

PI:产量指数= $S_1/(S_1+S_2)$
·产生的与潜在的烃类的比率
·低比率是未成熟或后成熟

S_1/TOC:标准化油气组分
·用于识别运移的和原生的烃类

图8.1 岩石热解及实测值和导出值[据 DCNR(2014),有修改]

当石油在烃源岩中生成时,就会生成游离烃类,这就是S_1峰值所测量到的。S_1测量孔隙系统中的游离烃类。因此,它也可能含有一些运移的烃类。S_1峰值如果很大,也可能意味着样品被钻井液或管道涂料污染。源岩的峰和值的大小[mg(HC)/g]也可以很好地指示非常规油藏的油页岩的潜力(Downey 等,2011),因为它直接测量的是烃源岩本身的原油的体积。

S_2峰测量的是样品在当前成熟阶段的源岩潜力。热未成熟样品中的S_2值最高,随着烃

源岩的成熟 S_2 值不断降低。所以 S_2 值低并不意味着过去潜力低。T_{max} 值也可以用来估计样品的成熟度。在高度成熟的烃源岩或极差烃源岩中，S_2 峰较低表现为低潜力。S_3 峰值发生在冷却阶段，测量干酪根在热解过程中的氧气转化为二氧化碳的含量。

从这些直接测量中可以得到一些派生参数(术语和方程见图8.1)。氢指数(HI)不应超过1200(很少超过1000)，当与 TOC 含量和 OI 相结合时，它是烃源岩(油、油—气或易产气)类型的一个很好的指标。高 HI 烃源岩一般易产油。氧指数(OI)可以帮助确定烃源岩是倾气还是倾油。高 OI 值与生成气体的烃源岩有关。生产指数(PI)是衡量油气生成(以及成熟度)的指标。规范化的石油含量可以用来识别运移的或原生的烃类，这对筛选页岩油和气藏非常重要。

8.2.3　烃源岩品质

图8.2(Farrimond 等，2015)展示了一种利用岩石热解 HI、OI 和 TOC 含量数据筛选源岩品质的好方法。该图是一个伪 Van Krevelen 图(范氏图)，按地层通过 TOC 直方图总结了印度 Barmer 盆地的岩石热解数据。符号的大小指示 TOC 含量的多少。

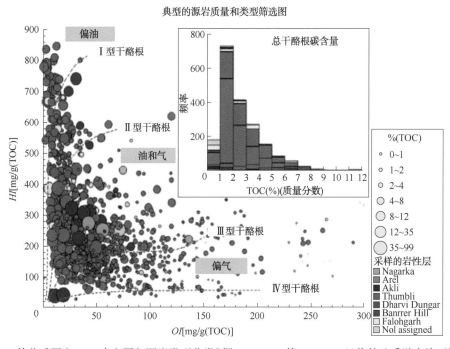

图8.2　伪范氏图和 TOC 直方图与源岩类型分类[据 Farrimond 等(1993)。经伦敦地质学会许可转载]

范氏图上的线划分出4种烃源岩类型：

(1) Ⅰ型——Ⅰ型干酪根富含藻类，为倾油型，多见于湖泊环境。

(2) Ⅱ型——即可生油也可生气，是许多海相烃源岩的典型干酪根，包括碳酸盐岩和碎屑岩。

(3) Ⅲ型——低 HI、高 OI 的Ⅲ型倾气型烃源岩。这些是典型的大多数陆相页岩或三角洲烃源岩。

(4) Ⅳ型——不能产生烃类的惰性烃源岩。

一般经验法则是：中等烃源岩的 TOC 含量为1%~2%，好烃源岩的 TOC 含量为2%~5%，优质烃源岩大于5%。低 TOC 含量和 HI 的岩石仍然可以产生烃类，但只有在厚层段上分散分布时，才会具有高度倾气性并生成大量的气。这是许多三角洲油藏的实际，在那里，来自陆输入的有机质与贫乏的海相烃源岩混合。倾油型源岩通常要求 *HI* 值高于 200。含大量藻类的烃源岩只产生很少的气体。相反，许多陆相沉积物中的低 *HI* 和 TOC 烃源岩(Ⅲ 型干酪根)可能根本不产油。

大多数报告还提供了地球化学测井(图 8.3)，它以图形方式总结了该井的所有信息(图 8.3)。从这些图很容易看出哪些地层和岩性可能是烃源岩，至少在目前的成熟程度水平上是这样的。

典型的地球化学测井报告及岩石热解和岩性

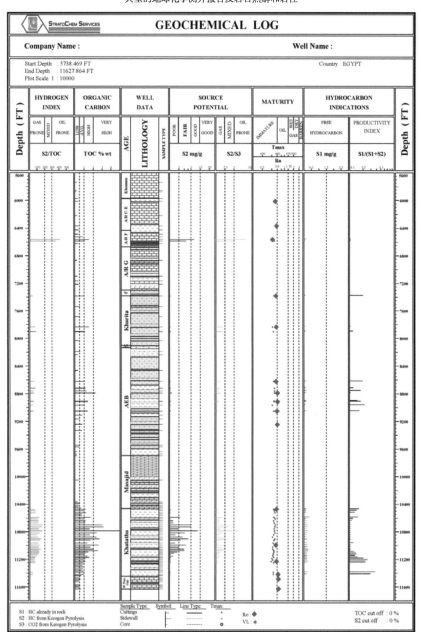

图 8.3　典型的地球化学测井报告示例(图由 Stratochem Services 提供)

8.2.4 成熟度与烃源岩类型

记住一些关于油气窗的"经验法则"是有好处的，但也要认识到这些窗口会随着源岩的类型不同而不同。图8.4显示了一个典型的关于温度的总结，这在一般意义上是很有用的。图中更重要的部分是浅层生物成因气窗口，它与允许细菌在孔隙中生存和生物降解石油质量的温度相吻合。在如此低的温度下，细菌降解沉积的有机物也会产生生物气。预测干气与油或湿气，还需要了解垂向和横向运移。例如，有时深层的储层会发现有生物成因干气与热成因气或油混合的油气藏。如果圈闭足够古老，能够在进一步埋藏和后期的运移过程中保存这些生物气体，这种情况就会发生。

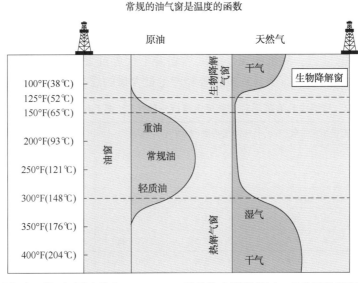

图8.4 典型的油气窗口摘要(图改编自 BP/Chevron 钻井协会课程笔记，经许可使用度没有直接可比性)

图8.4所示的温度与 T_{max} 热解结果所得到的温度之间的差异，可能会使初学者感到困惑。T_{max} 是实验室中从烃源岩中提取的原油的环境压力下的瞬时测量值，与地下温度和成熟度没有直接可比性。

这是因为烃源岩的成熟是时间和温度的函数。岩石热解中挥发(S_1)和热解(S_2)的烃类基本上是瞬间产生的，其成熟程度不能直接与地下的成熟度和排出相比较。

时间也是一个变量。关于成熟作为时间和温度的函数的一篇真正具有里程碑意义的论文是 Waples(1980)所完成的，他将 Nikolai Lopatin(Lopatin，1971)的一篇重要论文带到了西方。Lopatin 方法包括一个"时间—温度—指数"，它是所有现代油气系统建模软件的基础。

时间和温度的影响类似于烹调一只鸡。你可以在低温烤箱里长时间烹饪鸡肉，也可以在微波炉里快速烹饪。在地质记录中，时间和温度共同作用，低温在很长一段时间作用于岩石上，才能使烃类成熟。因此，T_{max} 值与地下成熟烃源岩的温度值一致。例如，根据源岩类型及其埋藏历史，435℃的 T_{max} 可能等于 100~110℃ 的地下成熟温度。

有几种评估源岩成熟度的常用方法(表8.1和表8.2)：

(1) 镜质组反射率；

(2) 孢子颜色指数；

（3）热蚀变指数；

（4）达峰时间。

表 8.1　常规烃源岩质量评价

产生潜力	TOC 含量(%)(质量分数)		注　释
	页岩	碳酸盐	
差	0.0~0.5	0.0~0.2	在弥散性三角洲页岩中长层段，从 0.5% 或更少的 TOC 中能够产生明显量的气体
一般	0.5~1	0.2~0.5	
好	1.0~2.0	0.5~1.0	
很好	2.0~5.0	1.0~2.0	
非常好	>5.0	>2.0	

据 Law(1999)，注意，测量的现今 TOC 含量并不代表过去的 TOC 含量。现今低的 TOC 含量可以发生在热成熟的岩石中，在过去曾经产生过大量的烃类。

表 8.2　根据成熟度范围对成熟度值进行一般比较(据 Law，1999，有修改)

镜质组反射率 R_o(%)	孢子颜色指数(SCI)	热蚀变指数(TAI)	T_{max}(℃)	成熟度	评论
0.2~0.6	4~6	2~2.6	415~430	未熟	根据动力学可以降低
0.6~0.8	6~7.4	2.6~2.8	430~440	低熟油	
0.8~1.2	0.4~8.3	2.8~3.2	440~465	石油	
1.2~1.35	8.3~~8.7	3.2~3.4	465~470	油气	
1.35~1.5	8.5~~8.7	3.4~3.5	470~480	湿气	
1.5~2.0	8.7~9.2	3.5~3.8	480~500	干气	
2.0~3.0	9.2~10	3.8~4.0	500~500+	干气	
3.0	10+	4.0	500+	过成熟	

镜质组反射率(R_o)是一个多世纪前发展起来的用来测量煤的等级的方法。例如，像无烟煤这样高度成熟的煤表面会反光。低成熟度褐煤不具有反射率。这个过程包括制作木质材料的抛光薄片，并在显微镜下测量样品上的反射光量。在确定哪些样品是真正的镜质组时，个人主观性可能会导致测量误差，如果样品富含藻类并被误认为镜质组，测量值通常会过低。孢子颜色指数(SCI)和热蚀变指数(TAI)是另外两种测量方法，都是测量孢粉类型、壳质、固体沥青、牙形石或成熟过程中对变化作出反应的其他成分等的颜色。由于获取 R_o 数据所必需的植物直到泥盆纪才开始进化，在较老的岩石中，SCI 或 TAI 方法可能是评估成熟度的唯一可行方法。SCI 和 TAI 的测量值都是作为简单的颜色尺度，更容易受到解释者的主观影响。

对 T_{max} 值、镜质体反射率、孢子颜色指数进行定性比较。T_{max} 通常是最不受观点影响的，因为它是从岩石本身直接测量出来的。SCI 和 R_o 值可能因解释者或实验室的不同而有很大的差异。因此，最好通过多种方法观察和校准成熟度。在任何趋势下，最好的答案都是流体自身恢复(假设只有非常短距离的运移)，然后回到维护良好的显示数据库和了解生产情况。

成熟度值的另一个变量是烃源岩本身的动力学。许多研究人员遵循 BP 模型(Pepper 和

Corvi，1995a) 对烃源岩进行分类。表 8.1 的数值是一个很好的指南，但不同烃源岩本身可能在不同的温度和成熟度水平下成熟。例如，Ⅲ 型类煤源在 R_o 值达到 1.0 之前可能不会释放出重要的烃类，而此时 Ⅱ 型煤源的岩石很可能处于油窗内。

Pepper 和 Corvi 开发的模型已经被嵌入许多商业软件包中，其中一个是 Kinex（www.zetaware. com）。图 8.5 显示了给出的 5 个基本 BP 类 Kinex 烃源岩图。

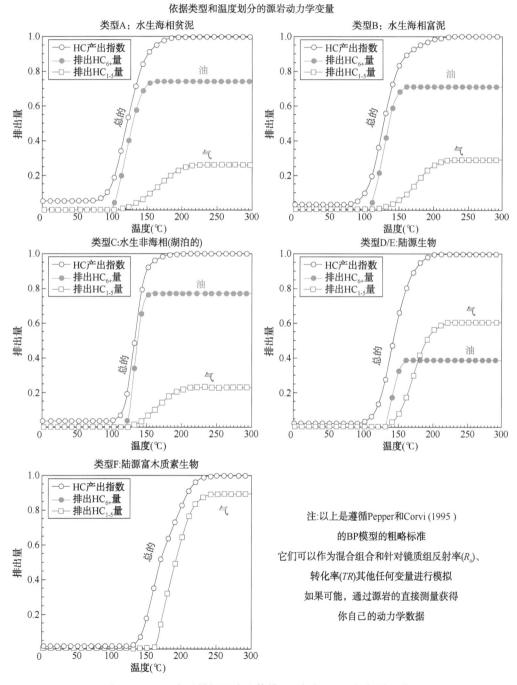

图 8.5　BP 温度对排烃源岩流体模型（来自 Kinex 软件默认值）

在伪范氏图中，通常不仅使用Ⅰ类、Ⅱ类和Ⅲ类，而且还使用图8.5中的BP类。例如，水生烃源岩大致相当于Ⅰ型烃源岩和Ⅱ型烃源岩，它们的动力学没有本质区别。在印度Barmer北部(Dolson等，2015)富藻湖相烃源岩TOC含量超过10%，HI达到1000。这些烃源岩在比图8.5A和C所示更低的温度下成熟，进入油窗的温度低至85℃。这就更加需要在可能的情况下获取源岩样本的实际动力学数据以便能够对其进行适当建模。

在图8.5F中可以看到，陆生富含木质素的烃源岩不仅不能产油，而且直到160℃左右才开始释放烃类。

8.2.4.1 成熟度和岩石热解数：所见非所有

也许关于烃源岩质量最重要的一点是，岩石热解的数据只能测量目前在源岩中存在的东西。它没有评估原始烃源岩是什么。在筛选烃源岩区带时这可能产生不同的结果。现今烃源岩的TOC含量(w_{TOC})可能只有1.5%，HI低至25%，看起来可能像差的倾气型烃源岩，但其实它们最初是世界级的倾油型烃源岩。例如，宾夕法尼亚州丰富的Marcellus页岩就属于这种情况，那里最好的气井位于现今HI和TOC含量低趋势的地区。

初始TOC含量和现今TOC含量之间的差异是由于成熟度的不同造成的。因此，定量地理解初始值是理解油气生成量和可用于运移量的关键。油气系统建模包利用初始TOC含量和HI图以及厚度来估计生成和残留的烃类体积。这些信息包含了许多页岩油藏的众多筛分技术之一，对于估算新常规油藏的潜力至关重要。

图8.6显示了HI随成熟度降低的一个很好的例子。这些值来自一个富含藻类、偏油的干酪根(从多口井和深度绘制)，OI值和HI值非常低，接近750，但最低低至50。然而，与T_{max}相比，结果显示了明显的降低，这表明较低的HI值并不是初始值，而是成熟后的剩余值。当T_{max}值为420或更低时，HI值可能显示初始的HI，即600~750。

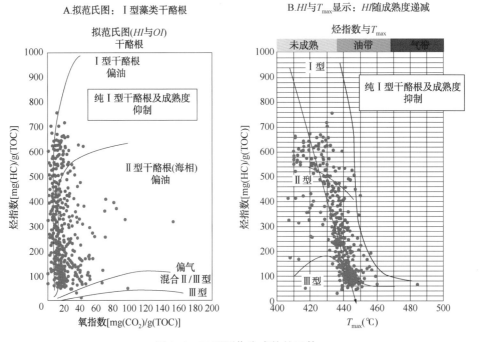

图8.6　HI还原作为成熟的函数

烃源岩排出或"转化"烃类的程度称为转换比（*TR*）。图 8.7 给出了一个常用的表（Talukdar，2009），用于将不同类型干酪根的镜质组反射率值与 *TR* 联系起来。*TR* 值越高，烃源岩排出的烃类越多，其在 *HI* 和 TOC 含量的稀释程度就越高。人们很容易把低 TOC 含量和 *HI* 值看作是差烃源岩的标志，而事实上，它们最初是很好的，但是已经经过油气窗口，大大降低了 TOC 含量和 *HI* 值。

当今岩石里的物质和最初岩石里的物质的区别实际上是干酪根转化成烃类的体积。因此，了解初始条件与现今产出的关系，就可以提供一种方法来量化排出的物质。

为了评价烃源岩的潜力和生成的体积，需要生成初始 *HI* 和 TOC 含量图以及烃源岩的厚度图。有许多行业算法和方法，但大多数是从公式中获得的方法（Pepper 和 Corvi，1995a，b，1995）。然而，对于典型的解释器，有一些好的筛选工具可以进行这些估计。

对于使用岩石热解输入的单点估计，可以使用在线计算器（He，2015）。另外两个方程如图 8.7 所示。原始 *HI* 最容易计算，因为它很简单，通过式（8.1）：

$$HI_{原始} = HI_{平均} \div (1 - TR) \tag{8.1}$$

其中 $HI_{平均}$ 为从岩石热解计算出的值；*TR* 为估算的转化率。

对于缺乏更多数据的情况，可以从图 8.7 所示的表格中输入 *TR* 值用于各种干酪根类型。原始 TOC 含量（$w_{TOC原始}$）考虑了前面提到的 Zetaware web 计算器中的 S_1 值。另一种用于筛选大样本集的方法是 Cornford 等（2001）开发的方法，该方法可在网上获得（Cornford，2015）。该技术使用 T_{max} 作为成熟度度量，样本数据集上的方程和结果如图 8.7 所示。

原始TOC和*HI*与现今泥盆纪页岩，二叠系盆地

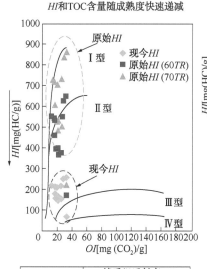

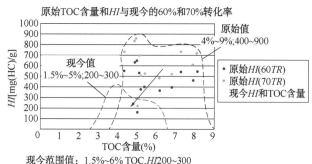

现今范围值：1.5%~6% TOC,*HI*200~300

软化率	镜质组反射率(%)		
	Ⅰ型干酪根	Ⅱ型干酪根	Ⅲ型干酪根
0	0.500	0.350	0.450
0.1	0.650	0.600	0.700
0.2	0.700	0.700	0.875
0.3	0.710	0.750	0.925
0.4	0.730	0.800	1.000
0.5	0.760	0.825	1.200
0.6	0.800	0.850	1.050
0.7	0.825	0.900	1.300
0.8	0.850	0.925	1.500
0.9	0.925	0.975	1.650

用转化率和 T_{max} 计算 $w_{TOC原始}$ 和 *HI*

1. $HI_{原始} = HI_{测量} / (1 - TR)$
2. $w_{TOC原始} = w_{TOC平均} + w_{TOC平均}(T_{max} - 435) / 30$

例如：

　Ⅰ型干酪根：$T_{max} = 440$，$HI = 250$，$R_o = 0.8$，$w_{TOC} = 4.16\%$
　TR = 0.6来自表格
　$HI_{原始} = 250/0.4 = 625$
　$w_{TOC原始} = 4.16 + 4.16(440 - 435) / 30 = 4.85$

参考Cornford等人（2001）*HI*方程和*TR*表计算T_{max}方法，来自Talukdar（2009）

图 8.7　原始 *HI* 和原始 TOC 含量与使用 T_{max} 或转化率的成熟度的比较

图 8.7 是一组来自二叠盆地的泥盆纪页岩样品的数据，作为页岩油评价的一部分。当看到来自岩石热解的 TOC 含量和 HI 值从卖方标记为"低到差的生烃能力"时，操作者感到震惊。从区域上看，整个北美地区泥盆纪页岩以其丰富的烃源岩而闻名，这在一开始看起来是个例外。问题是 HI 值很低，然而，当使用各种方法对初始 HI 和 TOC 含量进行校正时，原始 HI 和 TOC 含量要高得多。最初的烃源岩条件是一种世界级的富含藻类的海相烃源岩，它排出了大量的油气，这就解释了烃源岩的低数值。从原始 TOC 含量和 HI 到当前 TOC 含量和 HI 的转换如图 8.7 所示，用向下倾斜的箭头表示。

原始 TOC 含量的另一个计算式(Talukdar, 2009)，如下：

$$w_{\text{TOC原始}} = w_{\text{TOC测量}} / (1 - TR\mathrm{d}V_{\text{TOC}}) \tag{8.2}$$

式中 $\mathrm{d}V_{\text{TOC}}$ 的值根据干酪根类型取值为：

(1) Ⅰ型(62.5%)；

(2) Ⅱ型(48.2%)；

(3) Ⅲ型(25.2%)。

例如，对于 TOC 含量测定为 4 的 Ⅰ 型藻类干酪根样品，TR 为 0.7 时，有：

$$w_{\text{TOC原始}} = 4 / [1 - (0.7 \times 0.625)] = 7.1\%\text{的原始 TOC}$$

那么它是如何使用的呢？计算油气在烃源岩本身中生成或残留的体积，不仅是理解传统圈闭潜力的关键，也是评估烃源岩本身作为非常规油气资源潜力的关键。单点计算不如查看一个区间内值范围的直方图，然后对平均值或其他最能代表整体区间的数字进行转换那么有用。这有点类似于选择孔隙度–渗透率对来确定拟毛细管压力。必须进行归纳总结。通常，美国各州或联邦政府部门提供的在线数据库经常以单点数据的形式提供每个地层的热解和 R_o 值，事实上这些数据已经作为更多样本的平均值处理。

在图 8.8(Naidu 等，出版中)和 Naidu 等(2012)所示的例子中，从主要烃源岩段的多个数据集上，对每口井的原始 TOC 含量和 HI 值进行了归纳。盆地周围的初始的 TOC 含量和 HI 值是用手工绘制的，以匹配沉积环境，而不是简单地由计算机绘制。北部盆地 Barmer Hill 组页岩为近纯 Ⅰ 型藻类干酪根，但在南部，它们被进入盆地深部的浊积岩中的碎屑冲淡，形成Ⅱ—Ⅲ型干酪根。这些地理变化反映在图件上。由于成熟度或原始相，有时很难区分低 HI 值和 TOC 含量值。在图 8.8 所示的图件中，有足够的地球化学数据表明，大部分 HI 较低的地区不仅是埋深、高温的函数，关键是初始值更低。

区分埋藏和沉积控制的影响，可以归结为利用烃源岩本身的相图进行良好的地质工作。

这些图表明，盆地北部应更倾向于产油，盆地南部以Ⅱ—Ⅲ型干酪根为主，在成熟过程的任何阶段都更容易产气。这一结论与产量吻合得很好，因为除了盆地被抬升的地方以外，北部地区的天然气储量非常少。在隆起地区，残余油很常见，而且几乎所有的气体似乎都来自溶解作用，形成小型气顶(类似于第 5 章中讨论的 Hugoton 和西西伯利亚残余油运移案例)。

最终，基于不同的相，利用局部动力学数据和完整的盆地模型，不同地区采用了不同的干酪根动力学模型。结果如图 8.9 所示。这样的图能更好地预测流体类型和烃源岩潜力。

然而，只对关键的岩石热解和 R_o 数据进行简单地网格化，而不转换回原始 TOC 含量和 HI，可以为任何盆地提供良好的预测结果。虽然油气系统软件能够快速生成成熟度图件和生烃量，但简单地绘制可用数据并观察产量和显示往往可以提供勘探所需的答案。

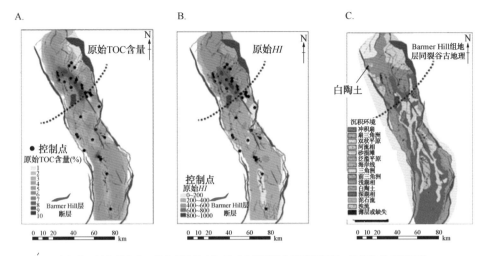

大概的区域相的变化，从北部的浅水沉积到南部的深水同裂谷沉积。北部的主要相类型为Ⅰ型干酪根的白陶土到三角洲相；南部的主要相类型为Ⅱ型Ⅲ型混合干酪根类型的深水浊积和泥质组成的相

图 8.8　原始 TOC 含量和 *HI* 地图［Barmer 盆地。据 Naidu 等（出版中）］

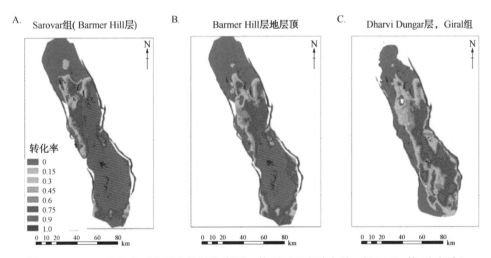

图 8.9　Barmer 盆地在三个层上的转化率图，使用了可变动力学。据 Naidu 等（出版中）

如图 8.10 给出了示例。本例中使用的所有数据都可以从美国地质调查局或俄亥俄州和宾夕法尼亚州的州地质调查局下载。油井数据不仅包括位置和状态，还包括初始流量、作业者和其他数据。所有历史上钻探过的井都可以从免费网站上获取，然后还可以提取生产记录。宾夕法尼亚州的生产井（红圈和饼形图）来自 2012 年泥盆系 Marcellus 组的生产井。值得注意的是，Marcellus 页岩产层几乎完全被限制在 1.2 或以上的 R_o 窗口内。

对 Marcellus 岩石热解的早期筛选表明，T_{max}，R_o 和 *HI* 之间存在较强的相关性，*HI* 值随成熟度的增加而急剧下降。因此，从在线数据库中网格化 *HI* 数据可以很好地定义 Marcellus 组的成藏组合（图 8.11）。

在图件上可以明显看到 *HI* 值急剧下降的陡坡或"*HI* 墙"。可以看到，Marcellus 的成藏组合在很大程度上局限于现今 *HI* 值 25~100。该地区的大多数工作人员认为，广泛分布的泥盆

纪页岩最初的 *HI* 值约为 600。图件上的差异几乎可以肯定归因于成熟度,而不是沉积环境的变化。类似的斜坡或"*HI* 墙"已经在泥盆纪 Bakken 组中被记录下来,作为威利斯顿(Williston)盆地(Nordeng 和 LeFever,2009)的东部边界。

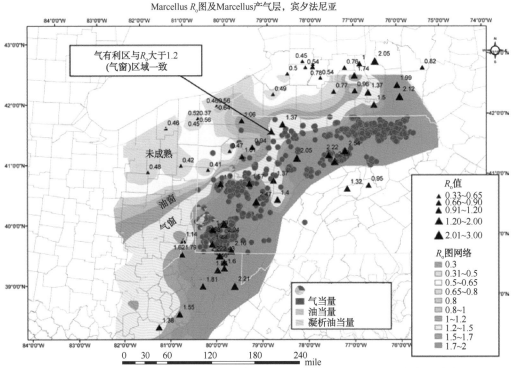

图 8.10　美国宾夕法尼亚州和东部地区的按相分类的 Marcellus 组 R_o 数据和产率

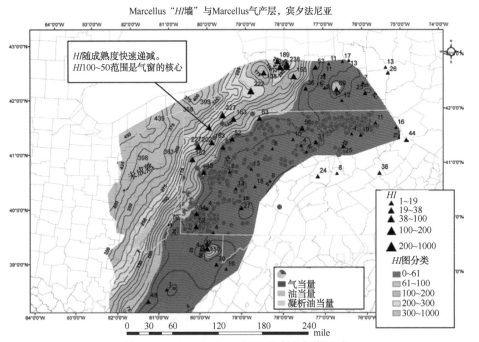

图 8.11　Marcellus"*HI* 墙"和限制的气藏组合

这些图件的教训之一是，你不需要用很多软件就可以理解这些数据集的含义。利用简单的工具和良好的地质洞察力，就可以对成熟度数据进行简单的网格化或等高线绘制，并对 *HI* 和其他可能的低值相叠加数据进行可视化检查。

8.2.4.2 Δlg$R$ 测井与电阻率作图

Meissner(1978)的论文是关于测井曲线和烃源岩里程碑式的论文。Meissner 指出，北达科他州 Bakken 页岩在热成熟度的任何地方都具有很高的电阻率。他不仅用井资料对其进行了量化，并将其与油气的存在联系起来，绘制了 Bakken 页岩电阻率图，清楚地显示了 Bakken 页岩在哪里成熟。他还绘制了 Bakken 地区的超压图，给出了从 Bakken 页岩开采油气的一些例子，并暗示可能存在更大范围的产层。具有讽刺意味的是，他在 1978 年出版的图件就勾勒出了 25 年后成为 Bakken 油藏的核心的地方，这是美国历史上最大的油藏之一。更新的 Bakken 电阻率图(Nordeng 和 LeFever，2009)对边界进行了修改，但没有明显改变 1978 年的 Meissner 文章的思想。

有些想法需要经过一段时间才能成熟，才会被接受。到 20 世纪 80 年代末，作业者曾试图用水平井来测试热成熟度较高的 Bakken 页岩，但选择在错误的区带(柔软和柔韧的页岩)进行钻井。在数天或数周内，高初始钻井速就跌至零或亚经济水平，水力压裂后页岩收缩，人工诱导裂缝闭合。随着时间的推移，最终目标选择了一套上下被良好烃源岩包裹着、足够脆弱、适合水平钻井和水力压裂的中等粉砂岩层。在那个时候，这套油藏成功了，到了 20 世纪 90 年代后期，针对该组合的钻探热潮开始，并持续至今。

电阻率绘图仍然是筛选非常规页岩油气藏的主要工具，但更先进的测井技术已经发展起来。第一个也是最重要的基于测井过程的是 Δlg$R$ 技术(Passey 等，1990)。Δlg$R$ 是目前识别烃源岩的一种行业标准方法。它还可以通过跟踪电阻率的变化来绘制成熟度窗口，因为在日益成熟的烃源岩中，TOC 的数量和孔隙系统中剩余的游离烃的数量都减少了。

Δlg$R$ 原理适用于一些基本且相当简单的逻辑(图 8.12)。未成熟烃源岩未排出烃类，因此页岩电阻率低。当它们成熟时，烃类就会释放出来，就像常规圈闭一样，深电阻率测井仪可以测量出高电阻率。有机质富集区带的页岩孔隙率较高，在 TOC 含量较高的情况下，声波测井可以检测到的页岩孔隙度增大。

声波曲线与电阻率曲线重叠，声波曲线相互跟踪的地方，烃源岩有机倾斜。当曲线分离但电阻率较低时，存在具有孔隙度的高 TOC 含量的烃源岩，但没有排出烃类。如果高孔隙度页岩的电阻率增加，那么就会出现烃类，并可以根据测量到的 TOC 含量和成熟度对这些区域的分离进行记录和量化。有趣的是，当样品达到足够高的成熟度时，源岩消耗殆尽，电阻率就会回落到较低的值，曲线轨迹又会相互重叠。

图 8.12B 显示了来自印度 Mangala 油田的示例。主烃源岩层段分离效果好，电阻率较高，其高自然伽马值特性很容易识别。在主烃源岩的下面是几套高孔隙度的含油砂岩层。这些产层也存在分离现象，但在这种情况下，高电阻率的储层为含油饱和度的储层，这些储层很容易被自然伽马和其他测井曲线识别为砂岩。

电阻率作图作为一种筛分工具已经存在。在进入盆地油气图上的识别模式发生的变化基本是从热成熟的低电阻率到油气窗口的高电阻率。如果盆地足够深，导致同样的区带被消耗，并且过成熟，那么电阻率就会再次下降到低值。这种现象最初是由 Meissner(1978)描述的。Nordeng 和 LeFever 2009 年发表的文章是用电阻率图确定成熟烃源岩范围的一个很好的例子。

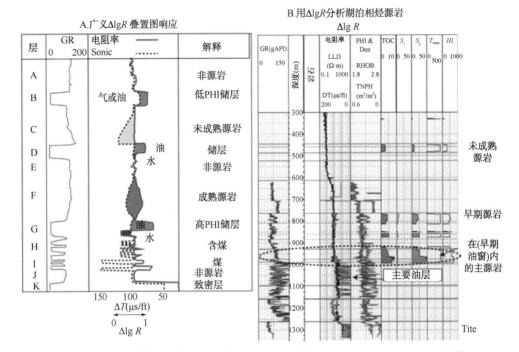

图 8.12　ΔlgR 的模式和例子[（A）修改自 Passey 等（1990）。（B）M. S. Srinivas 提供，凯恩印度公司。图中圈出的成熟烃源岩(绿色)下方的 B 区电阻率较高，为常规油气藏]

稍后将讨论更多的源岩油藏筛选标准。

8.2.5　建立成熟模型，了解热流

理解烃源岩成藏组合有利区以及油气显示和生产环境下的运移和充注，最好是用确定的数据作图和预测油气系统模型的开发结合起来。埋藏和成熟模型依赖于 4 个主要组成部分：

（1）地温梯度或热流随时间的变化；

（2）沉积物本身的传导性；

（3）抬升和剥蚀的恢复期占总埋藏史的比重；

（4）烃源岩本身的动力学。

盆地建模的实际目的是在现今、古圈闭和运移的背景下，推导出某种流体相和类型的预测模型。模型可以复杂到您所想要的那样复杂程度，也可以是简单和可预测的。模型越简单，就越有可能违背过去地热热流、埋藏史、源动力和许多其他因素的所有控制。但模型越复杂，做出的假设条件就越多，模型的答案从根本上就存在缺陷。

有时，特别是在经历了多次抬升和侵蚀的较老岩石和盆地中，很难建立准确的埋藏模型。以 Marcellus 组为例，其烃源岩时代为泥盆纪，但经历了至少 5 次抬升和再埋藏期。宾夕法尼亚时代无烟煤煤矿井位于宾夕法尼亚地表（证明埋藏较深），某些地区的总抬升和剥蚀超过 3~4km。部分剥蚀发生在二叠纪或中生代，其他还有一些发生在第三纪。要解开所有这些谜团，并解释地表温度随时间的变化和随时间变化的热流所需要的数据集根本不存在。在这种情况下，必须绘制出能够给出预测答案的图件。

这个例子并不是个案，但对于陆上油藏来说是很正常。在这些趋势中，绘制源岩有利区

图最好是通过简单的网格数据和生成电阻率或其他图件，而不是试图精确地重建漫长的埋藏历史。地壳厚度和成分对成熟过程的横向变化影响较大，使成熟过程的建模更加复杂。

在接下来的章节中，我们很有必要记住英国数学家乔治·博克斯（George Box）的一句名言："所有的模型都是错误的，但有些是有用的"。

与毛细管压力数据的情况一样，在需要估算界面张力和润湿性数值才能得出封隔能力的情况下，盆地模型可以有大量的选项来模拟埋藏历史和运移/成熟。不幸的是，要证实可以放到模型中的许多假设条件所需要的数据往往是不可得的。当面对有限的校准点时，最好保持模型的简单性，并认识到它可能是错误的，但是如果它是可预测性的，那么就继续使用它。

图 8.13 所示为一个奥陶纪 Utica 页岩的例子，成熟模型的建立假设整个 400+Ma 时期为一个不变的地温梯度，并没有由于地壳厚度而横向变化，和重建在整个美国东部的总埋藏厚度上的一个主要剥蚀图件。剥蚀图包括至少 5 个时期的抬升和剥蚀。由于 Utica 页岩分布在地表的多个位置，因此不可能完全理解热流在空间和时间上变化的复杂性，也不可能准确还原所有白垩纪和第三纪的埋藏史。

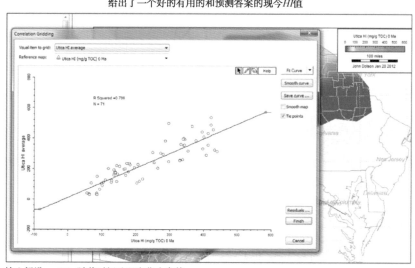

"所有的模型都不是准确的，但是有些模型是有用的"
测试一个奥陶系Utica页岩简单的埋藏史模型的例子
给出了一个好的有用的和预测答案的现今*HI*值

输入假设：（1）随着时间地温变化为常数；
　　　　　（2）一个累积侵蚀事件(总计至少5个未知量级的周期)

图 8.13　勘探目标是一个可预测性的模型
（在数据的约束下保持模型的简单性要比假设太多和猜测太多输入参数要好）

然而，所建立的模型的重要之处在于，它具有高度的可预测性。图 8.13 所示的公共领域数据库的实际数值与通过 Trinity 软件构建的预测 *HI* 图件（假设初始 *HI* 值在 600 左右）。这种相关性非常好，可以使用区域趋势线对测量数据进行更好的网格化。它还允许在井控之外进行外推，这是所有盆地模型设计的目的。

这个模型是错的吗？当然是。是有用的吗？证明的唯一的方法是运行模型的其他方面相关技术参数，如预测的气油比（GOR）、API 重度、预测的镜质组或其他参数，并直接与井中产量和这些数据进行比较。在这种情况下，流体生产的可预测性非常高，因此该模型被用于购买大量勘探面积。根据这项工作，现在已经钻出了很好的井，客户对结果很满意。

8.2.5.1 地温梯度和热流

任何成熟度建模的第一步都是确定要使用的适当地热梯度以及要应用的模型类型。特别是在前沿盆地勘探中,很难找到有用的温度数据,需要进行许多假设。He(2014)对热流建模问题进行了很好的总结。

通常,第一步是收集尽可能多的来自井中或其他来源的温度数据和校准点,如镜质组反射率、T_{max}、SCI、TAI 和前面讨论过的其他数据。如果没有地温梯度输入,模型就无法建立或运行。不幸的是,收集到的大多数温度或热流数据集都存在许多问题。表 8.3(由 Zhiyong He 修改自 www. zetaware. com 网站)Zetaware 网站也提供了一些内置计算器。另一篇综述温度校准和校正的论文是 Peters 和 Nelson 2009 年的论文。

表 8.3 温度数据来源(按可靠性排序)

数据来源	可靠性	注 释
连续平衡温度测井	最高	很少提供
现代电子计量/仪表 DST 数据	高	最好在流量大的地方应用。气体试验可能需要修正
关井生产测试	高	也可以按油田生产的地层和深度的温度记录予以公布
井底温度(BHT)	虽然很低,但是很容易得到——不清楚泥浆系统是否修正了循环时间和冷却时间,或者只是简单测了一下。希望得到正确的数字	最常用的数据
		可能只有局部控制而没有区域代表
		可能需要 Horner 矫正(附录 B)
		需要修正泥浆系统循环时间
		可能需要通过添加+33℉ 或 +18℃ 到记录的 BHT 值来尝试方案

地温梯度的计算需要可靠的平均地表温度和可靠的、经井筒钻井液系统冷却、井内温度剖面调整后的地温梯度。如果在海上,则使用海底温度。当项目跨越陆地和海洋时,需要绘制从海底到地表高度的横向变化的温度图。

地温梯度的基本计算公式:

$$地温梯度 = \frac{井中温度 - 地表温度}{深度} \tag{8.3}$$

例如地表温度是 21℃,2460m 处温度为 115℃。梯度为(115-21)/2460=0.0382℃/m 或 38.82℃/km。

勘探的现实情况仍然是几乎没有理想的数据集。大量的井口信息(即使可用)通常会将 BHT 报告为一个未修正的数值,这个数值几乎总是很低。在压力数据中,如果没有达到最终压力,就必须进行外推和修正。附录 B 说明了如何使用 Horner 图来修正钻井液冷却效果的温度数据,但必要的信息经常缺失。生产测试数据是最好的,但也经常缺失。

在大多数情况下,校准地热梯度通常不得不依赖于井的 BHT 温度数据。如果使用 BHT,明智的做法是检查两个梯度,然后与模型中观察到的成熟度数据进行匹配,以确定哪个梯度是合适的。也可以指定误差线。Jeff Corrigan(He,2014)开发的一种快速方法是在 BHT 温度记录中加入 33℉ 或 18℃。这是被证明是有用的"最后一招"。

由于地温梯度也依赖于地表温度，需要根据平均年地表温度数据进行输入（图8.14）。在最简单的模型中，梯度设置为随时间变化的常数（图8.14A），曲线截距为地表温度。年平均值可以从发布的数据、网络搜索或纬度估计（图8.14B）。对于那些希望把事情弄得更复杂化的人来说，可以使用图8.14C和D所示的图表，在盆地模型中估算古温度。

处理地温梯度和地表温度

A.简单的：温度与深度随时间变化是常数
y截距为常规的地表温度

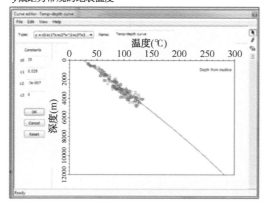

B.根据井口、报告或维度计算的地表温度

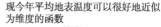
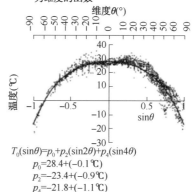

C.地表温度可能会随时间变化

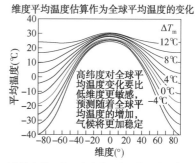

D.古地表温度可以调整到古维度

图8.14　地表温度随时间和纬度变化[（A）是 Trinity 软件中用于计算当今地温梯度的典型温度—深度曲线。（B-D）来自 Zetaware 网站（www.zetaware.com），可用于估算古地表温度。图经 Zetaware 许可使用]

在有明显地形或水深的地区需要进行的最基本的校正之一是高程调整，特别是水深调整。水深修正在深水环境中至关重要，因为海底温度是地温梯度计算的输入。图8.15 提供了一个示例。

巴西东北海岸的例子表明，地表温度变化快，从平均每年陆地温度28℃下降到海底温度2~4℃。如果不对水深和温度进行修正，将导致近海的地热梯度过低。

8.2.5.2　热流模拟

盆地模型还将依赖于沉积物的导热率和地壳的热流。全球数据库可用于陆上和海上的热流（Pollack 等，1993；Gosnold，2011a，b），其中一些也张贴在图8.15 中，例如，关于热流的一个很好的在线参考是 Railsback（2015），简短的总结包括 He 等（2007）和 He（2014），部

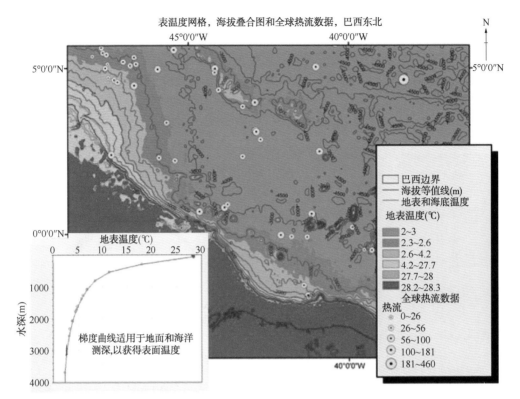

图 8.15　巴西近海深水温度地图[等高线是以 m 为单位的水深。温度以色标表示]

左下角的曲线用于将数字高程模型和测深网格(ETOPO1)转换为表面温度网格,输入到热模拟中

分内容在本节中进行了总结。

热流(Q)是传热速率的度量。热流的来源包括地幔热、上地壳的放射性衰变产生的放热以及沉积物。地壳成分和热流(图 8.16)是热流的主要控制因素。

热流用单位面积的功率表示,用毫瓦/平方米(mW/m^2)或热流单位(HFU,$cal/cm^2 \cdot s$)计量。导热系数(K)是每长度功率的量度,表示为 $W/(m \cdot K)$ 或 $cal/(cm \cdot s)$。

通过式(8.4)可以得出热流与地温梯度的关系:

$$Q = K \frac{dT}{dz} \tag{8.4}$$

式中　Q——热流,mW/m^2;

　　　K——导热系数;

　　　dT/dz——地温梯度。

或者,根据地热梯度重写为:

$$\frac{dT}{dz} = \frac{Q}{K} \tag{8.5}$$

因此,高热流转化为高导电性,但高导电性岩石的绝缘性较差,导致地热梯度较低。

图 8.16 显示沿洋中脊的近海处有很高的热流率,但是随着沉重的玄武岩熔岩离开这些洋中脊时,它们会凝固、冷却和下沉,形成洋壳。全球洋壳上几乎没有石油和天然气的生产。其中一种模式是,洋壳冷却后的地温梯度过低,不足以形成成熟的沉积物。然而,更

厚、放射性更强的大陆地壳地温梯度较高。

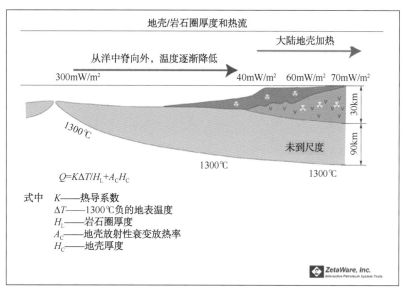

图 8.16　地壳热流(在边界处，大陆地壳比海洋地壳热。
图由 Zhiyong He 提供，可在 www.zetaware.com 获得)

许多地震公司采集了长记录长度的地震资料，目的是尽可能深入到沿大陆边界的地壳。他们这样做的目的是，拾取莫霍面并计算地壳厚度可以成为石油系统热流模型的有价值的输入。

然而，热流数据通常来自非常浅的钻孔，因此可能并不代表地壳深处的热流。此外，热流还受沉积物导电率的影响。这很容易被称为"热效应"，因为沉积物在电导率低的地方(如页岩)充当绝缘体，在电导率高的地方(如盐类)充当导体。这和保温瓶的工作原理是一样的，因为保温材料是用来使液体在一段时间内保持热度。在成熟模型中，由于时间是一个因素，像厚页岩这样的绝缘体会比盐层下的绝缘体随着时间的推移产生更多的热量。这对经济的影响相当简单，因为许多盐下组合在很深处仍然有石油，由于盐的高导电性，这些石油还没有被裂解成天然气。由压实引起的孔隙度降低是另一个因素。在建立一维埋藏模型时，所有这些信息都可以建模并根据已知数据进行校准(图 8.17)。

8.2.5.3　威利斯顿盆地基岩对巴肯组热流及成熟度的控制的实例

基底控制热流最好的例子之一是北美中部平原(NACP)的地磁异常(Jones 和 Craven，1990)。NACP 是一个明显的磁性异常，代表了前寒武纪裂谷事件，Jones 和 Craven 将其命名为"幼年地壳"。尽管这条裂谷的年代久远，但早已由于后期的构造活动重新变形，它不仅对之后的断层格局随时间产生了的强烈影响，而且对现今的热流也产生了很大的影响。在整个 Saskatchewa 省，更高的热流记录与之后的地磁异常有关。

可公开使用的重力和磁学数据库由 BGI(2013)和 UTEP(2015)提供，应该经常检查这类数据，看看地壳成分是否可能是成熟度的一个控制因素。图 8.18 所示为部分磁资料与前寒武纪区域地形解释叠合图。Bakken 油页岩油藏的核心地带位于北达科他州的幼年地壳趋势范围内(图 8.19)。

详细的地温热梯度研究工作(Meissner，1978；Price 等，1986)记录了威利斯顿盆地的地温梯度，并更新了这方面的图件，Nordeng 和 LeFever(2009)则显示了磁异常。

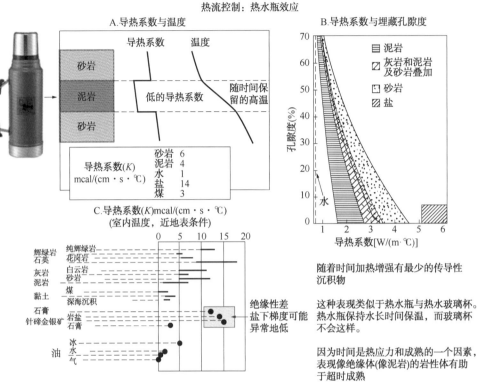

图 8.17 沉积热流控制着各种岩性和埋藏压实作用[图片由 Zhiyong He 提供,

可在 www.zetaware.com 上获得。图 C 由 Gretener(1981)修订]

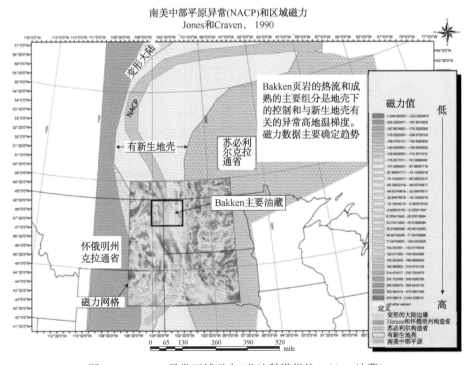

图 8.18 NACP 异常区域磁力(北达科塔州的 Bakken 油藏)

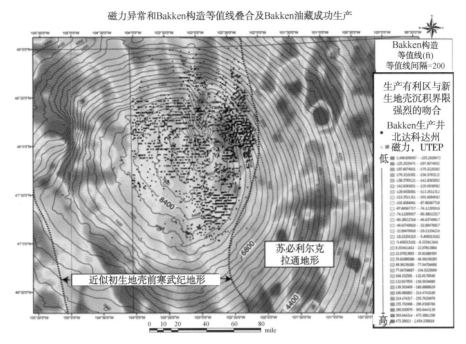

图 8.19　北达科他州 Bakken 页岩水平井的航磁图(初生地壳边缘大致与 Bakken 有利区东侧边缘重合。深部地壳磁化趋势南北走向与地热梯度升高有关，对 Bakken 烃源岩的整体成熟有影响)

由于热变化不仅与基底有关，还与之后的侵蚀事件有关，因此利用油气系统软件对 Bakken 页岩油藏进行建模可能很困难。此外，成熟趋势并不遵从现今的构造变化，而是具有强烈的南北向重叠。

图 8.20 显示了 Nordeng 和 LeFever(2009)记录的"*HI* 墙"，但最早也可以追溯到 1978 年 (Meissner，1978)。与热墙和上克拉通地形边缘以及新生地壳的紧密排列，结合已发表的热流图，表明了利用磁性数据来帮助建立穿越该地区的热流模型的重要性。

从上 BakkenT_{max}数据网格进一步证实了强烈南北向趋势的较高成熟度水平(图 8.21)。

在不考虑强烈的地壳深部热流的情况下，利用当前构造网格(遵循威利斯顿盆地的环形形状)的埋藏史模型将产生圆形的成熟模式。这些模式与实测的成熟度数据没有相关性，可预测性低。

8.2.5.4　一维埋藏史模型

井的埋藏模型是了解成熟度和确定整个盆地模型到单个控制点的校准的极好方法。下面的例子使用了 Genesis 软件(www.zetaware.com)作为例子。

模型的输入包括：

(1) 主要地层的岩性和年龄。

① 包括潜在烃源岩的干酪根和动力学；

② 根据岩性和压实性建立热导系数。

(2) 剥蚀和沉积间断事件，用每个事件的沉积和剥蚀的估算值。

(3) 地壳热流或地温梯度。

① 可以固定为单一梯度；

② 地温梯度可以随时间变化；

③ 热流可以根据地壳厚度或类型而变化；

④ 地表温度可以随时间变化。

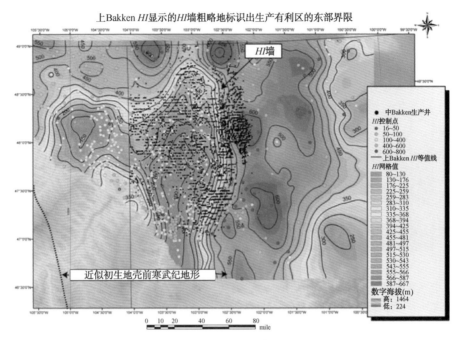

图 8.20 上 BakkenHI 数据网格化(东部的低值很可能是由于泥盆系盆地的碎屑输入造成的。HI 的急剧减少是由于 HI 的成熟而引起的"HI 壁"的减少)

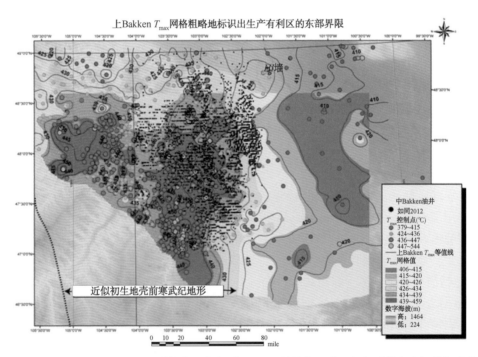

图 8.21 BakkenT_{max} 网格显示强烈的南北走向(与 NACP 磁异常一致，解释了前寒武纪幼年地壳)

随时间变化的地温梯度需要一些校准数据，如磷灰石裂变径迹分析（AFTA）（Green 等，1980，1986，1988；green，1988）。Corrigan（1991，1993）提供了如何使用 AFTA 数据的其他例子。Beek 等（1998）、Belton 和 Raab（2010）、Luft 等（2005）、Raab 等（2002）给出了一些热状态变化和抬升影响的好例子。特别是裂谷在初始形成时，通常会经历一个早期的高温脉冲（McKenzie1978；He 等，2007）。

印度巴默（Barmer）盆地的一个例子（Dolson 等，2015；Farrimond 等，2015；Naidu 等，出版中）如图 8.22 所示。镜质组和 AFTA 数据均显示了巴默盆地从北向南的不同区域的梯度。在南部，从古新世到始新世早期的两组数据（Fatehgarh、Barmer Hill 和 Dharvi Dungar 地层）都可以清楚地看到明显的高热流。在北部，这种早期的热脉冲还没有形成。这些时空变化不仅要通过一维模型模拟，而且要在整个盆地里模拟，在不同的时间间隔内使用不同的地温比例因子。

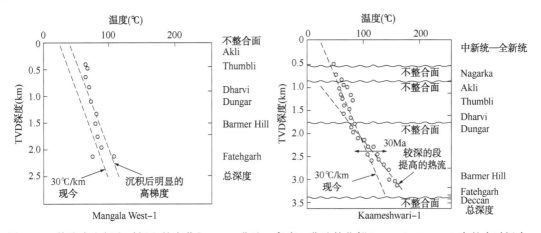

图 8.22　热流在空间和时间上的变化［Barmer 盆地，印度。盆地的北部（Mangala West-1）在整个时间内，地热梯度一直恒定在 30℃/km 的左右。相反，盆地南部（Kaameshwari-1 为例）的高热流与早期裂陷密切相关。在 DharviDungar 地层下部沉积之后，冷却到 35℃/km 的区域梯度。来自 Dolson 等（2015）。经 AAPG 许可转载，需要获得 AAPG 的进一步许可才能继续使用］

当剥蚀量大到足以改变成熟时间时，剥蚀量恢复显得很重要。关于如何做到这一点的技术在 Corcoran 和 Dore（2005）中进行了总结。如第 7 章部分所述，声波、密度和电阻率测井可以建立正常的压实曲线，然后与抬升和剥蚀段的井进行对比，确定缺失段。在有镜质组数据可用的情况下，简单的 R_o 与深度图可以帮助约束剥蚀量。R_o 与深度的关系图，外推到 0.2 值，可以显示剥蚀量。

例如埃及西部沙漠盆地（Wescott 等，2011；Dolson 等，2014）至少经历了 11 次重大的构造—地层重组。图 8.23 是位于强烈反转裂谷中的一口井的一维埋藏模型。R_o 与深度交会图显示，由于抬升造成累积剥蚀厚度约为 1200m，在中新世 Mogra 组底部附近 R_o 值出现突变。该不整合面是侏罗纪和白垩纪裂谷在晚期受挤压走滑断裂影响而发生反转形成的一个主要不整合面。

从运移时间的观点来看，在最大埋藏和隆起期形成的老构造是勘探的最佳目标。然而，这一地区和盆地的其他地区的成熟度高峰出现在晚白垩世。

晚白垩世圈闭首先被充满，但随着构造反转的发生，其构造几何形态发生旋转或破

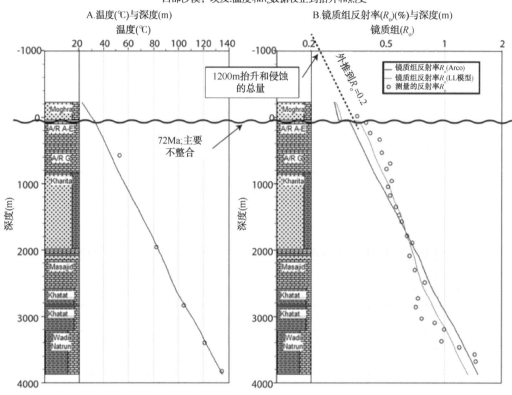

图 8.23　埃及 1-D 模型实例 R_o 和温度校准与剥蚀恢复

坏，并释放出烃类，留下残余油藏/被破坏的油藏。这一地区勘探面临的挑战之一是，一旦盆地达到埋藏峰值，就会停止生成烃类。尽管至少有另外两个构造反转后沉降期(图8.24)，烃源岩也不会再经历第二次成熟期，除非埋藏或热演化大于前一次事件。埃及许多非常大的反转构造圈闭只有残余显示，较小的圈闭在后期或沿再运移路径形成。例如Qarun 油田(Nemec，1996；Geizery 等，1998；Farris，2001)。该油田是在 Gindi 盆地通过钻探发现的一个较小、较古老的未经历构造反转的油田。Qarun 油田靠近一个巨大的反转背斜构造，但在商业上是贫瘠的。

　　Barmer 盆地的另一个例子是通过比较恢复后的埋藏模型线来说明(图 8.25)。盆地北端在第三纪中晚期埋深 400~1200m，但随着印度板块向北运动与亚洲板块碰撞，形成喜马拉雅山脉，及现今的反转盆地(Dolson 等，2015)。

　　剥蚀模型是基于声波测井速度、R_o 与深度和 AFTA 数据建立。通过在现有构造中加入剥蚀量，可以模拟峰值时刻的运移量。特别是盆地北部具有丰富的残余油显示。虽然在精细的尺度上很难得到完全准确的古构造图，而且在运移和圈闭建模中必须考虑古断层封闭性，图 8.26A 中的蓝色区域是对古聚集和从源到灶的运移方向的预测。这些区域与已知的油井残余油(黑色三角形和正方形)非常吻合。现今油田的轮廓叠加在图 8.26B 的古聚集上。Naidu 等对该盆地区域剩余油进行了详细的研究(出版中)。

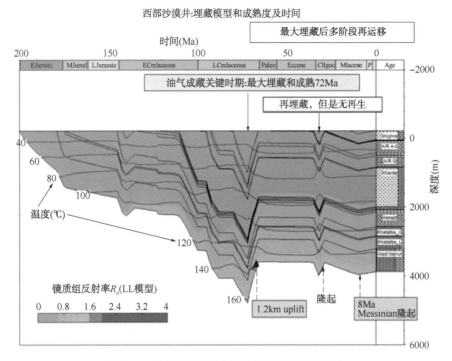

图 8.24　西部沙漠模式井的驱替和隆升临界点

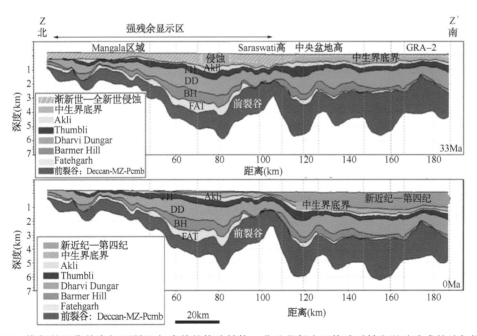

图 8.25　恢复的埋藏前隆起(顶部)与当前的构造结构。盆地北部由于构造反转和溢油造成的油气损失,
是剩余油显示丰富的地。来自 Dolson 等(2015)。经 AAPG 许可转载继续使用

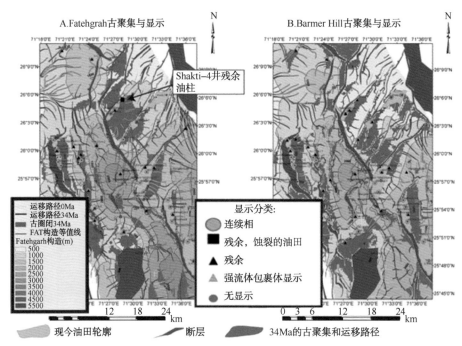

图 8.26　剩余油显示和古构造聚集与现今聚集的对比[据 Naidu 等修改(出版中)。
经 AAPG 许可转载，需要获得 AAPG 的进一步许可才能继续使用]

8.2.6　小结：烃源岩品质与成熟度

了解烃源岩品质、热解和成熟度模型是当今勘探人员必须具备的基本能力。烃源岩的动力学性质在烃源岩成熟时间、流体体积和排出类型等方面存在差异。早期的盆地筛选和相关数据的收集应成为任何盆地评价的最常规的部分内容。所建立的盆地模型与任何模型一样，具有内在的不确定性。

岩性、动力学、导电性、地壳组成和热流所有这些综合在一起，构成了稳健的模型。然而，很少有足够的可用数据能够很好地约束热流和成熟与时空变化的关系。成功模型的关键在于其可预测性。具有预测性的简单模型，即使它们过度简化了一个无疑是更复杂的图，也有很大的实用价值。

花费时间来构建模型并且在新数据到来时保持灵活性以测试替代方案是值得的。当建立起来的一个模型不能令人满意，或者不能在需要的时间框架内建立起来的时候，使用现有的数据集，并考虑来自地质的观点，可能是最好的(或唯一的)方法。

下面几节将介绍使用泥浆等压管、顶空气体和非常规筛选技术来收集更多关键数据的方法。最后，我们将石油与烃源岩的相互关系作为考虑运移和校准运移模型的另一个工具。

8.3　钻机数据采集：顶空气体和钻井液等压管

在钻井平台上收集到的最重要的两类显示信息是钻井液气体和顶空气体成分分析。气体分析可以有效地预测深层油气、产层、渗漏、运移路径，并做出对烃源岩和成熟度的推断。

优秀的参考文献涵盖了相关基础知识(James，1983，1990；Schoell，1983；James 和 Burns，1984；Clayton，1991；Coleman，1992；Schoell 等，1993；Whiticar，1994；Prinzhofer 和 Huc，1995；Rooney 等，1995)。最完整的涵盖顶空气体技术文献的是 Kolb 和 Ettre(2006)。Curtis(2010)和 Ferworn 等(2008)对泥浆等压管柱和顶空在页岩开发中的常见应用进行了概述。

烃类气体的产生有两种不同的过程。分别是有机物的生物降解和热降解作用。生物气是在浅层和低温条件下，由厌氧细菌分解沉积有机质而形成的。而热成因气则是沉积有机质在深部热裂解成烃类液体和气体，石油在高温下热裂解成气体而形成的。

生物成因气几乎完全由甲烷组成，而热成因气可以是干气，也可以是湿气成分(乙烷、丙烷、丁烷)，甚至更重的碳氢化合物(C_{5+}碳氢化合物)。平均而言，生物降解的甲烷所含的碳同位素比热降解的甲烷轻。生物成因气体也比许多热成因气体干燥。

高成熟度下生成的热成因气体组分(甲烷、乙烷和丙烷)其平均同位素含量比低成熟度下生成的相应气体组分的碳同位素要重。校准了气体同位素组成与源岩成熟度之间的关系，从而可以从气体组成中估算出气源的等效镜质组反射率 R_o(Faber，1987；Berner 和 Faber，1988，1996)。

为了区分这些不同类型的气体，以及产生这些气体的潜在烃源岩类型，需要大量同位素和其他成分信息的交会图，本节只讨论其中的一部分内容。一些商业软件包内包含数百个地球化学数据交会图的内置算法，以协助解释。钻井成本是昂贵的，但收集这些类型的数据要便宜得多，并能确保从井中提取出最大限度的信息用于井的后评估。

气体取样(图 8.27)首先通过与钻井液系统相连接的取样管进行，得到钻井液气体数据。其次，采集岩石样本，将其加入装有杀菌剂的蒸馏水罐中，使气体进入溶液中进行分析。后一种技术称为顶空气体。当这两种类型的分析都在油井中运用时，就会获得大量的信息。

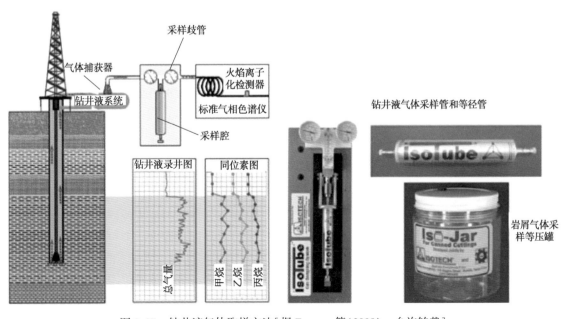

图 8.27　钻井液气体取样方法[据 Ferworn 等(2008)。允许转载]

上述这些技术不仅提供了对孔隙系统的溶液中气体的最佳分析,而且还提供了对岩石本身表面黏附和吸附的气体的最佳分析(图8.28)。

钻井液气采样   顶空气采样

A.老的真空采气管和气袋(差)   B.等压管

蒸馏水

C.采样等压管

蒸馏水+杀菌剂

岩屑

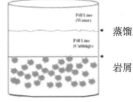

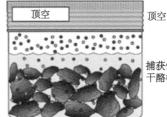

D.测量的气的概念类型   E.顶空

钻井液气

顶空

钻井液气捕获孔隙中的气

捕获依附在干酪根上的气

图8.28 采样技术与分析、等压管与顶空的区别

[A由战略协调会服务提供,B—E来自Curtis(2010),允许转载]

图8.28概括了这些气样的差异和收集技术。钻井液系统中溶解的钻井液气来自钻井过程中从岩石中释放出来的气体,这些气体可以是背景气体,也可以作为预期产气层。较老的技术要用到相当笨拙的真空采气管和气袋,这两种技术不仅有样品收集问题,而且还存在储存方面的问题。另外,等压管是直接插入泥线管汇的小管,对气体进行取样,然后可以取出并放入集装箱中运输。在许多钻井平台上,会立即对这些等压管进行分析并实时生成解释结果。在大多数情况下,被分析的气体是孔隙系统内部的自由气体。

顶空气体数据(包括组分数据和同位素数据)易受蚀变影响,尤其是长时间储存时。这种顶空气体的变化可能包括在等震器内产生一些生物甲烷。其他一些影响包括最轻的碳氢化合物优先损失、氧化和细菌降解。这些过程往往导致更重(负性较小)碳和氢同位素值和更高的气体湿度。为了获得更准确的气体数据,除了收集顶空气体外,还建议在等压管中收集钻井液气体。如果没有钻井液气体数据,就无法评估顶空气体数据的有效性。通常,由于钻屑在向地面循环时,最轻的气体优先损失,在相同或几乎相同的深度,顶空气体比钻井液气体要湿润得多。此外,顶空气体的同位素通常比钻井液气体的同位素重(负性较小),这是由于异位罐中可能存在的细菌氧化、溶解效应以及在井筒内、表面或异位罐中对解吸的分馏作用造成的。由于这些原因,在解释井内气体时,通常更依赖钻井液气体数据。

在一些案例研究中,气体研究结果显示,由等压管和等压瓶取样的气体在组成和化学性质上有所不同。气体组成的差异可以用等压管钻井液气体相对于等压瓶顶空气体的干燥程度来最好地说明。这主要是由于不同的碳氢化合物气体从钻井液和岩石碎屑中逸出的速率不同造成的。具体来说，因为甲烷从钻井液中逸出的速度比其他碳氢化合物气体要快。因此，生成的等压钻井液气体中甲烷含量略高。相反，等压瓶顶空气体比等压钻井液气体湿润，因为甲烷从岩屑中逸出的速度要快于其他碳氢化合物气体，而且当岩屑装罐时，它们的甲烷含量已经略有下降。此外，顶空气体在同位素上比等压井钻井液气体稍重(甲烷为 4%、乙烷为2%、丙烷为 1%)。这可能是由于等压瓶中气体的分馏作用造成的。

　　特别是富含干酪根的岩石，其表面吸附了大量的气体。由于每种收集技术收集数据的方式不同，等压管与顶空气的组合可以帮助识别渗透带。如图 8.29 所示，采用钻井液等压管与水头空间气相比较的方法来识别页岩中的渗透带。

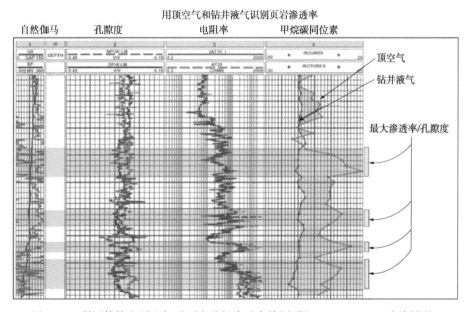

图 8.29　利用等管和顶空气对页岩进行渗透率检测[据 Curtis(2010)。允许转载]

　　标准的页岩岩心数据和简单的目测往往不能很好地定性地反映页岩的渗透性。由于渗透率处于最佳的微达西级别，而更正常的情况是在纳米级，这样的图可以帮助石油公司决定在哪里钻探并水力压裂页岩，并对乍一看似乎只是一个良好的封堵层的页岩进行水力压裂。

　　对于传统的分析，有许多展示，如第 3 章所讨论的，在图 8.30 中也有显示。

　　图中所示的例子是埃及西部沙漠地区多口井的典型实例，该地区的多阶段构造和白垩纪成熟度留下了残余烃和圈闭的烃的混合体。许多连续相显示是从较老的、流失的圈闭中重新运移的碳氢化合物，或者在保留了聚集物较老的构造中。这些图件背后的理论在第 3 章和Haworth 等(1985)的研究中已做论述。

　　使用碳同位素数据，不仅从成熟度的角度，而且从可能来自同一源岩的气体族(图8.31)的角度来说都是确定气体类型最佳方法之一。

　　这种分析对于理解运移至关重要。例如，通过同位素分析可能会发现两个相邻气田的同位素组成相差很大。一种聚集可能显示出较高的气体成熟度，表明有更深的来源，而另一种聚集可能是生物成因或不同成熟度的气体。盆地模拟可以帮助确定不同气体的可能的来源的烃源岩。理解这些位于或接近相同构造水平的不同圈闭是如何接收充注的，可以为理解其他圈闭可能存在的地方提供突破性进展。

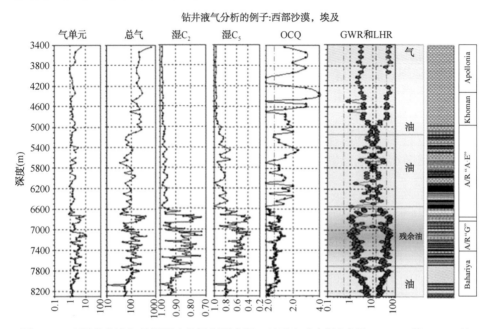

图 8.30 利用钻井液气的润湿比绘图识别产层、显示和残余烃[参见 Haworth 等(1985)的湿度比图计算和第 3 章的深入讨论。图片由埃及 Stratochem 服务公司提供]

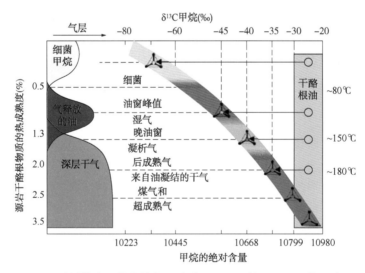

图 8.31 碳同位素和热成熟度级别[据 Ferworn 等(2008)。使用许可]

图 8.32 显示了一个可能产生这种解释的示例。不仅确定了两种可能的干酪根烃源岩类型，而且这些气体的成因是高度成熟和热成因的。现在的关键问题是根据盆地模型和成熟度来确定它们可能来自哪些烃源岩。在某些情况下，这些分析和第 8.4 节讨论的其他技术可能表明，气体成分一定来自不明来源的烃源岩，也许这些信息将是新油藏研究的关键信息。

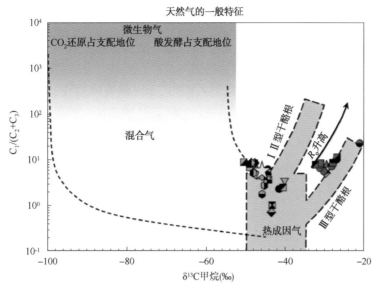

图 8.32　从天然气资料解释了不同的干酪根类型和成熟度

[据 Bernard 等(1978),有修改。图片由埃及 Stratochem 服务公司提供]

在甲烷同位素和气体湿度的交会图中也可以看到不同的天然气成熟度和族(图 8.33)。

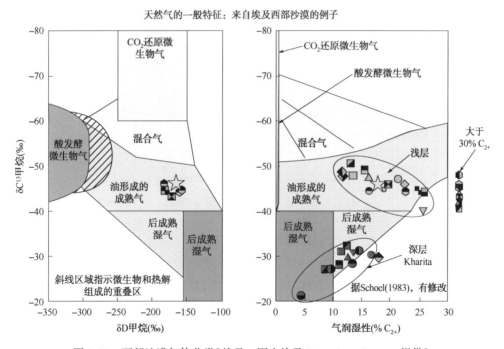

图 8.33　西部沙漠气体分类[埃及。图由埃及 Stratochem Services 提供]

利用同样的数据可以用许多不同的方式来评估成熟度,如图 8.34 所示。

油气分布的垂直模式不仅有助于识别封闭性和运移路径,而且可能指向盆地中尚未开发的深层潜力。图 8.35 所示的简单深度图可以用来推测垂直渗流或侧向运移。当通过对不同井的图进行对比时,它们可以帮助指示储层的划分(Milkov 等,2007;Dzou 和 Milkov,2011)。

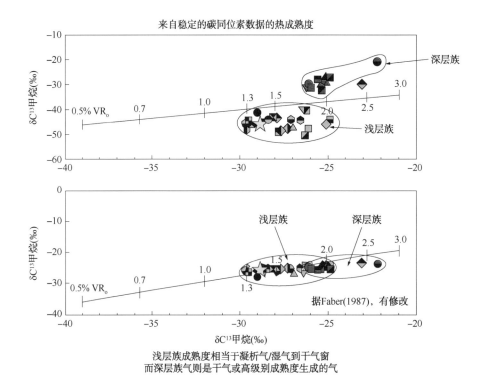

图 8.34 天然气成熟度(埃及的例子。图由埃及 Stratochem Services 提供)

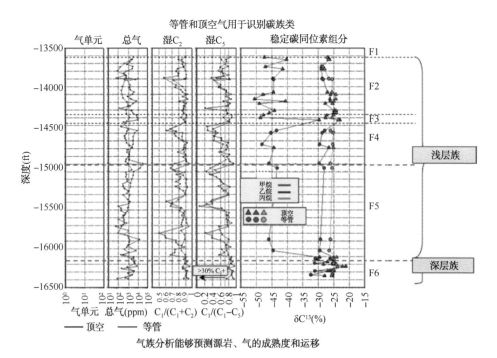

图 8.35 气族深度垂直分布(图由埃及 Stratochem Services 提供)

最后，在烃源岩油层勘探中有许多新的应用，其中许多都在 Breyer（2012）和 Hill 等（2008）文献中进行了总结。图 8.36 所示的是一种新的方法可识别页岩中的超压（Ferworn 等，2008）。

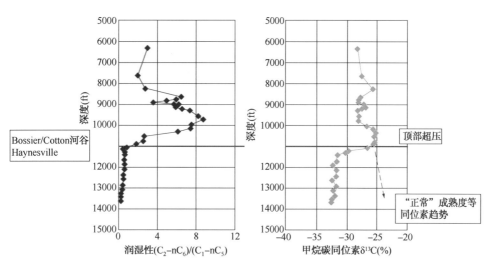

图 8.36　利用碳同位素分析发现页岩中的超压［据 Ferworn 等（2008）。许可使用］

本节几个讨论仅仅展示了在勘探中使用泥浆和顶空气体的许多例子中的几个。烃源岩油藏（8.3 节）在很大程度上依赖于干酪根本身的地球化学评价，也依赖于压力、流体相和其他许多标准。当今从事石油工作的地球科学家，如果对这一重要课题没有一些基本的认识，是无法生存下去的。我们鼓励读者利用已经引用的文献更深入地研究这个主题。

研发的用于理解烃源岩油藏的工具和技术正在对我们从事的油气勘探和生产的方式的范式产生真正的转变。在本书中，只能够涵盖非常基本的主题，读者可以从石油地球化学相关书籍中获得丰富的信息。

8.4　一些源岩油藏的筛选标准

每一个烃源岩成藏组合都有自己的特点，但都有一些共同点：

（1）优质烃源岩，且可继续生烃。

（2）成熟烃源岩，但不过成熟到生烃结束，或未成熟且不足以生烃。

（3）具有足够的脆性，能够进行水力压裂工作。

对一个盆地进行烃源岩筛选的最简单方法是在一个已经建产且产量丰富的盆地中进行。这些储存的油气来自于烃源岩，所以这是一个很好的起点。烃源岩中油气资源潜力是巨大的（EIA 2010，2011；Breyer，2012）。多年来，人们注意到，已经生成的资源中只发现了一小部分（<10%）的常规资源。剩下的 90% 要么通过运移流失和在地表渗漏，要么仍有待发现。其中大部分仍然封存在烃源岩中。

图 8.37 显示了理解页岩气的基础概念（Cornford，2010）。随着烃类的生成，它们要么吸附在干酪根颗粒上，要么吸附在孔隙系统中，一个称为扩散流（Javadpour，2008）的过程和

甲烷的解吸附作用释放了一些烃类。油气的生成会产生更高的孔隙压力和微裂缝,从而进一步使得油气能够通过纳米达西孔隙网络移动。如果存在较大的天然裂缝,则可以在不使用水平井的情况下开采天然气或石油。

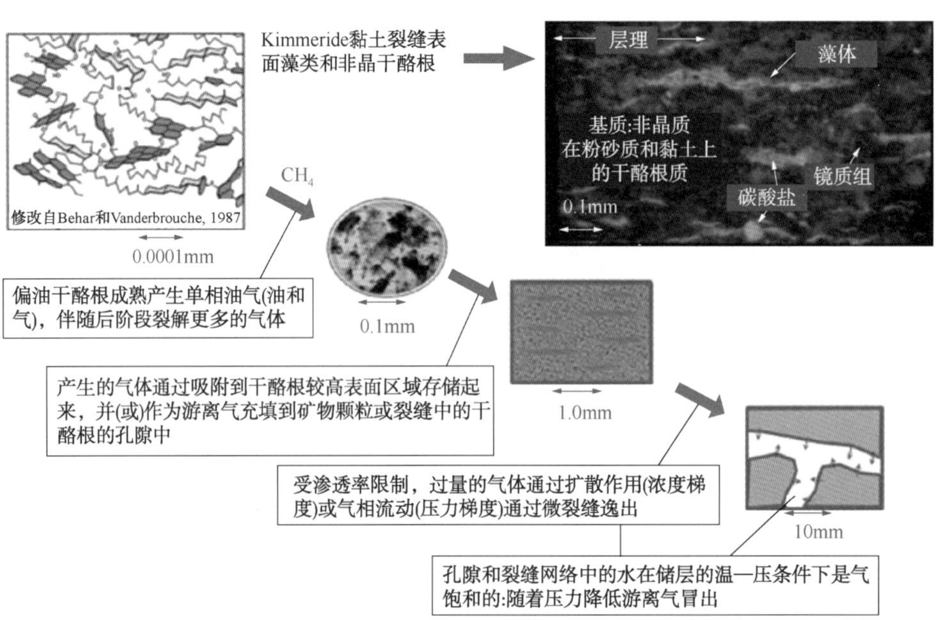

图 8.37 页岩气成因示意图。(幻灯片由英国 IGI 有限公司提供,经许可使用)

例如,美国一些最古老的油田,来自美国东部科罗拉多的裂缝性页岩地层。但是,水平钻井技术开启了这些非常致密但并不存在较大裂缝系统的页岩地层。

然而,源岩油藏可能很难做到细化。每一个源岩场都有一些共同的要素,但它们因相和时代的不同而变化。许多论文阐述了其细微的差异(Breyer,2012;Curtis,2002;Curtis 等,2008,2010;Hill 等,2008)。图 8.38 图示说明了许多烃源岩油藏的主要差异,尤其是在工程师们过度简化或低估有关页岩的地质观点的公司中,这些差异被视为"成套项目钻井"。当这种情况发生时,就可以确定趋势,锁定租约并开始钻探。通常情况下,这种钻探会导致许多令人失望的钻井出现。图 8.37 列出了理解源岩油藏所需要的一些筛选标准。图 8.37 所示的厚度、成熟度、吸附气体、TOC、GIP 的曲线图清楚地说明,每一个油藏都有一些不同。

页岩本身的力学特性是筛选最重要的标准之一。在美国,分析成功的油藏通常不仅需要有机质丰富的烃源岩,还需要大量的硅、碳酸盐或岩石碎片来提供脆性(Ottman 和 Bohacs,2014)。King(2010)对水力压裂与岩石类型和区域应力场的力学挑战进行了很好的综述。

例如,Bakken 页岩的早期开采石油的努力以失败告终,因为烃源岩本身非常有弹性,在石油开采后水力裂缝会迅速闭合。研究人员花了数年的时间才搞清楚,中 Bakken 粉砂岩应该是研究目标,该粉砂岩不是烃源岩,但含有来自周围页岩的石油。同样,Marcellus 地层的 Union Springs 组(Harper 和 Kostelnik,2013b;Lash 和 Engelder,2011;Drozd 和 Cole,

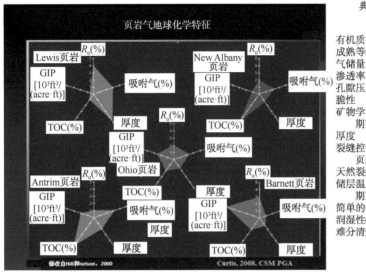

图 8.38　用于筛选页岩气藏的一些参数变量

［自 Curtis（2010）和 Schamel（2008），有修改。经 RMAG 和 AAPG 许可转载］

1994；Hardage 等，2013；Lash 和 Blood，2010；Smith 和 Leone，2010）或 Utica 页岩层的 Point Pleasant 组是水平井钻井的主要目标。筛选标准最好的总结之一是 Sondergeld 等（2010）的文章。

与常规储层一样，页岩也是需要孔隙度的。如果页岩的孔隙度太低，无法提供足够的油气储集空间和体积，那就没有意义了。

为了理解如何筛选和评价页岩层，最深入的研究是美国得克萨斯州密西西比 Barnett 页岩的研究。Montgomery 等（2005）的研究是很好的总结，他从源岩上下是否存在孔隙和脆性层、成熟度、水力裂缝输导层等角度概述了该油藏的主体。其他主要论文阐明了其他的筛选准则，如：EIA，2008；Hill 等，2007；Jarvie，2003；Jarvie 等，2007；Kinley 等，2008；Loucks 等，2009；Montgomery 等，2005；Pollastro，2007；Zhao，2007。

8.4.1　甜点

"甜点区"基本上是非常规油气藏中地质条件最好、产量最高和长期产量最好的区域。然而，在非常规页岩中寻找合适的钻探位置仍是一门不断发展的艺术。几篇论文涵盖了关键技术筛选标准（Brittenham，2010；Hoeve 等，2010；Ottman 和 Bohacs，2014；Sondergeld 等，2010；Wang 和 Gale，2009）。有许多可以绘图和定量筛选一些常见特征的属性存在于当前的大多数生产趋势中（Ottman 和 Bohacs，2014）：

（1）剩余有机质含量较高，成熟度一般为 R_o 大于 1%。

（2）脆性岩石，能承受压裂，硬度最好大于 50%。

（3）烃源岩和脆性带中残余的孔隙度。

（4）提高孔隙压力有助于提高采收率（通常与较高的成熟窗口相吻合）。

表 8.4 给出了更为全面的页岩关键筛选标准清单。

表 8.4 页岩成藏组合的一些关键筛选标准(由 Sondergeld 等,2010,有修改)

参　　数	预　期　结　果	数据来源和注释
含水饱和度(S_w)	<40%	测井分析或非常规页岩岩心。通常早期很难在获得。在页岩中,依靠电阻率作图通常可以很好地替代低含水饱和度图,并且可以在区域内作图
深度	最浅深度至干气窗或至页岩油成熟窗	油气系统建模与制图
裂缝	垂直和水平方向张开,而不是关闭	区域制图,钻孔突破,FMI 测井
气体组成及类型	低 CO_2 和 H_2S;热成因气;含气孔隙度>2%;高 API 重度的油层	钻井液测井、PVT 报告;油气系统模型,测井分析
页岩非均质性	越少越好	测井对比
构造复杂性	断层作用有限,倾向于简单斜坡倾角	绘图、地震、地层倾角测井
矿物学(脆性)	40%硅酸盐或碳酸盐,黏土含量低	XRD,SEM,岩心,测井
原始天然气地质储量(OGIP)(游离和吸附的)	>$100 \times 10^9 ft^3/mi^2$(或其他经济标准)。对油来说,这是一个合适的经济门槛值[通常原始地质储量(OIP)为 $30 \times 10^6 \sim 100 \times 10^6 bbl/mi^2$]	测井分析或生产剖面或油气系统建模
渗透率	>100mD	毛细管压力,核磁共振测井(计算)。通常很难获得
泊松比(测量应力作用下岩石如何变形)和杨氏模量(测量弹性和脆性)	泊松比<0.25;杨氏模量>$3.0 \times 10^6 psi$(绝)	基于岩心的纵波研究。通常很难获得数据,直到在一个成藏组合或远景区进行测井
压力	>0.5psi/ft	泥浆等压管,电阻率或声波压力测井,可能是钻井液密度。仅从钻井液密度很难估计
储层温度	>230℉(110℃)	DST 报告,测井,油气系统建模
封堵性	在目标层段上、下方有裂缝屏障	测井或岩心研究
显示	高气测显示或按趋势生产	钻井液测井和试井
热成熟度	干气 R_o>1.4;油藏 R_o>1.0	镜质组、TAI、SCI 或油气系统建模;电阻率绘图
厚度	>30m(随经济情况而异)。一些页岩层目标的是 3~10m 厚的脆性带。	
总有机碳(TOC)	>2%(预期的);如果原始 TOC 较高,且烃类仍滞留在孔隙中,那么虽然现今岩石热解值较低,组合仍起作用	岩石热解
润湿性	首选倾油型干酪根	特殊岩心分析;通常很难确定

注:早期最难评估的筛选标准用橙色标出。所有其他标准在油藏筛选中常规使用。

在一个典型的技术筛选中,构建上面列出的标准的图件,并相互叠合,以确定满足大多数有利标准的区域。如果做得好,这类风险图有很高的概率识别出"甜点"和最佳的继续进行深入研究的面积。图 8.39 展示一个例子。图中所示的甜点是优质区域,成熟度的 R_o 值大于 1.4,上 Barnett 水力裂缝障壁(Marble Falls 石灰岩)南缘以北高度分级。其他标准,如脆性和 OGIP 可以添加到这些筛选标准,以进一步细化。

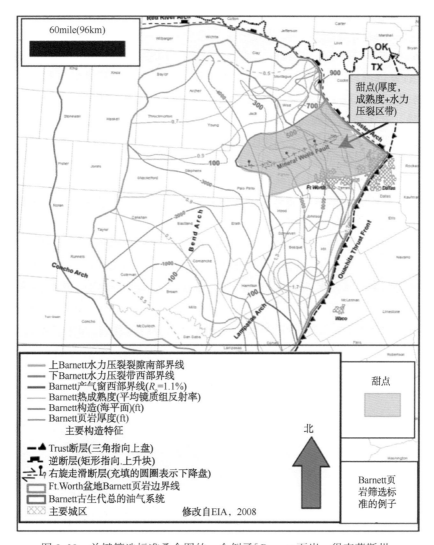

图 8.39　关键筛选标准叠合图的一个例子[Barnett 页岩，得克萨斯州。
资料来源：EIA(2008)]

与常规油藏一样，其他的筛选标准包括：

（1）现有的基础设施和大型租赁可用吗？尽管前景看好，但偏远盆地仍需要钻井和管道基础设施，才能启动页岩开发。

（2）税收制度有利吗？

（3）水源或其他压裂液的来源。

（4）当地社区是否支持钻井？

8.4.2　关于计算页岩油气体积的说明

由于传统的阿尔奇公式是针对可渗透砂岩而不是页岩和致密粉砂岩而建立的，所以对页岩中剩余的天然气或石油的体积计算仍然是一个不断发展的课题。尽管这个主题超出了本节的范围，但是网上有一些很好的论文和工具可以帮助确定页岩中的储量。然而，随着全球页岩岩心数据的不断收集和新技术的不断发展，这些技术也在不断地得到修改和提高。

前面讨论的 ΔlgR 技术仍然是储量分析的关键步骤，它可以识别富含有机质页岩中高孔隙度和高 TOC 含量区带。最好的分析方法是迭代法，即尝试使用油气系统建模软件对页岩中预测的剩余油气进行匹配，并将这些值与测井和生产数据的计算结果进行比较。在油气系统建模软件中当试图计算生成和保留的天然气或石油时，输入仍然是：

(1) 好的生油岩段的等厚图。

(2) 原始 TOC 含量和 *HI* 的等值线图。

(3) 良好的成熟度模型。

(4) 源岩动力学相关知识。

一旦这些数据输入模型中，就可以运行模型来测试生成和保留的量。使用测井派生技术对这些模型进行校准是另一个步骤。

Holmes 等(2012)和 Holmes 等(2009，2011)提出了一种将传统测井曲线与 ΔlgR 技术结合使用的好方法。Bowman(2010)提出了类似的技术。Cluff(2010)对页岩气计算有一个很好的概述。对于使用岩石热解数据以及初始 TOC 含量和 *HI* 值以及当前成熟度级别的快速观察，可以使用一个在线资源计算器(http：//www.zetaware.com/utilities/srp/index.html)。Downey 等(2011)利用岩石热解数据从 S_1 中估算页岩中的石油地质储量。该技术相对简单，并且假设 S_1 值提供了目前页岩孔隙系统中残余石油的近似值。新的工具(如核磁共振测井)不断得到改进和发展，试图更准确地定量化页岩中的油气。

最终，生产剖面提供了可采储量的最终答案，但往往很难在刚刚开始油藏研究之时就能够得到。

8.5　油—源对比

理解油气运移和圈闭背景下的显示数据库的一个关键测试是通过成熟度和分子组成来确定油气特征的相关性。在理想的情况下，对油藏中油样的地球化学分析可以得出与已知烃源岩明确相关的数据。随着成熟度和封闭性图件的绘制，就有可能测试从源到圈闭的垂向和横向运移模型。

对于新手来说，对油—源对比的一个很好的总结仍然是 Waples 和 Curiale(1999)的文献。我们并没有对这个主题进行全面的叙述，而是提供了一些基本原理以及在一些盆地和油藏中的实际应用的例子。Curiale(1994)、Dzou 和 Milkov(2011)、Mello 等(1988)、Milkov 等(2007)、Schoell(1983)以及 Schoell 等(1993)还介绍了一些例子和理论(表 8.5)。

表 8.5　用于油源对比的基本数据的类型(摘自 **Waples** 和 **Curiale**，1999)

数据类型	例　子	注释和用途
基本参数(体积组成)	硫、氮、镍、钒、微量元素；API 重度、蜡含量，倾点，黏度	用来比较类似的石油族。由于硫、API 重度、蜡含量等参数易受热成熟度变化的影响，应考虑成熟度
同位素(稳定同位素比较)	全油、提取物(沥青)、大块馏分或干酪根上的碳同位素；复合特定的同位素；硫和氢的同位素；正构烷烃和其他化合物的化合物特异性同位素分析(CSIA)	可用来作油源对比和识别相似的油族或烃源岩。氢同位素主要用于气体的分异。在某些情况下，可以根据源岩的特定年龄或环境进行分类

数 据 类 型	例　子	注释和用途
分子(油或烃源岩萃取物中特定分子的相对丰度)	气相色谱法(GC)； 气相色谱/质谱联用(GCMS 或 GCMS-ms)； 热解气相色谱(Py-GC)； 高效液相色谱法	在烃源岩和原油之间提供最佳的对比，着重于对特定烃源岩具有判定意义的特征(通常是比值)

8.5.1　油—源对比的应用实例

最简单的筛选标准通常是对已发表的油田或油井数据中可用元素进行分析。API 重度、蜡含量、气油比、硫含量等参数的筛选应在图件视图、交会图、剖面图上进行。

如，Trinity 软件有一个叫做"热点"的工具，它可以快速可视化和交会绘制任何具有位置和深度的空间数据。图 8.40 显示了来自巴西近海的一个示例，该示例显示了来自商业油气田数据库的不同深度的 API 重度值。在这种情况下，根据油气成熟期窗口，新近—古近系中一些较高 API 重度的油必然已经在垂直方向上运移了相当长的距离(尽管生物降解和相分馏显著改变了 API 重度)。对封堵图和其他显示数据库进一步研究表明可能最终能够预测运移路径。这种大批量组合数据也有助于验证成熟模式。在图 8.40 中，大陆架的油气窗口与采收自油田的 API 重度值吻合较好，说明是存在局部烃源岩和近程运移。

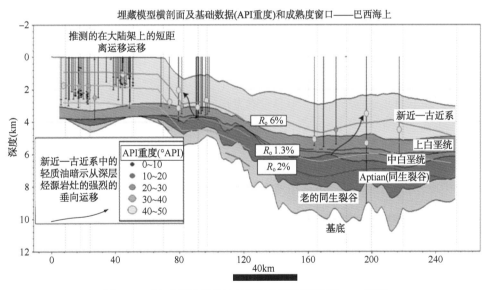

图 8.40　巴西近海商业油气田数据库不同深度 API 重度
(竖线是井。符号大小和颜色随 API 重度的范围而变化)

同位素资料的使用通常是了解成熟和沉积环境的常用方法。在图 8.41 中，显示了来自埃塞俄比亚 Ogaden 盆地的源岩和油的地化萃取物数据。尽管成熟度存在差异，但从沉积的角度看，甾烷图显示烃源岩以河口或混合海相源岩为主。这些信息对于修改古地理图和评价烃源岩的存在、类型和成熟度非常有用。

8.5.1.1　尼罗河三角洲，埃及

另一种利用 GC-MS 数据将源与油联系起来的方法如图 8.42 所示(Dolson 等，2014)。

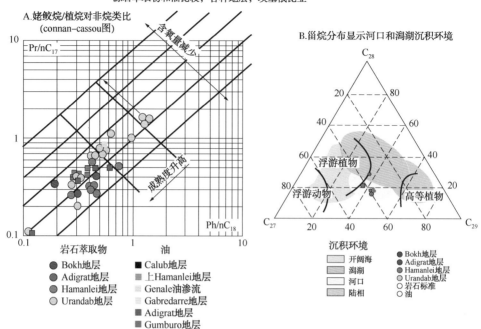

图 8.41　利用烷烃和甾烷数据确定油品和提取物的成熟程度及烃源岩沉积环境

(图 A 使用 GC 分析的数据，图 B 使用 GC-MS 的数据)

几十年来，人们一直认为尼罗河三角洲的石油和天然气来源于中新统的 Qantara 组页岩。然而，更深层的油气显示，在渐新统和更老的地层中，还可能发现额外的、未开发的烃源岩。尽管有数千口陆上油井穿过渐新统，但是没有发现任何烃源岩。

　　然而，随着 2008 年在大型 Satis 油田深部渐新统油气藏的发现，最终证实了渐新统烃源岩对尼罗河三角洲地区许多油气田的贡献。图 8.42 所示的姥-植比与三环萜烷的对比数据表明，东尼罗河三角洲的流体与 Satis 油田岩心的 Rupelian(渐新统)提取物非常吻合。有趣的是，西尼罗河三角洲的流体来源不能用这个图来解释，尽管 Chattian 时代的提取物表明是有效的烃源岩，但是还没有找到来自它们的流体。这些信息对该地区深层产层和含油气系统的勘探具有重要意义。

8.5.1.2　Barmer 盆地，印度

　　凯恩印度公司系统地收集了印度 Barmer 盆地大量的岩石和石油数据。Dolson 等(2015 和 Farrimond 等(2015)对该盆地及其油气地球化学进行了深入研究。根据饱和烃和芳烃馏分的稳定碳同位素组成对石油族进行了划分和总结(图 8.43)。虽然很难作出精确的油源对比，但可以从与油源相匹配的成熟参数以及已知烃源岩的油源空间分布来推断每个油族的起源。

　　在盆地的一条区域横剖面上，将不同石油族绘制在埋藏模型线上(图 8.44)，这有助于推测运移路径、封闭性和未知的深层潜力。1A 组和 1B 组油类与富有机质 Barmer Hill 烃源岩(始新世)密切相关，主要赋存于盆地北部。第二组油族为上始新统 Thumbli 组和 Dharvi Dungar 组，位于南部的 Dharvi Dungar 组页岩热成熟度高，偏油。第 3 组的油并没有被明确地归类为任何已知的来源，很可能来自中生代较深的烃源岩，只是最近才证实盆地中存在烃源岩。

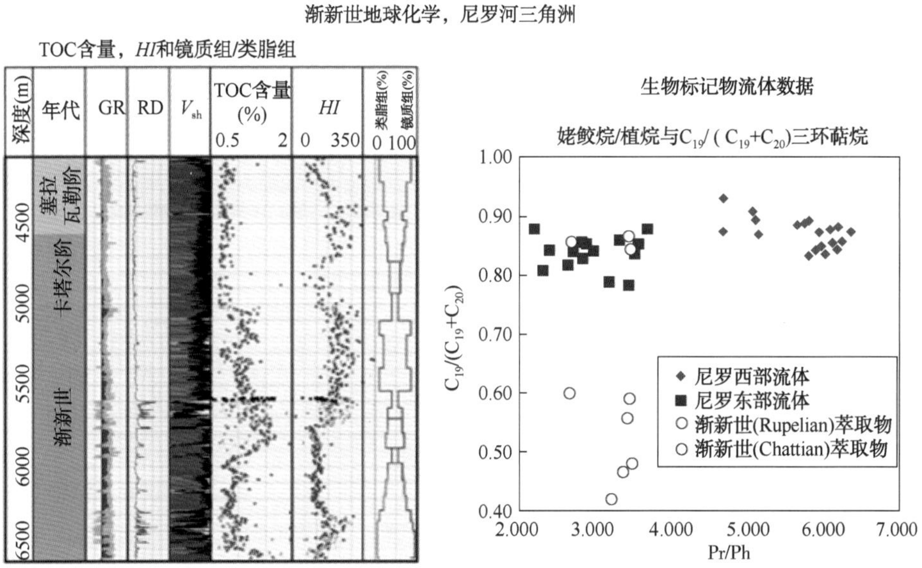

渐新世地球化学，尼罗河三角洲

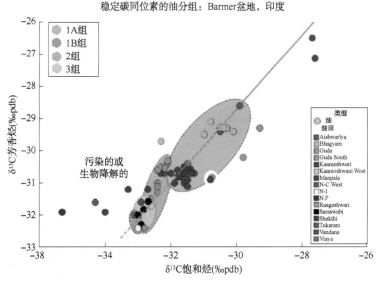

图 8.42　油源对比证明了尼罗河三角洲渐新统烃源岩有一定的潜力。

据 Dolson 等(2014)。经过 AAPG 的许可重新印刷，进一步使用需要 AAPG 的进一步许可

图 8.43　油分族[Barmer 盆地，印度。额外的分子数据被用来定义这些油类。

据 Farrimond 等(2015)。经伦敦地质学会允许再版]

在构造和地层剖面上简单地观察石油类型就足以提出有关运移和圈闭的关键问题。若能将盆地深部的异常油类型转化为新的烃源岩和油气系统，则可能具有更大的勘探潜力。

8.5.2　油—源对比的运移建模：来自蒙大拿州 Cutbank 油田的实例

使用 GC-MS 数据将油–源对比的一个很好例子是 Dolson 等(1993)的研究。在该研究中，来自岩心和油层的 GC-MS 数据使人们认识到巨大的 Cutbank 油田的油气源自泥盆系(图 8.45)。

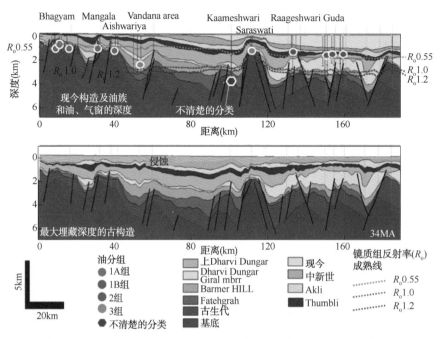

图 8.44　Barmer 盆地埋藏模型剖面[图 8.43 所示为石油分类。底部为 34Ma 的古构造,顶部为现今构造形态(Farrimond 等,2015)。在盆地南部局部第三组原油由 Dharvi Dungar 组地层采出。盆地北部的 1A 组和 1B 组石油来源于 Barmer 山组。第三组油源未知,但可能来自中生代。经 EAGE 许可转载]

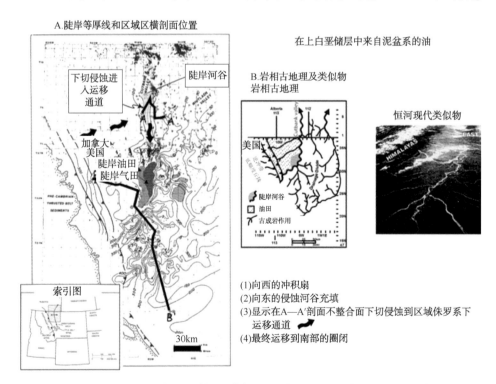

图 8.45　Cutbank 油田的位置和关键的横截面以及标注的运移路径[据 Dolson 等(1993)以及 Dolson 和 Piombino(1994),有修改。经 RMAG 允许重印]

　　该油田是在 Sweetgrass Arch 侧翼白垩系下段河流相储层中发育的一个巨大的下切河谷充填圈闭。穿过下切河谷的近东西向横截面 A—A′(图 8.46)表明，加拿大河谷网络的切口穿过侏罗系页岩，进入密西西比太阳河白云岩中的区域白云岩化灰岩。在侏罗系页岩封闭性的太阳河白云岩上部，几乎每一口井中都存在油斑和残余显示，表明这是一条主要的油气运移通道(图 8.47)。

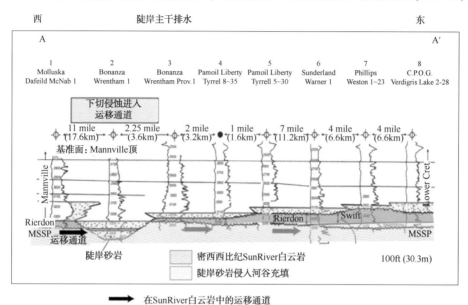

图 8.46　A—A′横截面图显示了密西西比太阳河白云岩的油气运移路径[据 Dolson 等(1993)，有修改。
经 RMAG 允许重印。在南部，B—B′剖面(图 8.47)显示，不整合面上的切口较浅，
没有斜向伸入太阳河白云岩的运移通道]

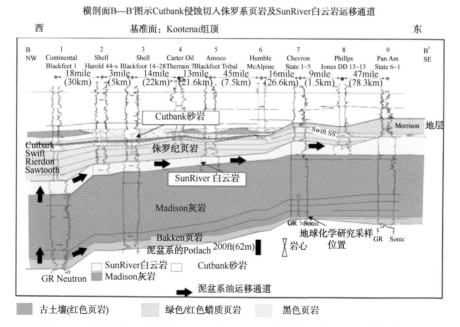

图 8.47　横截面 B—B′[据 Dolson 等(1993)，有修改。经 RMAG 允许重印]

在太阳河白云岩中发现的这些油气显示最初被认为是上覆侏罗系 Rierdon 组的黑色页岩，但烃源岩分析表明，这些页岩在该地区任何地方都不是有效的烃源岩。然而，在研究深层泥盆系 Bakken/Exshaw 页岩的油气潜力时，发现了一颗关键岩心，并从岩心中提取了岩心的萃取物，同时还从其他井中提取了从泥盆系到下白垩统储层的不同级别的萃取物。

结果如图 8.48 所示。从这些数据中，几乎可以肯定 Bakken 页岩在逆冲带附近的西部地区产生了油气。这些油垂向运移到太阳河白云岩中，然后横向运移到侏罗系页岩之下。沿太阳河地层运移通道沿线的圈闭也具有泥盆系油气藏特征。运移路线最终在 Cutbank 油田东部的 Kevin-Sunburst 穹隆构造(密西西比阶)处停止。

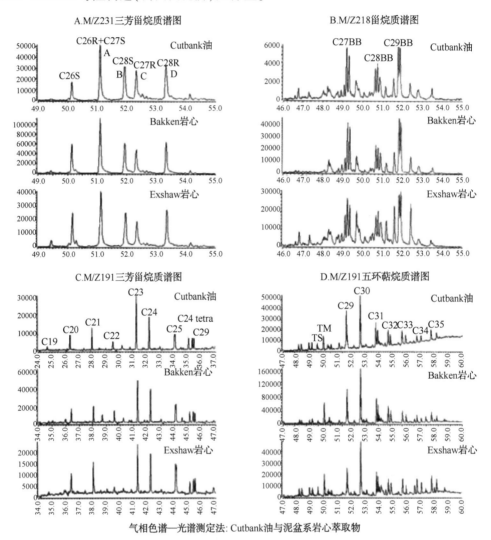

气相色谱—光谱测定法: Cutbank油与泥盆系岩心萃取物

图 8.48 泥盆系页岩萃取物与下白垩统 Cutbank 储层内油的 GCMS 质谱分析图
[据 Dolson 等，1993)。经 RMAG 允许重印]

Cutbank 河谷网络与太阳河运移路径唯一相交的点是在加拿大北部，如图 8.45 所示，位于油田以北 50km 处。此外，成熟的 Bakken 页岩仅存在于向西约 50km 处的冲断带边缘附近。因此，Cutbank 油田的运移和充注需要大量的垂向和侧向运移。

在拥有类似"管道系统"的边境地区，很难预测这种圈闭和充注的情况。这个油田是1926 年用钻井发现的，当时正在寻找 Kevin-Sunburst 穹隆构造的下倾延伸位置。这在当时是一个惊喜，在今天几乎肯定也是一个惊喜。

8.6 总 结

对石油地球化学知识的运用现在是任何勘探家或开发地质学家必备的基本技能。地球化学家掌握的工具提供了关于运移和捕获的额外有力的线索。如果不牢固掌握本章所述及的基本原理，就不可能成功地评价或参与非常规页岩的开发。非常规页岩勘探技术、地球化学技术、测井技术和岩石属性分析技术是一门快速发展的科学。即使是采用常规勘探方法，将地球化学数据纳入勘探远景和油气成藏研究也能显著降低风险，突出新的勘探潜力。

当今任何一个有影响的勘探家都不能忽视烃源岩、油气地球化学知识所能提供的重要贡献。量化和可视化这些数据的工具越来越复杂，已经成为任何勘探计划的常规部分内容。

参 考 文 献

Beaumont EA,Foster NH(eds)(1999) Exploring for oil and gas traps:treatise of petroleum geology,handbook of petroleum geology.American Association of Petroleum Geologists,Tulsa,Oklahoma,p 1162

Beek PVD,Mbede E,Andriessen P(1998) Denudation history of the Malawi and Rukwa Rift flanks(East African Rift System) from apatite fission track thermochronology.J Afr Earth Sci 26:363-385

Behar F,Vandenbroucke M(1987) Chemical modelling of kerogens.Org Geochem 11:15-24

Belton DX,Raab MJ(2010) Cretaceous reactivation and intensified erosion in the Archean-Proterozoic Limpopo Belt,demonstrated by apatite fission track thermochronology.Tectonophysics 480:99-108

Berner U,Faber E(1988) Maturity related mixing model for methane,ethane and propane,based on carbon isotopes.Org Geochem 13:67-72

Berner U,Faber E(1996) Empirical carbon isotope/maturity relationships for gases from algal kerogens and terrigenous organic matter,based on dry,open-system pyrolysis.Org Geochem 24:947-955

BGI(2013) Toolbox,Bureau Gravimetrique International,EGM2008 maps,Observatoire Midi-Pyrénées 14,Avenue Edouard Belin 31401 Toulouse Cedex 9,France,Bureau Gravimétrique International/International Gravimetric Bureau

Bowman T(2010) Direct method for determining organic shale potential from porosity and resistivity logs to identify possible resource plays,AAPG Annual Convention,New Orleans,Louisiana,AAPG Search and Discovery Article #110128,p.34

Breyer JA(ed)(2012) Shale reservoirs:giant resources for the 21st century,v.Memoir 97.American Association of Petroleum Geologists,Oklhamona,p 451

Brittenham MD(2010) Unconventional discovery thinking in resource plays:Haynesville trend,North Louisiana,AAPG Annual Convention,New Orleans,Louisiana,AAPG Search and Discovery Article #110136

Clayton C(1991) Carbon isotope fractionzatin during natural gas generation from kerogen.Mar Pet Geol 8:232-240

Cluff B(2010) Log evaluation of gas shales:a 35-year perspective,Monthly meeting,The Denver Well Logging Society,Denver,Colorado,Society of Petrophysicists and Well Log Analysts

Coleman DD(1992) The use of geochemical fingerprinting to identify migrated gas at the Epps Underground Gas Storage Field:Society of Petroleum Engineers,v.Paper No.24926,p.725-734

Corcoran DV, Dore AG(2005) A review of techniques for the estimation of magnitude and timing of exhumation in offshore basins. Earth Sci Rev 72:129-168

Cornford C (2010) Petroleum geochemical aspects of shale gas exploration. Integrated Geochemical Interpretation (IGI), Bideford

Cornford C(2015) Correcting TOC using an empirical calculations. In:http://www.igiltd.com/ig.NET%20Sample%20Pages/254.html, ed., United Kingdom, Integrated Geochemical Interpretation(IGI Ltd.)

Cornford C, Burgess C, Gliddon T, Kelly R(2001) Geochemical truths in large data sets—Ⅱ:Risking petroleum systems. 20th International Meeting on Organic Geochemistry, p.322-323

Corrigan JD(1991) Inversion of apatite fission track data for thermal history information. J Geophys Res 96:10,347-10,260

Corrigan JD(1993) Apatite fission-track analysis of Oligocene strata in South Texas, U.S.A.:Testing annealing models. Chem Geol 104:227-249

Curiale JA(1994) Correlation of oils and source rocks-a conceptual and historical perspective. In:Dow WG, Magoon LB(eds) The petroleum system-from source to trap, v. Memoir 60. American Association of Petroleum Geologists, Tulsa, Oklahoma, pp 251-260

Curtis JB(2002) Fractured shale-gas systems. Am Assoc Pet Geol Bull 86:1921-1938

Curtis JB(2010) U.S. Shale Gas:from resources and reserves to carbon isotope anomalies. In:Agency PG(ed) Energy seminar, Stanford University, golden. Colorado School of Mines, Colorado, p 41

Curtis JB, Hill DG, Lillis PG(2008) Realities of shale gas resources:yesterday, today and tomorrow:NAPE

DCNR(2014) Thermal maturation and petroleum generation, Pennsylvania Department of conservation and Natural Resources(DCNR). http://www.dcnr.state.pa.us/topogeo/econresource/oilandgas/marcellus/sourcerock_index/sourcerockmaturation/index.htm, p.1.

Dolson JC, Piombino JT(1994) Giant proximal foreland basin non-marine wedge trap:Lower Cretaceous Cutbank Sandstone, Montana. In:Dolson JC, Hendricks ML, Wescott WA(eds) Unconformity-Related Hydrocarbons in Sedimentary Sequences. The Rocky Mountain Association of Geologists, Denver, Colorado, pp 135-148

Dolson JC, Piombino J, Franklin M, Harwood R(1993) Devonian oil in Mississippian and Mesozoic reservoirs--unconformity controls on migration and accumulation, Sweetgrass Arch, Montana. Mountain Geol 30:125-146

Dolson JC, Atta M, Blanchard D, Sehim A, Villinski J, Loutit T, Romine K(2014) Egypt's future petroleum resources:A revised look in the 21st Century. In:Marlow L, Kendall C, Yose L(eds) Petroleum Systems of the tethyan region, v. Memoir 106. American Association of Petroleum Geologists, Tulsa, Oklahoma, pp 143-178

Dolson J, Burley SD, Sunder VR, Kothari V, Naidu B, Whiteley NP, Farrimond P, Taylor A, Direen N, Ananthakrishnan B(2015) The discovery of the Barmer Basin, Rajasthan, India, and its petroleum Geology. Am Assoc Pet Geol Bull 99:433-465

Downey MW, Garvin J, Lagomarsina RC, Nicklin DF(2011) Quick look determination of oil-in-place oil shale resource plays, AAPG Annual Convention and Exhibition, Houston, Texas, AAPG Search and Discovery Article #40764

Drozd RJ, Cole GA(1994) Point Pleasant-Brassfield(!) petroleum system, Appalachian Basin, USA. In:Magoon LG, Dows WG(eds) The petroleum system-from source to trap:Tulsa. American Association of Petroleum Geologists, Oklahoma, pp 387-398

Dzou L, Milkov AV(2011) Advanced interpretations of stable isotopic composition of gases in working petroleum systems, AAPG Hedberg Conference. Natural gas geochemistry:Recent developments, applications, and technologies, Beijing, China, AAPG Search and Discovery Article #90134, p.2

EIA(2007) US Coalbed methane:past, present and future. Energy Information Administration Office of Oil and Gas,

Washington,p 1

EIA(2008) Barnett Shale,Ft.Worth Basin,Texas.Wells by year of first production and orientation.Energy Information Administration Office of Oil and Gas,Washington,p 1

EIA(2009) Marcellus shale gas play,Appalachian Basin Washington,USA.Energy Information Administration Office of Oil and Gas,p.1

EIA(2010) Shale gas plays,Lower 48 states.Energy Information Administration Office of Oil and Gas,Washington,p 1

EIA(2011) World shale gas resources:An initial assessment of 14 regions outside the United States Washington,USA.Energy Information Administration Office of Oil and Gas,p.365

Engelder T,Lash GG,Uzcategui RS(2009) Joint sets that enhance production from Middle and Upper Devonian gas shale of the Appalachian Basin.Am Assoc Pet Geol Bull 93:857-889

Faber E(1987) Zur isotopengeochemie gasformiger Kohlen wasserstoffe.Erdol Erdgas Kohle 103:210-218

Farrimond P,Naidu BS,Burley SD,Dolson J,Whiteley N,Kothari V(2015) Geochemical characterization of oils and their source rocks in the Barmer Basin.Petroleum Geoscience,Rajasthan,India,p 22

Farris M(2001) Sedimentological and reservoir quality correlations of the Cretaceous Lower Bahariya,Qarun Field:,Proprietary project 99177 for Apache Corporation,Badley Ashton and Associates Ltd.

Ferworn K,Zumberge J,Reed J,Brown S(2008) Gas character anomalies found in highly productive shale gas wells,http://www.papgrocks.org/ferwornp.pdf,p.26

Geizery ME,Moula IA,Aziz SA,Helmy M(1998) Qarun field geological model and reservoir characterization:a successful case from the Western Desert.In:Eloui M(ed) Proceedings of the 14th Petroleum Conference,1.The Egyptian General Petroleum Corporation,Cairo,Egypt,pp 279-297

Gosnold W(2011a) Global heat flow database.International Union of Geodesy and Geophysics,p.77

Gosnold W(2011b) Heat flow and radioactivity.Geoneutrino Workshop,Deadwood,South Dakota.University of North Dakota,p.68

Green PF(1988) The relationship between track shortening and fission track age reduction in apatite:combined influences of inherent instability,annealing anisotropy,length bias and system calibration.Earth Planet Sci Lett 89:335-352

Green PF,Duddy IR,Laslett GM,Hegarty KA,Gleadow AJW,Lovering JF(1980) Thermal annealing of fission tracks in apatitie:4.Quantitative modelling techniques and extension to geological timescales.Chem Geol(Isotope Geoscience Section) 79:155-182

Green PF,Duddy IR,Gleadow AJW,Tintgate PR,Laslett GM(1986) Thermal annealing of fission tracks in apatite:1.A qualitative description.Chem Geol(Isotope Geoscience Section) 59:237-253

Green PF,Duddy IR,Gleadow AJW,Laslett GM(1988) Can fission track annealing in apatite be described by first-order kinetics? Earth Planet Sci Lett 87:216-228

Gretener PE(1981) 2:Fundamental terms and concepts,CN17:geothermics:using temperature in hydrocarbon exploration(course notes),v.CN17.American Association of Petroleum Geologists,Tulsa,Oklahoma,pp 2-14

Hardage BA,Alkin E,Backus MM,DeAngelo MV,Sava D,Wagner D,Graebner RJ(2013) Evaluation of fracture systems and stress fields within the Marcellus Shale and Utica Shale and characterization of associated water-disposal reservoirs:Appalachian Basin,Research Partnership to Secure Energy for America.Bureau of Economic Geology,Austin Texas,p 261

Harper JA,Kostelnik J(2013a) The Marcellus shale play in Pennsylvania part 4:drilling and completion,geological survey.Department of Conservation and Natural Resources,Middletown,Pennsylvania,p 18

Harper JA, Kostelnik J (2013a) The Marcellus shale play in Pennsylvania, geological survey. Middletown,

Pennsylvania: Pennsylvania Department of Conservation and Natural Resources

Harper JA, Kostelnik J(2013b) The Marcellus Shale Play in Pennsylvania part 2: Basic Geology Geological Survey. Middletown, Pennsylvania, Pennsylvania Department of Conservation and Natural Resources, p.21

Haworth JH, Sellens M, Whittaker A(1985) Interpretation of hydrocarbon shows using light(C_1-C_5) hydrocarbon gases from mud-log data. Am Assoc Pet Geol Bull 69:1305-1310

He Z(2014) Practical thermal history modeling, *in* Zetaware, ed. Tutorial-Genesis and Trinity modeling software, Houston, Texas, p 36

He Z(2015) ZetaWare, Inc.—Source Rock Potential Calculator. http://www.zetaware.com/utilities/srp/index.html, Houston, Texas, Zetaware, Inc

He Z, Crews SG, Corrigan J(2007) Rifting and heat flow: why the McKenzie model is only part of the story. AAPG Hedberg Conference, The Hague, The Netherlands, p.16

Hill RJ, Zhang E, Katz BJ, Tang Y(2007) Modeling of gas generation from the Barnett Shale, Fort Worth Basin, Texas. Am Assoc Pet Geol Bull 91:501-521

Hill DG, Lillis PG, Curtis JB(eds)(2008) Gas shale in the rocky mountains and beyond: 2008 guidebook: Denver. Rocky Mountain Association of Geologists, Colorado, 373 p

Hoeve MV, Meyer SC, Preusser J, Makowitz A(2010) Basin-wide delineation of gas shale 'sweet spots' using density and neutron logs: Implications for qualitative and quantitative assessment of gas shale resources, AAPG/SEC/SPE/SPWLA Hedbert conference "critical assessment of shale resource plays". American Association of Petroleum Geologists, Austin, Texas, p 3

Holmes M, Holmes D, Holmes A(2009) Relationship between porosity and water saturation: Methodology to distinguish mobile from capillary bound water. AAPG Annual Convention, Denver, Colorado, AAPG Search and Discovery Article #110108, p.27

Holmes M, Holmes D, Holmes A(2011) A petrophysical model to estimate free gas in organic shales. Annual Conference and Exhibition, Houston, Texas, AAPG Search and Discovery Article #40781

Holmes M, Holmes A, Holmes D(2012) A petrophysical model for shale reservoirs to distinguish macro porosity, mirco porosity and TOC. Annual Conference and Exhibition, Long Beach, California, AAPG and Digital Formation Analysis

James AT(1983) Correlation of natural gas by use of carbon isotopic distribution between hydrocarbon components. Am Assoc Pet Geol Bull 67:1176-1191

James AT(1990) Correlation of reservoired gases using the carbon isotopic compositions of wet gas components. Am Assoc Pet Geol Bull 74:1441-1458

James AT, Burns BJ(1984) Microbial alteration of subsurfce natural gas accumulations. Am Assoc Pet Geol Bull 68:957-960

Jarvie D(2003) The Barnett Shale as a model for unconventional shale gas exploration, Humble Geochemical Service. Humble Instruments and Services, Inc., p.91.

Jarvie DM, Hill RJ, Ruble TE, Pollastro RM(2007) Unconventional shale-gas systems: The Mississippian Barnett Shale of north-central Texas as one model for thermogenic shale-gas assessment. Am Assoc Pet Geol Bull 91:475-499

Javadpour F(2008) Nanopores and apparent permeability of gas flow in mudrocks(shales and siltstones). J Can Petrol Geol 48:1-21

Jones AG, Craven JA(1990) The North American central plains conductivity anomaly and its correlation with gravity, magnetic, seismic, and heat flow data in Saskatchewan, Canada. Phys Earth Planet In 60:169-194

King GE(2010) Thirty years of gas shale fracturing: what have we learned? SPE Annual Technical Conference and

Exhibition, Florence, Italy, Society of Petroleum Engineers, p.50

Kinley TJ, Cook LW, Breyer JA, Jarvie DM, Busbey AB (2008) Hydrocarbon potential of the Barnett Shale (Mississippian), Delaware Basin, west Texas and southeastern New Mexico. Am Assoc Pet Geol Bull 92:967-991

Kolb B, Ettre LS (2006) Static headspace-Gas chromatography: theory and practice. Wiley-Interscience, Hoboken, p 335

Lash GG, Blood R (2010) Sequence stratigraphy and its bearing on reservoir characteristics of shale successions-examples from the Appalachian Basin, AAPG Eastern Section Meeting, Kalamazoo, Michigan, AAPG Search and Discovery Article #50289, p.66

Lash GG, Engelder T (2011) Thickness trends and sequence stratigraphy of the Middle Devonian Marcellus Formation, Appalachian Basin: Implications for Acadian foreland basin evolution. Am Assoc Pet Geol Bull 95:61-103

Law C (1999) Evaluating source rocks. In: Foster N, Beaumont EA (eds) Treatise of the handbook of petroleum geology. American Association of Petroleum Geologists, Tulsa, Oklahoma, pp 6-1-6-41

Lopatin NV (1971) Temperature and geologic time as factors in coalification. Akad Nauk SSSR IzvSerGeol (in Russian) 3:95-106

Loucks RG, Reed RM, Ruppel SC, Jarvie DM (2009) Morphology, genesis and distribution of nanometer-scale pores in siliceous mudstones of the Mississippian Barnett Shale. J Sediment Res 79:848-861

Luft FF, Luft JL, Chemale F Jr, Lelarge MLMV, Avila JN (2005) Post-Gondwana break-up record constraints from apatite fission track thermochronology inNWNamibia. Radiat Meas 39:116

Magoon LB, Dow WG (eds) (1994) The Petroleum system--from source to trap: AAPG memoir 60. American Association of Petroleum Geologists, Tulsa, Oklahoma, p 655

McKenzie D (1978) Some remarks on the development of sedimentary basins. Earth Planet Sci Lett 40:25-32MathSciNet

Meissner FF (1978) Petroleum Geology of the Bakken Formation, Williston basin, North Dakota and Montana: The economic geology of the Williston basin. Proceedings of the Montana Geological Society, 24th Annual Conference, p.207-227

Mello MR, Gaglianone PC, Brassell SC, Maxwell JR (1988) Geochemical and biological marker assessment of depositional environments using Brazilian offshore oils. Mar Pet Geol 5:205-223

Milkov AV, Goebel E, Dzou L, Fisher DA, Kutch A, McCaslin N, Bergman DF (2007) Compartmentalization and time-lapse geochemical reservoir surveillance of the Horn Mountain oil field, deep water Gulf of Mexico. Am Assoc Pet Geol Bull 91:847-876

Montgomery SL, Jarview DM, Bowker KA, Pollastro RM (2005) Mississippian Barnett shale, Fort Worth Basin, north-central Texas: Gas shale play with multi-trillion cubic foot potential. Am Assoc Pet Geol Bull 89:155-175

Naidu BN, Kothari V, Whiteley NJ, Guttormsen J, Burley S (2012) Calibrated basin modelling to understand hydrocarbon distribution in Barmer Basin, India. AAPG International Conference and Exhibition, Singapore, AAPG Search and Discovery Article #10448

Naidu BS, Burley SD, Dolson J, Farrimond P, Sunder VR, Kothari V, Mohapatra P, Whiteley N (in press) Hydrocarbon generation and migration modelling in the Barmer Basin of western Rajasthan, India: lessons for exploration in rift basins with late stage inversion, uplift and tilting, Petroleum System Case Studies, v. Memoir 112. Tulsa, Oklahoma: American Association of Petroleum Geologists

Nemec MC (1996) Qarun Oil Field, Western Desert, Egypt. In: Youssef M (ed) Proceedings of the 13th Petroleum Conference. v.1. Cairo, Egypt: The Egyptian General Petroleum Corporation, p.193-202

Nordeng SH, LeFever JA (2009) Organic geochemical patterns in the Bakken source system (poster), North Dakota.

North Dakota Geological Survey,p.1 poster

Ottman J,Bohacs K(2014) Conventional reservoirs hold keys to the 'Un's':AAPG Explorer,p.2

Passey QR,Creaney S,Kulla JB,Moretti FJ,Stroud JD(1990) A practical model for organic richness from porosity and resistivity logs.Am Assoc Pet Geol Bull 74:1777-1794

Pepper AS,Corvi PJ(1995a) Simple kinetic models of petroleum formation—Part I,Oil and gas generation from kerogen.Mar Pet Geol 12:477-496

Pepper AS,Corvi PJ(1995b) Simple kinetic models of petroleum formation—Part III:Modeling an open system.Mar Pet Geol 12:417-452

Pepper AS,Dodd TA(1995) Simple kinetic models of petroleum formation—Part II,oil-gas cracking.Mar Pet Geol 12:321-340

Peters KE,Nelson PH(2009) Criteria to determine borehole formation temperatures for calibration of basin and petroleum systems models.AAPG Annual Conference and Exhibition,Denver,Colorado,AAPG Search and Discovery Article #40463(2009),p.27

Pollack HN,Hurter SJ,Johnson JR(1993) Heat flow from the Earth's interior:analysis of the global data set.Rev Geophys 31:231-245

Pollastro RM(2007) Total petroleum system assessment of undiscovered resources in the giant Barnett Shale continuous(unconventional) gas accumulation,Fort Worth Basin,Texas.Am Assoc Pet Geol Bull 91:551-578

Price LC,Dawas T,Pawlewics M(1986) Organic metamorphism in the lower missippian-upper Devonian bakken shales:part 1:rock eval pyrolysis and vitrinite reflectance.J Pet Geol 9:125-162

Prinzhofer AA,Huc AY(1995) Genetic and post-genetic molecular and isotopic fractionations in natural gases.Chem Geol 126:281-290

Raab MJ,Brown RW,Gallagher K,Carter A,Weber K(2002) Late Cretaceous reactivation of major crustal shear zones in northern Namibia:constraints from apatite fission track analysis.Tectonophysics 349:75-92

Railsback LB(2015) Petroleum Geoscience and Subsurface Geology:heat flow chart.http://www.gly.uga.edu/railsback/PGSG/ThermalCond&Geothermal01.pdf,Athens,Georgia,University of Georgia

Rooney MA,Claypool GE,Chung HM(1995) Modeling thermogenic gas generation using carbon isotope ratios of natural gas hydrocarbons.Chem Geol 126:219-232

Schamel SC(2008) Potential shale gas resources in Utah.In:Hill DG,Lillis PG,Curtis JB(eds) 2008 Guidebook. Rocky Mountain Association of Geologists,Denver,Colorado,pp 119-161

Schoell M(1983) Genetic characterization of natural gases.Am Assoc Pet Geol Bull 67:2225-2238

Schoell M,Jenden PD,Beeunas MA,Coleman DD(1993) Isotope analysis of gases in the gas field and gas storage operations.Society of Petroleum Engineers,v.SPE Paper No.26171,p.337-344

Smith LB,Leone J(2010) Integrated characterization of Utica and Marcellus Black Shale gas plays,New York State. AAPG Annual Convention and Exhibition,New Orleans,Louisiana,AAPG Search and Discovery Article #50289, p.36

Sondergeld CH,Newsham KE,Comisky JT,Rice MC,Rai CS(2010) Petrophysical considerations in evaluating and producing shale gas resources.Soc Petrol Eng SPE 131768:1-34

Talukdar SC(2009) Application of geochemistry for shale gas assessment.Baseline Resolution,Weatherford Labs

UTEP(2015) Gravity and magnetic extract utility,pan American center for earth and environmental studies(PACES). http://irpsrvgis08.utep.edu/viewers/Flex/GravityMagnetic/GravityMagnetic_CyberShare/,University of Texas at El Paso

Wang FP,Gale JFW(2009) Screening criteria for shale-gas systems.Gulf Coast Assoc Geol Soc 59:779-793

Waples DW(1980) Time and temperature in petroleum formation:Application of Lopatin's method to petroleum exploration.Am Assoc Pet Geol Bull 64:916-926

Waples DW,Curiale JA(1999) Oil-oil and oi-source rock correlation.In:Foster N,Beaumont EA(eds) Treatise of the handbook of petroleum geology.American Association of Petroleum Geologists,Tulsa,Oklahoma,pp 8-1-8-71

Wescott WA,Atta M,Blanchard DC,Cole RM,Georgeson ST,Miller DA,O'Hayer WW,Wilson AD,Dolson JC, Sehim A (2011) Jurassic rift architecture in the northeastern Western Desert, Egypt, AAPG International Conference and Exhibition,Milan,Italy,AAPG Search and Discovery Article No.10379

Whiticar MJ(1994) Correlation of natural gases with their sources.In:Magoon LB,Dow WG(eds) The Petroleum system,from source to trap,v.AAPG memoir 60.American Association of Petroleum Geologists,Tulsa,Oklahoma,pp 261-283

Wrightstone G(2009) Marcellus Shale-geologic controls on production.AAPG Annual Convention,Denver,Colorado, AAPG Search and Discovery Article #10206,p.10

Wrightstone G(2010) A shale tale:Marcellus odds and ends,2010 winter meeting of the independent oil and gas association of West Virginia.p.32

Zhao H,Givens NB,Curtis B(2007) Thermal maturity of the Barnett shale determined from well-log analysis.Am Assoc Pet Geol Bull 91:535-549

9 建立和测试油气运移模型

摘 要

油气显示和封堵性分析的最终目标之一是建立运移和圈闭模型，该模型与油气系统模型相结合，在三维空间中预测烃类的运移和油气捕获。由于运移发生在分子尺度上，因此不可能完全正确地建立运移模型。然而，在主要输导层和封堵层上的模拟可以提供有用的预测模型，即使精度是相当的粗略。

随着利用地震和其他工具来可视化沉积体系能力变得更加成熟，运移模拟也将变得越来越成熟。虽然认识到任何模型都有局限性，但是生成符合显示数据的方案仍然很重要。相、封堵和水动力流图件的多重组合可产生类似结果。不过，可以建立风险图，将最好的结果叠合成风险指数图，然后可用来确定最有可能的油气聚集区，不管使用的是哪种模型。

本章概述了运移建模的潜力和解决缺陷的方法。

9.1 运移模拟中的尺度挑战

油气运移是一个复杂的过程。尽管在过去的几十年里这方面有了很大的进步，但它开始于分子水平，可以模拟但不能直接观察。从最佳的可用的地震和井约束三维模型的模拟和可视化油气运移，有点类似于从 CT 扫描来理解人体是如何工作的。尽管扫描的分辨率很高，而且能够在三维空间(例如人脑)进行切片和分析，但大脑最终如何工作的复杂性在分子层面上是目前无法直接可视化的。

油气显示数据仍然是验证运移模型或圈闭图的唯一方法。以三维地震深度转换图像为例，使用 Trinity 软件建立了一个模拟模型(图 9.1)。

图 9.1A 为走滑挤压裂谷盆地转换的深度地震剖面。基底地层以红色突出显示。利用这条地震线对运移进行定量模拟，可能需要大量的工作来将振幅的每一个变化转换为合理的封闭层和储层，但解决方案仍将受限于地震的分辨率。准确地实现这一目标需要井控、随深度和沿剖面横向变化的速度信息，以及以长度(m)或压力(psi)值表示的封堵能力来精确地模拟每个阻抗界面的能力。一些油气系统的建模者会花上几周或几个月的时间来模拟这样的一条线，最后，在数百米的剖面上只能得到一个近似的答案，而且模型中还给出许多假设条件。另外，请记住，在这样一条直线上，每个反射层的垂直地震分辨率最大是 30m。因此，该模型仍不能完全满足实际运移的需要，因为即使是几厘米厚的层也可能是运移的通道。因此，要始终记住，尺度会造成差异，运移和圈闭模型充其量只是地下实际运移的粗略近似。

另一种方法是简单地从振幅变化中提取颜色变化，并将其缩放到相对的封堵和储层上(图 9.2B)，赋予不同颜色不同的对石油或天然气的封堵能力(以 m 为单位)。在这种情况下，封堵能力假定油水系统的最大封堵能力为 600m。颜色最浅的透明振幅通常认为是页岩，

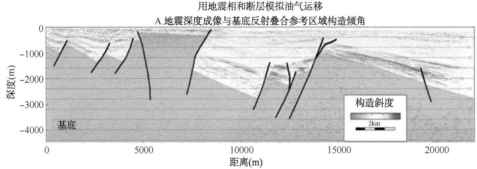

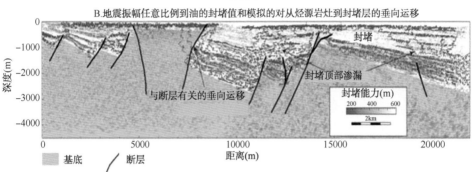

图 9.1　以深度域振幅变化为模型的地震剖面转换成储层和封堵
（绿线是预测的从烃源岩灶到石油的运移路径）

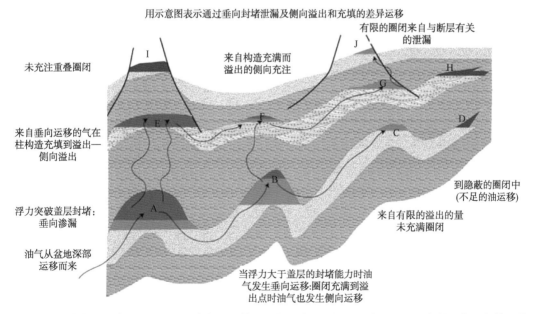

图 9.2　差异捕获和运移［圈闭（A—C）来自最深输导层的运移。圈闭 A 原本是石油，但被后期的气体驱替，
　　油气向上倾充注到 B 和 C 中。圈闭 D 不含油气，超出了油气侧向运移的界限。垂直运移发生在深层输导
　　层上，来自圈闭 A 和圈闭 B，当流体浮力大于构造圈闭封堵能力的界限时，圈闭充注到溢出点，但也可以
　　垂向渗漏到圈闭 E—G。圈闭 J 由沿断层的垂向运移充注。圈闭 H 和 I 保持荒芜，在垂向和横向运移阴影中］

并给予最大值。假定最暗的振幅代表储层,且给定的封堵能力为 0。最暗值和最亮值之间的范围是简单地按算术比例缩放。虽然在绝对值上肯定是错误的,但由此产生的运移模拟结果表明,运移并不简单,在断层周围有许多渗漏点或顶部封堵带可能由于内部相变而出现的泄漏。

实际的建模问题非常复杂,因为我们知道,这个过程必须在一个完整的 3D 体中完成,才能得到准确的答案(图 9.1 中有一些图示)。最后,许多方案都是可能的,只有一个良好的显示和封堵数据库以验证模型和测试其准确性。

9.2 一些油气运移概念

一些关于油气运移模拟的基本论文包括:England(1994);England 等(1987,1991);Gussow(1953,1954);MacKenzie 和 Quigley(1988);Matthews(1999);Schowalter(1979);Tissot 和 Welte(1984)。本章不关注运移损失的详细理论、体积度量、差异聚集和运移的细节,而是讨论如何理解和尝试用 2D 和 3D 空间可视化的油气显示来量化运移模型。

举个例子,用简单的储层和盖层来表示运移示意图(图 9.2)。正如在第 5 章中所演示和贯穿本书的讨论的那样,在假定有足够的油量可以运移的情况下,圈闭充注到最差封堵能力处,然后向上泄漏到下一个圈闭。如果油柱高度足够使得浮力突破顶部盖层封堵,那么油气也会垂向渗漏到上覆的储层中。如果没有足够的体积进行长距离运移,一些圈闭(如图 9.2 中的圈闭 H 和 D)仍然没有充注。然而,广泛的垂向和横向运移是非常常见的,而真正能够检测到这一点的唯一方法是使用本书中已经详细说明的油气显示数据。

通过渗漏的封堵层,在不同的上倾方向上捕获不同的油气也是很常见的,这些封堵层允许油气运移,但是会有差别地捕获油气(Schowalter,1979)。此外,当流体达到较低的温度和压力时,在运移过程中会发生相变。England 等(1991)和 Matthews(1999)总结了运移期间和运移后发生的一些重要变化(表 9.1)。

表 9.1 运移期间和运移后可能发生的一些变化[总结自 England 等(1991)和 Matthews(1999)]

过 程	注 释
生物降解	通常在温度<70℃;沥青质上升,API 重度下降
水洗	可能发生在水仍然流过石油的地方(如水动力条件下),甚至在更高的温度下,可溶性轻馏分被去除
气体脱沥青	当某些油气产品混合在一起而导致沥青质的沉淀时发生
混合	不同烃源相的烃类运移到相同的储层和圈闭中,产生的混合油可能难以区分它们来自哪个烃源岩
重力分离	发生在静态烃柱中,结果是顶部的 API 重度逐渐变大,而底部的 API 重度则逐渐变小
油气裂解	由于圈闭埋藏较深,在非常高的高温高压下发生
相划分	温度和压力下降引起的变化。在第 5 章的 Hugoton 和西西伯利亚案例历史中讨论了很好的例子,在这些案例中,气顶和再运移与区域抬升引起的温度和压力降低有关

在任何一条运移路径上,都可能发生运移损失,因为储层会截留运移前缘部分,将石油

转移到其他圈闭中。这些损失可能是巨大的且难以量化，在某些情况下，可能需要建模来测试烃源岩灶上倾圈闭的有效性。在许多情况下，假定运移损失为10%或更高（England等，1987）。建模软件允许设置运移损失和通常被认为是 $6×10^6 bbl/km^2$ 的起点值，但是也记录了高达 $30×10^6 bbl/km^2$ 的值（www.zetaware.com）。此外，还可以通过观察现有圈闭中已知的油气体积来进行估算，然后计算从可获取油气区域下倾方向排出的油气体积。体积差异除以可获取区的量可以作为运移损失的估计值。

无论运移过程中发生了什么变化，对显示和地球化学的仔细分析都有助于解释运移路径和（或）确定需要解决的关键问题，以解释异常显示和圈闭。

9.3　长距离运移

在许多沉积盆地中，长距离运移是常见的，特别是在倾斜构造带和宽广的输导层的地区，如风成砂岩或区域多孔白云岩和石灰岩。任何盆地都不应忽视良好输导层中的长距离运移。许多风险评估使用成熟烃源岩灶作为主要的勘探焦点，而忽略了横向运移。第5章中展示了北海 Buzzard 油田的一个例子。当然还有许多其他的例子。风险图应该考虑远距离运移的可能性，并利用绘制的烃源岩灶之外的所有可用数据来评估是否发生了从烃源岩灶向外的横向运移。

加拿大西部盆地的 Athabascan 沥青砂（Creaney 等，2012）是记录最好的长距离运移实例之一。超过 100km 的远距离运移已经记录在案。由于这是世界上最大的油气圈闭之一，如果忽视侧向运移可能会导致对勘探潜力的低估。

在美国西部，通过广泛分布的二叠系—宾夕法尼亚系风成沙丘储层的远距离运移得到了很好的记录（Claypool 等，1978；Gorenc 和 Chan，2015；Hansley，1995；Huntoon 等，1994，1999；Maughan，1984，1994）。图9.3总结了烃源岩的分布可能是充注二叠系宾夕法尼亚储层和位于怀俄明州和犹他州主要圈闭的位置。

特别有趣的是，弹性沥青焦油圈闭完全包裹在红色页岩和砂岩中，在储层附近没有任何垂直或侧向的烃源岩的痕迹。然而，它在一个巨大的地层尖灭圈闭中接收了 $16×10^6 bbl$ 充注（图9.4）。如果这是一个有效的轻质油藏，它将成为美国最大的常规圈闭，令普拉德霍湾和东得克萨斯油田相形见绌。通过对岩性颜色的直接观察，可以很好地了解油气运移的路径，但油气是如何进入这些砂岩中的至今仍是一个谜。

通常情况下，在怀俄明州西部和犹他州二叠系—三叠系中的砂岩是橙色的，这是由于在干旱的沉积体系中普遍存在大量的铁矿物和赤铁矿胶结物，然而，在已发生油气运移的地方，运移的油中减少的组分把矿物变成了白色。因此，即使从汽车或直升机上也可以观察和绘制运移路径，因为白色的区带与红色的页岩形成鲜明对比。最近在阿根廷 Neuquen 盆地的红色地层中也发现了类似的过程（Pons 等，2015）。

Huntoon 等（1999）利用埋藏历史重建、流体包裹体显微测温和原油分类等方法提出，密西西比沙漠溪石灰岩中的 Delle 磷酸盐段最有可能是这些油的来源。如果是这样，则油气发生了明显的垂向和横向运移（图9.5）。

无论石油如何到达那里，这是一个很好的例子，如第8章中讨论过的 Cutbank 砂岩，一个巨大的油气聚集发生在地层中，容易根据地层和构造背景而被认为不可能充注从而被注销掉。

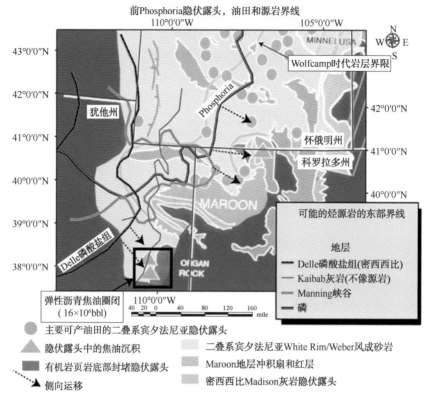

图 9.3 远距离运移的例子[通过一个区域广泛的风沙带：二叠系宾夕法尼亚 White Rim 和 Tensleep 砂岩，怀俄明州和犹他州。Desert Creek 地层的密西西比 Delle 磷酸盐组是最有可能形成 16×10⁶bbl 弹性沥青焦油圈闭的烃源岩，它位于距盆地末端圈闭超过 40mile(64km)的地方。同样地，二叠系磷质烃源岩在其物理极限以东超过 100mile(160km)的地方充满了许多储层]

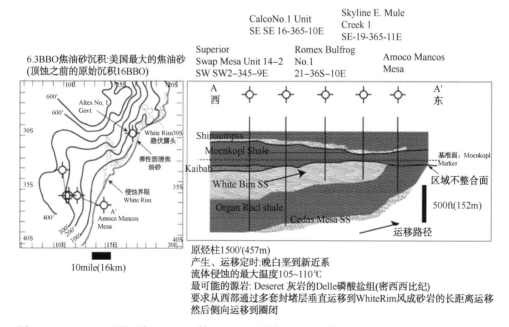

图 9.4 White Rim 圈闭[据 Huntoon 等(1994)，有修改。图中等值线为 White Rim 砂岩等厚线]

A.露头照片　　16×10⁶bbl弹性沥青焦油地层圈闭

从烃运移中变白的区带

圈闭变薄
B.油渗

从烃运移中变白的区带

C.在焦油中不幸的蚯蚓

D.在风成沙丘中的渗漏

图 9.5　16×10⁶bbl 弹力石焦油砂圈闭露头暴露和漏油
（沿着运移路径由红砂岩到白砂岩的明显变化，需要长距离的运移，才能对这个圈闭进行充注）

9.4　构建运移模型并使用风险图识别限制

尽管我们构建完全准确的油气运移模型的能力有限，但尝试从运移的角度来理解油气显示并开发预测模型非常重要。图 9.6 显示了构成良好运移模型的组成。

在任何石油系统建模包中，都必须设置断层和运移相的封堵能力（柱高以 m 为单位或驱替压力 psi 为单位）。正如本书所示，这可以变得复杂或也可以变得简单，但现实总是比任何模型都复杂。例如，断层封堵性随断距、岩性水平错断、断层泥本身的性质、应力方向以及所有这些因素的组合而变化。同样地，侧向和顶部封闭性也会因沉积体系的不同而有所不同，甚至在顶部封的特定相内还会发生细微的毛细变化。实际上，要精确地对所有这些变量进行建模几乎是不可能的。然而，通常开发出来的模型仍然能够解释大多数的油气显示数据，这使得该项研究具有一定的实用价值。犹他州和科罗拉多州沙漠溪组的简单运移模型（第 5 章）是一个很好的例子，它利用渗透率和孔隙度数据的拟毛细管压力图和 DST 显示图中的封堵能力。即使没有严格的岩心和基于测井的古地理图，带有封闭性的沙漠溪地层的运移模型也解释了了在这一趋势中发现的 90% 的油气。

此外，封堵能力可能需要针对流体相进行改变和测试，因为对气体的封堵可能与对油的封堵有很大的不同。在模拟随时间推移的运移时，这就变得更加复杂和困难了，因为初始的圈闭可能会有效地封闭较大的油柱高度，但随着后期气洗的发生，油被驱替，封堵能力可能会随着气柱的发展而降低。然而，在某种程度上，试图在时间和空间上解决所有问题的尝试开始简单地将各种假设叠加起来，降低了模型的可预测性。具有讽刺意味的是，模型越复杂，如果其中一个或多个假设被证明是严重错误的，那么它实际可用的可能性就越小。

地震资料可以大大改善断层和沉积相封堵成图，特别是在有高质量三维数据的情况下。

三维运移模型的封堵—储层对设置的简单化的图示

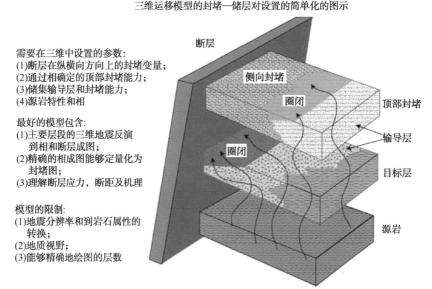

需要在三维中设置的参数:
(1)断层在纵横向方向上的封堵变量;
(2)通过相确定的顶部封堵能力;
(3)储集输导层和封堵能力;
(4)源岩特性和相

最好的模型包含:
(1)主要层段的三维地震反演
　　到相和断层成图;
(2)精确的相成图能够定量化为
　　封堵图;
(3)理解断层应力,断距及机理

模型的限制:
(1)地震分辨率和到岩石属性的
　　转换;
(2)地质视野;
(3)能够精确地绘图的层数

断层

侧向封堵

圈闭

顶部封堵

输导层

圈闭

目标层

源岩

注:有比可提供的数据和分辨率更高的建立精确模型的限制条件。模型只是模型,很多输导层和封堵层超出地震和井的分辨率。所有模型只是真实地球模型的超级简化。

图9.6　对于每一个储层建立包括断层、侧向和顶部盖层的封堵(如果存在水动力流动,也必须将其考虑在内。在三维地震条件较好的地区,模型更加稳健可靠,在这些地区,可以对三维空间中的断层几何形状以及与储层和盖层相关的沉积相进行高置信度分析。然而,对所有可能的输导层和盖层进行建模在功能上是不可能的。最好的情况是,需要根据已知的油气显示仔细查看主要的输导层和断层并进行校准)

将地震相转化为封堵图件可以通过使用岩石属性建模的地震反演来完成,也可以通过已知圈闭或当地对封堵能力的经验判断来进行测试。

在图9.7所示的例子中,通过基于振幅强度的简单算法,将地震振幅转换为以 m 为单位的油柱高度的潜在封堵能力。所示模型只是该地区众多使用的模型中的一个,断层封闭性也根据断距、顶盖层厚度等因素而有所不同。几个不同的模型产生了不同的结果,也可以解释在井上观察到的显示信息。最终,不管输入的是什么,对解释油气显示数据的模型的检查是确定基于运移模型所选定的钻井位置是否合适的最佳方法。简单地选择一个大多数模型认为应该起作用的区域可能是筛选预期位置的最佳方法。

在另一个来自印度 Barmer 盆地的例子中,利用大量的油和烃源岩的地球化学方面的数据(Farrimond 等,2015)来建立三维运移模型。该模型如图 9.8(Naidu 等,2016)所示。Barmer 盆地中心部位具有较大面积的构造闭合线,在 1~2km 的剖面上有多套不同级别的产层。最上面的油层位于始新世的 Thumbli 地层,该地层在整个盆地的成熟度都为未成熟状态(图中横剖面显示了油层)。距离最近的成熟烃源岩为 Dharvi Dungar 组的 Giral 段,仅在隆升侧翼发育成熟,如图 9.8 左下所示。Thumbli 油层在盆地中是独一无二的,据信是来源于Giral 段页岩或者来自于 Giral 段页岩和更深层的烃源岩(如 Barmer Hill 地层)的混合油。

图 9.8 右下所示的三维运移模型模拟的充注来自 Barmer Hill 和 Giral 段烃源岩。模型中出现的多级断层是可变的,但封堵能力较低。当聚集较低油柱后,就会沿这些断层发生泄漏,厚夹层页岩对垂向运移起着有效的封堵作用。这些油气显示和聚集不能简单地用页岩垂向泄漏来解释,断层泄漏是油气运移过程中的一个重要组成部分。模拟结果与观测结果吻合

较好，也证实了 Thumbli 组中，高断块区是垂向运移最容易发生充注的区域。在不存在沟通深部烃源岩断层的低部位，勘探风险显著增加。

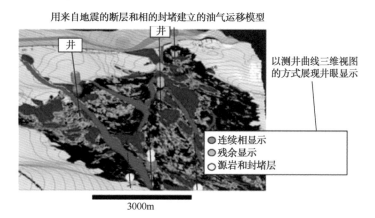

图 9.7　地震振幅转换成封闭性并与断层封闭性一起用于运移模型（显示数据以 3D 形式展示在井眼周围。暗绿色为连续相显示，浅绿色为残余相显示，白色圆圈为源岩和封堵层。这是有效验证运移模型的唯一方法，应该尝试多种方案）

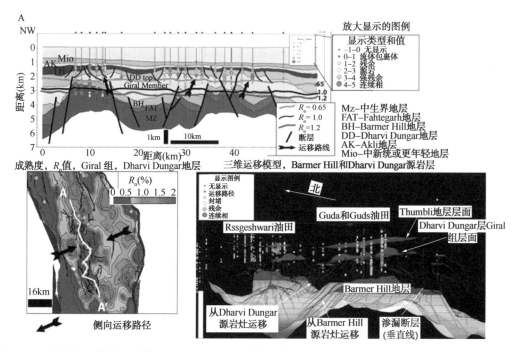

图 9.8　三维垂直和横向迁移模型［Barmer 盆地，印度。该构造的顶部热未成熟（左下图），但石油已垂直运移近 1km 至始新统 Thumbli 砂岩的终端圈闭（左上图）。来自深层烃源岩的混合油族可能是通过断层的垂直迁移而发生的，如图左下角所示。据 Naidu 等（2016）。转载得到 AAPG 的许可，需要得到 AAPG 的进一步许可才能继续使用］

　　在任何给定的油气运移模型中，风险评估最好是通过测试多个模型，然后构建包含多个方案结果的风险图来完成。过度依赖一个答案，即使是来自一个看起来像软件包中的艺术品的模型，也是失败的配方。

9.5 绘制运移风险指数图

考虑到任何模型都存在不确定性,对储层和盖层的各种组合进行测试,然后将模型结果与油气显示相匹配,不失为一个好主意。处理运移风险图的一种方法是生成运移路径和圈闭值,然后将结果汇总成最终的风险图。如果使用像 Trinity 这样的软件,这类图被称为"风险指数图件"。

在图 9.9 的例子中,使用了来自埃及 Temsah 地区的三种油气运移模型方案。在第 4 章中有更详细的讨论。模型 A 仅使用构造的四向闭合等值线,高估了圈闭的规模大小。然而,它确实成功地用这个层的产量约束了所有在这个层的生产井。模型 B 采用断层封堵与流体力学相结合的方法,与油气显示更吻合了。模型 C 仅使用水动力流。

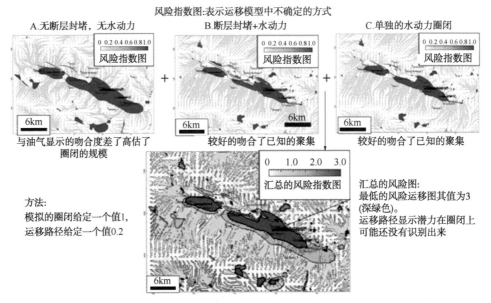

图 9.9 运移风险指数图[本示例利用了第 4 章中讨论的 Temsah 油田区域的方案。运移路径的值为 0.2,聚集量为 1。综合风险图(底部)是风险最低的地方,其中每个模型,不管参数如何,似乎都预测了一个聚集。综合风险模型与已知的这个层段的油气储层非常吻合]

在每个模型中,运移路径被赋值为 0.2,圈闭被赋值为 1。所有三个方案汇总在一起形成最终的风险图(下图)。深绿色区域是所有模型预测的聚集的区域。这张图件与现有的结果非常吻合。利用深水斜坡河道储层的地震相可以制作补充图,来预测储层和盖层的发育位置。还可以对断层封堵性进行更多的调整。考虑运移通道本身的风险是有用的,因为并非所有的构造圈闭或地层圈闭都能够在运移模型中被识别或量化,这就提供了进一步勘探潜力的想法。

最后,生成这些类型的风险图是在运移模型中显示不确定性的最佳方式。为了进行更严格的评价,可以增加烃源岩的厚度和动力学特征以及运移损失等信息,以确保运移路径上有足够的碳氢化合物,从而真正形成油气聚集。

9.6 总 结

一个强有力的例子是，依赖于一种复杂、需要数月才能得出解决方案的油气运移模型，可能更符合学术好奇心，而不是实际的油气勘探。所有的解释人员都需要记住他们的图可能是那么的错误。油气分子会按照控制运移和捕获/聚集的物理规则运移到它们该去的地方。几乎不可能确保所有的构造图、断层模式、相带和水动力解释都是完美的。任何图件总是在不同的尺度上接近现实。然而，当今任何一位地球科学家都不能忽视考虑并尝试用封堵性和水动力流来模拟运移的重要性。

从积极的方面来说，定期运行的模型有助于理解风险和预测新油藏的位置。保持输入的灵活性是学会降低油气聚集风险的关键。对运移进行建模和定量化的科学正在稳步提高，同时建立运行模型所需的盖层和储层图件的工具也在不断改进。最后，最好的结果来自解释员或团队制作的图件，他们能够认识到图件的局限性，并不断地寻找新数据和想法，使图件更具预测性。

那些能够量化风险和不确定性，同时比其他人做得更快更好的人，将会在真实的探索世界中获得收益。

参 考 文 献

Claypool GE,Love AH,Maughan EK(1978) Organic geochemistry,incipient metamorphism,and oil generation in the Black Shale Members of Phosphoria Formation,Western Interior,United States.Am Assoc Pet Geol Bull 62:98-120

Creaney S,Allan J,Cole KS,Fowler MG,Brooks PW,Osadetz KG,Macqueen RW,Snowdon LR,Riediger CL(2012) Petroleum generation and migration in Western Canada Sedimentary Basin,Geological Atlas of the Western Canada Sedimentary Basin.Alberta Geological Survey.http://www.ags.gov.ab.ca/publications/wcsbatlas/ach31/ch31.html

England WA(1994) Secondary migration and accumulation of hydrocarbons.In:Magoon LB,Dow WG(eds) The Petroleum System—from source to trap.The American Association of Petroleum Geologists,Tulsa,OK,pp 211-217

England WA,Mackenzie AW,Mann DM,Quigley TM(1987) The movement and entrapment of petroleum fluids in the subsurface.J Geol Soc Lond 144:327-347

England WA,Mann AL,Mann DM(1991) Migration from source to trap.In:Merrill RK(ed) Source and migration processes and evaluation techniques,AAPG treatise of petroleum geology,handbook of petroleum geology.The American Association of Petroleum Geologists,Tulsa,OK,pp 23-46

Farrimond P,Naidu BS,Burley SD,Dolson J,Whiteley N,Kothari V(2015) Geochemical characterization of oils and their source rocks in the Barmer Basin,Rajasthan,India.Pet Geosci 21:301-321

Gorenc MA,Chan MA(2015) Hydrocarbon induced diagenetic alteration of the Permian White Rim Sandstone,Elaterite Basin,Southeast Utah.Am Assoc Pet Geol Bull 99:807-829

Gussow WC(1953) Differential trapping of hydrocarbons.Alberta Soc Pet Geol News Bull 1:4-5

Gussow WC(1954) Differential entrapment of oil and gas:a fundamental principle.Am Assoc Pet Geol Bull 38:816-853

Hansley PL(1995) Diagenetic and burial history of the Lower Permian White Rim Sandstone in the Tar Sand Triangle,Paradox Basin,Southeastern Utah:Evolution of Sedimentary Basins-Paradox Basin.United States Geological Survey,Washington,DC

Huntoon JE,Dolson JC,Henry BM(1994) Seals and migration pathways in paleogeomorphically trapped petroleum occurrences:Permian White Rim Sandstone,Tar-Sand Triangle area,Utah.In:Dolson JC,Hendricks ML,Wescott WA (eds) Unconformity-related hydrocarbons in sedimentary sequence.The Rocky Mountain Association of Geologists, Denver,Colorado,pp 99-118

Huntoon JE,Hansley PL,Naeser ND(1999) The search for a source rock for the giant Tar Sand Triangle accumulation,southeast Utah.Am Assoc Pet Geol Bull 83:467-496

MacKenzie AS,Quigley TM(1988) Principle of geochemical prospect appraisal.Am Assoc Pet Geol Bull 72:399-415

Matthews MD(1999) Migration of Petroelum.In:Beaumont EA,Foster NH(eds) Exploring for oil and gas traps:treatise of petroleum geology,handbook of petroleum geology,vol 1. American Association of Petroleum Geologists, Tulsa,OK,pp 8.3-7.38

Maughan EK(1984) Geological setting and some geochemistry of petroleum source rocks in the Permian phosphoria formation,hydrocarbon source rocks of the greater rocky mountain region.Rocky Mountain Association of Geologists, Denver,CO,pp 479-495

Maughan EK(1994) Phosphoria formation(Permian) and its resource significance in the Western Interior,USA, PANGEA:Global Environments and Resources,v.Memoir 17,Canadian Society of Petroleum Geologists,pp 479-495

Naidu BS,Burley SD,Dolson J,Farrimond P,Sunder VR,Kothari V,Mohapatra P,Whiteley N(2016) Hydrocarbon generation and migration modelling in the Barmer Basin of western Rajasthan,India:lessons for exploration in rift basins with late stage inversion,uplift and tilting.Petroleum System Case Studies,v.Memoir 112.American Association of Petroleum Geologists,Tulsa,OK

Pons MJ,Rainoldi AL,Franchini M,Giusiano A,Cesaretti N,Beaufort D,Patriere P,Impiccini A(2015) Mineralogical signature of hydrocarbon circulation in Cretaceous red beds of the Barda Gonzalez area,Neuquen Basin,Argentina.American Association of Petroleum Geologists Bulletin 99:525-554

Schowalter TT(1979) Mechanics of secondary hydrocarbon migration and entrapment.Am Assoc Pet Geol Bull 63:723-760

Tissot BP,Welte DH(1984) Petroleum formation and occurrence.Springer,Berlin

附录 A   常见的转换方程和流体分类

处理油气显示数据需要在不同的测量单位之间进行常数的分析。一些最常见的单位和转换在表 A.1、图 A.1、表 A.2 中给出。

表 A.1   常用单位换算

物理量	原单位名称	原单位符号	原单位值	换算单位值	换算单位名称	换算单位符号	换算系数
长度	英尺	ft	3.3	1.007	米	m	0.3050
	米	m	1	3.28	英尺	ft	3.2808
	英里	mile	1	0.281	千米	km	0.8214
面积	平方英尺	ft^2	1	0.093	平方米	m^2	0.0930
	平方英里	$mile^2$	1	2.590	平方千米	km^2	2.590
	英亩	ac	1	0.405	公顷	ha	0.4050
	英亩	ac	640	2.590	平方千米	km^2	0.0040
	平方米	m^2	1	10.784	平方英尺	ft^2	10.7840
	平方千米	km^2	1	0.388	平方英里	$mile^2$	0.3880
	公顷	ha	1	2.471	英亩	ac	2.4710
	英亩	ac	320	1.295	平方千米	km^2	0.0040
	平方千米	km^2	5	1235.527	英亩	ac	247.1054
体积	立方英尺	ft^3	1	0.0028	立方米	m^3	0.0283
	立方英尺（油）	ft^3	100	23.748	桶	bbl	0.2375
	立方英尺（气）	ft^3	1000000	172.400	桶（相当于油）	bbl（油当量）	0.0002
	立方米	m^3	1000	35315.000	立方英尺	m^3	35.3150
	立方米	m^3	100	629.000	桶	bbl	6.2900
	公吨	t	1000	7330.000	桶	bbl	7.330
	千吨	10^3t	1	0.007	百万桶		0.0073
	公吨	t	1000000	7.330	百万桶		
	千立方英尺	10^3t	1	28.317	立方米	m^3	28.3170
	百万立方英尺	10^6ft^3	1	28.317	千立方米	10^3m^3	28.3170
	十亿立方英尺	10^9ft^3	1	28.317	百万立方米	10^6m^3	28.3170
	万亿立方英尺	$10^{12}ft^3$	1	28.317	十亿立方米	10^9m^3	28.3170
	立方米	m^3	1000	35.314	千立方英尺	ft^3	0.0353
	千立方米	10^3m^3	1000	35.314	百万立方英尺	10^6ft^3	0.0353
	千立方米	10^3m^3	1000	0.035	十亿立方英尺	10^9ft^3	
	千立方米	10^3m^3	1000	0.000	万亿立方英尺	$10^{12}ft^3$	
	百万立方米	10^6m^3	1	36.315	百万立方英尺	10^6ft^3	36.315

物理量	原单位名称	原单位符号	原单位值	换算单位值	换算单位名称	换算单位符号	换算系数
体积	百万立方米	$10^6 \mathrm{m}^3$	1	0.035	十亿立方英尺	$10^9 \mathrm{ft}^3$	0.0353
	十亿立方米	$10^9 \mathrm{m}^3$	1000	35.314	万亿立方英尺	$10^{12} \mathrm{ft}^3$	0.0353
	加仑	gal	1	3.785	升	L	3.785
	升	L	1	0.264	加仑	gal	0.264
	升	L	1	0.008	桶	bbl	0.0083
	桶	bbl	1	0.159	立方米	m^3	0.159
	桶	bbl	1	0.140	公吨	t	0.140
	桶	bbl	1	158.987	升	L	158.987
质量	磅	lb	1	0.454	千克	kg	0.454
	千克	kg	1	2.205	磅	lb	2.205
	短吨	t	1	0.907	公吨	Mt	0.907
	公吨	Mt	1	1.102	短吨	t	1.102
压力	磅力/英寸^2	$\mathrm{lb/in}^2$	1	6.695	千帕	kPa	6.695
	磅力/英寸^2	$\mathrm{lb/in}^2$	1	0.069	巴	bar	0.069
	磅力/英寸^2·英尺	$\mathrm{lb/in}^2 \cdot \mathrm{ft}$	1	19.25	磅力/加仑	lbf/gal	19.25
	磅力/加仑	lbf/gal	9	0.468	磅力/(英寸^2·英尺)	$\mathrm{lb/(in}^2 \cdot \mathrm{ft)}$	0.0519
	千帕	kPa	1	0.145	磅力/英寸^2	$\mathrm{lb/in}^2$	0.145
	千帕	kPa	1	0.010	巴	bar	0.010
	兆帕	MPa	1	145.00	磅力/英寸^2	$\mathrm{lb/in}^2$	145.00
	兆帕/米	MPa/m	10	0.442	磅力/(英寸^2·英尺)	$\mathrm{lb/(in}^2 \cdot \mathrm{ft)}$	0.0442
	巴	bar	5	72.52	磅力/英寸^2	$\mathrm{lb/in}^2$	14.504
	巴	bar	1	100	千帕	kPa	100
	克/厘米^3	$\mathrm{g/cm}^3$	0.35	0.152	磅力/(英寸^2·英尺)	$\mathrm{lb/(in}^2 \cdot \mathrm{ft)}$	0.4335
	克/厘米^3	$\mathrm{g/cm}^3$	1	8.345	磅力/加仑	lbf/gal	8.345
能量	英热单位	Btu	1	1.065	千焦	kJ	1.065
	千焦	kJ	1	0.948	千焦	Btu	0.948

常用的转换:质量，压力和能量

Mass	FROM units	Input	Output		TO	Multiplier
pounds	(lb)	1	0.454	kilograms	(kg)	0.4540
kilograms	(kg)	1	2.205	pounds	(lb)	2.2050
short tons	(ton)	1	0.907	metric tons	(MT)	0.9070
metric tons	(MT)	1	1.102	short tons	(ton)	1.1020
Pressure	**units**					
pound-force per square in	(psi)	1	6.895	kilopascals	(kPa)	6.8950
pound-force per square in	(psi)	1	0.069	bars	(bar)	0.0690
pounds per sq. inch per foot	psi/ft	1	19.250	pounds per gallon	(ppg)	19.2500
pounds per gallon	ppg	9	0.468	psi/ft		0.0519
kilopascals	(kPa)	1	0.145	pound-force per square in.	(psi)	0.1450
kilopascals	(kPa)	1	0.010	bars	(bar)	0.0100
megapascals	(Mpa)	1	145.000	pounds per square in.	(psi)	145.0000
kilpascals/m	(kPa/m)	10	0.442	pounds per square in/ft	(psi/ft)	0.0442
bars	(bar)	5	72.520	pound-force per square in.	(psi)	14.5040
bars	(bar)	1	100.000	kilopascals	(kPa)	100.0000
grams per cubic centimeter	(g/cc)	0.35	0.152	pounds per square in/ft	(psi/ft)	0.4335
grams per cubic centimeter	(g/cc)	1	8.345	pounds per gallon	(ppg)	8.3450
grams per cubic centimeter	(g/cc)	1	9.806	kilopascals	(kPa)	9.8060
Energy	**units**					
British thermal units	(Btu)	1	1.055	kilojoules	(kJ)	1.0550
kilojoules	(kJ)	1	0.948	British thermal units	(Btu)	0.9480

API重度= (141.5/60°F下指定的重度) −131.5

API重度 （°API）	60°F 相对密度	kg/m³	g/cm³	psi/ft
8	1.0143	1012	1.01	0.4382
9	1.0071	1005	1.01	0.43517
10	1.0000	998	1	0.43213
15	0.9659	964	0.96	0.41741
20	0.9340	932	0.93	0.40356
25	0.9042	902	0.9	0.39057
30	0.8762	874	0.87	0.37844
35	0.8498	848	0.85	0.36718
40	0.8251	823	0.82	0.35636
45	0.8017	800	0.8	0.3464
50	0.7796	778	0.78	0.33687
55	0.7587	757	0.76	0.32778
58	0.7467	745	0.75	0.32259

excel方程

API重度 （°API）	60°F 相对密度	kg/m³	g/cm³	psi/ft
8	=141.5/(F85+131.5)	1012	=H85*1000/(100*100*100)	=I85*0.433
9	=141.5/(F86+131.5)	1005	=H86*1000/(100*100*100)	=I86*0.433
10	=141.5/(F87+131.5)	998	=H87*1000/(100*100*100)	=I87*0.433
15	=141.5/(F88+131.5)	964	=H88*1000/(100*100*100)	=I88*0.433
20	=141.5/(F89+131.5)	932	=H89*1000/(100*100*100)	=I89*0.433
25	=141.5/(F90+131.5)	902	=H90*1000/(100*100*100)	=I90*0.433
30	=141.5/(F91+131.5)	874	=H91*1000/(100*100*100)	=I91*0.433
35	=141.5/(F92+131.5)	848	=H92*1000/(100*100*100)	=I92*0.433
40	=141.5/(F93+131.5)	823	=H93*1000/(100*100*100)	=I93*0.433
45	=141.5/(F94+131.5)	800	=H94*1000/(100*100*100)	=I94*0.433
50	=141.5/(F95+131.5)	778	=H95*1000/(100*100*100)	=I95*0.433
55	=141.5/(F96+131.5)	757	=H96*1000/(100*100*100)	=I96*0.433
58	=141.5/(F97+131.5)	745	=H97*1000/(100*100*100)	=I97*0.433

图 A.1　压力、质量、能量和 API 重度转换

表 A.2 常见的流体分类(修改自 Whitson,1992)

一般的流体分类

A.水和烃类的密度

流体	API重度 (°API)	60°F 相对密度	kg/m³	g/cm³	psi/ft	固相含量 (ppm)	备 注
高盐水						330000	死海
盐水			1030	1.03	0.4460	>100.000	
淡水			1000	1	0.4330	<100.000	新鲜的地层水 <10000ppm
沥青	8	1.014	1012	1.012	0.4382		
沥青	9	1.007	1005	1.005	0.4352		
沥青	10	1.000	998	0.998	0.4321		
重油	15	0.966	964	0.964	0.4174		
重油	20	0.934	932	0.932	0.4036		
常规油	25	0.904	902	0.902	0.3906		
常规油	30	0.876	874	0.874	0.3784		
常规油	35	0.850	848	0.848	0.3672		
常规油	40	0.825	823	0.823	0.3564		
轻油	45	0.802	800	0.8	0.3464		
轻油	50	0.780	778	0.778	0.3369		
凝析油/气	55	0.759	757	0.757	0.3278		
凝析油/气	58	0.747	745	0.745	0.3226		
湿气			400	0.4	0.1732		随压力和温度变化
湿气			200	0.2	0.0866		
干气			100	0.1	0.0433		
干气			7	0.007	0.0030		

B.泥浆气分类和组分

组 分	描 述	干气 (mol %)	湿气 (mol %)	凝析气 (mol %)	Volatile oil (mol %)	黑油 (mol %)	备 注
CO_2	二氧化碳	0.1	1.41	2.37	1.82	0.02	
N_2		2.07	0.25	0.31	0.24	0.34	
C_1	甲烷	86.12	92.46	73.19	57.6	34.62	
C_2	乙烷	5.91	3.18	7.8	7.35	4.11	
C_3	丙烷	3.58	1.01	3.55	4.21	1.01	
C_4	丁烷	1.72	0.8	0.71	0.74	0.76	
nC_4	异丁烷		0.24	1.45	2.07	0.49	
C_5	戊烷	0.5	0.13	0.64	0.53	0.43	C_5以C_5^+ 显示油
nC_6	己烷		0.08	0.68	0.95	0.21	
C_8	Hoxane		0.14	1.09	1.92	1.16	
C_7	Heptane		0.82	8.21	22.57	56.4	
密度							
GOR (SCFISTB)	气油比(ft³/bbl)		69000	5965	1465	320	
OGR (STBMMMSCF)	油气比(bbl/10⁶ft³)	0	15	165	680	3125	
API重度	°API		65	48.5	36.7	23.6	

参 考 文 献

Whitson CH(1992) Petroleum reservoir flfluid properties.In:Morton-Thompson D,Woods AM(eds) Development Geology Reference Manual.Tulsa,Oklahoma:American Association of Petroleum Geologists,p.504-507

附录 B　在 Excel 中构造 Winland 孔隙喉道图

孔隙度和渗透率最好用预测的孔喉半径的叠加图来进行初步观察。该图不仅通过相或孔喉分布显示潜在的封堵和遮挡层，可以通过由孔隙大小来选择代表性的孔隙度和渗透率用来估计似毛细管压力输入电子表格(附录 D)，这些方程在书中有详细的讨论，但 Pittman (1992)也在文献中有介绍。

覆盖线的计算方法是在 x 轴上给出孔隙度的标准范围，然后使用 Winland R35 方程对每个油口大小求解渗透率。下面的例子如图 B.1 至图 B.3 所示。

图 B.1　设置叠加线的基本方法(孔隙度必须以百分数输入，而不是小数)

通过孔喉孔径建立Winland模板超覆线

基本方程	孔隙半径=lg R_{35}=0.732+0.588lg$K$−0.864lg ϕ
	$K=10^{\lg R_{35}+0.864\lg \phi -0.732/0.588}$

回答一个例子

4		Porosity	Permeability		Permeability		Permeability	Permeability
5	R35	Porosity	1 micron		2 micron		.5 micron	1 micron
6	0.1	2	0.0031					
7	0.1	3	0.0057					
8	0.1	4	0.0087					
9	0.1	5	0.0121					
10	0.1	6	0.0158					
11	0.1	7	0.0198					
12	0.1	8	0.0241					
13	0.1	9	0.0286					
14	0.1	10	0.0334					
15	0.1	11	0.0384					
16	0.1	12	0.0437					
17	0.1	13	0.0491					
18	0.1	14	0.0548					
19	0.1	15	0.0606					
20	0.1	16	0.0666					
21	0.1	17	0.0728					
22	0.1	18	0.0792					
23	0.1	19	0.0858					
24	0.1	20	0.0925					
25	0.1	21	0.0994					
26	0.1	22	0.1064					
27	0.1	23	0.1136					
28	0.1	24	0.1209					
29	0.1	25	0.1284					
30	0.1	26	0.1360					
31	0.1	27	0.1438					
32	0.1	28	0.1517					
33	0.1	29	0.1597					
34	0.1	30	0.1678					
35	0.1	31	0.1761					
36	0.1	32	0.1845					
37	0.1	33	0.1931					
38	0.1	34	0.2017					
39	0.1	35	0.2105					
40	0.2	1			0.0037			
41	0.2	2			0.0102			
42	0.2	3			0.0185			
43	0.2	4			0.0283			
44	0.2	5			0.0392			
45	0.2	6			0.0513			
46	0.2	7			0.0643			
47	0.2	8			0.0782			

图 B.2　如果你做对了，你应该得到这样的数字（请注意，孔隙度是以%为单位的，而不是小数）

通过孔喉孔径建立Winland模板超覆线

基本方程	孔隙半径=lg R_{35}=0.732+0.588lg$K$−0.864lg ϕ
	$K=10^{\lg R_{35}+0.864\lg \phi -0.732/0.588}$

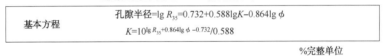

%完整单位

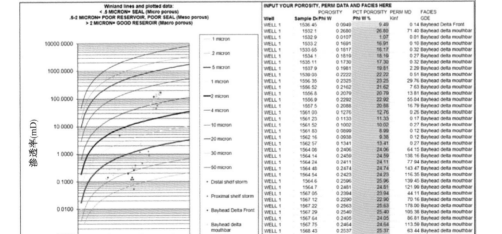

以完整单位输入孔隙度和渗透率，高亮0.5μm和2μm级别，当它们析出微孔喉，中观和宏观孔喉岩石

图 B.3　最终的图将很容易按相显示流动单元。请记住，孔隙度是以
百分数而不是小数输入的。这是一个按相划分的例子

参 考 文 献

Pittman E(1992) Relationship of porosity and permeability to various parameters derived from mercury injection-capillary pressure curves for sandstone.Am Assoc Pet Geol Bull 76:191-198

附录 C 用 Excel 中的公式将注汞毛细管压力数据转换到自由水面以上的高度

注汞数据的转换分为两个步骤如图 C.1 所示。

步骤1，计算等量毛细管压力，烃—水系统($p_{c_{hw}}$)

$$p_{c_{hw}} = \left(\frac{\gamma_{hw}\cos\theta_{hw}}{\gamma_{汞/空气}\cos\theta_{汞/空气}} \right) p_{c汞-空气}$$

式中 γ_{hw}——界面张力（烃—水系统必须测量或估算）；

$\gamma_{汞-空气}$——界面张力（汞—空气系统=480dyn/cm）；

θ_{hw}——烃—水接触角（如果水湿度=0,那么$\cos\theta_{hw}$=1）；

$\theta_{汞/空气}$——汞-空气接触角（=140°，那么$\cos\theta_{汞-空气}$=0.766）。

注意: $\theta_{汞/空气}$输入40°时返回一个负值，原始Washbum方程对于汞—空气是:

$$p_{c汞-空气} = \frac{(-2\gamma_{汞-空气}\cos\theta_{汞-空气})}{R}$$

步骤2，转换p_{cnw}，到自由水面之上高度(ft)

$$H(\text{ft}) = \frac{p_{c_{hw}}}{(\rho_w - \rho_{烃}) \times 0.433}$$

式中 $\rho_w - \rho_{烃}$——（水密度—烃密度），单位g/cm³

或者，合成一个方程

$$H(\text{ft}) = \left[\frac{\gamma_{hw}\cos\theta_{hw}}{\gamma_{汞-空气}\cos\theta_{汞-空气} \times 0.433(\rho_w - \rho_{烃})} \right] p_{c汞-空气}$$

图 C.1 利用汞—空气数据转换到自由水面以上高度的方程

该方法和方程可参考许多论文（Glover，2015；Hartmann 和 Beaumont，1999；Pittman，1992；Schowalter，1979；Vavra 等，1992；Washburn，1921）。读者还可以参考附录 A，其中包含有用的转换公式和表。记住 1g/cm³ = 0.433psi/ft 是特别有用的。根据前面所示的公式和附录 A 中的 API 重度值，记住或计算 g/cm³ 为单位的密度也很有用。

对于所有的毛细管压力电子表格数据将以公制单位表示，输出的以 ft 和 m 为单位。还要注意的是，在 Excel 表格中，将一个数字的余弦值转换成弧度需要将角度转换成弧度。这是内置到显示的电子表格中。

对于手持计算器，这是不必要的。

Excel 方程如图 C.2 所示，使用图 C.2 所示输入参数的样图如图 C.3 所示。

A.转换到自由水面之上高度的输入

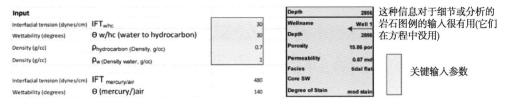

这种信息对于细节或分析的岩石图例的输入很有用(它们在方程中没用)

关键输入参数

B.用于转换A中的值到自由水面之上高度的方程

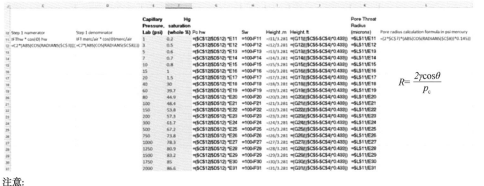

$$R = \frac{2\gamma\cos\theta}{p_c}$$

注意:
(1)界面张力(γ)和润湿性如果没有直接的测量值可提供需要进行估算
(2)密度单位为g/cm³并且应该代表地下温度和压力,附录A2许多可输入的等价值

图 C.2　输入方程在 Excel 中的汞—空气毛细管压力转换到自由水以上的高度

输出答案:

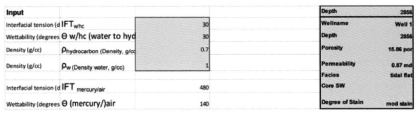

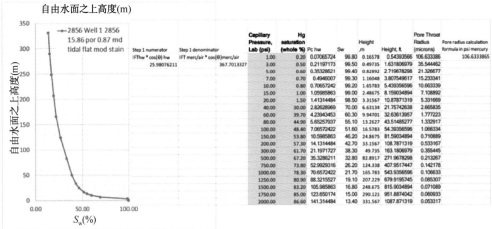

图 C.3　图 C.2 所示方程的图形和数值解

参考文献

Glover P(2015) Chapter 8:capillary pressure,formation evaluation msc course notes.United Kingdom:Leeds University

Hartmann DJ,Beaumont EA(1999) Predicting reservoir system quality and performance.In:Beaumont EA,Foster NH (eds) Exploring for oil and gas traps:treatise of petroleum geology.

Handbook of Petroleum Geology,v.1:Tulsa,Oklahoma,American Association of Petroleum Geologists,p.9.3-9.154

Pittman E(1992) Relationship of porosity and permeability to various parameters derived from mercury injection-capillary pressure curves for sandstone.Am Assoc Pet Geol Bull 76:191-198

Schowalter TT(1979) Mechanics of secondary hydrocarbon migration and entrapment.Am Assoc Pet Geol Bull 63:723-760

Vavra CL,Kaldi JG,Sneider RM(1992) Geological applications of capillary pressure:a review.Am Assoc Pet Geol Bull 76:840-850

Washburn EW(1921) Note on a method of determining the distribution of pore seizes in a porous material.Proc Nat Acad Sci 7:115-116

附录 D　用 Excel 编制拟毛细管压力曲线方程

下面的例子展示了理解自由水面以上高度的三个不同的方程和方法。这三种方法都给出了相同的答案。还有其他方法，但这些方法已经足够好，可以实际考察油藏的潜在性能和封堵能力。将这些电子表格构建为包含一个图表或电子表格上的多种岩石类型，以便更好地了解解决方案中的变化范围。不仅由于界面张力的不确定性，润湿性或地下密度，而且由于岩石是复杂的，一个解决方案很少会提供唯一的答案。

三种不同的方法被用来强化毛细现象背后的数学概念，即使读者有不同的方法来计算孔喉半径，这些方程形成了一个基础，以取代其他解决方案中的孔喉大小，从而促进个性化新的电子表格与其他解决方案。

读者还可以参考附录 A，其中包含转换公式和有用的表格。记住 $1g/cm^3$ 密度 = $0.433psi/ft$ 特别有用。记得或基于 API 重度用显示在早些时候附录 A 方程计算密度 g/cm^3 也有用。所有的毛细管压力电子表格的输入均以米为单位。也需注意在 Excel 中，数字的余弦转换首先应将角度转换为弧度，这是内置到显示的电子表格中的。用手持计算器，不需要这样做。

利用 Hartmann 和 Beaumont(1999)方程和 Pittman(1992)孔隙喉道估计从孔隙度和渗透率如图 D.1 至图 D.6 所示。

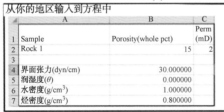

图 D.1　在 Excel 中的 Pittman 方程(Pittman, 1992)和转换到
自由水面以上的高度, Hartmann 和 Beaumont(1999)

用输入给定的和Hartmann和Beaumont转换方程回答

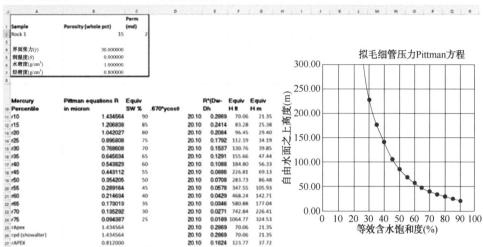

Sample	Porosity (whole pct)	Perm (md)
Rock 1	15	2
界面张力(γ)	30.000000	
润湿度(θ)	0.000000	
水密度(g/cm³)	1.000000	
烃密度(g/cm³)	0.800000	

Mercury Percentile	Pittman equations R in micron	Equiv SW %	.670*ycosθ	R*(Dw-Dh	Equiv H ft	Equiv H m
r10	1.434564	90	20.10	0.2869	70.06	21.35
r15	1.206838	85	20.10	0.2414	83.28	25.38
r20	1.042027	80	20.10	0.2084	96.45	29.40
r25	0.895808	75	20.10	0.1792	112.19	34.19
r30	0.768608	70	20.10	0.1537	130.76	39.85
r35	0.645634	65	20.10	0.1291	155.66	47.44
r40	0.543823	60	20.10	0.1088	184.80	56.33
r45	0.443112	55	20.10	0.0886	226.81	69.13
r50	0.354205	50	20.10	0.0708	283.73	86.48
r55	0.289164	45	20.10	0.0578	347.55	105.93
r60	0.214634	40	20.10	0.0429	468.24	142.71
r65	0.173013	35	20.10	0.0346	580.88	177.04
r70	0.135292	30	20.10	0.0271	742.84	226.41
r75	0.094387	25	20.10	0.0189	1064.77	324.53
rApex	1.434564		20.10	0.2869	70.06	21.35
rpd (showalter)	1.434564		20.10	0.2869	70.06	21.35
rAPEX	0.812000		20.10	0.1624	123.77	37.72

图 D.2　对图 A10 中给出的输入作出回答。r_{10}值近似于密封能力和在自由水面以上的油水接触面和位置，在这个例子中，岩石是一个高度有效封堵和油水界面自由水界面以上 21.35m(70.06ft)

从你的地区输入到方程中

	A	B	C
1	Sample	Porosity(whole pct)	Perm
2	Rock 1	15.000000	1.00
3			
4	界面张力(γ)	30.00000	
5	润湿度(θ)	30.00000	
6	水密度(g/cm³)	1.00000	
7	烃密度(g/cm³)	0.84000	

图 D.3　经典方程用 R 以 cm 为单位表示(这里是转换)

用输入给定的和Hartmann和Beaumont转换方程回答

这些是方程用R(单位：cm)回答，这是一种典型的毛细管方程显示方法。

Winland方程一个以μm为单位的R值，10000μm=1cm

本例中是一个中孔岩层，部分油湿且界面张力为30及淡水系统密度为0.84g/cm³(油)，Dw=1g/cm³

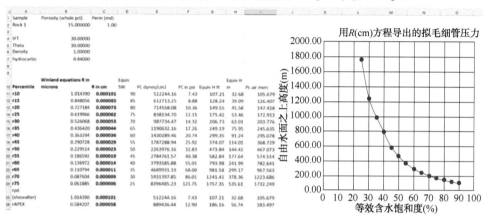

R_{10}值产生一个105.6ft(37.68m)自由水面之上高度，岩石能够保持107ft的油柱和油水界面为自由水面之上107ft，如果有70%的含水饱和度，它将有206ft进入到圈闭中，但是在测井曲线上看起来是湿的和非经济的。

图 D.4　图 D.3 中情况的答案(如果在圈闭上看到这种岩石，就可在附近寻找质量更好的储层，以获得更好的饱和度。或者，如果可能的话，我将继续钻上倾至较低的饱和度)

用Glover (2015)的方案转换
用你的区域的数据输入到方程

	A	B	C
	Sample	Porosity(whole pct)	Perm (mD)
1			
2	Rock 1	12	1
3			
4	界面张力(γ)	30.000000	
5	润湿度(θ)	0.000000	
6	水密度(g/cm³)	1.000000	
7	烃密度(g/cm³)	0.800000	

	Pittman方程				转换到p_c(psi)	
Mercury Percentile	Pittman equations R in micron	Equiv SW %	2γcosθ/R	PC in psi	Equiv H ft	Equiv H m
r10	=10^((0.459+0.5*LOG(C2)-0.385*LOG(B2)))	90	=([B4*2)*(COS(RADIANS(B5))/B10)	=D10*0.145	=E10/((B6-B7)*0.433)	=F10/3.281
r15	=10^((0.333+0.509*LOG(C2)-0.344*LOG(B2)))	85	=([B4*2)*(COS(RADIANS(B5))/B11)	=D11*0.145	=E11/((B6-B7)*0.433)	=F11/3.281
r20	=10^((0.218+0.519*LOG(C2)-0.303*LOG(B2)))	80	=([B4*2)*(COS(RADIANS(B5))/B12)	=D12*0.145	=E12/((B6-B7)*0.433)	=F12/3.281
r25	=10^((0.204+0.531*LOG(C2)-0.35*LOG(B2)))	75	=([B4*2)*(COS(RADIANS(B5))/B13)	=D13*0.145	=E13/((B6-B7)*0.433)	=F13/3.281
r30	=10^((0.215+0.547*LOG(C2)-0.42*LOG(B2)))	70	=([B4*2)*(COS(RADIANS(B5))/B14)	=D14*0.145	=E14/((B6-B7)*0.433)	=F14/3.281
r35	=10^((0.255+0.565*LOG(C2)-0.523*LOG(B2)))	65	=([B4*2)*(COS(RADIANS(B5))/B15)	=D15*0.145	=E15/((B6-B7)*0.433)	=F15/3.281
r40	=10^((0.36+0.582*LOG(C2)-0.68*LOG(B2)))	60	=([B4*2)*(COS(RADIANS(B5))/B16)	=D16*0.145	=E16/((B6-B7)*0.433)	=F16/3.281
r45	=10^((0.609+0.608*LOG(C2)-0.974*LOG(B2)))	55	=([B4*2)*(COS(RADIANS(B5))/B17)	=D17*0.145	=E17/((B6-B7)*0.433)	=F17/3.281
r50	=10^((0.778+0.626*LOG(C2)-1.205*LOG(B2)))	50	=([B4*2)*(COS(RADIANS(B5))/B18)	=D18*0.145	=E18/((B6-B7)*0.433)	=F18/3.281
r55	=10^((0.948+0.632*LOG(C2)-1.426*LOG(B2)))	45	=([B4*2)*(COS(RADIANS(B5))/B19)	=D19*0.145	=E19/((B6-B7)*0.433)	=F19/3.281
r60	=10^((1.096+0.648*LOG(C2)-1.666*LOG(B2)))	40	=([B4*2)*(COS(RADIANS(B5))/B20)	=D20*0.145	=E20/((B6-B7)*0.433)	=F20/3.281
r65	=10^((1.372+0.643*LOG(C2)-1.979*LOG(B2)))	35	=([B4*2)*(COS(RADIANS(B5))/B21)	=D21*0.145	=E21/((B6-B7)*0.433)	=F21/3.281
r70	=10^((1.664+0.627*LOG(C2)-2.314*LOG(B2)))	30	=([B4*2)*(COS(RADIANS(B5))/B22)	=D22*0.145	=E22/((B6-B7)*0.433)	=F22/3.281
r75	=10^((1.88+0.609*LOG(C2)-2.626*LOG(B2)))	25	=([B4*2)*(COS(RADIANS(B5))/B23)	=D23*0.145	=E23/((B6-B7)*0.433)	=F23/3.281
rpd (showalter)	=10^((0.459+0.5*LOG(C2)-0.385*LOG(B2)))		=([B4*2)*(COS(RADIANS(B5))/B24)	=D24*0.145	=E24/((B6-B7)*0.433)	=F24/3.281
rAPEX	=10^((-0.117+0.475*LOG(C2)-0.099*LOG(B2)))		=([B4*2)*(COS(RADIANS(B5))/B25)	=D25*0.145	=E25/((B6-B7)*0.433)	=F25/3.281

等效S_w是1–R百分比
R_{10}=90% S_w

图 D.5　Glover(2015)在计算 p_c 并转换为 p_{si}后，用高度转换求解中等孔隙度、低渗透中孔岩石的一个例子

用R(单位：μm)方程的答案，像通过Pittman(1992)方程计算的

Winland方程一个以μm为单位的R值，10000μm=1cm

这是一个中孔储层，水湿且界面张力为30及淡水系统密度为0.84g/cm³(油)，D_w=1g/cm³

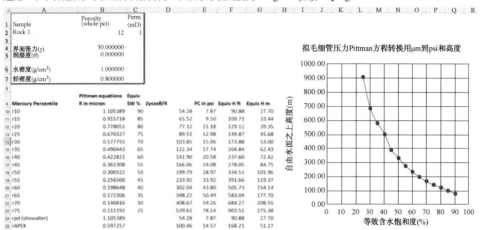

拟毛细管压力Pittman方程转换用μm到psi和高度

R_{10}值产生一个90.88ft(27.7m)，岩石能够保持91ft的油柱和油水界面为自由水面之上91ft(24m)，低孔隙度可能令人迷惑不解。65%的含水饱和度，它将有200ft(52m)进入到圈闭中。

图 D.6　图 D.5 中实例的方案(D_w 为水密度)

使用R(单位：μm)进行简单的转换，但是对于自由水面以上的高度使用不同的解决方案。方案来自 Glover(2015)。

这些例子不仅展示了毛细管压力的不同数学解决方案，而且还展示了仅依赖孔隙度来评估岩石质量的问题。最好的岩石孔隙度最低(图 D.5 和图 D.6)。最差的岩石孔隙度最好(图 D.1 和图 D.2)。学会通过不同的孔隙度和渗透率的组合运行敏感性，流体相是理解含水饱和度和油气显示一个重要的组成部分。所有这三种岩石类型都可以在很短的层段内彼此共存，在井内垂直分布，在平面上横向分布。

理解每种相在饱和度方面的位置将有助于产生更好的关于如何开发一个新发现的想法，解释一个老的干井或使用数据建立一个带封堵的运移模型。

参 考 文 献

Glover P(2015) Chapter 8：capillary pressure，formation evaluation MSc course notes.United Kingdom：Leeds University

Hartmann DJ，Beaumont EA(1999) Predicting reservoir system quality and performance.In：Beaumont EA，Foster NH (eds) Exploring for oil and gas traps：treatise of petroleum geology，

Handbook of Petroleum Geology，v.1：Tulsa，Oklahoma：American Association of Petroleum Geologists，p.9.3−9.154

Pittman E(1992) Relationship of porosity and permeability to various parameters derived from mercury injection−capillary pressure curves for sandstone.Am Assoc Pet Geol Bull 76：191−198.

附录 E　将 ARCGIS 中的古地理地图或 形状文件转换为网格

如第 5 章所述，带有封堵的运移建模对于观察非纯四围构造闭合线的圈闭是至关重要的。像 Trinity 这样的软件包有内置的工具来创建断层多边形，然后将它们转换成网格，以便运移时使用。这些网格可以包含来自断层或相的封堵，但首先必须转换为给定的烃水系统（以 ft 和 m 为单位）的封堵能力的封堵值。

好的古地理图通常包含相和临界的断层多边形，它们的建造应该尽可能地考虑到地质因素，当完成后，断层和相多边形可以非常快速地转换成网格，然后可以在运移模型中使用。建立输入图件应该将这些记在脑中，确保相带与基于经验的拟毛细管压力或毛细管压力数据的合理的封堵能力保持一致。

第一步：创建形状文件，使其尽可能与已知的生产、显示或岩石属性数据保持一致。

图 E.1 中的例子来自第五章中使用 Trinity 和其他软件中的简单网格操作对沙漠溪地层进行运移建模的例子。封堵数据应该以"双精度"的数据类型输入，这意味着可以在对应的域中输入带有小数的数字。在适当的域中输入您希望使用的数字（在本例中为封堵最大值）。

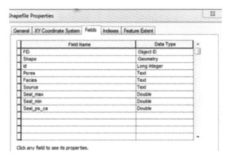

图 E.1　创建一个包含"数据类型"为"双精度"的字段的形状文件（这允许输入数字而不是文本。这些数字将被转换为与形状文件多边形相匹配的网格）

第二步：使用 Arc 工具箱将封堵数据转换为网格。说明在图 E.2 中。术语"属性"在 ARCGIS 中可以指地理数据库中的形状文件或属性类。这一步将创建运行运移所需的网格。

A.打开工具箱—转换工具—到光栅化—属性到光栅

B.选择输入属性—设置字段到光栅化—设置输出位置—设置网格大小

图 E.2　使用工具箱，打开转换工具窗口，然后"到光栅化"，再"属性到光栅"（识别形状文件或者功能类（如果为地理数据库），选择域、输出位置和输出网格单元大小，运行这个程序）

第三步：看看你的结果，确保它们是正确的。在图 E.3 中的例子中。有一些小的白色缺口被标注为"一个潜在的问题：网格上的一些缺口"。这是由于多边形之间没有完全正确地相互裁剪。在这种情况下，最好是返回并编辑原始多边形以消除缺口，因为缺口会在运移路径上被当作空值处理。

图 E.2 的结果就是一个很好的例子。如果不涉及流体动力学，这个网格可以直接添加到构造图（图为正的 TVD 数）上，然后寻找闭合线（像第 5 章显所示的）。如果构造图是在水下的数字（比如−1500ft），那么用这个网格减去构造图。结果是一样的，哪里有闭合线，哪里就有圈闭。

这背后的定量理论包含在第 5 章使用毛细管压力理论一章中。但是，由于结果是以 ft 或 m 为单位的，在绘制这张图件时，就可以有效地解决毛细管压力这部分的运移算法，利用你对该地区了解的或其他使你感到舒适、封堵值是合理的。

最终结果:多边形转换为网格(Arc光栅文件)可以输出到其他软件或直接在ARCGIS中工作

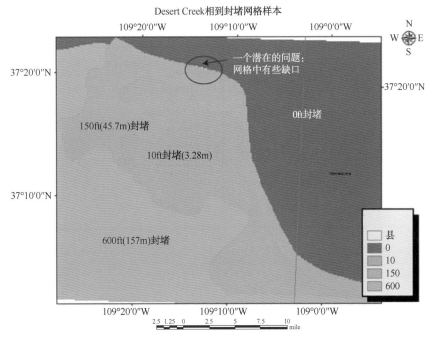

Desert Creek相到封堵网格样本

图 E.3　最终结果。这个网格虽然闭合,有一个识别的问题的地区,应该通过原始多边形编辑和裁剪,使边缘是无缝的,没有缺口。网格图也可以在其他软件中解决,这取决于每个程序的编辑能力

国外油气勘探开发新进展丛书（一）

书号：3592
定价：56.00元

书号：3663
定价：120.00元

书号：3700
定价：110.00元

书号：3718
定价：145.00元

书号：3722
定价：90.00元

国外油气勘探开发新进展丛书（二）

书号：4217
定价：96.00元

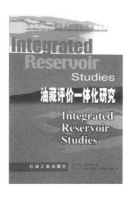

书号：4226
定价：60.00元

书号：4352
定价：32.00元

书号：4334
定价：115.00元

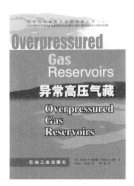

书号：4297
定价：28.00元

国外油气勘探开发新进展丛书（三）

书号：4539
定价：120.00元

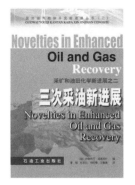

书号：4725
定价：88.00元

书号：4707
定价：60.00元

书号：4681
定价：48.00元

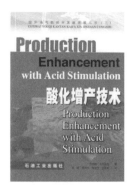

书号：4689
定价：50.00元

书号：4764
定价：78.00元

国外油气勘探开发新进展丛书（四）

书号：5554
定价：78.00元

书号：5429
定价：35.00元

书号：5599
定价：98.00元

书号：5702
定价：120.00元

书号：5676
定价：48.00元

书号：5750
定价：68.00元

国外油气勘探开发新进展丛书（五）

书号：6449
定价：52.00元

书号：5929
定价：70.00元

书号：6471
定价：128.00元

书号：6402
定价：96.00元

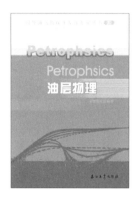

书号：6309
定价：185.00元

书号：6718
定价：150.00元

国外油气勘探开发新进展丛书（六）

书号：7055
定价：290.00元

书号：7000
定价：50.00元

书号：7035
定价：32.00元

书号：7075
定价：128.00元

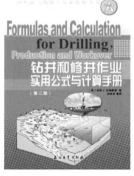

书号：6966
定价：42.00元

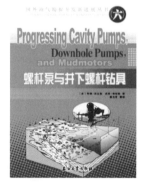

书号：6967
定价：32.00元

国外油气勘探开发新进展丛书（七）

书号：7533
定价：65.00元

书号：7802
定价：110.00元

书号：7555
定价：60.00元

书号：7290
定价：98.00元

书号：7088
定价：120.00元

书号：7690
定价：93.00元

国外油气勘探开发新进展丛书（八）

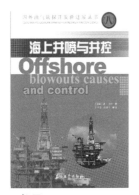

书号：7446
定价：38.00元

书号：8065
定价：98.00元

书号：8356
定价：98.00元

书号：8092
定价：38.00元

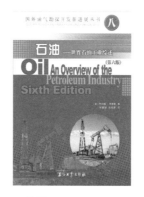

书号：8804
定价：38.00元

书号：9483
定价：140.00元

国外油气勘探开发新进展丛书（九）

书号：8351
定价：68.00元

书号：8782
定价：180.00元

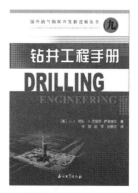

书号：8336
定价：80.00元

书号：8899
定价：150.00元

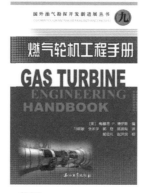

书号：9013
定价：160.00元

书号：7634
定价：65.00元

国外油气勘探开发新进展丛书（十）

书号：9009
定价：110.00元

书号：9989
定价：110.00元

书号：9574
定价：80.00元

书号：9024
定价：96.00元

书号：9322
定价：96.00元

书号：9576
定价：96.00元

国外油气勘探开发新进展丛书（十一）

书号：0042
定价：120.00元

书号：9943
定价：75.00元

书号：0732
定价：75.00元

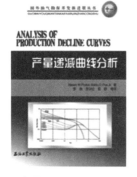

书号：0916
定价：80.00元

书号：0867
定价：65.00元

书号：0732
定价：75.00元

国外油气勘探开发新进展丛书（十二）

书号：0661
定价：80.00元

书号：0870
定价：116.00元

书号：0851
定价：120.00元

书号：1172
定价：120.00元

书号：0958
定价：66.00元

书号：1529
定价：66.00元

国外油气勘探开发新进展丛书（十三）

书号：1046
定价：158.00元

书号：1167
定价：165.00元

书号：1645
定价：70.00元

书号：1259
定价：60.00元

书号：1875
定价：158.00元

书号：1477
定价：256.00元

国外油气勘探开发新进展丛书（十四）

书号：1456
定价：128.00元

书号：1855
定价：60.00元

书号：1874
定价：280.00元

书号：2857
定价：80.00元

书号：2362
定价：76.00元

国外油气勘探开发新进展丛书（十五）

书号：3053
定价：260.00元

书号：3682
定价：180.00元

书号：2216
定价：180.00元

书号：3052
定价：260.00元

书号：2703
定价：280.00元

书号：2419
定价：300.00元

国外油气勘探开发新进展丛书（十六）

书号：2274
定价：68.00元

书号：2428
定价：168.00元

书号：1979
定价：65.00元

书号：3450
定价：280.00元

书号：3384
定价：168.00元

国外油气勘探开发新进展丛书（十七）

书号：2862
定价：160.00元

书号：3081
定价：86.00元

书号：3514
定价：96.00元

书号：3512
定价：298.00元

书号：3980
定价：220.00元

国外油气勘探开发新进展丛书（十八）

书号：3702
定价：75.00元

书号：3734
定价：200.00元

书号：3693
定价：48.00元

书号：3513
定价：278.00元

书号：3772
定价：80.00元

书号：3792
定价：68.00元

国外油气勘探开发新进展丛书（十九）

书号：3834
定价：200.00元

书号：3991
定价：180.00元

书号：3988
定价：96.00元

书号：3979
定价：120.00元

书号：4043
定价：100.00元

书号：4259
定价：150.00元

国外油气勘探开发新进展丛书（二十）

书号：4071
定价：160.00元

书号：4192
定价：75.00元

国外油气勘探开发新进展丛书(二十一)

书号：4005
定价：150.00元

书号：4013
定价：45.00元

书号：4075
定价：100.00元

书号：4008
定价：130.00元

国外油气勘探开发新进展丛书(二十二)

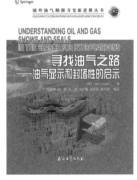

书号：4296
定价：220.00元

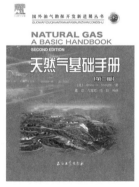

书号：4324
定价：150.00元

书号：4399
定价：100.00元